Jetzt helfe ich mir selbst

Einbandgestaltung: Luis dos Santos

Bilder/Zeichnungen:
Christoph Pandikow, Silke Pandikow, Krüger GmbH, Frank Meyer

Vielen Dank für die tatkräftige Unterstützung an die Firma Krüger GmbH, Limburg; Si-Zweirad Service GmbH, Rheda-Wiedenbrück; Moto-Drom, Merenberg; Koch Zweirad Vertrieb GmbH, Windeck; Redaktion Quadwelt, Frank Meyer; Silke Pandikow und Nina Pandikow, Fa. »AP Martin, Weisel«

Text und redaktionelle Bearbeitung:
Christoph Pandikow

ISBN 978-3-613-03139-5

1. Auflage 2010

Lizenznehmer des Motorbuch Verlags, Postfach 103743, 70032 Stuttgart
Ein Unternehmen der Paul Pietsch Verlage GmbH & Co

Herstellung: Ipa, 71665 Vaihingen/Enz
Druck und Bindung: Druck + Verlag Südwest, 76131 Karlsruhe
Printed in Germany

Quad

Pflegen, warten und erhalten

die wichtigsten Arbeiten

Motor buch Verlag

Inhalt

Einleitung

Kennen Sie Ihr Quad?

Rechte und Pflichten

In der Werkstatt

Richtig schrauben

Funktion und Aufbau

Wartungsarbeiten

Fahrzeug-Reinigung

Reparaturen und Montagearbeiten

Schaltplan

Praxistraining

Ein Ratgeber stellt sich vor

Hilfe zur Selbsthilfe

Was Sie tun können, wenn das Quad den Dienst verweigert, oder besser noch: Was Sie tun können, damit es gar nicht erst so weit kommt, soll Gegenstand dieses Ratgebers sein. Und auch wenn Sie Fehler vielleicht nicht alle selbst beheben können – wir zeigen Ihnen, wie Sie die Ursache präzise einkreisen können und zwar ohne Profi-Ausrüstung. So können Sie der Werkstatt wichtige Informationen liefern und kostbare Arbeitszeit für die Fehlersuche einsparen.
Manchmal werden Sie erleben, dass auch Werkstätten nicht unfehlbar sind. Sie sehen das dann auf Ihrer Reparaturrechnung, wenn Teile ausgetauscht worden sind, die noch voll funktionsfähig waren.

Tipps und Wissenswertes

Damit Ihnen niemand so schnell etwas vormachen kann, gewähren wir Einblick in die Quad-Technik und informieren Sie über Wissenswertes aus der Welt der Quad-Technik. Darüber hinaus erhalten Sie Tipps, die bares Geld wert sind: Der richtige Umgang mit der Werkstatt, falls Sie gebraucht wird. Wenn Sie gezielt Reparaturaufträge erteilen können, haben Sie die Werkstattkosten fest im Griff. Sehen Sie die Kapitel als technische Beratung über die Möglichkeiten, die einzelnen Bauteile zu prüfen und so manche Fehlersuche anzugehen. Mit dem vermittelten Wissen können Sie manchen Euro an Neuteilen sparen. Neben vielen kleinen und größeren Reparaturen zeigen wir Ihnen alle wichtigen Arbeiten, die in meiner über 20-jährigen Berufserfahrung im Kfz-Bereich an den Quads dieser Bautypen vorgekommen sind. Sicherlich werden Sie sich etwas wundern, warum wir nicht schon im Titel die Fahrzeugtypen aufgegliedert haben, für die dieses Buch Anwendung findet. Die Begründung hierfür liegt darin, dass weit über 200 Quad-Marken genau betroffen sind. Viele weitere Marken und art-ähnliche Bautypen können auch nach dieser Anleitung betreut werden. Die Liste wäre also niemals vollständig und würde den Umfang nicht rechtfertigen. Lieber stellen wir Ihnen einige Bauteile mehr vor. Eine weitere Besonderheit ist der Schaltplan. Es sind mit Absicht keine Kabelfarben angegeben. Die Farben fallen schon in der gleichen Baureihe eines Fahrzeuges zu unterschiedlich aus. Einige Bauteile finden Sie auch mit mehreren Anschlussmöglichkeiten. Das dient nicht der Verwirrung, sondern ermöglicht Ihnen, alle derzeit bekannten Varianten wiederzuerkennen.
Auch die geführte Fehlersuche ist sehr umfangreich. Sie können sich denken, dass diese noch um viele Varianten erweitert werden könnte. Allein dieser Teil könnte mehrere Bücher in diese Stärke füllen.

Sicherheit hat Vorrang

Auch wenn viele Bauteilprüfungen, die Fehlerbeschreibung und auch der Schaltplan sehr übersichtlich erscheinen: Lassen Sie sich bei Arbeiten, die Sie noch nicht durchgeführt haben, grundsätzlich von einem erfahrenen Schrauber über die Schulter blicken. Auch die Arbeiten an der Zündanlage sind aufgrund der hohen Spannungen nicht ungefährlich. Achten Sie immer auf die eigene Sicherheit. Sicherheit und Zufriedenheit stehen bei der Arbeit mit Ihrem Quad und diesem Handbuch an erster Stelle.

Reparaturen in der heimischen Garage

Sollten Sie bereits im Umgang mit Werkzeug geübt sein, werden wir Sie Schritt für Schritt durch die einzelnen Arbeitsgänge führen. Dabei beschränken wir uns in diesem Buch nicht nur auf Wartungs-, Pflege- und leichte Reparaturmaßnahmen, die Sie ohne Weiteres in der heimischen Garage durchführen können. Wir zeigen Ihnen auch den Einsatz von Messgeräten, die Ihre Ausrüstung sinnvoll erweitern. Welche Grundausstattung Sie dafür benötigen, haben wir für Sie gleich am Anfang dieses Buches zusammengefasst. Ein Problem tut sich in Sachen Entsorgung auf: Während Sie aus der Werkstatt Ihr hoffentlich einwandfrei repariertes Quad lediglich abholen müssen, fallen in der Heimwerkstatt natürlich Abfälle an, die Sie fachgerecht entsorgen müssen. In Deutschland können Sie ölgetränkte Lappen, Altöle, Farbreste o. Ä. in einem Schadstoffmobil umweltschonend entsorgen.

Damit Sie sich besser zurechtfinden

Damit Sie sich besser zurechtfinden, wenn Sie etwas Bestimmtes in diesem Buch suchen, haben

Sie verschiedene Möglichkeiten. Natürlich können Sie auf das vertraute Inhaltsverzeichnis zurückgreifen. Aber auch beim schnellen Durchblättern werden Sie sich leicht zurechtfinden. Den Hinweis, in welchem Kapitel Sie sich bewegen, finden Sie oben links. Dazu die Information, ob es sich in diesem Abschnitt um theoretisches Wissen, konkrete Arbeitsanleitungen oder Vorschläge zur Optimierung handelt. Rechts oben auf jeder Seite haben wir den Bereich dargestellt, der im jeweiligen Abschnitt behandelt wird. Damit können Sie das Buch auf der Suche nach bestimmten Inhalten auch durch die Finger laufen lassen, ohne zuerst im Inhaltsverzeichnis suchen zu müssen.

INFORMATION

Bevor Teile ausgebaut oder etwas auseinandergenommen wird, ist es immer besser, Einzelheiten und theoretische Zusammenhänge zu kennen. Wenn Sie dieses Zeichen sehen, erklären wir Grundlagen über Funktion, Technik und ihre Bedeutung für die ganze Maschine. Oder wir informieren Sie über historische Hintergründe und vermitteln allgemeines Technik-Wissen. Dieser Abschnitt soll Sie also über die allgemeine Technik Ihres Quads informieren. Mit dem nötigen theoretischen Wissen im Hinterkopf schraubt es sich viel leichter.

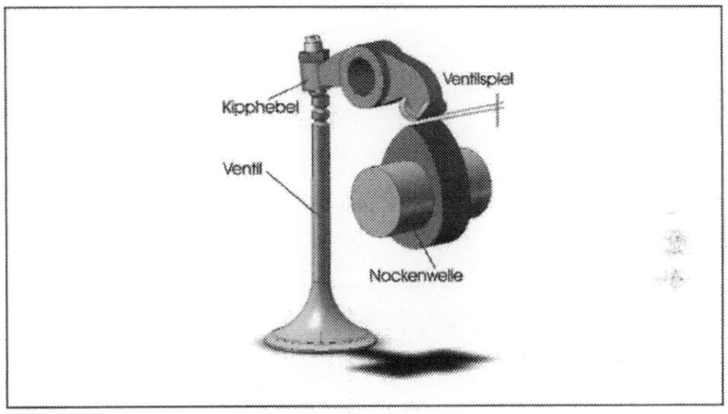

ARBEITSSCHRITTE

So bald an einem Quad gearbeitet wird, werden Sie dieses Symbol sehen. Auf diesen Seiten erhalten Sie Schritt für Schritt Anleitungen zum Ein- und Ausbau von Teilen. Bei der Auswahl haben wir uns strikt daran gehalten, was in der heimischen Garage noch machbar ist und was nicht. Sie werden sicherlich überrascht sein, was sich mit wenigen Mitteln doch bewegen lässt. Damit Sie sehen, dass wir uns gerne die Finger für Sie schmutzig machen, haben wir uns bewusst nicht ständig die Hände gewaschen. Wir hoffen, dass die Fotos Ihnen dennoch Appetit auf das Schrauben machen.

BESSER MACHEN

Unter diesem Symbol finden Sie Tipps und Ausrüstungen oder Umbauten, die Ihnen den Alltag mit Ihrem Quad deutlich erleichtern können. Diese, eigentlich für die Buchreihe typische Sparte wird im Gegensatz zu Technik und Diagnose etwas vernachlässigt. Unverzichtbar ist sie aber trotzdem nicht. Die vorgestellten Quads werden in derart großer Stückzahl auf dem Markt vertrieben, dass sie alle Stückzahlen jedes Zweirades in den Schatten stellen. Aufgrund der sehr, sehr östlichen Produktion sind die Produktion und das Vorantreiben der Entwicklung nur durch die großen Importeure wirklich realisierbar.

Kennen Sie Ihr Quad?

Woran können Sie Ihr Quad erkennen? Natürlich gibt es individuelle Merkmale, die Sie nachträglich verändert haben. Nur: Der Aufkleber oder das Anbauteil kann bei einem Diebstahl sehr schnell verschwinden. Im Übrigen sollten Sie Ihr Quad nicht nur mit dem serienmäßigen Schloss sichern. Das Zündschloss und die Lenkradsperre bekommen geübte Diebe innerhalb von 2-3 Minuten auf. Ein schön dickes, neongelbes Bügelschloss zeigt schon optisch: »... nichts da! Such dir was Anderes!«
Gerade wenn ein Diebstahl eingetreten ist, sind die Fahrgestellnummer und das Typenschild wichtig, um beweisen zu können, wem das Quad gehört. Grundsätzlich sollten Sie die Fahrgestellnummer auch beim Kauf des Quads kontrollieren. Es gab da schon lustige (nicht aus der Sicht der Kunden) Verwechslungskomödien.

Mit den Minarelli-Nachbaumotoren der Firma SMC fing es an. Sehr schnell kamen die meisten Motoren aus Taiwan und verdrängten sogar die Originale aus den üblichen Motorenschmieden in Japan und Europa. Die Karawane zog weiter, und so kommen nun die meisten Nachbaumotoren und Fahrzeuge teilweise auch ohne Lizenz aus China. Mit jedem Sonnenaufgang dort entstanden mindestens drei neue »Hersteller« und einer verschwand wieder. Jeder Importeur in Deutschland verkauft das bessere Produkt und hebt sich natürlich auch deutlich von der Masse ab. Wie auch immer, die Unterschiede sind oft nur sehr gering. In der Regel bestehen sie nur aus der Evolutionsstufe der chinesischen Quadentwicklung. »Namen sind Schall und Rauch«, sagt der Volksmund. In China bestehen sie aus Aufklebern und Etiketten. Heben Sie sich die Unterlagen für Ihr Quad immer gut auf. Auch wenn der Importeur Ihres Quads mal nicht mehr liefern kann, ist ein erfahrener Händler in der Lage, das passende Teil bei einem anderen Zulieferer zu beschaffen.

Typbezeichnung, Hersteller und die Farbe sind ab und an anders … die Bauteile und die Qualität unterscheiden sich aber meistens nicht.

Die Fahrgestellidentifikationsnummer

Wo ist was? So kann es aussehen … muss aber nicht!

In den meisten Fällen ist sie auch dem Rahmen eingeschlagen oder einerodiert worden.
Drei Stellen bieten sich bei den unterschiedlichen Quads an:
– Oft findet Sie die Fahrgestellnummer auf dem Tragrohr im Bereich des Trittbrettes.
– Eine weitere Variante ist eine fest verschweißte Plakette, die im Bereich des Trittbrettes von rechts unten zu erkennen ist.
– In der dritten Version findet sich die Fahrgestellnummer im Bereich des Lenkrohres. Dort gehört sie eigentlich nicht hin, da sie meist ohne die Demontage der Verkleidungen nicht ersichtlich ist.
– Variante 4 zeigt sich nach dem entfernen der Sitzbank. In diesem Bereich dürfte die Fahrgestellnummer aber nur dann zu entdecken sein, wenn der Heckrahmen mit dem Hauptrahmen verschweißt ist.

Das Typenschild

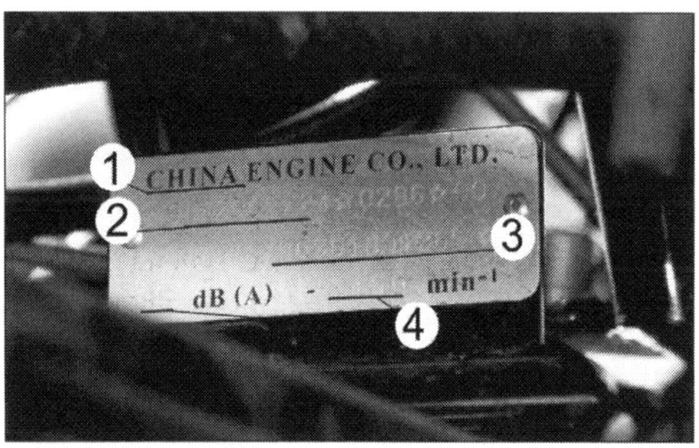

1 Fahrzeughersteller, 2 EU-Typprüfnummer für diesen Fahrzeugtyp des Herstellers, 3 Fahrgestellnummer des Fahrzeuges, 4 Geräuschpegel bei der angegebenen Drehzahl.

Das Herstellertypenschild sollte sich immer gut lesbar auf der rechten Seite des Fahrzeuges befinden. Bei einigen älteren Quads trifft oft aber weder das eine noch das andere zu. Gelegentlich wurden die Schilder schon mal am im Bereich des Rahmens befestigt, sodass einige Verkleidungsteile weichen müssen, bis das Typenschild wirklich lesbar ist.

Die Motorkennzeichnung

Die Motorkennzeichnung verrät, welcher Motorenhersteller hier aktiv war und um welchen Motortyp es sich handelt. Bei den Viertaktmotoren befindet sich der Einschlag in den Motorblock auf der linken Fahrzeugseite im Bereich der Ölablassschraube oder im oberen Bereich des Getriebeblocks.

Die Motorkennzeichnung: Am besten notieren Sie sich auch diese Kennzeichnung mit Motornummer. So besteht die Chance, dass der Motor bei einem Diebstahl auch einzeln wieder auftaucht.

Die Motornummer

Die Motornummer zeigt die fortlaufende Seriennummer Ihres Motors. Sie wurde nur einmal vergeben und kann so als weiteres Identifizierungsmerkmal herhalten.

Motornummer: Wenn diese Nummer fehlt, ist die Herkunft des Motors ganz sicher suspekt!

Die Zulassungsbescheinigungen

Im Laufe der Jahre ergaben sich mehrere Veränderungen, denen die Importeure auch durch die Ausführung ihrer Fahrzeugpapiere Rechnung getragen haben. Früher war bei fast allen Kleinherstellern die so genannte »BE« üblich (Betriebserlaubnis … oder besser das Gutachten zur Erlangung einer solchen). Hiermit wurde die Einzelabnahme beim TÜV bestätigt.

Die Betriebserlaubnis wurde aber schon immer von der Zulassungsstelle erteilt und mit einem Stempel betätigt. Wahrscheinlich haben 90% der Quadfahrer das damals übersehen. Wir jedenfalls waren nicht in der Lage eine abgestempelte BE als Muster aufzutreiben.

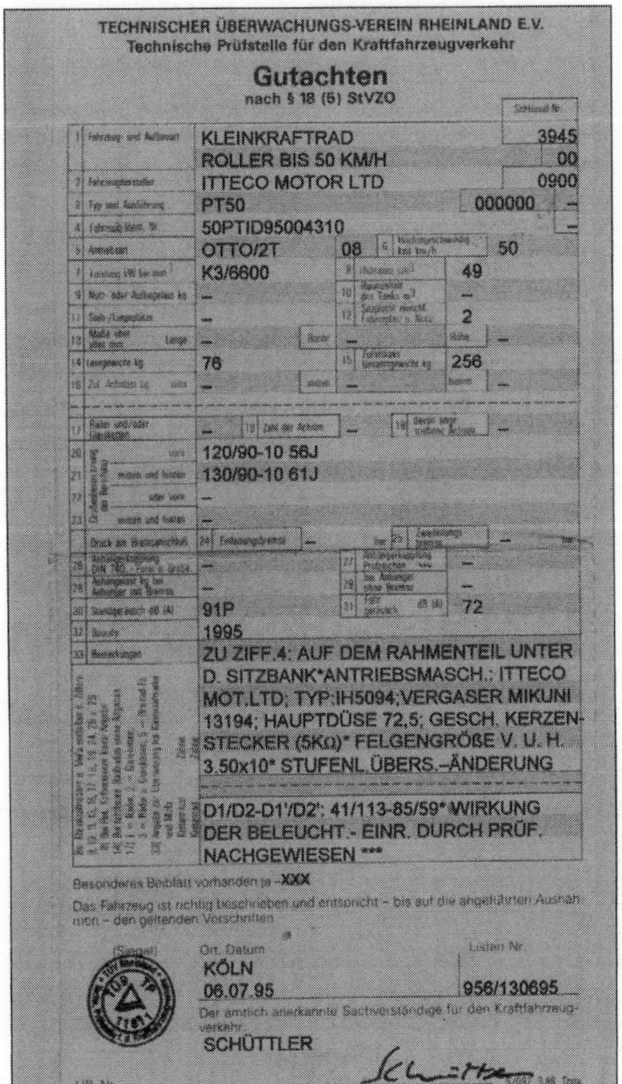

TECHNISCHER ÜBERWACHUNGS-VEREIN RHEINLAND E.V.
Technische Prüfstelle für den Kraftfahrzeugverkehr

Gutachten
nach § 18 (5) StVZO

KLEINKRAFTRAD 3945
ROLLER BIS 50 KM/H 00
ITTECO MOTOR LTD 0900
PT50 000000
50PTID95004310
OTTO/2T 08 50
K3/6600 49
2
76 256
120/90-10 56J
130/90-10 61J
91P 72
1995
ZU ZIFF.4: AUF DEM RAHMENTEIL UNTER D. SITZBANK*ANTRIEBSMASCH.: ITTECO MOT.LTD; TYP:IH5094;VERGASER MIKUNI 13194; HAUPTDÜSE 72,5; GESCH. KERZENSTECKER (5KΩ)* FELGENGRÖßE V. U. H. 3.50x10* STUFENL.ÜBERS.-ÄNDERUNG
D1/D2-D1'/D2': 41/113-85/59* WIRKUNG DER BELEUCHT.- EINR. DURCH PRÜF. NACHGEWIESEN ***

Besonderes Beiblatt vorhanden ja -XXX
Das Fahrzeug ist richtig beschrieben und entspricht – bis auf die angeführten Ausnahmen – den geltenden Vorschriften

Ort, Datum: KÖLN 06.07.95
Listen Nr. 956/130695
Der amtlich anerkannte Sachverständige für den Kraftfahrzeugverkehr
SCHÜTTLER

Betriebserlaubnis: BE als Eigentumsnachweis.

Die **COC** (**C**ertitificate **o**f **C**onfirmity), also die Übereinstimmungserklärung des Herstellers oder des Vertreters des Herstellers für den Marktbereich, bestätigt die Übereinstimmung des Fahrzeuges mit dem Musterfahrzeug, für welches dieses Gutachten erstellt wurde. Es wird also nur ein Fahrzeug abgenommen und erhält automatisch die Betriebserlaubnis. Der Zustand der weiteren Fahrzeuge wird nur noch bestätigt. Die Form und Größe des Papiers ist nicht vorgegeben. Es darf in der Landessprache oder in Englisch

SI Zweirad-Vertriebs-GmbH

EG-Übereinstimmungsbescheinigung GFX 50 Race

COC in Großformat

Jinan Qingqi Motorcycle Co., Ltd

No: 019XXX

COC im Taschenformat.

Rechte und Pflichten

Sie haben ein Quad erworben und sind der Meinung, es ist kaputt oder funktioniert nicht so, wie es sollte? Bevor Sie sich unnötig aufregen, sollten Sie sich zuerst kundig machen, wie es um Ihre Rechte steht. Dann müssen Sie sicherstellen, dass Sie keinem Irrtum unterliegen und es sich hier tatsächlich um einen Mangel handelt

Was ist ein Mangel?

Vereinfachte Darstellung des § 434 BGB:
Eine Sache ist frei von Mängeln, wenn sie sich für die Verwendung eignet für die sie gemäß Kaufvertrag gedacht war, oder sie sich für die gewöhnliche Verwendung eignet oder die Beschaffenheit aufweist, die man üblicherweise erwarten kann. Das beinhaltet auch Eigenschaften, von denen der Käufer aufgrund von Aussagen, die in der Werbung oder von Mitarbeitern des Verkäufers gemacht wurden, ausgehen kann. Liegt also tatsächlich ein Mangel vor, wie z. B. eine deutlich geringere Höchstgeschwindigkeit als im Prospekt angegeben, sollten Sie sich auf das Gespräch mit dem Kundendiensttechniker vorbereiten und Ihr Recht einfordern. Damit Sie Ihr Anliegen präzise und fachlich richtig an den Mann bringen können, nachfolgend einige Begriffserklärungen und Zusammenhänge:

Gewährleistung, Sachmangelhaftung & Garantie

Garantie und Gewährleistung (Letzteres ist die so genannte Sachmangelhaftung) sind zwei völlig verschiedene und vor allem unabhängige Sachverhalte. Diese beiden Begriffe werden oft umgangssprachlich miteinander verwechselt. Um nicht missverstanden zu werden, sollten Sie diese Begriffe unbedingt voneinander trennen.

Die **Garantie** ist eine freiwillige und zusätzliche Leistung des Verkäufers oder Herstellers. Sie kann nach Belieben ausgestaltet oder befristet sein, und sie folgt aus einer eigenständigen Vereinbarung im Rahmen des Kaufvertrages bzw. in Verbindung mit dem Kaufvertrag. Die Garantie kann an bestimmte Voraussetzungen geknüpft sein, kann bestimmte Kosten ausschließen und auch die Leistungen einschränken. Dies könnte beispielsweise bedeuten, dass die Garantie nur greift, wenn Sie das Fahrzeug regelmäßig in der dem Händler angegliederten Werkstatt warten lassen und Sie nur die Materialkosten und nicht die Arbeitszeit bei einem Schaden erstattet bekommen. Also sollten Sie sich die Garantiebedingungen vor dem Kauf genau anschauen, um diese später nicht durch ein Falschverhalten zu verwirken. Auf Verlangen müssen Ihnen die Garantiebestimmungen, wenn sie Ihnen zugesprochen werden, auch in schriftlicher Form ausgehändigt werden.

Die **Gewährleistung** (Sachmangelhaftung) folgt aus den gesetzlichen Regelungen zum Kaufvertrag. Eine Gewährleistung ist in dem Augenblick gegeben, wenn ein rechtsgültiger Kaufvertrag geschlossen wird. Eine Ausnahme ist nur möglich, wenn die Gewährleistung wirksam ausgeschlossen ist. Ein vollständiger Ausschluss der Gewährleistung im Rahmen eines Kaufvertrags zwischen einem Unternehmer (z. B. Kfz-Händler) als Verkäufer und einer Privatperson als Käufer ist nicht möglich. Die Gewährleistung kann aber z. B. bei Abschluss eines Kaufvertrages zwischen Privatpersonen vollständig ausgeschlossen werden. Dies muss dann aber ausdrücklich und individuell im Kaufvertrag geregelt sein.

Mit dem **Gewährleistungsrechts-Änderungsgesetz** vom 01.01.2007 ergaben sich unter anderem folgende Neuerungen:

- Bei neuen Sachen beträgt die Frist grundsätzlich 2 Jahre ab Datum der Übergabe.
- Bei gebrauchten Sachen kann eine Frist von 1 Jahr vereinbart werden (nicht in Allgemeinen Geschäftsbedingungen!), wobei nur Kraftfahrzeuge, die älter als ein Jahr (ab Erstzulassung) sind, als gebrauchte Sachen gelten.
- Innerhalb der ersten sechs Monate hat bei einer Reklamation der Händler zu beweisen, dass die Sache zum Zeitpunkt der Übergabe dem Vertrag entsprach (also keinen Mangel hatte). Nach sechs Monaten hat der Kunde die Beweispflicht (bisher hatte ausschließlich der Kunde die Beweispflicht).

Diese beschriebenen Regelungen, die die Recht des Endkunden stärken, sind verständlicherweise bei den

Händlern nicht so gut angekommen, und diese suchen nach Möglichkeiten, wie sie die Gewährleistung einschränken oder gar ausschließen können. In den letzten Jahren hat darum der Handel mit Bastlerfahrzeugen und Schrottfahrzeugen massiv zugenommen. In solchen Verträgen werden dann sämtliche Gewährleistungsansprüche ausgeschlossen, obwohl die Fahrzeuge teilweise mit frischer Plakette der Haupt- und Abgasuntersuchung versehen sind. Solche und ähnliche Vorgänge können die Gerichte allerdings recht gut einschätzen und entscheiden meistens zugunsten des Verbrauchers. Ebenso verhält es sich mit den Verkäufen, die »im Auftrag« stattfinden. Ein Händler, der in seinem Namen die aktuelle Hauptuntersuchen und weitere Instandsetzungsarbeiten durchgeführt hat, wird es vor Gericht schwer haben zu beweisen, dass er den Verkauf nur vermittelt hat. Er wird damit auch nicht die gesetzlichen Regelungen beschneiden können. Je klarer die Vereinbarung und je genauer die Fahrzeugbeschreibung, desto geringer ist das Haftungsrisiko. Wir raten Ihnen, einen Musterkaufvertrag für Gebrauchtfahrzeuge sowie einen Gebrauchtfahrzeuge-Zustandsprüfbericht zu verwenden. Damit lassen sich kostspielige Prozesse und unangenehme Streitigkeiten vermeiden.

Zusammenfassung:
Eine freiwillige Garantie besteht also zusätzlich zur gesetzlichen Gewährleistung (Sachmangelhaftung) und ist im Umfang der Leistungen, im Vergleich zur Gewährleistung meistens eingeschränkt. Allerdings greift sie oft auch noch für Mängel, die erst nach dem Kauf auftreten, was so nicht auf die gesetzliche Gewährleistung zutrifft.

Zum Reizthema Farbabweichung

Farbabweichung kann ein Sachmangel sein. Das Oberlandesgericht Köln hat zu diesem Thema eine wichtige Entscheidung getroffen: Danach gehört die Farbe eines Neufahrzeugs zu den Beschaffenheitsmerkmalen und stellt ein äußerliches Merkmal des Fahrzeugs dar, welches für den Käufer im Rahmen der Kaufentscheidung maßgeblich ist. Ergeben sich Abweichungen im Farbton des bestellten zu dem tatsächlich gelieferten Fahrzeug, so kann der Käufer hierauf grundsätzlich Gewährleistungsansprüche geltend machen. Durch das OLF Köln bestätigtes Urteil des LG Aachen vom 26.04.2005 (Az. 12 O 493/04).

Das Recht der Nachbesserung

Seit dem 01.01.2002 gibt die neue Rechtslage sowohl dem Käufer als auch dem Verkäufer einen Anspruch auf Beseitigung eines Mangels. Anstatt von Nachbesserung spricht jetzt das Gesetz von Nacherfüllung. Grundsätzlich hat der Händler das Recht bis zu drei Mal nachzuerfüllen. Hierbei hat der Verkäufer die zum Zwecke der Nacherfüllung erforderlichen Aufwendungen zu tragen, das sind Transport-, Wege-, Arbeits- und Materialkosten. Zu beachten ist in diesem Zusammenhang, dass der Verkäufer sein Recht einen Mangel nachzubessern behält, auch wenn Reparaturen bereits in einer fremden Werkstatt erfolglos waren. Der Verkäufer muss sich diese Nachbesserungsversuche nicht zurechnen lassen, er kann auf eine Nacherfüllung im eigenen Firmensitz bestehen. OLG Köln vom 14.02.2006 (Az. 20U 188/05).

Wandlung und Preisnachlass

Hat sich ein erheblicher Mangel nach drei Nacherfüllungsversuchen immer noch nicht beseitigen lassen oder fehlen zugesicherte Eigenschaften, haben Sie das Recht auf Wandlung oder Preisnachlass. Dies ist dann auch der Zeitpunkt, an dem Sie einen Rechtsanwalt zu Rate ziehen sollten. Sie werden sich auf jeden Fall eine Nutzungspauschale, die abhängig ist von der genutzten Laufleistung des Fahrzeugs, anrechnen lassen müssen. Eine Wandlung ist grundsätzlich nur dann möglich, wenn sich das Fahrzeug noch im Originalzustand befindet.

Der Kulanzvertrag

Nach Ablauf der Gewährleistungszeit und gegebenenfalls der Garantiezeit bleibt Ihnen immer noch die Möglichkeit der Kulanzregelung beim Händler. Die Kulanz bezeichnet im Allgemeinen ein Entgegenkommen zwischen den Vertragspartnern nach Vertragsabschluss. Sie regelt den Ablauf der freiwilligen Reparatur- und Serviceleistungen nach Ablauf der gesetzlichen oder individualvertraglichen Gewährleistungspflicht.

Hinweis: Dieses Kapitel soll nur erste Hinweise geben und erlaubt daher keinen Anspruch auf Vollständigkeit. Obwohl es mit größtmöglicher Sorgfalt erstellt wurde, kann eine Haftung für die inhaltliche Richtigkeit nicht übernommen werden.

In der Werkstatt

Was braucht die Werkstatt?

Aufgrund der vielen Ausstattungsvarianten und verfügbaren Extras unserer Quads ist eine genaue Bestimmung des Fahrzeugtyps nicht immer nur anhand der Fahrgestellnummer möglich. Wenn Sie also eine Werkstatt aufsuchen, die Ihr Quad noch nicht kennt, sollten Sie alle Unterlagen mitnehmen (Serviceheft, ABEs und Zubehörunterlagen). Berücksichtigen Sie auch vorhandenes Zubehör wie Sonderfelgen mit Schloss. Ansonsten räumen Sie Ihr Quad aus und entfernen alle privaten Sachen. So gibt es hinterher keine Diskussionen, ob Dinge fehlen oder nicht.

Diese Angaben braucht die Werkstatt:

- Schlüsselnummer (Hersteller)
- Schlüsselnummer (Typ)
- Zulassungsdatum
- Motorisierung
- Fahrgestellnummer

Das müssen Sie dabei haben:

- Fahrzeugschein
- Serviceheft
- Adapter oder Schlüssel für Felgenschlösser
- alle Schlüssel (bei Arbeiten am Schließsystem)

Eine klare Auftragserteilung

Um nicht mit einer Reparaturrechnung konfrontiert zu werden, die weit über dem Erwarteten liegt, sollten Sie der Werkstatt Ihres Vertrauens ein Kostenlimit angeben und darauf bestehen Sie zu kontaktieren, falls es zu unerwarteten Mehrarbeiten kommt. Erteilen Sie Ihren Arbeitsauftrag immer schriftlich, denn mündliche Absprachen sind nur schwer einklagbar und beweisbar. Die Kopie des schriftlichen Arbeitsauftrags in Ihrer Tasche gibt Ihnen die Rechtssicherheit. Dank moderner EDV-Anlagen ist es auch oft kein Problem, auf die Schnelle einen schriftlichen Kostenvoranschlag zu erhalten. Dieser ist ebenfalls verbindlich und in der Regel noch detaillierter als der Arbeitsauftrag. Beachten Sie bitte: Der tatsächliche Rechnungsbetrag darf bis zu 10% über den geschätzten Kosten liegen, ohne dass es einer erneuten Zustimmung Ihrerseits bedarf. Eine termingerechte Fertigstellung einer Standardreparatur ist heutzutage üblich.
Oberste Voraussetzung für ein gutes Arbeitsergebnis in der Werkstatt und einen geringen Geldschwund in Ihrem Geldbeutel ist eine exakte Fehlerbeschreibung mit Angabe des gewünschten Ergebnisses.

Fehlerbeschreibung

Nehmen wir einmal an, Ihr Quad klappert hin und wieder und Sie möchten dieses in einer Werkstatt beseitigen lassen. Bei unserem jetzigen Beispiel spielt es keine Rolle, ob Sie selbst bezahlen oder andere Ansprüche stellen. Denn im Vordergrund steht erst einmal ein nicht funktionierendes Quad, das repariert werden soll, und dem Schaden ist es schließlich egal, wer die Rechnung bezahlt.
Damit also der Werkstattmeister nicht viele Stunden und Kilometer in Ihrem Quad zurücklegen muss,

Das Typenschild:
Kann sich an mehren Stellen verstecken.

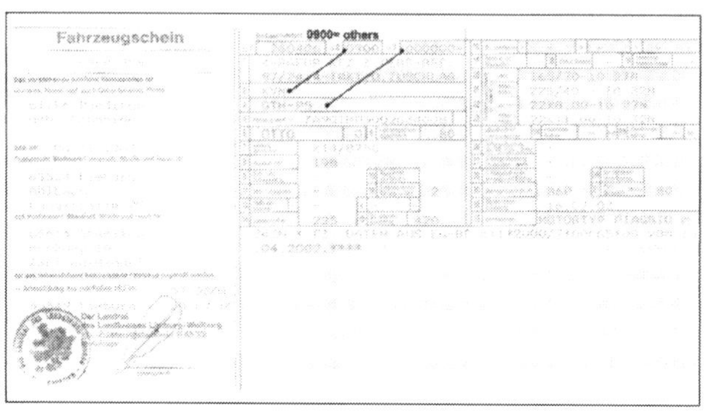

Der Fahrzeugschein: Hier findet die Werkstatt die wichtigsten Daten und auch die Fahrgestellnummer.

umein Klappern zu lokalisieren, das eventuell far nicht das ist, das Sie meinen, sollten Sie möglichst präzise Angaben machen. Der vorhandene Fehler muss reproduzierbar sein. Das heißt, Sie sollten genau beschreiben, wann das Quad klappert.

Eine gute Hilfestellung bieten hier die **W-Fragen:**

Wann tritt das Problem auf? »Beim Befahren von Unebenheiten, wie zum Beispiel über die Brücke XY in eine bestimmte Richtung. Bei Temperaturen unter null Grad ist das Klappern am deutlichsten zu hören, die Motortemperatur spielt dabei keine Rolle.«

Wie kann man das Geräusch verstärken oder abschwächen?
»Die Geschwindigkeit, mit der man über die Brücke fährt ist egal, aber man darf kein Gas geben um das Klappern zu hören«.

Wo kommt das Geräusch her? »Es scheint von vorn rechts zu kommen, wenn ich meine Hand auf das Armaturenbrett lege, kann ich es sogar fühlen.«

Wieso sind Sie nicht schon früher damit gekommen?
»Weil das Klappern erst seit ein paar Wochen vorhanden ist.«

Wer hat zuletzt am Quad Hand angelegt? »Sie haben hier den letzten Kundendienst gemacht, ich habe nur die Winterräder montiert.«

Was haben Sie schon dagegen unternommen? »Ich habe schon alle losen Gegenstände aus dem Quadinneren entfernt, aber es hat sich nichts geändert.«

Bei einer präzisen Fehlerbeschreibung können Sie sicher sein, dass der Mechaniker den Fehler schneller eingrenzen kann, und auch das Reparaturergebnis ist für alle Beteiligten einfach und schnell überprüfbar. Diese W-Fragen sind mit leichten Abwandlungen auf nahezu alle Mängel anwendbar. Möglicherweise finden Sie das Problem auch selbst, wenn Sie sich die richtigen Fragen stellen. Denn niemand kennt Ihr Quad besser als Sie selbst. Oftmals sind es Kleinigkeiten, die Sie nebenher erwähnen, aber dem Mechaniker die richtige Richtung weisen.

Der Ton macht die Musik

Oft treten Probleme auf, wenn es um Leistungen der Gewährleistung oder Garantie geht. Auch wenn Sie sich im Recht fühlen und vielleicht auch recht haben, beachten Sie bitte, dass Sie meistens nur mit einem Angestellten sprechen, und dessen Motivation entscheidet in der Regel über die Art und Dauer der Auftragsabwicklung. Damit Ihr Anliegen zur vollsten Zufriedenheit bearbeitet wird, sollten Sie die üblichen zwischenmenschlichen Verhaltensregeln einhalten, auch wenn Sie schon eine halbe Stunde in der Warteschlange stehen. Nicht jeder Zeitpunkt ist gleich gut für einen Werkstattbesuch. Der Freitag vor einem langen Wochenende oder Ferienbeginn ist keine so gute Wahl. Wir empfehlen Ihnen, sich vorher anzumelden und dem entsprechenden Mitarbeiter eine kurze Schilderung Ihres Anliegens zu geben. Oft kann dieser schon im Vorfeld wichtige Informationen bereitstellen oder auf etwas hinweisen, das Sie unbedingt mitbringen sollten.

Wenn es doch zu Differenzen kommt

Versuchen Sie, den Vorgang noch einmal mit dem Verantwortlichen sachlich durchzugehen, eventuell auch unter Beteiligung des Mechanikers oder Meisters. Dieses Gespräch sollte in einem separaten Raum stattfinden und nicht vor weiteren Kunden. Für das Unternehmen kann es sehr schädlich sein, wenn laute Streitereien vor der Kundschaft ausgetragen werden, entsprechend wird die Reaktion ausfallen. Nehmen Sie ruhig sachkundige Verstärkung mit, Ihr Gegenüber wird auch nicht alleine sein. Ein Zeuge kann später sehr wichtig sein. Sollte das nicht das gewünschte Ergebnis bringen, haben Sie noch die Möglichkeit ein Schlichtungsverfahren einzuleiten. Ein solches Verfahren, welches unter der Regie der jeweils zuständigen Handwerkskammer durchgeführt wird, stellt ein Angebot sowohl an das Mitgliedsunternehmen der Handwerkskammer als auch an dessen Auftraggeber dar, sich außergerichtlich zu einigen. Ziel eines Schlichtungsverfahrens ist, die Streitigkeiten zwischen dem Handwerker und dessen Auftraggeber schnell und unbürokratisch, möglichst durch eine gütige Einigung, beizulegen. Sollte dies alles nicht funktionieren, können Sie immer noch den teilweise langwierigen und möglicherweise auch kostspieligen juristischen Weg einschlagen. So weit sollten Sie es aber nicht kommen lassen.

Richtig Schrauben

Bei der Arbeit an Kraftfahrzeugen geht es nicht darum, etwas irgendwie zu zerlegen. In der Regel wird man keine Schraube an seinem Fahrzeug drehen, solange es läuft, nicht gewartet oder eben verbessert (getunt) werden muss. Es kann sehr viel Arbeit einsparen, die Tipps und Vorschläge in diesem Kapitel genauer zu betrachten und in Sachen Ausrüstung und grundsätzlicher Arbeitsweise eventuell den einen oder anderen Hinweis anzunehmen.

Ausrüstung der Werkstatt

Viele von uns Schraubern müssen gerade zum Anfang ihrer Karriere mit der Garageneinfahrt oder einem Behelfsunterstand zufrieden sein. Einigen wenigen steht eine Garage oder ein Schuppen zur Verfügung. Die glücklichen Nutzer einer komplett eingerichteten Werkstatt werden auf die meisten Werkzeuge, die in diesem Kapitel angesprochen werden, zurückgreifen können.

Werkzeug	Wozu?	Preis ca.
Ratschenkasten	Allgemein.	50 bis 200 Euro
Schraubendrehersatz	Zum Schrauben lösen.	30 Euro
Schonhammer	Das Klopfeisen mit Schonausrüstung.	15 Euro
Handlampe	Fürs Licht im Dunkeln bei der Montage.	15 Euro
Taschenlampe	Fürs Licht im Dunkeln in engen Ecken.	15 Euro
Gabelschlüsselsatz	Zum Lösen fester und weniger gut erreichbarer Schrauben.	50 Euro
Tester Zündanlagen	Überprüfung der Zündanlage und deren Komponenten.	1.000 Euro
Motortester gebraucht	Überprüfung von Zündanlage und Elektrik.	500 Euro
Kompressionsprüfer	Prüfen der Motorfunktion.	30 bis 200 Euro
Bügelmessschraubenset	Prüfen von Zylinder, Kolben und Wellen.	50 bis 200 Euro
Innenmessgerät	Prüfen von Zylinder und Kolben.	50 bis 200 Euro
Multimeter	Universalgerät fürs Elektrische.	25 bis 160 Euro
Drehmomentschlüssel	Um die Schrauben RICHTIG anzuziehen.	50 bis 300 Euro
Messschieber	Für die kleine Messung zwischendurch.	25 Euro
Auffangwanne	Für alles was abläuft, tropft oder aufgefangen werden muss.	5 Euro
Spitzzange	Die Fingerverlängerung bei wenig Platz.	15 Euro
Wasserpumpenzange	Zum Drücken, Ziehen und Festhalten.	17 Euro
Federzange	Für Ständer und Bremsenfedern.	17 Euro
Seitenschneider	Zum Kürzen von Kabeln, Zügen und Kabelbindern.	15 Euro
Polradabzieher	Zur sachgemäßen Demontage des Polrades.	15 Euro
Klauenabzieher	Für alles, was sonst abgezogen werden muss.	35 Euro
Schlosserhammer 100g	Das Klopfeisen für den Normalfall.	5 Euro
Schlosserhammer 500g	Das Klopfeisen für hartnäckige Fälle.	5 Euro
Hebekran	Anheben des Quads beim Motor oder Gabelausbau.	150 Euro
Ringschlüsselsatz	Zum Lösen fester und gut erreichbarer Schrauben.	60 Euro

Multimeter

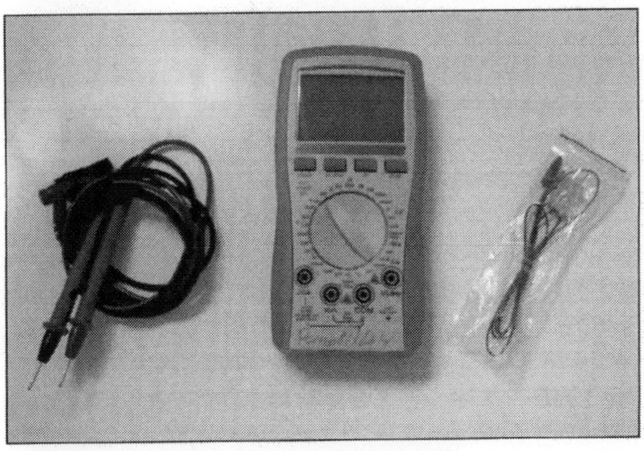

Multimeter: Klein, handlich und universell.

Das Multimeter oder besser gesagt das Multifunktionsmessgerät ist ein Werkzeug, das gerade bei der Fehlersuche und der Beurteilungen von Funktionszuständen sehr wichtig ist. Der Umgang mit ihm erscheint nur auf den ersten Blick sehr schwierig. Anhand einiger Messungen am Fahrzeug kann der Umgang mit ihm schon bei der Inspektion eingeübt werden. Einfache und in der Messqualität ausreichende Geräte sind durchaus schon um 20 Euro zu erstehen. Die wichtigsten Funktionen liegen in der Durchgangsprüfung, der Widerstandsmessung und der Spannungsmessung. Modernere Geräte sind zudem noch in der Lage, die Temperatur mittels einer speziellen Sonde zu erfassen. Diese Funktion kann die Motorreparatur im Bereich der Montage deutlich erleichtern.

Messschieber

Der Messschieber wird zur Beurteilung oder Größenbestimmung bei der Vergaserreparatur, an der Variomatik und als »Schätzeisen« beim Ausmessen des Zylinders verwendet. Auf den genauen Umgang mit diesem Messgerät wird bereits schon im Bereich der Wartung genauer eingegangen.

Messschieber: Zum Messen und Schätzen.

Innenmessgerät

Das Innenmessgerät besteht eigentlich aus einem Satz, der in den meisten Fällen die erforderliche Messuhr bereits mit einschließt. Mit diesem Messgerät wird der Zylinderverschleiß erfasst. Gleichzeitig ist der Umgang mit dem Innenmessgerät ein Stück vom eigentlichen Sinn von Messen. Messen, so sagt man, sei Vergleichen. Und gerade beim Messen mit dem Innenmessgerät wird eben das Zylindermaß mit dem angegebenen Grundmaß verglichen.

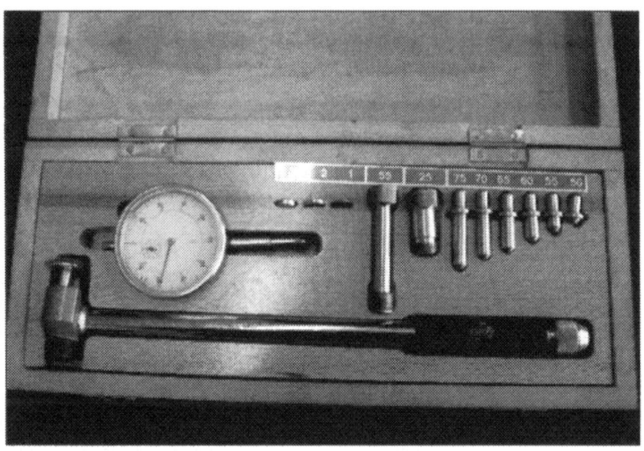

Innenmessgerät: genaue Aussagen möglich.

Ratschenkasten

IIn dem Knarrenkastenset müssen auch vernünftige Inbusnüsse vorhanden sein. Die fummelige Schrauberei mit dem Winkelschlüssel entfällt und der Einsatz einer Ratsche spart so Zeit und Nerven. Die Lizenzbaumotoren sind in den meisten Fällen mit 8-mm-Maschinenkopfschrauben ausgerüstet. Hier sind eben die kleineren Knarrennüsse gefragt.

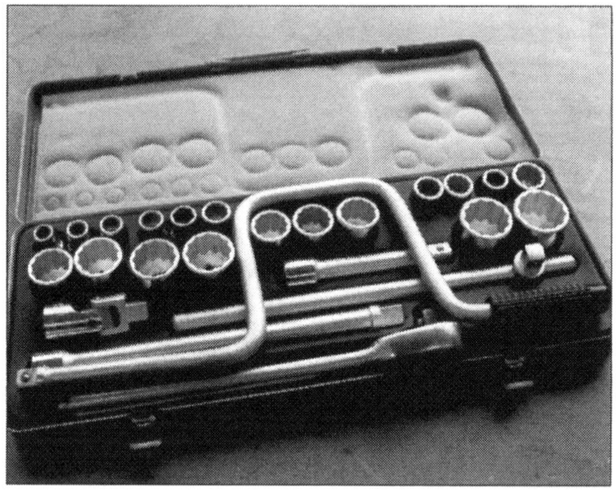

Ratschenkasten: Schrauber-Set.

Drehmomentschlüssel

Da die Gehäuseteile aus Aluminium-Magnesium Material gefertigt sind, ist es zu empfehlen, die Schrauben mit Hilfe des Drehmomentschlüssels anzuziehen. Sollte doch einmal eine Schraube abreißen, gibt's Tipps im Kapitel »Reparaturen und Montagearbeiten«.

Drehmomentschlüssel: Die richtige Kraft zum Schrauben.

Schraubendreher

Gerade bei den Schraubendrehern stellt sich die Qualität der Werkzeuge sehr schnell heraus. Nichts ist ärgerlicher, als eine halbe Stunde unnötig an dem Herausbekommen einer Schraube arbeiten zu müssen, die durch »Runddrehen« eines Schraubendrehers beschädigt wurde. Schraubendrehersätze sollten gerade für die Arbeit an Kraftfahrzeugen nicht in günstiger Qualität angeschafft werden. Gehärtete Klingen, ergonomische Griffe und natürlich in benzinfester Ausführung sollten sie sein. Aber auch hier ist es nicht unbedingt notwendig, mehr als 20 Euro für einen kompletten Satz auszugeben.

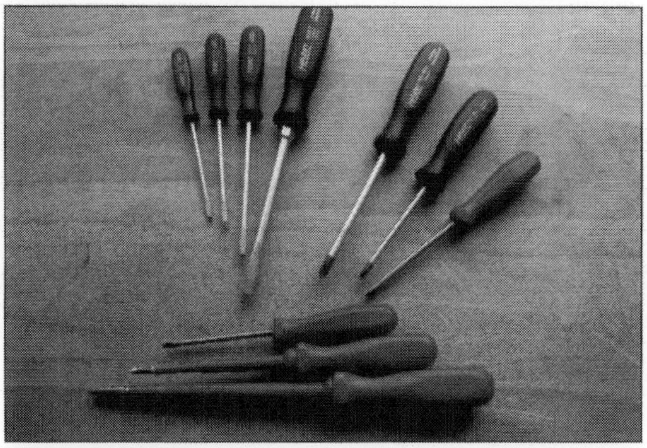

Schraubendreher: Immer den Passenden zur Hand.

Ring-Maulschlüsselset

Sicherlich wäre es erstrebenswert, sowohl Ringschlüssel als auch Maulschlüssel und Gabelschlüssel in allen denkbaren Varianten zur Verfügung zu haben. Für den Heimbedarf und als Einstieg für die Schrauber unter uns sollte ein kombinierter Ring-Maulschlüssel ausreichen. So können sowohl schwer erreichbare Schrauben festgehalten werden, als auch mit dem Ringschlüssel (zur eigenen Sicherheit) Schrauben mit hohem Drehmoment angezogen oder gelöst werden. Wie auch bei den Schraubendrehern ist es wichtig, auf gute Qualität zu achten, da ein ungenauer Schlüssel sehr viel Arbeit verursachen kann, wenn eine Verschraubung durch einen ungenauen Schlüssel »rund gedreht« ist.

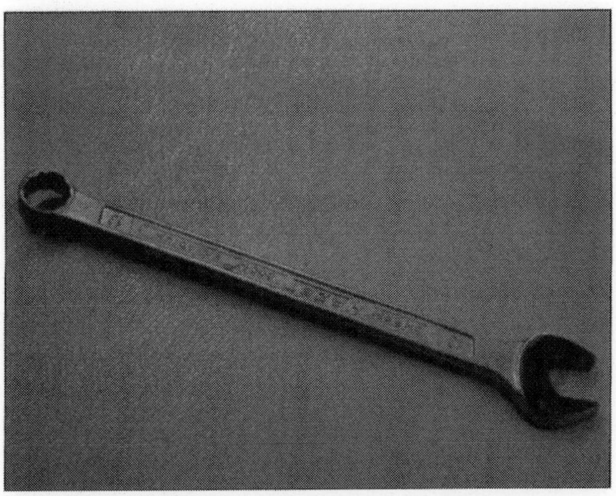

Ring-Maulschlüsselset: Kaufen Sie keine Billigware.

Auffangwanne

Eine gute Auffangwanne kommt meist aus dem Automobilbereich. Sie sollte ausreichend elastisch sein, natürlich öl-, benzin- und verdünnungsfest. Weitere recht wichtige Merkmale sind die Ausgussecke und natürlich eine Ablage in der Mitte der Wanne. Gelegentlich kann man eine solche Wanne schon für unter 5 Euro im Autozubehörmarkt erstehen.

Auffangwanne: ...da muss es rein!

Schonhammer

Der Schonhammer wird zum Trennen der Motorgehäuse sowie für so manche Arbeit benutzt, wo etwas mit einem kleinen »Schlag« in Bewegung gesetzt werden muss, ohne dass etwas beschädigt werden darf. Hier reicht ein Hammer einer kleineren Gewichtsklasse um 100 g aus. Die Schlagseiten sollten mit hartem Kunststoff bestückt sein, um so wenig wie möglich zu federn, aber bestmöglich vor Beschädigung zu schützen.

Schonhammer: Vorsichtig und schonend.

Zangen

Für die Montage und Demontage werden unterschiedliche Zangen benötigt.
Spitzzange: Wird beispielsweise für die Demontage der Kolbenklipse benötigt.
Wasserpumpenzange: Für die Demontage der Zylinderstehbolzen sehr hilfreich.
Federzange: Vereinfacht die Demontage der Federn erheblich.
Seitenschneider: Um Splinte zu entfernen oder auch Kabel und Kabelbinder zu kürzen.
Elektro-Kombizange: Zum Abisolieren der Kabel und zum Quetschen der Steckverbinder.
Abisolierzange : Für die professionelle Abisolierung.

Zangen: Zangen für alle Fälle.

Teppichmesser

Auch hier stehen viele Aufgaben für dieses Werkzeug an. Neben dem Einschneiden von Schrumpfschläuchen eignet sich die Klinge sehr gut, um Dichtungsreste zu entfernen. Zu empfehlen ist ein Messer mit Metallgehäuse und so genannten Abbrechklingen. Die Kunststoffvariante reicht aber auch aus.

Teppichmesser: Vorsichtig und schonend.

Schaber

Ein Dreieckschaber ist auch sehr gut für die Entfernung von Dichtungsresten geeignet. Ein alter Schraubenzieher kann recht leicht zum Flachschaber umgebaut werden.

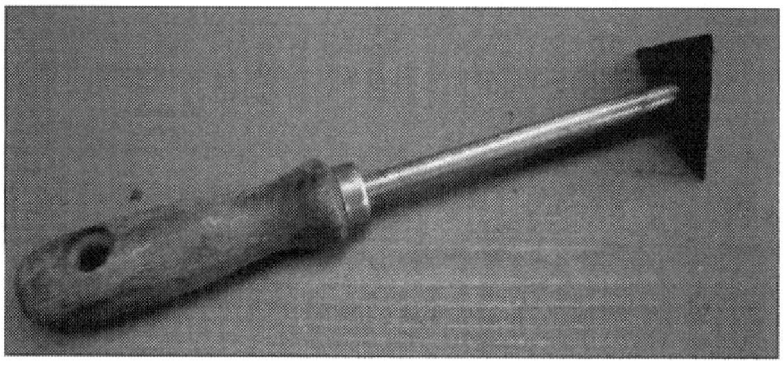

Schaber: Dichtungen müssen hiermit weichen....

Döschen und Deckelchen

Ein riesiges Chaos steht an, wenn ein Quad zerlegt werden muss. Da gibt es viele verschiedene Schrauben, Muttern und Clipse, die alle zwar sehr ähnlich aussehen, aber nicht unbedingt so ohne Weiteres austauschbar sind. Abhilfe können hier kleine Kunststoffbehälter leisten, die im Haushalt eigentlich entsorgt werden. Wieder verschließbare Döschen von Gummibären bis zu Hunde-Snacks fungieren als Aufbewahrungsboxen, die aufgrund des fest verschließbaren Deckels auch mal umfallen dürfen. Die meisten oder zumindest einige der Behälter sind nicht lösungsmittelfest. Um zu vermeiden, dass der sauber verpackte Vergaser am nächsten Morgen in einer undefinierbaren Kunststoffmasse liegt, muss getestet werden, welche Stoffe der Behälter verträgt. Oder es dürfen eben keine Lösungsmittel oder Bauteile mit Lösungsmittel in den Boxen gelagert werden, in denen noch Lösungsmittelrückstände festgestellt werden.

Döschen und Deckelchen: Damit nichts verloren geht!

Lappen

Für die Montage und Reinigungsarbeit eignen sich am besten fusselfreie Leinentücher. Die wichtigste Eigenschaft, neben der Eigenschaft nicht zu fusseln, ist die Saugfähigkeit. Alte Bettwäsche, Geschirrtücher und Handtücher lassen sich auch sehr gut hierfür verwenden.

Lappen: Sauberkeit und Schutz.

Spezialwerkzeug

Spezialwerkzeug ist bei vielen Bauteilmontagen auch schon beim Quad unabdingbar. Natürlich hat ein »Kolbenstopper« nichts in der Werkzeugkiste zu suchen. Es macht einfach keinen Sinn, einen Kolben der Belastung auszusetzen, die eventuell bei einer festsitzenden Schraube einwirken könnte. Man kann nicht ausschließen, dass Kolben, Pleuel oder Kurbelwelle beschädigt oder verzogen werden. Zum Blockieren des Motors gibt es Spezialwerkzeug, mit dem die Demontage leicht möglich ist, ohne den Motor oder seine Bauteile zu beschädigen.

Lüfter Gegenhalter:

Wenn Arbeiten an der Vanomatic oder am Anlasserfreilauf durchgeführt werden sollen, ist der Abzieher nicht wegzudenken. Die Kräfte, die beim Lösen der Mutter entstehen werden, vom Gegenhalter aufgenommen. Ein Nachbau lohnt sich auf Grund von Preisen um 10 Euro nicht.

Lima Gegenhalter / Polradgegenhalter:

Auch für die Lichtmaschine gibt es einen Spezialschlüssel, um beim Lösen oder Befestigen der Mutter das Polrad oder Rotor festhalten zu können.

Polradabzieher:

Auch für das Abnehmen des Polrades (Rotor) gibt es Spezialwerkzeug. Die Kurbelwelle ist konisch aufgebaut und zusätzlich noch mit einem Keil gegen Verdrehen gesichert. Ohne den Abzieher lässt sich das Polrad nicht von der Kurbelwelle abnehmen. Für einen Universalabzieher ist nicht genug Platz im Gehäuse und zudem wird das Polrad außen belastet und könnte so verzogen werden. Der Abzieher muss ein passendes Gewinde haben das in das Polrad eingreift.

Auch hier sind die Kosten im Zubehör so gering, dass sich eine Eigenproduktion nicht rechnet.

Gehäuseabdrücker:

Der Gehäuseabdrücker ist ein Hilfswerkzeug was die Kurbelwellendemontage wesentlich erleichtert. Bisher haben wir noch keinen Abdrücker im Zubehörhandel gefunden. Dieses Werkzeug lässt sich aber auch leicht selber herstellen. Der Gehäuseabdrücker soll die Kurbelwelle aus dem Motorgehäuse drücken. Sicherlich geht das auch mit einem Schonhammer, sieht aber nicht halb so elegant aus.

Planplatte und Schleifpapier:

Sollte der Zylinderkopf einmal verzogen sein, ist es erforderlich, den Zylinderkopf »plan« zu schleifen. Um die Schleifarbeiten am Zylinderkopf durchführen zu können, wird lediglich eine nicht leicht verformbare Platte als Schleifebene benötigt. Die Größe sollte etwa 20 auf 30cm groß sein. Entsprechendes Schleifpapier sollte für den Vorschliff eine Körnung von 80 und für den Feinschliff von 240 haben. Zwischen dem Vor- und dem Feinschliff kann durchaus 150er Papier verwendet werden. Alle Schleifpapiersorten gibt es als Papierbogen. Man kann das Schleifpapier länger benutzen und zudem verknittert es nicht so leicht, wenn man die leinenverstärkten Papierbögen verwendet.

Spezialwerkzeug: Hilfreich und nicht unbedingt teuer!

Hebebühne

Eine so genannte Motorrad- und Quad-Hebebühne erleichtert die Arbeit am Quad ganz erheblich. Zwar gibt es »Selbstbau-Geräte«, die mit wenigen Euro und einem Wagenheber selber gebaut werden können, aber mit den Profigeräten sind sie nicht zu vergleichen. Wichtig ist, dass das Quad zu befestigen ist und die Bühne sich problemlos und ruckfrei bedienen lässt.

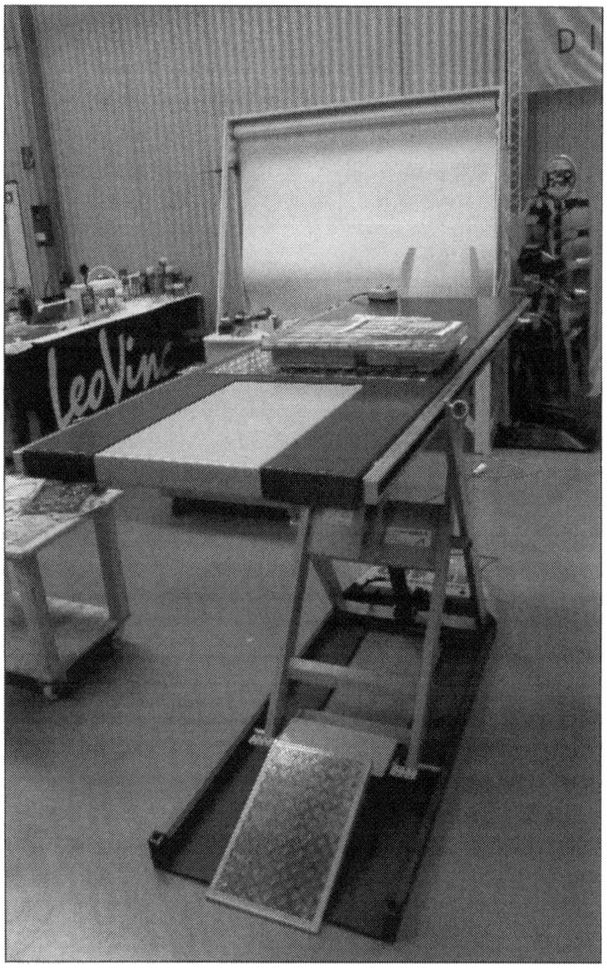

Hebebühne: Der Traum der Schrauber.

Teilewaschgerät

Wie der Name schon sagt, wird dieses Gerät zur Reinigung von Teilen benötigt. Der Behälter besteht aus einem Vorratsbehälter, in dem ein spezieller Reiniger mit guten Löseeigenschaften für Fette und Öle enthalten ist. Mittels einer Pumpe werden diese Reinigungsmittel durch einen Schlauch durch einen Hohlpinsel gedrückt. Der Pinsel übernimmt die mechanische Reinigung, der Reiniger löst die Verschmutzungen und spült sie wieder in den Behälter. Gute Reinigungsgeräte haben einen Schlammfang, in dem die Grobpartikel und andere Überreste aufgefangen werden und nicht erst in den Vorratstank gelangen.

Teilewaschgerät: Sauberkeit muss kein Zufall sein.

Betriebsmittel

Betriebsmittel sind die Stoffe, die zwar nicht zum Quad selber gehören, aber für den Betrieb unbedingt benötigt werden. Diese Betriebsmittel sollten auch schon in der Hobbywerkstatt bevorratet werden.

Nr. 1 Getriebeöl:

Das Getriebeöl befindet sich im Radgetriebe. Jedes Getriebe hat ein abgeschlossenes Gehäuse und muss aufgrund der hohen Kräfte die durch den Antrieb entstehen mit einem speziellen Öl versorgt werden.

Nr. 2 2Taktöl:

Die Zweitaktmotoren benötigen Gemischschmierungsöl. Bei den meisten Quads auf dem Markt sind heutzutage Gemischpumpen verbaut. Die Gemischpumpen setzen dem Kraftstoff im Vergaser eine ganz bestimmte Menge Öl zu. Natürlich gibt es einen Vorratsbehälter, der mehrere Tankfüllungen benötigt, bis er leer ist. Das Zweitaktöl wird zum einen zum Nachfüllen des Reservetanks benötigt, zum andern aber auch um dem Kraftstoff im Tank eine bestimmte Menge Öl zufügen zu können, wenn durch Arbeiten an der Gemischpumpe oder an den Zuleitungen Luft in die Leitungen gelangt sein könnte.
Ein gutes Öl mit guten Mischeigenschaften gehört also wie Werkzeug in die Werkstatt.

Nr. 3 Fette:
Viele Bauteile des Quads müssen geschmiert werden. Die Anforderungen an die Schmierfette sind sehr vielfältig. Im Grunde genommen kann man sich aber für das Quad auf ein gutes Lagerfett beschränken.

Nr. 4 Dichtungsmassen:
Nicht jede Dichtungsmasse ist für alle Anwendungen in der Fahrzeugtechnik geeignet. Eine Besonderheit findet sich gerade beim Zweitaktmotor. Bei diversen Motorentypen wird mit Flüssigdichtmasse das Kurbelgehäuse abgedichtet.
Die Anforderungen an die Dichtmasse liegen nicht nur bei der Eigenschaft der Benzinfestigkeit. Sie muss auch der dauernd wechselnden Belastung durch Vorverdichten und Ansaugen gewachsen sein. In der Regel findet man diese Eigenschaften bei Flächendichtmassen wie »DIRKO«, die es in jedem Autozubehörladen zu kaufen gibt. Viele Flächendichtmassen sind entweder nicht ausreichend benzinfest oder aber halten den Belastungen auf Dauer nicht stand.
Die Arbeiten mit dem Dichtmittel müssen sehr gründlich vorbereitet und durchgeführt werden. Ein Fehler bei der Verarbeitung würde eine erneute Demontage des Motors erforderlich machen. Die richtige Verarbeitung wird im Kapitel »Reparaturen und Montagearbeiten« ausführlich beschrieben.

Nr. 5 Weißes Kettenfett:
Ein vielseitiges Hilfsmittel für diverse Schmierstellen ist weißes Sprühkettenfett. Es ist sehr schleuderfest, da es ja eigentlich für Motorradketten ausgelegt ist, und es ist aufgrund der zielgenauen Sprühköpfe auch leicht an schlecht zu erreichende Stellen anzubringen. Die wasserabweisenden Eigenschaften ergeben noch einen zusätzlichen Aufgabenbereich für das Sprühfett. Nachträgliches Abdichten von Steckerkombinationen und Massekontakten ist natürlich genauso leicht möglich.

Nr. 6 Kraftstoff:
Auch ein Kanister mit Kraftstoff sollte in der Werkstatt bereitstehen. Nicht nur als Treibstoff, auch zum Reinigen und zum Entfernen von Aufkleberresten ist der Kraftstoff sehr gut geeignet. Oftmals wird die Frage gestellt, welcher Kraftstoff denn im Quad gefahren werden müsse. An den Tankstellen sind drei Kraftstoffsorten mit unterschiedlicher Klopffestigkeit im Angebot. Die höheren Anforderungen an die Klopffestigkeit werden aber eher von hochverdichtenden Viertaktmotoren erfüllt. Bei Zweitaktern kommt das so genannte »Klingeln«, also eine verfrühte Kraftstoffentzündung aufgrund der niedrigeren Verdichtung und der daraus resultierenden niedrigeren Temperatur, eigentlich nicht vor.

Gesundheit

Die Arbeiten am Quad an sich erscheinen zuerst einmal gar nicht gefährlich. Natürlich ist jedem klar, dass man einen Motor nicht in geschlossenen Räumen laufen lassen soll. Neben dem Abgas entstehen aber noch andere Gefahren, die einem vor der Arbeit am Fahrzeug zumindest bewusst seinen sollen. Schadstoffe dringen auch schon über die Poren in die Haut ein. Deutlich sichtbar wird das, wenn »Bremsenreiniger« zum Einsatz kommt. Bei häufiger Verwendung wird die Haut schnell spröde und reißt ein. Das ist nicht nur unangenehm, sondern ein ganz sicheres Zeichen für die Schädigung der Haut. Abhilfe schafft da schon eine einfache Hautschutzsalbe. Die Poren der Haut werden verschlossen und Schadstoffe können nicht mehr eindringen. Außerdem erleichtert gut einmassierte Hautschutzsalbe auch unter den Fingernägeln die Handreinigung erheblich.
Gerade am laufenden Motor muss der Einsatz von leicht brennbaren Materialien wie Bremsenreiniger oder Kraftstoff sehr vorsichtig erfolgen. Für Überprüfungen, wie beispielsweise die der Dichtheit des Ansaugsystems, kommen wir ohne diese brennbaren Hilfsmittel nicht aus.

Nr. 1 Säuren
Im Regelfall kommt man eigentlich nicht mit Batteriesäure in Kontakt. Wenn jedoch eine neue Batterie befüllt werden muss oder an einer Batterie Wartungsarbeiten durchgeführt werden sollen, muss man besondere Vorsicht walten lassen.

Nr. 2 Bremsflüssigkeit
Die Bremsflüssigkeit wird als brandfördernd, sehr giftig und reizend eingestuft. Anhand dieser für die Arbeitssicherheit gemachten Aussagen wird eigentlich schon klar, dass auch dieser eigentlich harmlos erscheinende Stoff recht gefährlich sein kann, wenn man nicht entsprechend mit ihm umgeht. Beim Bremsflüssigkeitswechsel ist es schon oft vorgekommen, dass die alte Flüssigkeit in einer Getränkeflasche zur Entsorgung aufbewahrt wurde. Alte Bremsflüssigkeit ist oftmals sehr dunkel bis schwarz und

kann somit leicht mit Cola oder anderen Getränken verwechselt werden. Mit einer entsprechenden Getränkeflasche und einer nicht vorhandenen oder schlecht lesbaren Beschriftung ist ein Unfall vorprogrammiert. Am besten ist ein verbrauchter Bremsflüssigkeits-Behälter als Aufbewahrungsbehälter für alte Bremsflüssigkeit geeignet. Der Schriftzug »ALT« stellt dann sofort klar, um was es sich handelt. Bremsflüssigkeit darf übrigens nicht ins Altöl gekippt werden. Unter Umständen wird das Altöl zu Sondermüll, der dann teuer entsorgt werden muss.

Nr. 3 Reiniger

Als Reinigungsmittel werden oftmals Nitroverdünnung oder Benzin verwendet. Diese Stoffe sind nicht nur leicht entzündlich und gesundheitsschädigend, sondern können auch die Gummiteile des Quads angreifen. Der Einsatz am Motor ist aufgrund der ölgebundenen Verschmutzung sicher nicht ganz abzuwenden. Man sollte den Einsatz von diesen lösemittelhaltigen Stoffen sehr gezielt und überlegt durchführen. Die Reinigungsarbeiten sollten immer in gut belüfteten Räumen durchgeführt werden.

Nr. 4 Dichtmassen

Wie auch bei den Reinigern, kann man recht schnell riechen, dass die Dichtmasse auch Lösungsmittel enthält. Auch hier ist dann auf ausreichende Belüftung zu achten. Angebrochene Tuben sollten sofort verschlossen werden, benutzte Lappen am besten sofort entsorgen.

Aussichten und Optimierung

Die beschriebenen Werkzeuge befassten sich eher mit der Minimalausstattung einer Schrauberwerkstatt. Wer häufiger mit Quadreparaturen zu tun hat oder sich einfach genauer mit der Technik befassen möchte, sollte seine Werkstattausrüstung kontinuierlich so ausbauen, dass jegliche Diagnose und Einstellung möglich ist.

Oszi

Sicherlich ist es keine Aufgabe dieses Buches, sich mit der Zukunft der Zweiradtechnik auseinanderzusetzen. Bei der Einrichtung einer Schrauberwerkstatt und damit auch dem Arbeitsplatz, wo sicherlich so manche der hier beschriebenen Arbeiten nachvollzogen werden, muss es erlaubt sein, einige Gedanken zur zukünftigen Aufgabe der Schrauberwerkstatt und deren Ausrüstung zu verlieren. Zunehmend wichtiger

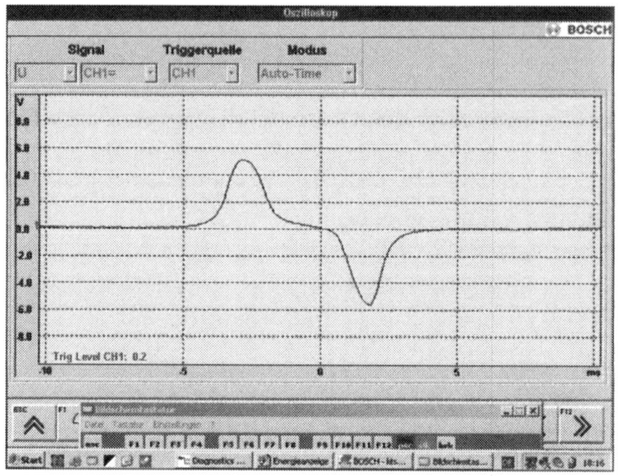

Oszilloskop: Ein Signalbild sagt mehr als tausend Worte...

wird auch die Auswertung von Signalen und Ausgabewerten. In nicht allzu ferner Zukunft werden auch die Quads aufgrund der steigenden Anforderungen durch die strengeren Abgasnormen mit elektronischen Einspritzsystemen ausgerüstet sein. Modulierte Spannungen nennt man die Gleichspannungen, die in hoher Frequenz ein- und ausgeschaltet werden und somit auch teilweise Betätigung von Bauteilen ermöglichen. Die Auswertung ist ohne Oszilloskop gar nicht möglich. Für Multimeter ist die Schaltfrequenz viel zu hoch. Natürlich muss es auch hier nichts besonders Teures sein, sogar mit recht günstigen Speicheroszilloskopen lassen sich sehr gute Messergebnisse erzielen.

Beim Pkw und Lkw ist es mittlerweile Standard, beim Motorrad und beim Quad wird es kommen: elektronische Einspritzanlage bis zur rechnergesteuerten Lichtanlage. Der Schrauber von morgen muss gerüstet sein. Natürlich sind zuerst einmal recht einfache Systeme zu erwarten. Ganz sicher aber ist, dass den Minarelli-Systemen mit ihrer Funktionssicherheit und der recht einfachen Fehlersuche noch so manche Träne nachgeweint wird. Diese hat sich aber auch schon beim chinesischen Viertaktmotor deutlich verändert. Die Markenhersteller wie Yamaha oder Cectek machen es schon vor.

Abgastester

Seit diesem Jahr ist sie ja schon für die großen Krafträder vorgeschrieben: die »Krad AU«. Natürlich nur schwer beim Quad durchführbar. Eine Überwachung des Abgasverhaltens und vor allem die Diagnose werden mit zunehmend besser werdendem technischen Stand der Gemischaufbereitungssysteme immer wichtiger.

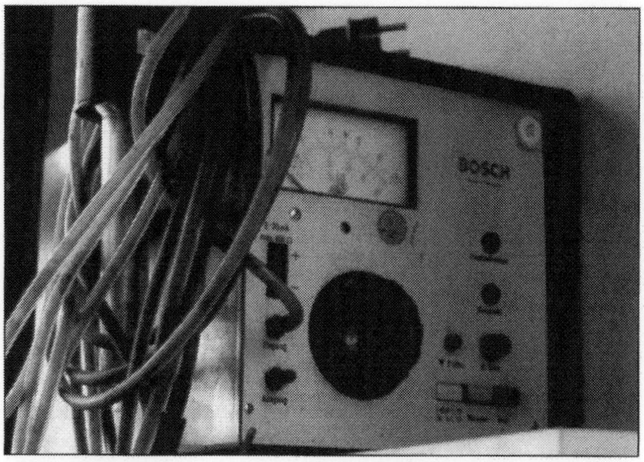

Abgastester: CO-Werte sind ein wichtiger Indikator bei der Einstellung.

Testgeräte

CDI und Komponenten-Tester sind meist sehr teuer und finden recht selten Anwendung in der Werkstatt. Zudem sind die Preise für die Zündsteuergeräte in den letzten Jahren so erheblich gesunken, dass die Anschaffung eines speziellen Testers nur schwer zu rechtfertigen ist. Alle anderen Geräte, die am Zündsteuergerät angeschlossen sind, lassen sich wie die Verdrahtung selber recht leicht mit dem Multimeter überprüfen.

Testgeräte: Klare Aussage helfen Fehler zu finden...

Ultraschallreinigungsgerät

Das Ultraschallgerät ist ein Reinigungsgerät, in dem die Reinigungsflüssigkeit in hochfrequente Schwingungen gebracht wird. So werden anhaftende Schmutzpartikel von den Bauteilen gelöst. Oftmals wird als Reinigungsbad einfaches Leitungswasser verwendet. Zum Teil ist es aber auch möglich, spezielle Reiniger in das Gerät einzufüllen. Hier sind natürlich die Herstellerempfehlungen zu beachten. Teilweise sind die Ultraschallgeräte auch beheizbar, so wird eine noch etwas höhere Reinigungswirkung erzielt.

Ultraschallreinigungsgerät: Porentief rein...

Drehmomente und große Verluste

So manchem Schrauber haben unlösbare oder abgerissene Schrauben die Laune schon gründlich vermasselt. Damit Sie nicht zu den Frustrierten gehören, verraten wir Ihnen an dieser Stelle ein paar Tipps und Kniffe.

Drehmomente beachten

Um eine notwendige Verbindungs-Haltekraft ausüben zu können, muss eine Schraube (Mutter) in dem ihr zugeordneten Innengewinde (Außengewinde) mit einem bestimmten Anziehdrehmoment festgezogen werden. Nur damit ist garantiert, dass die durch die Schraube (Mutter) zueinander verspannten Bauteile ausreichend fest sind und sich die Schraubverbindung nicht von alleine löst.

- Werden Schrauben/Muttern zu leicht angezogen, besteht die Gefahr, dass sich die Schraubverbindung lockert.
- Werden Schrauben/Muttern zu fest angezogen, werden ihre Gegengewinde »weich«; gefühlt ist die Schraubverbindung »fest«. Spätestens im Betrieb lockert sie sich und fällt ab.

■ Werden Schrauben/Muttern bei der Montage zu fest angezogen, reißen bzw. brechen dabei aber (noch) nicht, dann aber spätestens im Betrieb.

Schraube/Mutter M6 6 bis 10 Nm
Schraube/Mutter M8 15 bis 20 Nm
Schraube/Mutter M10 30 bis 40 Nm
Schraube/Mutter M12 55 bis 70 Nm
Schraube/Mutter M14 85 bis 100 Nm
Schraube/Mutter M16 120 bis 140 Nm

Profis zeichnen jede Schraube/Mutter, die sie mit dem vorgeschriebenen Drehmoment angezogen haben, mit einer Farbmarkierung. Sollte sich eine Schraubverbindung wider Erwarten öffnen, sieht man das an den zueinander verdrehten Farbstrichen!

Die richtige Länge

Stahlschrauben, die in Aluminium gedreht werden, müssen mindestens mit der Länge des doppelten Schraubendurchmessers in das Innengewinde eingeschraubt werden (M6 also 12 mm). Noch besser ist die zweieinhalbfache Länge (bei M6 also 15 mm).
■ Wenn man keine Schrauben in der passenden Länge bekommt und nur solche, die 5 mm zu kurz oder 20 mm zu lang sind, dann lieber die zu langen kaufen und auf passende Länge zurechtsägen. Lohn der (Säge-)Arbeit ist ein nicht ausreißendes Gewinde! Wenn Schmutz oder Reste von Schraubenkleber an der Schraube haften, diese mit einer Messingbürste reinigen.
Eine scharfe Stahlbürste reißt die Oberflächen des Gewindes auf! Bei jeder Schraube, die wieder montiert werden soll, ihr Gewinde begutachten: Ist das Gewinde defekt (»überdreht«), ist es reif für die Mülltonne.

Verschiedene Muttern und Scheiben

■ Unterlag- oder Wellenscheiben sollen zwischen Stahlmuttern und Aluminium gelegt werden, das verbessert die Flächenpressung und schont das Alu.
■ Eine Federscheibe, auch »Sprengring« genannt, verhindert durch ihre beiden Zacken bis zu einem gewissen Maße das Lösen der Schraube/Mutter. Nur bei Stahl auf Stahl verbauen!
■ In die Stoppmutter ist ein Kunststoff-Sicherungsring eingesetzt, der die Mutter auf dem Schraubgewinde »verklemmt« und damit sichert. Stoppmuttern sollen nur einmal, höchstens zweimal verwendet werden.
■ Stahlmuttern mit fest angefügter Feinzahnscheibe sind eher selten, sie werden ohne zusätzliche Unterlegscheibe auf Alu oder Stahl verschraubt. Nach mehrmaliger Verwendung ist die Verzahnung »flach«, sichert also nicht mehr richtig.

Verrostete Schraubverbindungen lösen

Bevor Sie eine festgerostete Mutter bzw. Schraube lösen, befreien Sie die überstehenden Gewindegänge von Schmutz und Rost. Andernfalls wird nämlich die Reibung auf den Gewindeflanken so groß, dass Sie die Mutter regelrecht abwürgen müssen oder Ihnen kurzerhand der Gewindebolzen abschert.
■ Säubern Sie das überstehende Gewinde mit einer Drahtbürste und sprühen es anschließend mit Rostlöser ein.
■ Bei Schnellrostlösern drehen Sie die Mutter sofort los, …
■ … andere Rostlöser (Öl, Petroleum, Diesel, Cola, etc.) lassen Sie erst einige Zeit einwirken.

Beschädigte Muttern lösen

■ Wenn Sie mit dem Gabelschlüssel eine Sechskantmutter rund gedreht haben oder die Anlageflächen bereits vom Rost zerfressen sind, ist Gewalt häufig das letzte Mittel.
■ Bei kleineren Muttern hilft ab und an noch eine stabile Gripzange. Häufig greifen Sie damit noch das angefressenen Sechskant und lösen die Mutter dann per Zange.
■ Hilft das nicht weiter, sprengen Sie die Mutter mit einem scharfen Meißel. Werkstätten killen widerspenstige Exemplare häufig mit einem Mutternsprenger.
■ Gut zugängliche Muttern können Sie – entlang des Gewindes – mit einer Metallsäge aufsägen.
■ Als letzte Möglichkeit bleibt der Trennschleifer.

Inbus- und Vielzahnschrauben

■ Ehe Sie ein Werkzeug ansetzen, befreien Sie das Sackloch auf dem Schraubenkopf von Schmutz.
■ Zum Lösen solcher Schrauben eignen sich am besten Steckeinsätze mit langem Sechskant bzw. Vielzahn.
■ Im Gegensatz zu gebräuchlichen Winkelschlüsseln (bei denen die Kraft immer schräg ansetzt) vertragen Steckeinsätze auf der Adapterseite auch einen Hammerschlag. Der Schlag – im Notfall sogar direkt auf den Schraubenkopf – lockert meistens die Schraube ein wenig und erleichtert das Lösen.

Schlitz- und Kreuzschlitzschrauben

■ Schon nach relativ kurzer Zeit können Schrauben so fest sitzen, dass Sie einen normalen Schraubendreher damit schlichtweg überfordern. Bei Kreuzschlitzschrauben kommt erschwerend hinzu, dass der Schraubendreher auch bei starkem Gegendruck aus dem Kreuzschlitz wandert. Folge: Schon nach wenigen Versuchen ist der Schraubenkopf vermurkst und die Schraube wird zum Problem.

■ »Festgebackene« Schrauben versuchen Sie zunächst mit einem knackigen Hammerschlag auf den Schraubenkopf zu lösen. Dadurch trennen sich oft schon die Gewindegänge. Wenn Sie den Schraubenkopf nicht direkt mit dem Hammer erreichen, setzen Sie einen passenden Schraubendreher mit stabilem Griff an und traktieren die Verbindung mit Schlägen auf den Griff.

■ Häufig reicht das schon, und die oft nur am Kopf korrodierte Schraube bricht los und lässt sich dann normal lösen.

■ Bleiben Sie erfolglos, versuchen Sie Ihr Glück mit einem Schlagschrauber und dem passenden Einsatz. Schlagschrauber setzen jeden Hammerschlag an der Schraube in eine Drehbewegung um – dem widersteht praktisch keine Schraube.

Stehbolzen lösen

■ Stehbolzen (Gewindestange) bieten einem Schraubenschlüssel meist keine Anlagefläche. Sollten Sie keinen Stehbolzenausdreher haben, schaffen Sie auf dem Stehbolzen eine provisorische Schraubmöglichkeit.

■ Schweißen Sie zum Lösen eine Mutter auf dem überstehenden Bolzengewinde fest oder kontern Sie zwei Muttern gegeneinander.

■ Zum Lösen gekonterter Muttern setzen Sie den Schraubenschlüssel immer an der unteren Mutter an. Zum Festziehen nutzen Sie grundsätzlich die obere Mutter.

Abgerissene Schrauben ausbohren

Ist die Schraube abgerissen, bleiben nicht mehr viele Möglichkeiten. Eine davon ist das Ausbohren, denn fest steht: Das verbliebene Teil muss raus. Die Gefahr, dabei das Gewinde zu beschädigen, ist groß. Lassen Sie sich also Zeit bei dieser Operation. Nur so können Sie das Gewinde schonen.

■ Geben Sie zunächst einen Körnerschlag exakt in die Mitte des Schraubenstumpfs.

■ Bohren Sie den Stumpf an: Bis Schraubengröße M8 schafft das ein so genannter Kernlochbohrer. Als Kernloch wird der Durchmesser einer Schraube ohne Gewindeflanken bezeichnet. Bis zur Schraubengröße M6 gilt die Faustregel: Gewindedurchmesser multipliziert mit 0,8. Beispiel: Verschraubung M6 x 0,8 = Kernlochdurchmesser 4,8. Bei Schrauben, die größer sind als M8, sollten Sie mit einem dünneren Bohrer vorbohren.

■ Die in den Gewindegängen verbliebenen Metallreste können Sie anschließend mit einer Reißnadel oder einem Stabmagneten entfernen. Falls nicht, schneiden Sie das Gewinde vorsichtig nach. Der Gewindeschneider entfernt dabei die Reste des alten Bolzens.

Gewinde schneiden

Leichtmetall hat eine geringere Festigkeit als etwa Stahl, demzufolge reißen Gewinde hier besonders leicht aus. Solange um das alte Gewinde herum noch genügend Materialsubstanz vorhanden ist, können Sie ein größeres Gewinde einschneiden.

Andernfalls lassen Sie in der Fachwerkstatt eine Gewindebuchse (z. B. HeliCoil) einsetzen. Neue Gewinde schneiden Sie in drei Stufen. Die entsprechenden Gewindeschneider heißen daher Vorschneider (ein Ring am Schaft), Mittelschneider (zwei Ringe am Schaft) und Fertigschneider (ohne bzw. drei Ringe am Schaft).

■ Drehen Sie die Gewindeschneider unter ständigem Ölen nacheinander in das vorgebohrte Kernloch ein und aus.

■ Um die Schneider nicht abzureißen, nehmen Sie immer nur kleine Vorwärtsdrehungen (max. 1/8 des Umfangs) vor.

Drehen Sie danach den Schneider immer so weit zurück, bis die Schneidspäne abbrechen und der Schneider nicht mehr klemmt.

Gewindereparatur mit HeliCoil

Es gibt viele Gründe, warum ein Gewinde nicht mehr in der Lage ist, das vorgesehene Anzugsdrehmoment zu halten.

Grund 1: Häufiges Lösen und Anziehen führt zum Verschleiß im Gewinde und je nach Häufigkeit der Benutzung zur Zerstörung.

Grund 2: Die zum Teil recht weichen Aluminiumguss-Legierungen sind in dieser Beziehung besonders problematisch und anfällig.

Grund 3: Schrauben oder Muttern werden mit zu großen Anziehdrehmomenten angezogen.

Grund 4: Durch Korrosion (»Rost«) zwischen Schraube und Bauteilwerkstoff kommt es zum »Festbacken der Schraube«. Beim Versuch die Schraube zu lösen, wird das Mutterngewinde zerstört. Zerstörte Gewinde können mit geringem Aufwand und Kosten einfach und zuverlässig repariert werden, indem das defekte Innengewinde ausgebohrt und ein aus gewickeltem Draht bestehender Gewindeeinsatz eingedreht wird: »HeliCoil« nennt sich dieses Reparaturverfahren, das von der Firma Böllhoff Verbindungstechnik GmbH in Bielefeld hergestellt und weltweit vertrieben wird (www.helicoil.de). HeliCoil bietet so genannte »Repairkits« in den Abmessungen von M2 bis M36 an. Ein HeliCoil-Repairkit kostet ca. 40 Euro, ist im Fachhandel erhältlich und enthält:

- Kernlochbohrer mit dem Kernloch-Gewindedurchmesser für das neue Gewinde.
- HeliCoil-Gewindebohrer.
- HeliCoil-Einbauwerkzeug, das ist eine Einbau-Gewindespindel mit einem kleinen Ansatz vorne.

20 HeliCoil-Drahtgewindeeinsätze aus hoch korrosionsbeständigem Stahl der Legierung 1.4301 (Festigkeit mehr als 1.400 N/mm²).

Funktion und Aufbau

Im Kapitel »Bauteile und Prüfungen« werden wir auf alle im Quad verbauten Teile genauer eingehen. In diesem Kapitel geht es darum, einige wichtige Grundfunktionen des Quads genauer unter die Lupe zu nehmen. Sie sollen als Leser damit ein Grundverständnis für den Aufbau und die Funktion der beschriebenen Teilsysteme eines Quads erlangen.

Der 2Taktmotor

Der Funktionsablauf ist bei einem Zweitaktmotor etwas komplizierter oder besser gesagt unübersichtlicher als beim Viertaktmotor. Betrachten wir deshalb die Vorgänge unter dem Kolbenboden mal getrennt von den Vorgängen über dem Kolbenboden.
Zumindest beim Anlassen des Motors gibt es diese Situation während der ersten Umdrehung des Motors. Der blaue Teilkreis, der auf der Kurbelwelle abgebildet ist, zeigt den Teil der Umdrehung der Kurbelwelle, in dem der Motor Frischgas ansaugt. Hierfür müssen die Überströmkanäle und der Auslasskanal durch den Kolben verschlossen sein. Durch die Raumvergrößerung, die durch die Kolbenbewegung in Richtung OT verursacht wird, entsteht ein Unterdruck im Kurbelgehäuse. Die Einlassmembranen werden aufgedrückt und Frischgas strömt ein.
Sobald der Kolben den OT erreicht hat und den Weg nach UT beginnt, wird der Raum unter dem Kolbenboden durch die Abwärtsbewegung des Kolbens wieder kleiner. Solange aber der Kolben den Überströmkanal nicht freigegeben hat, kann das Frischgas nicht entweichen. Das Frischgas wird nun zum ersten Mal zusammengedrückt. Diesen Vorgang nennt man »Vorverdichten«. Der orange gekennzeichnete Bereich stellt die Vorverdichtung bei der Kurbelwellendrehung dar.
Über dem Kolben, das heißt im Zylinderraum, finden – wie auch beim Viertaktmotor – der Arbeitstakt, der Verdichtungstakt und der Ausstoßtakt statt.

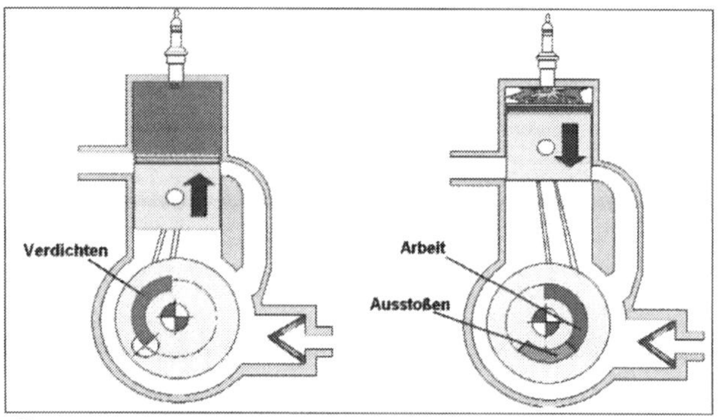

Über dem Kolben.

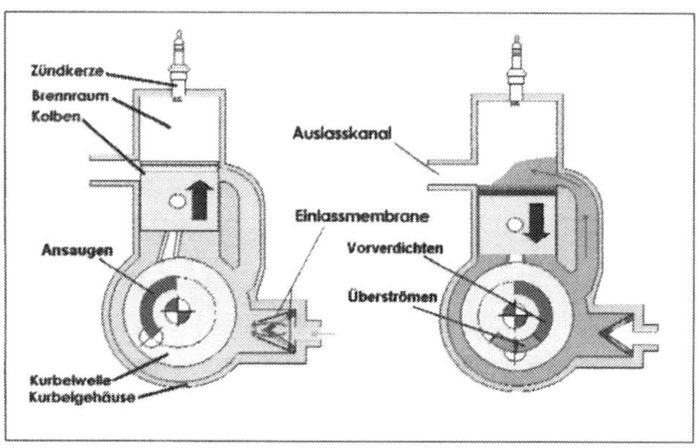

Unter dem Kolben.

Nachdem der Überströmkanal durch den Kolben verschlossen worden ist, wird durch die Kolbenbewegung in Richtung OT der Raum über dem Kolbenboden verkleinert. Das Frischgas wird nun verdichtet und, wie beim Viertaktmotor auch, kurz vor OT gezündet. Durch die Verbrennung wird der Kolben in Richtung UT getrieben. Sobald der Kolben den Auslasskanal freigibt, wird mit Hilfe des einströmenden Frischgases das Abgas »hinausgespült«. Ein großer Nachteil von Zweitaktmotoren findet sich gerade im »offenen Gaswechsel«. Die Bezeichnung »offener Gaswechsel« leitet sich von der Besonderheit des Motorkonzeptes ab. Beim Ausspülen des Abgases ist neben dem Überströmkanal auch der Auslasskanal offen. Theoretisch wäre es möglich, durch den Motor hindurchzusehen. Natürlich ist die Zeichnung vereinfacht dargestellt. Ein moderner Zweitaktmotor hat bis zu acht Überströmkanäle, die so angeordnet sind, dass eine schnelle Zylinderfüllung und somit ein schneller Gaswechsel gewährleistet ist. Unterschiedliche Drehzahlen und unterschiedlicher Gegendruck durch die Auspuffanlage ergeben nicht in allen Lastzuständen optimale Füllungszustände des Zylinders.

Moderne Zweitaktmotoren arbeiten heute deshalb meist mit aktiven Auslasssystemen, die den Rückstau zu dem jeweiligen Lastzustand anpassen. So werden die »Spülverluste« verringert und nicht nur die Leistungsausbeute verbessert. Abgasverhalten und Kraftstoffverbrauch werden so deutlich verbessert.

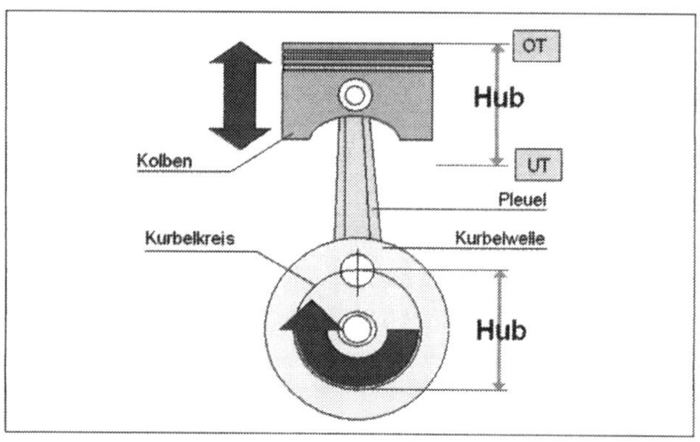

Begriffe am Kurbeltrieb.

Der Zweitaktmotor gehört zu den Hubkolbenmotoren. Auch finden sich die Begriffe Kurbelkreis, Hub- und Kolbenbodenfläche wieder. Auch wenn der Name »Zweitakter« darauf schließen ließe, dass dieses Motorkonzept mit nur zwei Takten auskommt, stimmt es nicht. Im Grundsatz muss jeder Verbrennungsmotor dem Rhythmus der vier Takte folgen. Der Name »Zweitakter« kam so zustande, dass er von den vier Arbeitstakten jeweils zwei zeitgleich ausführt. Das ist deshalb möglich, da er nicht nur die Volumenänderung oberhalb der Kolbenbodenfläche nutzt, sondern unterhalb der Kolbenbodenfläche mit Hilfe eines gasdichten Kurbelgehäuses arbeitet. Daraus resultiert auch ein wichtiger Vorteil des Zweitaktmotors: Er benötigt nur eine Kurbelwellenumdrehung für ein komplettes Arbeitsspiel.

Der 4Taktmotor

Der Viertaktmotor hat seinen Namen aufgrund der Unterteilung der einzelnen Arbeitsschritte (auch »Takte« genannt) bekommen. Wie der Name schon sagt, finden vier einzelne Arbeitstakte statt.
Der erste Takt wird »Ansaugtakt« genannt.
Der Kolben bewegt sich nun von OT nach UT, also abwärts. Der Raum über dem Kolben wird größer und so ein Unterdruck erzeugt. Durch das geöffnete Einlassventil wird nun Frischgas (Benzin/Luft-Gemisch) angesaugt.
Wenn sich die Kurbelwelle nun weiterdreht, wird der Raum über dem Kolben durch die Aufwärtsbewegung des Kolbens verkleinert. Das Auslassventil wird geschlossen. Da das angesaugte Frischgas nicht entweichen kann und es somit zusammengepresst wird, nennt sich der zweite Takt »verdichten«.
Im dritten Takt, kurz vor dem oberen Totpunkt, wird mit Hilfe einer Zündkerze gezündet. Der Druck des »explodierenden« Gemisches treibt den Kolben nun wieder in Richtung UT abwärts. Dieser Vorgang, der übrigens der einzige ist, wo der Motor »Arbeit« verrichtet, nennt sich »Arbeitstakt«.
Mit der Kolbenbewegung von UT nach OT beginnt der vierte Takt. Nun wird der Raum über dem Kolbenboden verkleinert und das nun verbrannte Abgas durch das geöffnete Auslassventil herausgeschoben. Dieser Arbeitsschritt nennt sich »Auslasstakt«.
Diesen Arbeitszyklus, der sich fortwährend wiederholt, nennt man auch ein Arbeitsspiel. Um ein Arbeitsspiel durchlaufen zu können, benötigt der Viertakter zwei Kurbelwellenumdrehungen. Das bedeutet, dass bei einer Drehzahl von 6000 1/min auf dem Drehzahlmesser lediglich 3000 Arbeitstakte stattfinden. Welche Auswirkungen diese Tatsache auf die Motorleistung hat, werden wir etwas später betrachten.
Vergleicht man nun diese beiden Hubkolbenmotoren miteinander, so ergeben sich spezielle Eigenschaften, die Vor- oder Nachteile für beide Konzepte darstellen. In den meisten Fällen werden Eigenschaften eines Motorkonzeptes verbessert, um den geforderten Eigenschaften möglichst nahe zu kommen. Betrachten wir beispielsweise einmal die Anforderungen an einen Wettbewerbsmotor.
Zum einen spielt das Gewicht eine große Rolle. Natürlich muss die Standfestigkeit ausreichen, um mehr als ein Rennen bestreiten zu können. Leistung muss er zudem auch noch haben. Eigentlich alles Eigenschaften, die ein Zweitaktmotor leicht erfüllen kann. Zum anderen sind die Produktionskosten erheblich billiger, da weniger bewegliche Teile verarbeitet werden.
Die eigentlichen Nachteile der Viertakter werden, so gut es eben geht, konstruktiv aufgefangen und größtenteils wirkungsvoll kompensiert. Großserienhersteller wie ROTAX, Piaggio und viele andere machen die

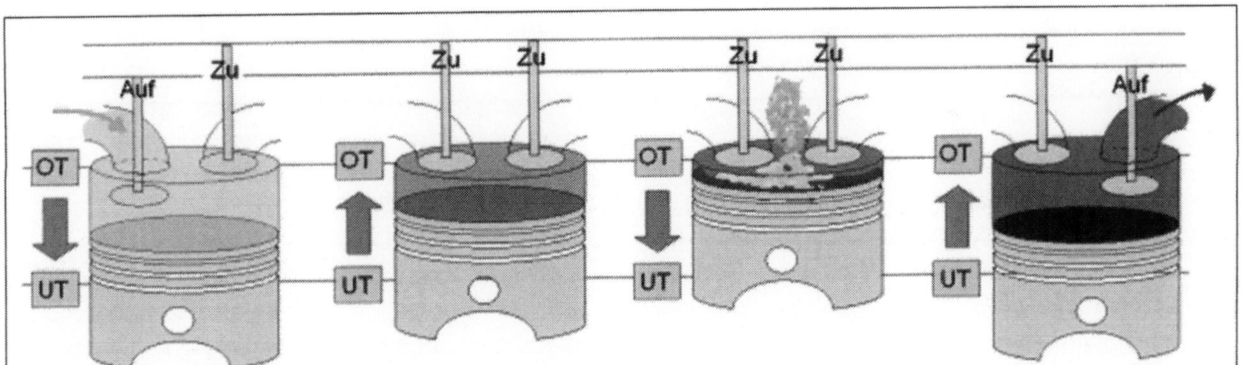

Die Takte am 4Taktmotor: Das läuft alles in einem Zylinder ab.

Viertakt-Technik dann doch relativ erschwinglich. Selbst das recht große Manko des Konzeptes, das Motorgewicht und die recht großen erforderlichen Drehmassen wurden durch den Einsatz feinster Materialien und raffinierter Konstruktionen relativiert.

Die Variomatik

Die meistverwendete automatische Getriebeart ist die Variomatik. Das englische Kürzel CVT (continuously variable transmission) bedeutet: stufenlose Übersetzung.

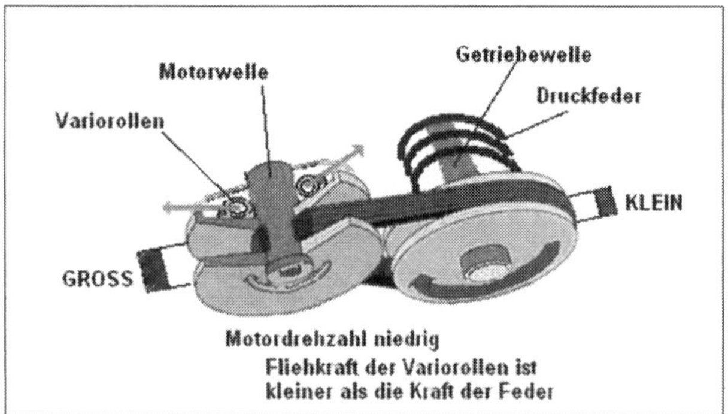

Variomatik bei niedriger Fahrgeschwindigkeit.

Variomatik bei hoher Fahrgeschwindigkeit.

Betrachten wir zu erst einmal die Grundfunktion des Getriebes.

Bei den Variomaten wird eine stufenlose Übersetzungsänderung durch das definierte Verändern des wirksamen Riemenscheibendurchmessers erreicht.
Die Veränderung des wirksamen Durchmessers wird erreicht, indem die Riemenscheibenhälften durch die Variorollen, oder bei angesteuerten Scheiben durch den Versteller, zusammengeschoben werden. Die vordere Riemenscheibe auf der Motorwelle hat hierbei die Aufgabe die Übersetzung einzustellen. Die vorderen Teile der Variomatik, die auf der Motorwelle sitzen, werden Variator genannt. Der hintere Teil der Variomatik der auf der Getriebewelle befestigt ist, nennt sich Ausgleichscheibe.

Durch die Motordrehzahl entstehen an den Variorollen Fliehkräfte. Die Variorollen versuchen nun nach außen zu drängen. Dabei schieben sie die Riemenscheibe des Variators zusammen.
Diese Ausgleichsscheibe hinten wird durch den gespannten Keilriemen auseinandergedrückt. So wird die Übersetzung stetig ins »Schnelle« gedrückt. Wird

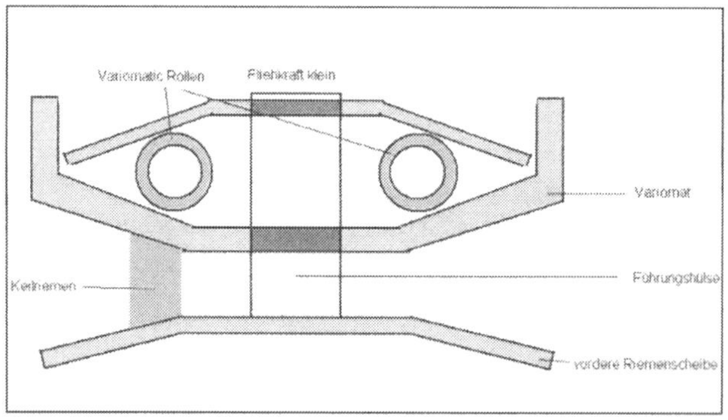

Stellung der Variators beim Anfahren.

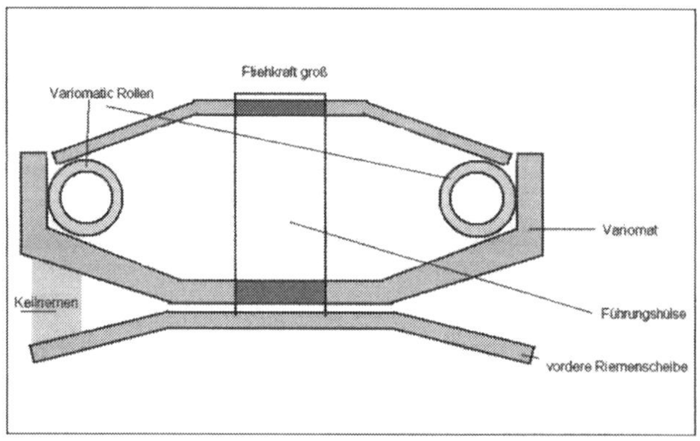

Stellung der Variators bei Höchstgeschwindigkeit.

die Motordrehzahl abgesenkt, werden diese Fliehkräfte wiederum kleiner und die Druckfeder der Ausgleichscheibe schiebt die Ausgleichscheibe wieder zusammen. Dadurch wird gleichzeitig der Variator zurückgestellt und durch die Steuerkräfte, entgegen der Keilriemenspannung, zusammengedrückt. Da sich ja die Keilriemenlänge nicht verändern kann, muss zum Längenausgleich des Keilriemens die hintere Riemenscheibe genau gegenteilig zu der vorderen Riemenscheibe arbeiten. Gleichzeitig wird hiermit wiederum eine Veränderung der wirksamen Riemenscheibe hinten erwirkt.

Das Wirkprinzip der Übersetzungsänderung erfolgt folgendermaßen:

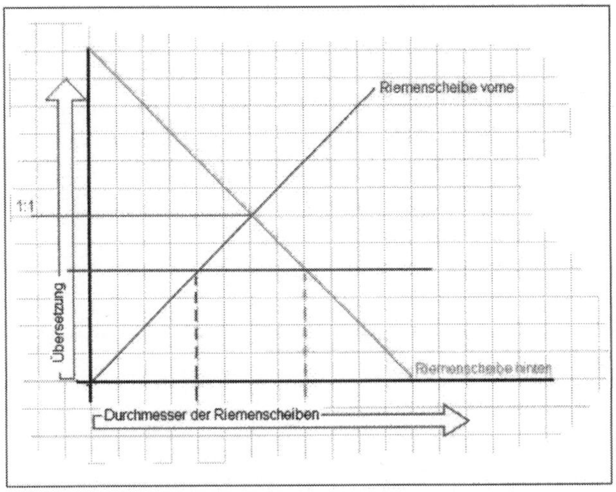

Wirkungsweise der Variomatik im Diagramm.

Wie man an der Grafik gut sehen kann, arbeiten Variator und Ausgleichscheibe (Riemenscheibe hinten) gegenläufig. Die Ursache hierfür ist die Länge des Keilriemens. In der Regel verschleißt der Antriebsriemen spätestens nach einigen Tausend Kilometern. Durch den Nachteil dieses Getriebekonzeptes, nämlich dem permanenten »Durchrutschen« des Riemens, entsteht neben dem Abrieb auch Temperatur. Nachdem gerade zu den Anfängen der Variomatik mit den steigenden Motorleistungen auch die Probleme mit der Überhitzung der Antriebsriemen stiegen, wurden recht aufwändige Kühlluftsysteme zum Einsatz gebracht.
Das Gewicht der Variorollen und die Motordrehzahl sind die beiden Kenngrößen, die eine Übersetzungsänderung bewirken. Da die Motordrehzahl nur schwer beeinflusst werden kann und wir den Motor in seinem »optimalen« Bereich betreiben möchten, werden die Variomatikgewichte so ausgewählt, dass der »Schaltvorgang« bei optimaler Drehzahl und Leistungsentwicklung erfolgt. Abhängig ist diese Steuerung von der Fliehkraft, die durch die Gewichte und die Drehzahl erzeugt wird. Erhöht man das Gewicht der Fliehgewichte, so werden die Fliehkräfte früher erreicht. Das bewirkt dann, dass der Variomat schon bei geringerer Motordrehzahl »hochschaltet«.

Die Kupplung

Zuerst einmal kann man sich kaum vorstellen, dass ein Automatik-Quad eine Kupplung besitzt. Sie wird auch nur zum Anfahren benutzt. Die Aufgabe der Anfahrkupplung liegt darin, die durch die Variomatik übertragenen Kräfte und Drehzahlen an das Achsgetriebe weiterzugeben.

Die Anfahrkupplung ist wie die meisten Steuerbauteile der Variomatik von der Fliehkraft abhängig. Wird eine bestimmte Drehzahl durch den Antriebsriemen an die Kupplung übertragen, werden die Kupplungsbeläge durch die Fliehkräfte nach außen gedrückt und greifen in die Kupplungsglocke ein.
Ein relativ ruckfreies Anfahren wird möglich. Die Motordrehzahl beim Anfahren ist von der Stärke der Kupplungsfedern und dem Gewicht der Kupplungsbacken abhängig. Je stärker die Feder oder je leichter das Gewicht der Kupplungsbacken, umso höher wird die Anfahrdrehzahl des Quads. Anfahrschwächen am Berg können so mit etwas Arbeit sinnvoll bekämpft werden.

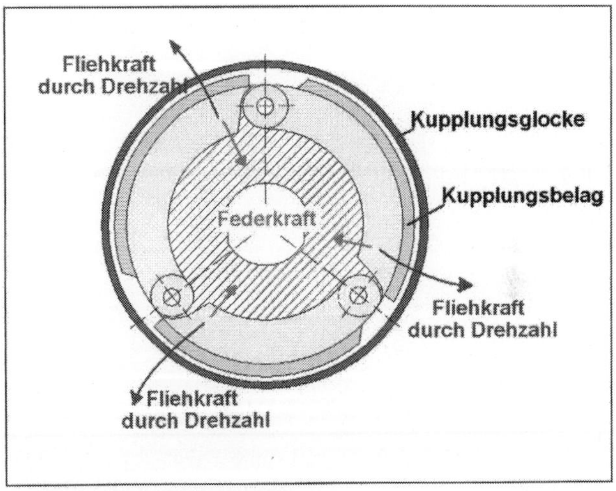

Aufbau der Anfahrkupplung.

Kupplung und Ausgleichscheibe.

Das Schaltgetriebe

Im Gegensatz zur Variomatik werden beim Schaltgetriebe Schaltstufen für die Übersetzungsänderung verwendet. Getrieberäder mit unterschiedlichen Zahnzahlen und Durchmessern werden je nach Gang kraftschlüssig miteinander verbunden und verändern dann die Ausgangsdrehzahl und somit auch das Drehmoment des Motors am Getriebeausgang.
Auch die Drehrichtungsänderung wird über die Zahnräder erreicht. Hier wird nur ein einzelnes Zahnrad »vorgelegt«. Aus diesem Vorgelege ergibt sich dann die Drehrichtungsänderung.

Drehrichtung und Drehrichtungsänderung.

Die Kupplung

Üblicherweise kommt beim Motorrad eine Lamellen-Kupplung zum Einsatz. Die Kupplung besteht aus Reibbelägen und Stahllamellen, die abwechselnd verbaut sind. Die Kupplungsfedern pressen dieses Paket über den Kupplungskern zusammen. So ist die Kupplung »kraftschlüssig«. Wird nun der Kupplungshebel gezogen, wird lediglich die Druckplatte zusammengedrückt. Die Federn werden zusammengeschoben und die Reibbeläge und die Lamellen werden nicht mehr zusammengepresst. Die Kupplung ist nun offen und überträgt keine Kraft mehr. Der Zustand zwischen »kraftschlüssig« und offen nennt man »schleifen«. Diese Funktion wird zum Anfahren und zum Anpassen der Drehzahlunterschiede zwischen Motorabtrieb und Getriebeeingang benötigt.

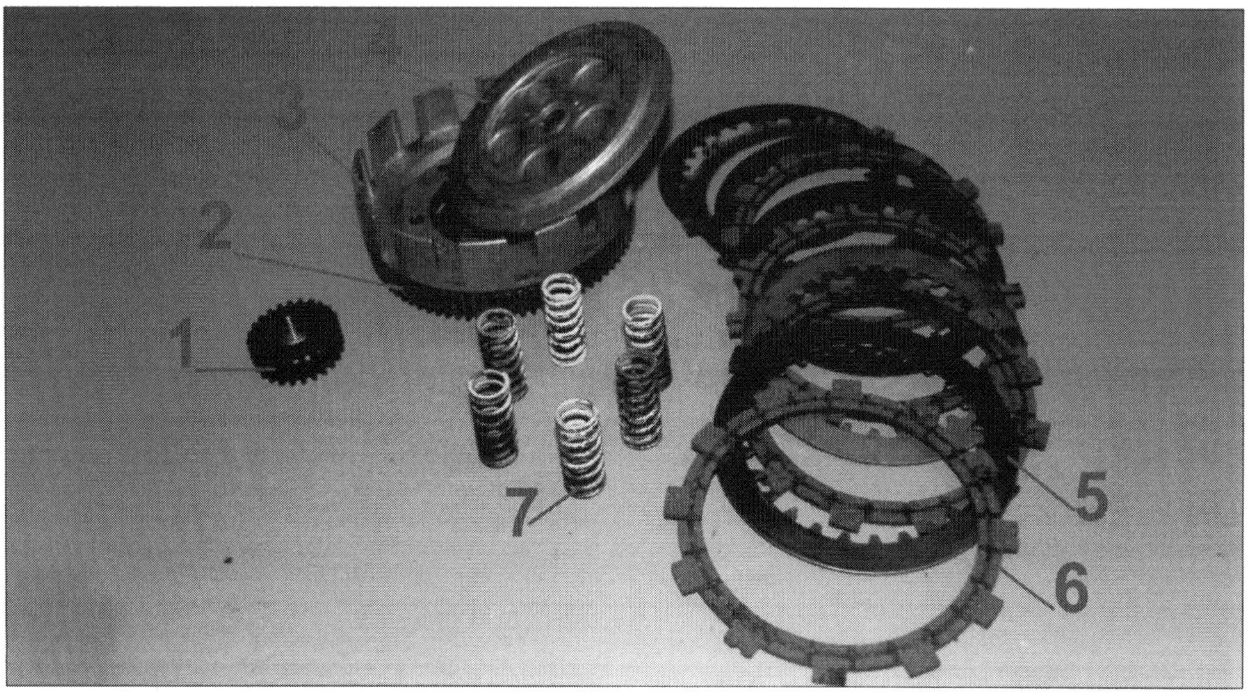

Bauteile einer Lamellenkupplung.
1 Antriebsrad, 2 Antrieb und Kupplungsträger, 3 Kupplungskorb, 4 Kupplungsdruckplatte, 5 Stahlscheibe, 6 Reibbelag.

Der Turm-Schiebervergaser

Der Vergaser hat nicht die Aufgabe den Kraftstoff zu vergasen, wie man bei der Bezeichnung annehmen könnte. Er soll lediglich den Kraftstoff so fein wie möglich zerstäuben. Diese feinen Tröpfchen werden vom Motor angesaugt und erst im Laufe des Arbeitsspiels tatsächlich vergast.

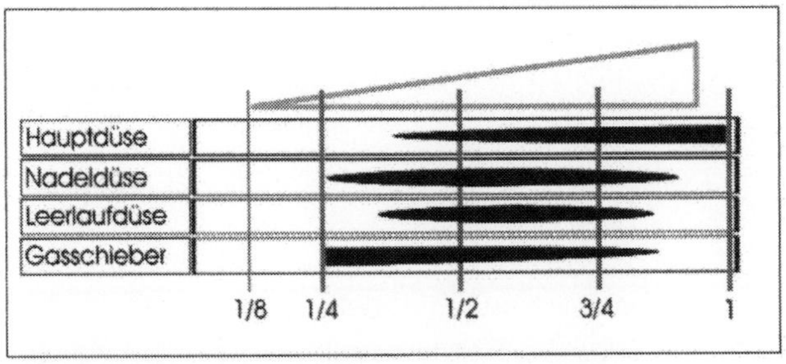

Wirkungsbereiche der Aufbereitungssysteme.

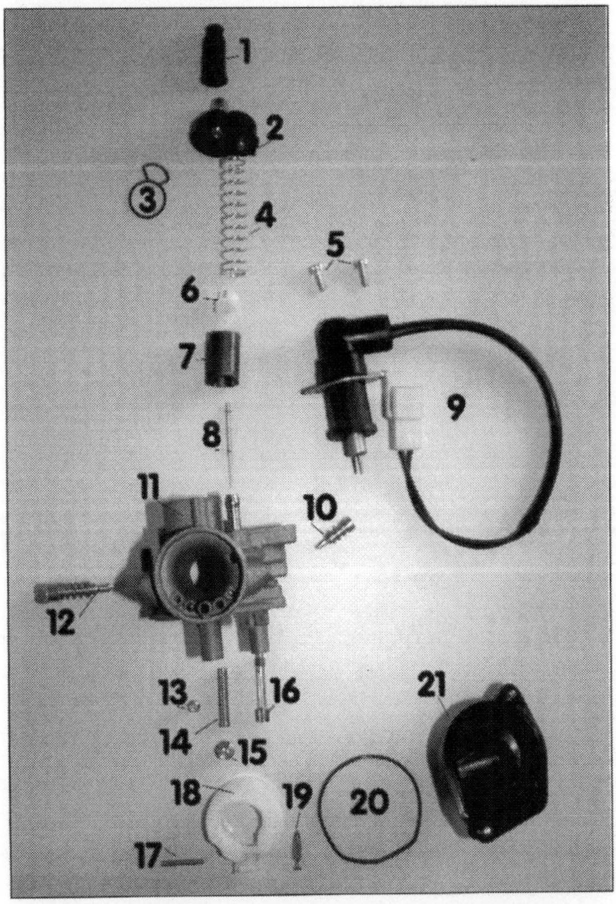

Vergaser in Teilen: 1 Gummitülle, 2 Deckel Schiebervergaserturm, 3 Dichtung, 4 Schieberfeder, 5 Schrauben, 6 Nadelfixierung, 7 Schieber, 8 Schiebernadel, 9 Kaltstartventil, 10 CO Schraube, 11 Vergasergehäuse, 12 Leerlaufschraube, 13 Leerlaufdüse, 14 Mischrohr Hauptdüse, 15 Hauptdüse, 16 Chokedüse, 17 Lagerachse Schwimmer, 18 Schwimmer, 19 Schwimmernadel, 20 Dichtung, 21 Schwimmerkammer.

Die Basis für seine Funktionsweise ist das »Venturi Prinzip«. Die am Düsenstock vorbeiströmende Luft erzeugt im Düsenstock einen Unterdruck. Dieser verursacht, dass der Kraftstoff in den Luftstrom hineingerissen wird. Hierbei verstäubt er recht fein und wird vom Motor zusammen mit der Luft angesaugt. Alle verbauten Vergaser der beschriebenen Zweitaktmotoren weisen ein getrenntes Leerlauf-, Betriebs- und Kaltstart-System auf. Es finden sich dann auch drei verschiedene Bedüsungen in jedem Vergaser. Die Düsensysteme arbeiten aber in bestimmten Übergangsbereichen miteinander und sind voneinander abhängig. Man kann sich leicht vorstellen, dass eine erforderliche Umbedüsung auch beim Quad meist nur mit einiger Erfahrung und viel Arbeitseinsatz zu bewältigen ist.

Je nach Quadhersteller sind in der Regel »Mikuni«- oder »Dellorto«-Vergaseranlagen verbaut. Hier zeigt sich ein deutlicher Unterschied zwischen den Vergasertypen für die Viertaktmotoren und denen für die Zweitaktmotoren. Betrachten wir den Vergaser, der bei den meisten Zweitaktmotoren eingesetzt wird.

Der Gleichdruckvergaser

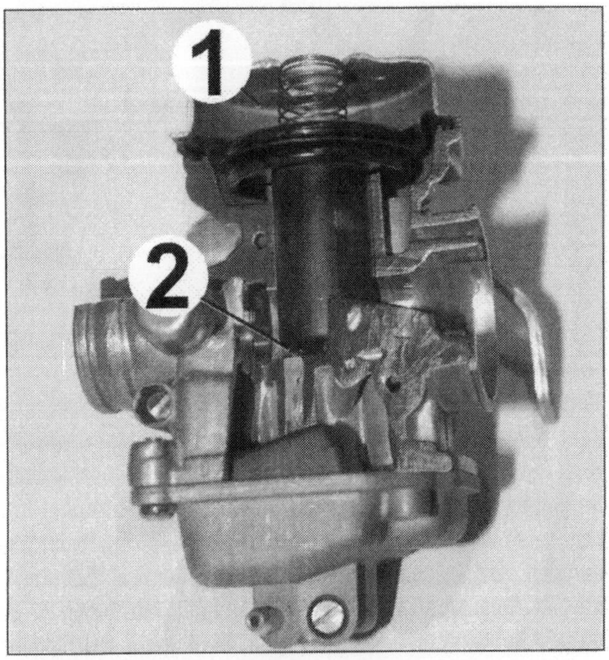

Funktionsprinzip: 1 Oberkammer mit »normalem« (atmosphärischem Druck), 2 Unterkammer mit Unterdruck bei geöffneter Drosselklappe.

Schon am Aufbau des Vergasers erkennt man, dass die Funktionsweise für diese Vergaserbauart etwas schwieriger zu verstehen ist. Auch hier gibt es zwei verschiedene Bautypen, die sich im Wesentlichen schon äußerlich durch den verbauten Blechdeckel oder einen Kunststoffdeckel auf der Schiebermembran unterscheiden lassen.

Grundsätzlich unterscheidet sich die Aufgabenstellung dieses Vergasers nicht von der, die der einfachere des Zweitaktmotors zu bewältigen hat. Lediglich die erforderliche Anfettung des Gemisches bei der Beschleunigung und eine Leerlaufregelung können als Besonderheit genannt werden. Bei diesem Vergasertyp wird allerdings nicht der Vergaserschieber direkt angesteuert, sondern er reagiert auf die Strömungsgeschwindigkeit der angesaugten Luft. Unter dem Deckel findet sich hier eine Membran, welche eine Kammer über dem Schieber abdichtet. Durch eine kleine Bohrung am Schieber erzeugt die vorbeiströmende Ansaugluft einen Unterdruck, der dann wiederum den Schieber gegen die Schieberfederkraft anhebt.

Der Vergaser soll den Kraftstoff so fein wie möglich zerstäuben. Diese feinen Tröpfchen werden vom Motor angesaugt und erst im Laufe des Arbeitsspiels tatsächlich vergast.

Die Basis für seine Funktionsweise ist auch hier das Venturi-Prinzip. Die am Düsenstock vorbeiströmende Luft erzeugt im Düsenstock einen Unterdruck. Dieser verursacht, dass der Kraftstoff in den Luftstrom hineingerissen wird. Hierbei verstäubt er recht fein und wird vom Motor zusammen mit der Luft angesaugt. Die Schiebernadel reduziert den Durchmesser der Dü-

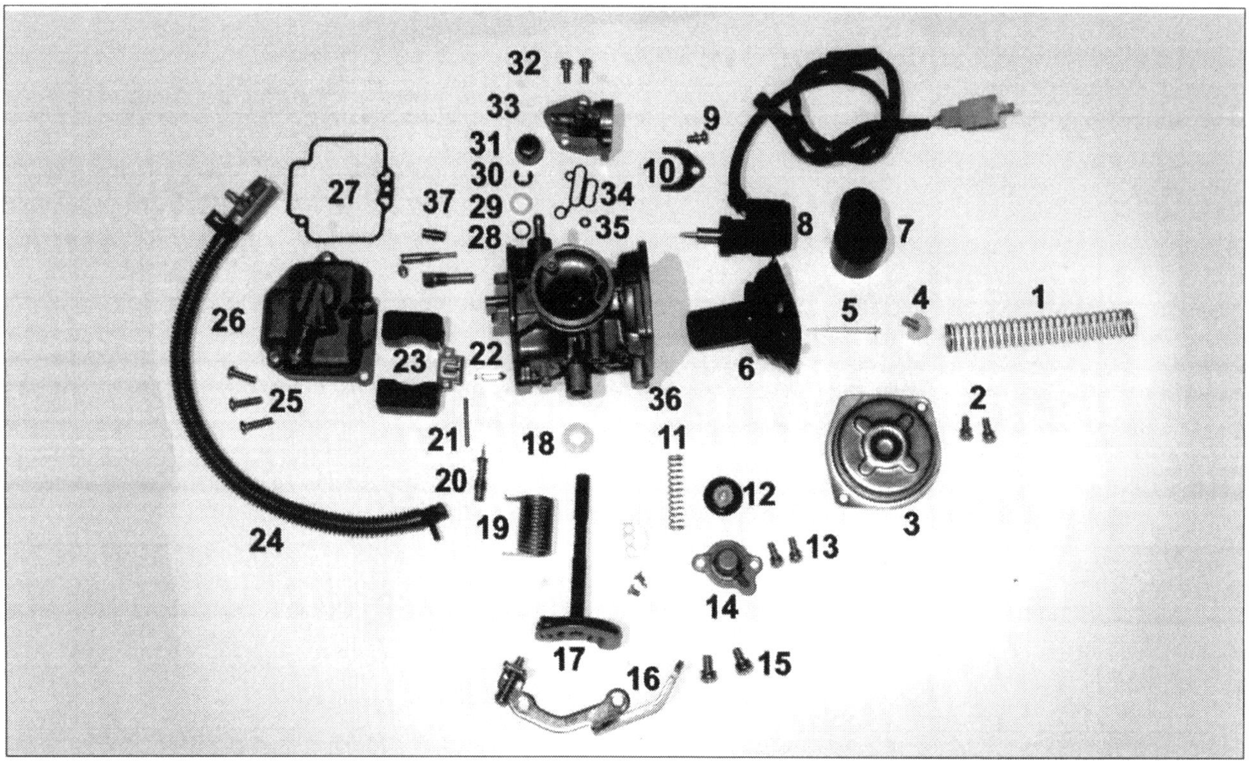

Vergaser in Teilen: 1 Schieberfeder, 2 Schrauben Membrandeckel, Membrandeckel, 4 Schiebernadelsicherung, 5 Schiebernadel, 6 Vergaserschieber mit Membran (nicht weiter zerlegbar!), 7 Abdeckung Chokeventil, 8 Chokeventil (Kaltstartregler), 9 Halterungsschraube Kaltstartregler, 10 Halteplättchen Kaltstartregler, 11 Feder Leerlaufregler, 12 Membran Leerlaufregler, 13 Befestigungsschrauben Deckel, 14 Deckel Leerlaufregler, 15 Befestigungsschrauben Gaszugträger, 16 Gaszugträger, 17 Drosselklappenwelle (nicht demontierbar!), 18 Lagerring Feder (nicht demontierbar!), 19 Feder Drosselklappenwelle (nicht demontierbar!), 20 Abgasschraube Leerlauf mit Feder und Dichtung, 21Schwimmerlagerwelle, 22 Schwimmernadelventil, 23 Schwimmer, 24 Ablaufschlauch Schwimmerkammer mit Ventil, 25 Befestigungsschrauben Schwimmerkammer, 26 Schwimmerkammer, 27 Schwimmerkammerdichtung, 28 Dichtung Drosselklappenwelle, 29 Lagerring Drosselklappenwelle, 30 Clipse Drosselklappenwelle, 31 Dichtkappe Drosselklappenwelle, 32 Befestigungsschrauben Chokeventilflansch, 33 Chokeventilflansch, 34 Dichtung Chokeventilflansch, 35 Dichtungsring Chokeventilflansch, 36 Vergasergehäuse mit Chokedüse, Schwimmernadelträger und Luftdüse (nicht weiter demontierbar!).

sennadel in Abhängigkeit der Schieberhöhe. So kann entsprechend zum Luftstrom eine bestimmte Luftmenge zugemischt werden.
Die verbauten Vergaser der beschriebenen Viertaktmotoren weisen ein getrenntes Leerlauf-, Betriebs- und Kaltstart-System auf. Es finden sich dann auch drei verschiedene Bedüsungen in jedem Vergaser. Die Düsensysteme arbeiten aber in bestimmten Übergangsbereichen miteinander und sind voneinander abhängig. Man kann sich leicht vorstellen, dass eine erforderliche Umbedüsung auch beim Quad meist nur mit einiger Erfahrung und viel Arbeitseinsatz zu bewältigen ist. In vielen Fällen arbeiten aber die Gemischaufbereitungssysteme für den Kaltstartbereich nur sehr schlecht. Die Leerlaufanhebung fällt oftmals zu gering aus. Der Motor muss so dann morgens erst mit etwas Gas am Laufen gehalten werden, bis sich eine akzeptable Leerlaufdrehzahl eingestellt hat.

Das Einspritzsystem

»Das ist so kompliziert, dass man gar nichts mehr selber machen kann«, hören wir oft, wenn es um die Fehlersuche an Einspritzern geht. Das stimmt aber so nicht. Natürlich wird sich unser Werkzeugsatz etwas erweitern und sicherlich auch die eine oder andere Infoquelle auf den Kopf gestellt werden müssen. Der Aufbau ist aber grundsätzlich recht einfach. Bedenken Sie hierbei, dass das Zündsystem in der Regel bereits integriert ist.
Aufgrund der elektronischen Ansteuerung stellt die Reaktion auf unterschiedliche Lastzustände bei unterschiedlichen Temperaturen oder einfach die Regelung der Leerlaufdrehzahl kein Problem mehr dar.
Hinsichtlich der Fehlersuche gestaltet sich ein solches System deutlich übersichtlicher als ein Vergaser-Motor. Bei den meisten Fahrzeugen sind Zünd- und Einspritzsystem in einem Steuergerät zusammengefasst. Man spricht dann von einem »Motronicsystem«. Zündzeitpunkt, Einspritzzeitpunkt und Einspritzdauer werden in Abhängigkeit von Motordrehzahl, Drosselklappenstellung, Restsauerstoffgehalt im Abgas sowie Luft und Wassertemperatur durch fest programmierte Kennfelder ausgelöst. Bei modernen Systemen wird diese Anlage permanent durch die Eigendiagnose überwacht. Störungen und Ausfälle werden in der Regel im Fehlerspeicher abgelegt. Der Fehlerspeicher ersetzt aber nicht den technischen Sachverstand des Mechatronikers. Er gibt nur Hinweise auf den Bereich, an denen der Fehler gefunden werden kann. Inwieweit ein Bauteil, das im Fehlerspeicher benannt ist, tatsächlich defekt ist oder ob es lediglich das Umfeld um dieses Bauteil ist, muss entsprechend geprüft werden.

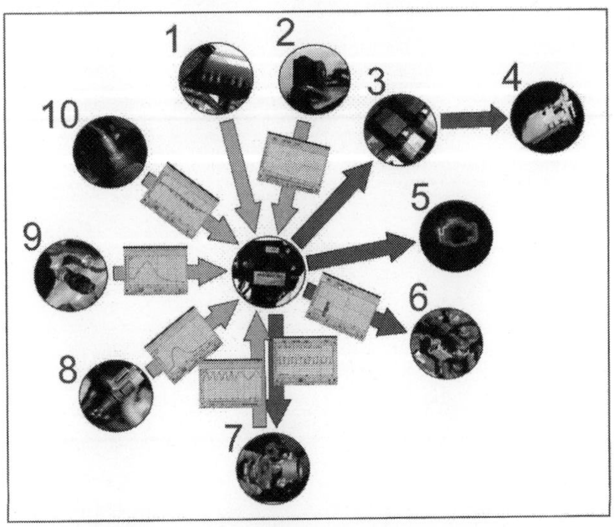

Schematischer Aufbau des Einspritzsystems: 1 Spannungsversorgung, 2 Impulsgeber OT-Geber, 3 Entlastungs- und Startrelais, 4 Kraftstoffpumpe, 5 Motorinformationsleuchte, 6 Einspritzventil, 7 Drosselklappenstück mit Drosselklappenpoti und Leerlaufstellmotor, 8 Ansauglufttemperaturgeber, 9 Kühlwassertemperaturgeber, 10 Lambdasonde, Steuergerät in Bildmitte

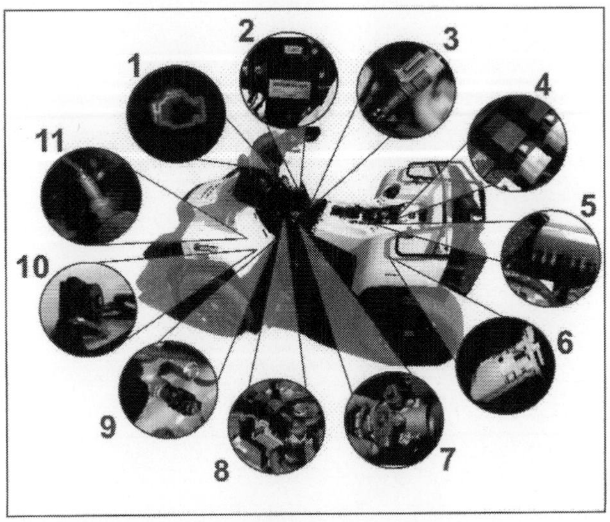

Bauteillage an einer Cectek: 1 Motorinformationsleuchte (MIL), 2 Motronic Steuergerät, 3 Ansauglufttemperaturgeber, 4 Kraftstoffpumpenrelais, 5 Spannungsversorgung Sicherungen, 6 Kraftstoffpumpe, 7 Drosselklappenstück mit Potentimeter und Leerlaufschrittmotor, 8 elektromechanisches Einspritzventil, 9 Motortemperatur (Wassergeber), 10 OT-Geber, 11 Lamdasonde (Sprungsonde mit Heizung).

Wartungsarbeiten

Unter Wartungsarbeiten stellt man sich zuerst einmal den Ölwechsel vor. Das Quad allerdings ist ein Fahrzeug, das ursprünglich für den Geländeeinsatz ausgelegt wurde. Den Geländefahrern erscheint es selbstverständlich, sich in regelmäßigen Abständen um die technischen Details des Fahrzeuges zu kümmern. Im Rennbetrieb werden sogar recht genaue und gezielte Kontrollen der einzelnen Baugruppen notwendig.

Flüssigkeiten

Unterschiedlichste Flüssigkeiten finden im Quad unterschiedlichste Aufgaben. Achten Sie immer auf die genaue Spezifizierung der Flüssigkeit, der Sie sich im Rahmen der Wartung annehmen. Schon die falsche Kühlflüssigkeit oder nur der nicht zulässige Einsatz von Leitungswasser kann durch Korrosion erhebliche Schäden sogar an Motorgehäuseteilen verursachen.

Diverse Betriebsmittel für`s Quad.

Ölwechsel und Ölstand

Riesige Diskussionen gibt es jedes Mal, wenn einige Enduristen unter den Quadfahrern oder Bikern ihren Ölpeilstab ziehen:

»Maximum bei aufgelegtem Decke«,
»Maximum, wenn er reingeschraubt ist« ....
»Mit dem Öl nich sparsam sein«, sagte schon WERNER.......aber deshalb mehr als 20 Euro/je Liter ausgeben? Der Ölstand wird in der Regel vom Hersteller vorgegeben. Die Ölversorgung der Viertaktmotoren erfolgt durch zwei unterschiedliche Systeme:

Die Trockensumpfschmierung benutzt den Motorblock als Abtropfgehäuse und führt das frische Drucköl aus einem externen Tank den Schmierstellen zu. Eine Überfüllung bringt gar nichts, da der Ölstand lediglich im Vorratsbehälter ansteigt, und eine Schmierungsunterbrechung durch Schräglage ist nicht zu erwarten.

Die Trockensumpfschmierung: Wesentlich rennfester, da fast schräglagenunempfindlich.

Die Druckumlaufschmierung sammelt das Motoröl im Motorblock und pumpt es an die Schmierstellen. In extremen Lagen kann bei zu geringem Ölstand Luft angesaugt werden. Die Schmierung würde dann kurzzeitig ausfallen. Aufgrund der Lagernotlaufeigenschaften bleibt das aber ohne Folgen. Man sollte grundsätzlich darauf achten, dass der Ölstand sich im Bereich Maximum befindet. Eine Überfüllung bringt auch hier in der Regel nichts. Durch die Hubbewegungen des Kolbens und den entsprechenden Druckausgleich über die Motorenlüftung könnte der zu hohe Ölstand eher viel »Sauerei« im Luftfiltergehäuse anrichten.

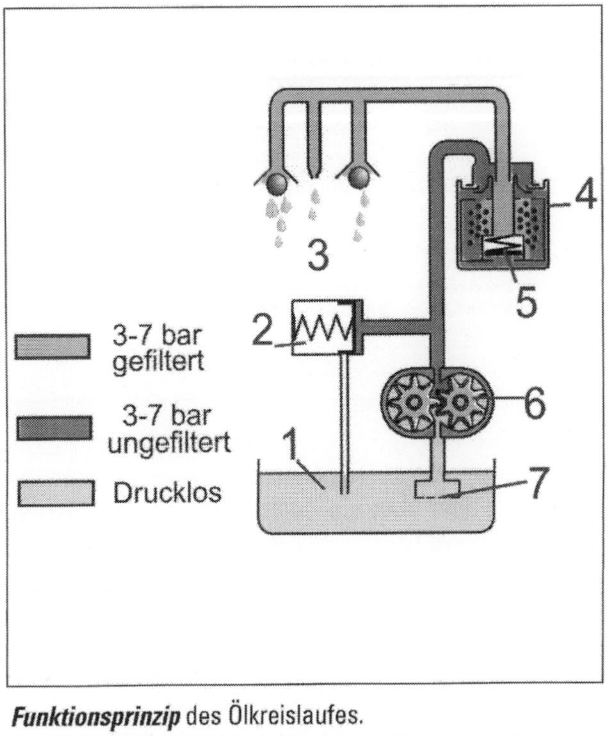

Funktionsprinzip des Ölkreislaufes.

Auswahl des Öls

Die Herstellungsweisen der Öle unterscheiden sich recht deutlich. Synthetische Öle werden im Labor kreiert und mit definierten Eigenschaften versehen. Gerade hochdrehende Sportmotoren sind zum Teil mit so dünnen Ölversorgungskanälen ausgestattet, dass ein kaltes Öl, das sehr zähflüssig ist, zu lange brauchen würde, um an die entferntesten Schmierstellen zu gelangen. Hier werden zum Teil vom Hersteller sehr dünnflüssige Öle verlangt. Die Unterscheidung erfolgt nach SAE-Klassen (Society of Automotive Engineers). Die Klassifizierung erfolgt nach Temperaturbereichen. Worin liegt eigentlich der Unterschied zwischen den einzelnen Ölen? Meistens zuerst einmal im Preis. Ein Grund für die Preisunterschiede liegt sicherlich in der Beimischung von Additiven. Diese chemischen Zusätze können unter 1% bis zu 25% des Öls ausmachen. Je größer der Wert der SAE-Klasse, umso dickflüssiger wird das Öl. Der Nachteil der dünnflüssigen Öle mit den niedrigen SAE-Klassen liegt klar im Ölverbrauch des Motors. Es kann durchaus vorkommen, dass mit einem OW50-Öl ein merklicher Ölverbrauch verursacht wird. Die Hersteller weisen bestimmte Viskositätsangaben auch für unterschiedliche Temperaturbereiche aus. Im Grundsatz wählt man das dickste vom Hersteller freigegebene Öl für einen Temperaturbereich aus. Da dieses Öl freigegeben ist, besteht keine Gefahr durch einen sich »langsamer« aufbauenden Öldruck.

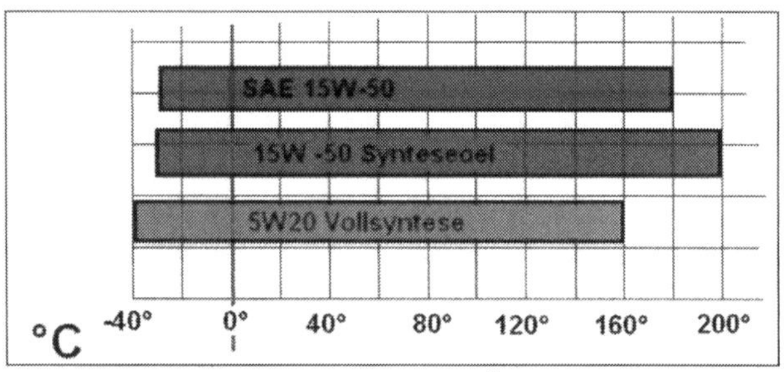

Einsatzgebiete der Motoröle in der Übersicht.

Auswahl des Getriebe und Achsöls

Unterschieden werden die Öle eigentlich in der Bezeichnung. Man unterscheidet hier zwischen Einbereichs- und Mehrbereichsölen. Einbereichsöle finden heute aber eher nur noch als Achs- oder Getriebeöl Anwendung. Der Temperaturunterschied ist nicht sehr groß und deshalb können die Eigenschaften auf diesen Temperaturbereich abgestimmt werden. Aber selbst da werden aufgrund der gestiegenen Anforderungen sehr häufig Mehrbereichsöle eingesetzt.

Hypoidgetriebeöle sind spezielle hochdruckfeste Öle, die für die Ansprüche von Achsgetrieben ausgelegt sind, welche achsversetzte Antriebsräder besitzen. Die so genannten »Hypoid-Achsgetriebe« sind meist auch leicht von außen erkennbar, da der Achsantrieb deutlich über dem Differenzialmittelpunkt liegt. Hypoidöle können aber durchaus auch in normalen Getrieben verwendet werden. Es ergeben sich keine Nachteile. Bei den meisten Herstellern kann das Klassifizierungskürzel auf den Etiketten weiterhelfen.

Kühlwasserkreislauf

Ähnlich verhält es sich mit der Kühlflüssigkeit. Sie muss den Dreck im Kühlsystem binden und die Bauteile des Kühlsystems vor Korrosion schützen. Die Kühlflüssigkeit besteht eben meist nicht nur aus Wasser. Bei den meisten Rennveranstaltern darf allerdings kein Frostschutz im Kühlsystem gefahren werden, da im Falle eines Falles die Umwelt gefährdet werden würde. Wichtig ist bei den Motocross-Fahrern, sich über die Materialien des Motors zu informieren. Bei Motorteilen mit sehr hohem Magnesiumanteil in den Gussteilen sollte destilliertes Wasser eingefüllt werden, da sich sonst die Motorblockteile, welche mit dem Kühlwasser in Verbindung kommen, zersetzen können.

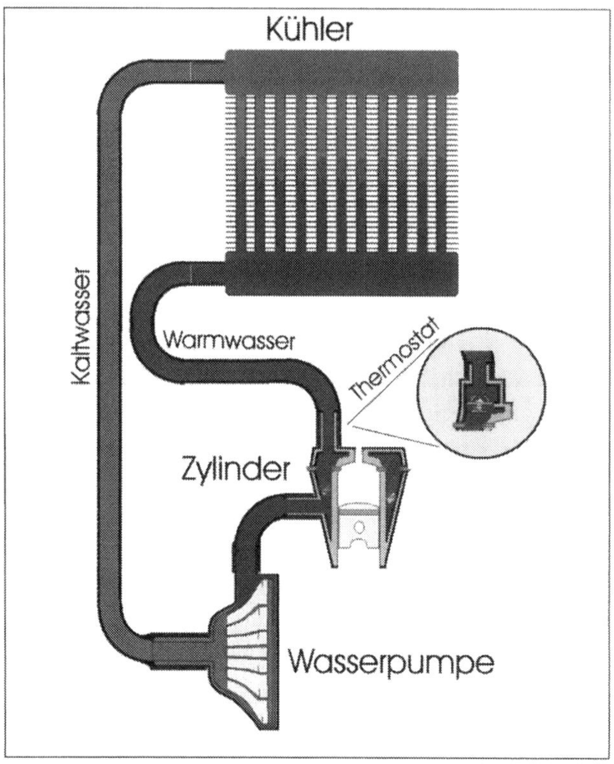

Funktionsablauf des Wasserkühlkreislaufes.

Bei wassergekühlten Fahrzeugen mit Lüftermotoren wird zum Ende der Inspektion der Motor so lange laufen gelassen, bis entweder der Lüftermotor schaltet oder die Kontrollleuchte für die Temperatur aufleuchtet. So kann die Funktion des Thermoschalters und des Lüftermotors geprüft werden.

Wartungsarbeiten am Motor

Die Wartung der Antriebseinheit ist zwar sehr wichtig und erscheint jedem unabwendbar. Die Wartung sollte sich aber niemals nur auf diese Komponente beschränken.

Ventile einstellen

Das Ventilspiel hat zwei wesentliche Aufgaben. Zum einen soll durch das Ventilspiel die Längendehnung aufgefangen werden, die durch die zunehmende Temperatur beim Motorlauf entsteht. Zum anderen sorgt der Verschleiß für ein stetig kleiner werdendes Ventilspiel. Wäre kein Ventilspiel vorhanden, würden die Ventile bei warmem Motor nicht mehr schließen. Auch der Verschleiß der Ventile wirkt sich genau so aus.
Das Ventilspiel wird grundsätzlich im Zünd-OT eingestellt. Hier werden beide Ventile nicht betätigt.
Durch die Nockenform ist der Abstand zwischen Ventil und Nockenwelle an dieser Stelle am größten.
Eine Einstellung an einer anderen Position kann zu großes Ventilspiel zur Folge haben.

Was ist vorzubereiten?
- Passende Schraubenschlüssel
- Fühlehren in entsprechenden Größen
- Handlampe
- Deckelchen demontieren die die Markierungen verdecken
- Ventildeckel oder Einstelldeckel demontieren

Welche Teile werden benötigt?
- Eventuell Ventildeckeldichtung

Ventile werden bei guten Ventiltriebkonzepten konzentrisch (also außermittig) angeordnet. Durch das Zusammenspiel der Anordnung und der Ventilfeder wird das Ventil bei jeder Öffnung oder Schließung leicht verdreht. Hierdurch entsteht natürlich auch Verschleiß am Ventil selber. Der Sitz der Ventile wird so aber automatisch sauber gehalten. Fehler an der Sitzfläche können sich nur schwer weiter ausbilden.

1 Kipphebelwellen und Lagerbock, 2 Kipphebel, 3 Nockenwelle mit Nockenwellenrad, 4 Zylinderkopf.

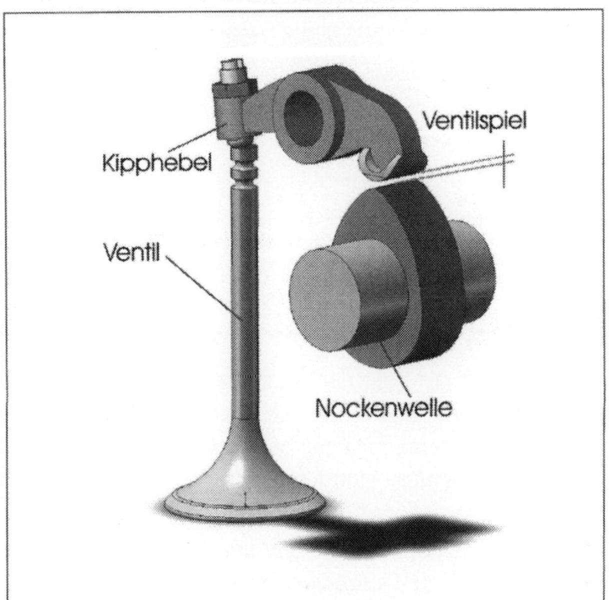

Bauteile des Ventiltriebes in der Übersicht.

Automatischer Ventilspielausgleich »Hydrostößel«
Beim Quad sind automatische Ventilspiel-Ausgleich-Systeme (Hydrostößel) so gut wie gar nicht bekannt. Schade eigentlich, da hier die Einstellarbeiten vollständig entfallen und auch das leise Rasselgeräusch durch das Ventilspiel entfällt. Die Funktionsweise ist denkbar einfach: Durch den Öldruck des Motors wird die Arbeitstasse des Hydrostößels ausgefahren. Ein kleines Kugelventil sperrt dann den Rückfluss ab und verhindert, dass der Stößel zusammengedrückt werden kann. Eine kleine und gewollte Undichtheit zwischen Arbeitstasse und Stößelkörper lässt dennoch Öl entweichen, wenn das Ventil betätigt wird. Der Verlust ist sehr gering und ermöglicht so eine dauernde Anpassung an die Betriebszustände des Ventils. Der Hydrostößel arbeitet dann im günstigsten Fall »spielfrei«.

Ausgleichplättchen »Shimps«

Ein anderes System funktioniert mit Hilfe von Einlegeplättchen in die verbauten Stößeltassen. Hierzu ist es allerdings erforderlich, die neue Platte zu messen und zu errechnen. Der Motor muss dann zum Ausbau der Plättchen vom OT-Punkt weggedreht werden, dann wird mit einem Werkzeughebel die Tasse am Rand so weit heruntergedrückt, dass das Einlegeplättchen entnommen werden kann.

Stößeltasse mit Shimpeinlage als große Variante.

Was ist vorzubereiten?
- Ventilbetätigungshebel für den Motor oder Ausbau der Nockenwelle (Vormessung nicht vergessen!)
- Spitzzange
- Magnet
- evtl. Werkzeug zur Demontage des Kupplungsdeckels

Welche Teile werden benötigt?
- evtl. Ventildeckeldeckeldichtung
- Schimps in unterschiedlicher Stärke

■ Nehmen wir an, wir haben ein Ventilspiel von 0,15 mm (15er-Lehre) mit der Fühlerlehre ermittelt. Unser Quad soll nun aber ein Ventilspiel von 0,08 mm erreichen. Das Ventilspiel ist also 0,07 mm zu groß. Das so genannte neue Einlegeplättchen (Shim) müsste also um 0,07 mm dicker ausfallen.

■ Die Shims sind auf der Rückseite mit ihrer Dicke beschriftet. Dieser Schriftzug muss immer in Richtung der Tasse gelegt werden, da sie sonst nach wenigen Nockenumdrehungen nicht mehr lesbar wäre.

■ Unser Einlegeplättchen zeigt den Schriftzug 0,50. Das bedeutet, es ist 0,50 mm dick. Zählt man nun die erforderlichen 0,07 mm hinzu, erhält man das Maß 0,57 mm. Natürlich gibt es die Shims in 1/10-Abstufung, aber in der Regel sind in den Werkstätten aus Kostengründen Stufungen um 0,05 mm vorrätig. Zählt man die Toleranz mit dazu, wird man immer ein Ventilspiel erreichen können, das nach den Herstellerangaben in Ordnung ist.

■ In unserem Fall würden wir ein Einlegeplättchen von 0,55 mm wählen. Wir müssten so ein Ventilspiel von 0,10 mm erreichen. Dieses Maß ist unter Einbeziehung der Herstellertoleranzen vertretbar.

■ Das Ventilspiel wird meist in 1/10 mm angegeben und mit einer Fühlerlehre geprüft. In der Regel ist das Ventilspiel für das Auslassventil etwas größer. Der Grund dafür liegt in den höheren Temperaturen, die das Auslassventil während des Motorlaufes erreicht. Im Gegensatz zum Einlassventil wird das Auslassventil nicht zusätzlich mit angesaugter, relativ kalter Luft gekühlt, sondern durch die um 800 °C heißen Abgase schön »warm« gehalten. Die Auswirkung ist eine größere Ausdehnung des Ventils, und somit ist ein größeres Ventilspiel erforderlich.

■ Die Einstellung sollte grundsätzlich bei kaltem Motor erfolgen. Hat der Motor eine höhere Temperatur, wird sich das Ventilspiel deutlich vergrößern und für hörbare Rasselgeräusche sorgen.

PRAXISTIPP

Austausch-Shimps

Ein kompletter Satz der Shims kann durchaus einige 100 Euro kosten. Bestellen Sie erst, nachdem Sie die Vormessung ausgewertet und untersucht haben, ob Sie durch Tausch eventuell bereits eine Einstellung einzelner Ventile erreichen können.

»Messen Sie jeden Shim grundsätzlich nach. Verlassen Sie sich nie auf eventuell noch lesbare Schriftzüge«

Ventilspiel Einstellschraube

Nachdem man sich das entsprechende Messplättchen herausgesucht und ausgewählt hat, kann nun das Ventilspiel eingestellt werden.

Was ist vorzubereiten?
- Ventildeckel demontieren
- Spitzzange
- passenden Schlüssel für die Kontermutter
- Kombizange zum Verdrehen der Einstellschraube

Welche Teile werden benötigt?
- evtl. Ventildeckeldeckeldichtung

■ Demontieren Sie den Ventildeckel.

■ Drehen Sie den Motor auf Zünd OT.

■ Zuerst wird die Kontermutter gelöst.
Dann wird das Messplättchen zwischen Ventil und Kipphebel eingelegt.

■ Mit der Einstellschraube wird das Ventilspiel soweit verengt bis sich das Messplättchen »saugend« (also leicht schwergängig) hin und herschieben lässt. Die Schwierigkeit liegt darin, das gewünschte Ventilspiel auch nach dem Anziehen der Kontermutter noch immer zu behalten.

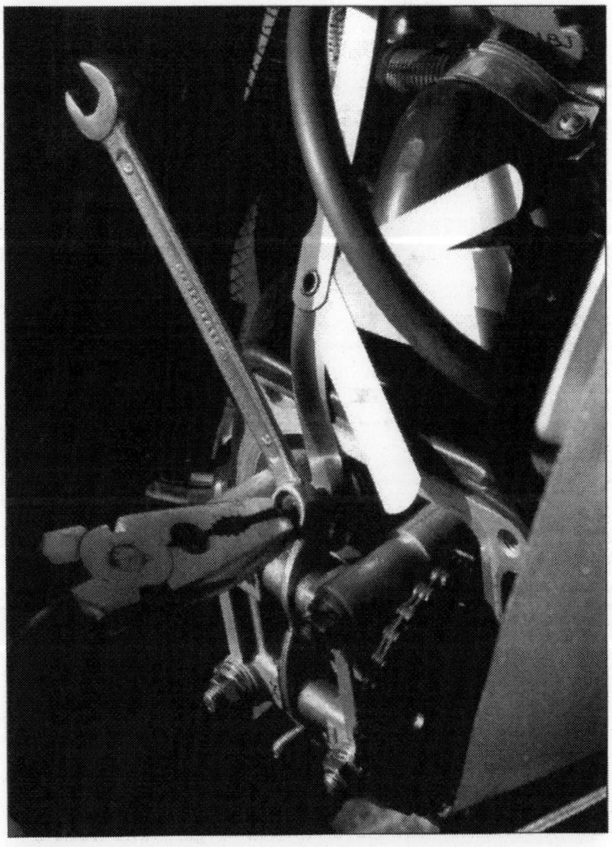

Die Arbeiten sind auch mit Standardwerkzeug schnell erledigt.

PRAXISTIPP

Fingerspitzengefühl gefragt

Ein guter Tipp ist sicherlich, das Anziehen der Kontermutter für eine letzte Feinkorrektur zu verwenden. Hält man die Einstellschraube auf Position (so dass sie sich nicht verdrehen kann), wird das Ventilspiel in der Regel einen »Hauch« größer. Zieht man beim Anziehen die Einstellschraube mit an, wird das Ventilspiel kleiner. Nur mit viel Übung gelingt es, das Ventilspiel absolut gleichmäßig an Mehrzylindermotoren einzustellen. Der Begriff »saugend« ist eben sehr dehnbar. Aber zwischen »leicht saugend« und »schwergängig saugend« liegen nur wenige 1/100 mm. Diese Toleranz ist dann schon durch die Herstellerangaben abgedeckt.

Einstellung der Kupplung

Bei Quads mit Schaltung findet sich ein weiteres Verschleißteil. Die Kupplung wird bei jedem Lastwechsel, jedem Schaltvorgang sowie beim Anfahren und Anhalten belastet. Natürlich bewirkt diese Belastung auch Verschleiß. Da die Kupplungsbeläge sich abnutzen, wird das Lüftspiel kleiner. Je kleiner das Lüftspiel wird, umso mehr kann der Kupplungsdruckstab belastet werden. Das Lüftspiel der Kupplung sorgt dafür, dass die Betätigungseinrichtung und die Druckstangen nicht unter Druck stehen. Im Gegensatz zu den Betätigungseinrichtungen werden die Kupplungsbauteile durch den Motor gedreht. Wenn kein Lüftspiel vorhanden ist, kann es sein, dass die einzelnen Bauteile der Kupplung beschädigt werden.

Was ist vorzubereiten?

- Kombizange für Einstellschraube am Lenker
- Inbusschlüssel für Kupplungshebel
- evtl. Werkzeug zur Demontage des Kupplungsdeckels

Welche Teile werden benötigt?

- evtl. Kupplungsdeckeldichtung

■ Um die Kupplung eines Quads einstellen zu können, muss der Zustand der Bauteile für die Betätigung bekannt sein oder zumindest als intakt und funktionsfähig angesehen werden. Die Hubwelle ist in der Regel als Halbwelle ausgelegt. Sie sorgt für den Hub, der benötigt wird, um die Kupplungsfedern über die Druckplatte zusammenzudrücken. Lastet die Federkraft nicht mehr auf dem Kupplungspaket, trennt die Kupplung.

■ Die Einstellung muss so erfolgen, dass die Kugel, der Druckstab und das Druckstück nicht unter Vorspannung stehen. Wenn das der Fall ist, kann die Kugel auf dem Druckstück und oder dem Druckstab festbrennen. Dann wird die Drehbewegung der Kupplung übertragen und die Hubwelle läuft ein. Diese Beschädigung verhindert ein Gleiten des Kupplungsdruckstabes auf der Hubwelle und sorgt so für eine schwergängige Kupplung.

■ In der Regel kann man das erforderliche »Freispiel« bereits am Kupplungshebel am Lenker erfassen. Bis zum Ansprechen der Kupplung sollte ein Lüftspiel am Lenkerhebel von ca. 3-4 mm eingestellt werden. Die genauen

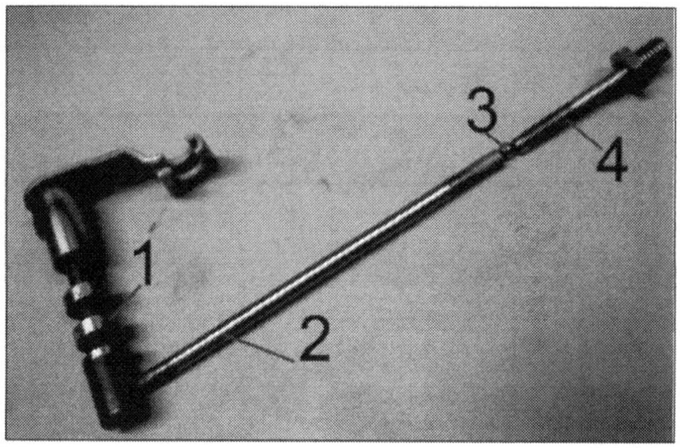

1 Ausrückhebel (Kupplungshebel), 2 Druckstange (Kupplungsdruckstab), 3 Trennkugel (Stahlkugel), 4 Einstellschraube mit Mutter (einstellbares Druckstück).

Werte können in den Herstellerunterlagen nachgelesen werden.
Schon ein ausgeleierter Bowdenzug kann das Freispiel negativ beeinflussen. Zwar ist dann Spiel am Hebel erkennbar, die gesamte Kupplungsbetätigung wird aber durch den Zug auf Spannung gehalten und verschleißt auch dann sehr schnell.

■ Im Grundsatz wird die Einstellschraube am Lenkerhebel auf die Mittelposition gebracht. Der Betätigungsmechanismus wird so eingestellt, dass der größtmögliche Hub durch die Hubwelle erzeugt wird. Die Hubwelle sollte im günstigsten Fall so stehen, dass sie zu Beginn der Hubarbeit kurz vor der »Geraden« steht und das Hubende nach der »Geraden« erreicht wird. Bei sauberer Abstimmung sind die beiden Winkel von Hubende zur Geraden und des Hubanfangs zur Geraden annähernd gleich groß.

PRAXISTIPP

Einstellung der Hubwelle stimmt nicht

Stimmt die Einstellung der Hubwelle nicht, wird der Hubweg geringer und die Kupplung trennt nicht mehr richtig. Diese fehlerhafte Einstellung lässt sich dann auch nicht durch die Korrektur am Kupplungszug wettmachen. »Grundsätzlich muss dann mit der Eistellschraube (Nr. 4 oben im Bild) die Korrektur durchgeführt werden«.

Auspuffanlage

Die Auspuffanlage unterliegt unterschiedlichen Belastungen. Sie muss Steinschlag, starken Temperaturschwankungen, Vibrationen widerstehen können. Dazu kommen noch die winterlichen Belastungen wie Salz und sehr anhängliches Gemisch aus Schnee, Schlamm und Steinen, die der Beschichtung und der Substanz der Auspuffanlage stark zusetzen.

Dementsprechend muss bei einer Wartungsdurchsicht auch die Auspuffanlage genauer unter die Lupe genommen werden. Krümmerbolzen und Dichtschellen sollten auch überprüft und gegebenenfalls nachgezogen werden.

Elektrische Anlage

Auch die elektrische Anlage muss in regelmäßigen Abständen gewartet werden. Natürlich fragt man sich, was denn in diesem Bereich gewartet werden kann. Schließlich handelt es sich hier um Komponenten und Bauteile, die am Fahrzeug verbaut worden sind. Gerade aber beim Quad entstehen im Laufe der Betriebszeit in Schaltern und Steckern, aber auch in Lampenfassungen Korrosion, die früher oder später zum Ausfall oder zumindest zu Fehlfunktionen der Bauteile führen kann. Eine regelmäßige Kontrolle und (wenn nötig) etwas Spray können hier tatsächlich Geld einsparen.

Warnanzeigen und Kontrollleuchten

An den Warnanzeigen wird es natürlich sofort deutlich, warum im Rahmen der Wartung auch die elektrische Anlage regelmäßig überprüft werden sollte. Ein defekter Temperatursensor kann leicht dafür verantwortlich sein, wenn die Überhitzung des Motors während der Fahrt unentdeckt bleibt und daraus ein Motorschaden resultiert. Zum Ende einer Wartung sollten die Schaltfunktionen überprüft werden.

Im Kapitel Fehlersuche wird genauer auf die Bauweise, die Funktion und die Prüfung einiger Sensoren und Schalter eingegangen.

Im Grundsatz ist es aber wichtig, dass die normale Funktion jeder Kontrollleuchte beobachtet wird. Das Leuchten der Ölkontrollleuchte im Stand und ihr Erlöschen bei laufendem Motor stellen sicher, dass diese Warnleuchte ihre vorgesehene Funktion hat und bei zu geringem Öldruck den Fahrer warnt.

Licht- und Signalanlage

Die Lichtanlage am Quad übernimmt wie bei den meisten Fahrzeugen zwei Funktionen. Sie soll zum einen die Fahrbahn ausleuchten und zum anderen das Fahrzeug für die anderen Verkehrsteilnehmer kenntlich machen. Die Farben und die Funktionen der Lichtanlagen werden durch die StVZO oder einem entsprechenden Paragraphen der europäischen Gesetzgebung geregelt. Natürlich sieht es originell aus, mit

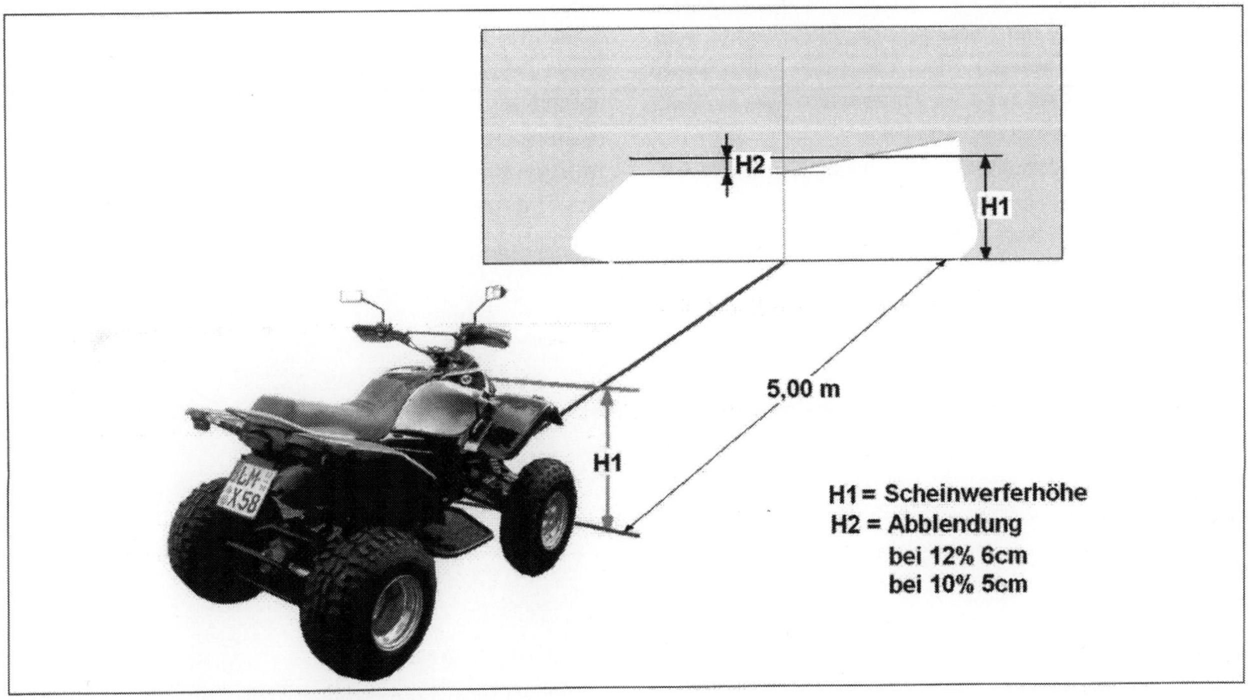

Aufbau einer Lichteinstell-Prüfbahn an der Hauswand.

roten Standlichtern vorne durch die Dunkelheit zu huschen ... die Erkenntnis über das Erscheinungsbild für den entgegenkommenden Autofahrer könnte allerdings zu spät kommen. Auch die Auswahl der Leuchtmittel und die Nachrüstung von Lampen müssen unter sicherheitsrelevanten Aspekten gut überlegt sein.
Gebrochene Lampen und ausfallende Birnchen gehören seit jeher zum Endurosport. Selbst sehr hochwertige Komponenten halten den Stress durch Steinschlag, Tauchbad und Schlammpackung nicht ewig aus. Korrosion findet sich dann irgendwann auch im schicksten Rücklicht.
Je nach Einsatzgebiet sollte man also durchaus auch die Beleuchtungsanlage geldbeutelschonend auswählen. Der eine oder andere Ersatzblinker im Regal spart sicherlich auch Versandkosten.

Fahrwerk und Karosserie

Auch das Fahrwerk und die Karosserie unterliegen recht hohen Beanspruchungen. Vibrationen und Schwingungen wirken durch den Fahrbetrieb auf alle Kunststoffteile. Grundsätzlich sind eigentlich alle Bauteile eines Quads immer in Bewegung. Neben den vorgesehenen Bewegungen in Lager und Drehpunkten ergeben sich viele Stellen, die durch Schwingungen oder Überbeanspruchung bewegt werden und irgendwann brechen oder auch nur reißen. Ausgerissene Kunststoffteile der Verkleidungen stellen hier eher ein kleineres Problem da. Verdeckt auftretende Brüche an Rahmen oder an Fahrwerksteilen können deutlich problematischer werden.
Die genaue Untersuchung des Rahmens und der Anbauteile macht eine gründliche Reinigung zwingend notwendig. Die These der »selbstreinigenden Enduro« kann also schon aus Sicherheitsgründen nicht gehalten werden.

Rahmen

Nach jeder Sportveranstaltung und im Straßenverkehr zumindest einmal im Jahr im Zuge einer großen Inspektion sollte der Rahmen selber genauer unter die Lupe genommen werden. Ein oftmals gut erkennbarer Hinweis ist gerissener Lack auf dem Rahmen. Zumeist weist er auf eine ungeplante Bewegung des Bauteils hin. Sollte ein Bruch oder Riss eines Rahmenteils oder eines Halters vorliegen, müssen, soweit die Reparatur überhaupt vom Hersteller freigegeben wird, die Herstellerrichtlinien für Schweißarbeiten am Rahmen beachtet werden. Auch wenn sicherlich kaum Bedenken gegen eine fachlich saubere Reparatur bestehen, wird die Betriebserlaubnis erlöschen. Der Hersteller ist dann auch von der Produkthaftung freigestellt.

Die Risse im Lack sprechen eine deutliche Sprache: Da ist Verzug versteckt!

Schwinge

Wie auch der Rahmen unterliegt die Schwinge enormen Belastungen. Durch die kurvenbedingte Fahrtechnik muss die Schwinge bei den Sport-Quads Kräften widerstehen, die sie verdrehen. Sie muss außerdem die Kräfte durch Fahrwerk und Fahrbahn verarbeiten. Die Bauteile der Schwinge sowie die Schweißnähte sollten also regelmäßig auf Risse, mögliche Brüche oder andere Beschädigungen hin untersucht werden. Bei Stahlschwingen sollte zusätzlich noch die deutlich häufiger auftretende Korrosion im Auge behalten werden. Steinschläge und Ähnliches sollten mit einem Lackstift ausgebessert werden. Korrosionsschutz ist hier genauso wie beim Rahmen gerade an den nicht gut zugänglichen Stellen ein wichtiges Thema.

Wichtige Kontrollpunkte: Schwinge und Lagerung! Gelegentlich mal zerlegen und reinigen. Crosser mindestens einmal im Jahr!

Schwingenlager
Genau wie die Lager der Querlenker müssen die Schwingenlager einer regelmäßigen Kontrolle unterliegen.
Hier finden sich in der Regel nur axiales Spiel und Höhenspiel. Das Höhenspiel ist meistens an der Seite, an der die Kette läuft, etwas höher. Sowohl axial als auch in der Höhenrichtung sollte das Spiel fast nicht feststellbar sein. Bei einigen Fahrzeugherstellern sind diese Lagerstellen auch mit Schmiernippeln ausgerüstet, was die Arbeit an diesen Schmierstellen wesentlich erleichtert. Sind keine Schmiernippel vorhanden, sollte die Lagerung gerade bei Geländeeinsatz und dementsprechender Reinigung mit dem Dampfstrahler zumindest einmal pro Jahr gereinigt und gefettet werden.

Kettengleitlager
Die Antriebskette gibt die vom Motor erzeugten Drehmomente an die Hinterachse weiter. Da sie durch den Federweg des Fahrzeuges einen Längenausgleich vollziehen muss, ergeben sich Berührungspunkte mit der Schwinge. Auf diesen Berührungspunkten sind Kettengleitlager angebracht, die Kette und Schwinge gegeneinander schützen sollen. Der Schutz funktioniert aber nur dann, wenn die Gleitlager an der Position sind, an der sie vom Hersteller vorgesehen sind. Die Kettengleitlager sind ein Verschleißteil und nutzen sich im Laufe der Zeit ab. Sind deutliche Spuren erkennbar, die die Materialstärke um die Hälfte überschreiten, muss dieses Kettengleitlager ausgetauscht werden. Im Bereich der Wartung ist es zu empfehlen, die Kettengleitlager und die Laufschienen mit Kettenfett regelmäßig einzusprühen. Die Lebensdauer kann so deutlich erhöht werden.

Stoßdämpfer und Umlenksystem für die Schwinge
Bei den meisten Sport-Quads wird eine Schwinge verbaut. Die Stoßdämpfer werden dann entweder direkt oder über ein Hebelsystem mit der Schwinge verbunden. Die direkte Anbindung hat den Nachteil, dass durch die Bewegung der Schwinge auf einer Kreisbahn die Neigung des Stoßdämpfers und damit die Übersetzung deutlich verändert werden. Diese Übersetzungsänderung verändert das angestrebte progressive Verhalten der Feder auf das Fahrwerk merklich. Moderne Federsysteme arbeiten heute mit Umlenksystemen, die eine annähernd lineare Dämpferführung ermöglichen. Die Abstimmung des Fahrwerks wird so um ein Vielfaches einfacher. Der Nachteil liegt allerdings in den vielen Lagerstellen. Bei den meisten Herstellern sind die Lager als Nadelkäfig ausgelegt. Die Lagerstellen werden mit Fett versehen und mit Simmerringen oder Staubringen abgedichtet. Bei unsachgemäßer Reinigung kann Schmutz in das Lager eingebracht und das Lager zerstört werden. Bei Lagersystemen mit Schmiernippeln werden bei regelmäßigem Abschmieren die Schmutzpartikel und eventuell vorhandenes Wasser herausgedrückt.
Von Zeit zu Zeit sollten also auch diese »dauergeschmierten« Lager zerlegt, gereinigt und mit neuem Fett versehen werden.

Kontrolle ist wichtig! Beim Schaden wird's teuer!

Die Dämpfersysteme unterscheiden sich zwar sehr oft deutlich, die Anforderung für die Wartung aber ist annähernd gleich. Für die Wartung betrachten wir lediglich den äußeren Zustand des Stoßdämpfers. Zu den erkennbaren Merkmalen gehören Dichtheit, die Korrosionsfreiheit sowie die Tatsache, dass der Dämpfer keine Beschädigungen aufweisen sollte. Einige Dämpfer der oberen Mittelklasse oder auch der Top-Produkte sollten durch die Servicestützpunkte regelmäßig gewartet werden. Der Stoßdämpfer wird für diesen Fall in der Regel eingeschickt, gewartet und repariert. Bei den billigen, verpressten Varianten entfällt dieser Aufwand. Allerdings lassen sich diese Dämpfer nicht erweitern, genauer anpassen und meist auch nicht im Dämpfungsverhalten abstimmen. Neben der Dichtheit sollte man von Zeit zu Zeit auch nach den Verschraubungen und Lagerungen in den Dämpferaugen schauen. Ausgeschlagene Dämpfer oder auch nur Dämpferlager beeinflussen das Dämpfungsverhalten erheblich.

Lagerbuchsen Querlenker der Vorderachse

Lagerbuchsen und Kugelbolzen lassen sich zumeist recht einfach überprüfen. Belastetet man die Bauteile wechselseitig mit Druck oder Zug, stellt sich oft schon ein eventuell vorhandenes Spiel in den Lagern ein

Kugelbolzen der Querlenker Vorderachse

Ähnlich wie die Lagerbuchsen können auch die Kugelbolzen überprüft werden. Da sie sich zweidimensional bewegen können, müssen sie auch zweidimensional geprüft werden. Zudem kommt noch dazu, dass der Verschleiß des Kugelbolzens, oder besser Kugelgelenkbolzens, ein Höhenspiel verursachen kann. Das Höhenspiel kann aber durch Ziehen und Drücken in die Bewegungsrichtung der Querlenker erkannt werden.

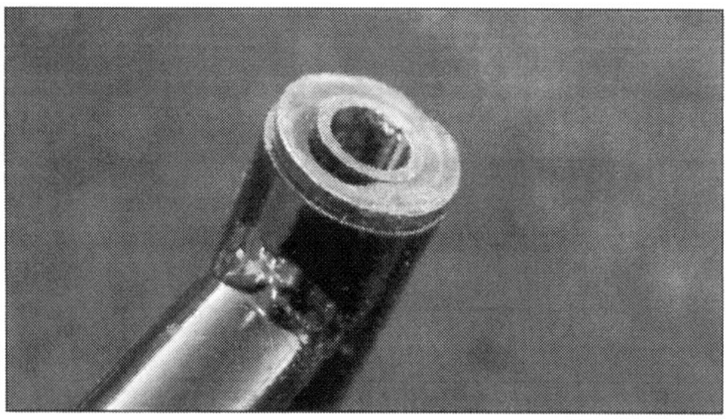

So soll es nicht aussehen: Ausgeschlagen und Ausgewaschen!

Oftmals kommt es vor, dass gerade bei erfolgter Veränderung am Fahrwerk (wie zum Beispiel einer Höher- oder Tieferlegung) die Kugelbolzen so ungünstig stehen, dass sie in Anschlag gedrückt werden. In einem solchen Fall müssen sofort entsprechende Querlenker nachgerüstet werden oder der Umbau rückgängig gemacht werden. Das Überdrücken des Kugelgelenkbolzens ist lebensgefähr-

Drei Gelenkbolzen pro Radseite an der Vorderachse müssen geprüft werden.

lich. Die Lagerung der Stahlkugel ist lediglich in Kunststoff ausgeführt. Die Überdehnung bewirkt sehr schnell ein erhöhtes Laufspiel und kann dann leicht für ein Herausspringen der Kugel verantwortlich sein. Es besteht dann keine Radführung mehr. Dass ein solcher Defekt fast unweigerlich zu einem Unfall führt, muss hier nicht besonders erwähnt werden.

Kugelbolzen der Lenkung

Der Aufbau der Lenkungsbolzen unterscheidet sich nicht wesentlich von den Tragbolzen. Auch sie besitzen im Inneren eine Stahlkugel, die in Kunststoff gelagert ist. Auch sie sind zweidimensional beweglich und unterliegen natürlich ebenso dem Verschleiß. Um auch ein sehr kleines Lagerspiel feststellen zu können, kann man den Gelenkbolzen fest mit einer Hand umfassen. Bei einer schnellen Hin- und Herbewegung der Lenkung wird das Spiel »spürbar«. Das Höhenspiel kann durch Hochziehen und Herunterdrücken des Bolzens überprüft werden. Der einwandfreie Zustand ist genauso wichtig, wie der Zustand der anderen Lenkungslager. Defekte Bauteile sollten sofort ersetzt werden.

Stoßdämpfer der Vorderachse

Die Stoßdämpfer der Vorderachse werden im Prinzip wie der hintere Stoßdämpfer geprüft. Dichtheit und Unversehrtheit stellen hier die wesentlichen Merkmale dar, die für die Wartung relevant sind. Der eigentliche Aufbau der Stoßdämpfer und die Funktionsprüfung erfolgt im Kapitel »Reparaturen und Montagearbeiten«.

Lenkwelle

Die Lenkwelle beim Quad wird in mehrfacher Hinsicht belastet. Da sind zum einen die Kräfte, die auf den Lenker einwirken. Zum anderen kommen die Kräfte hinzu, die durch die Fahrbahn eingebracht werden. Es handelt sich hier nicht nur um Belastungen in der Drehrichtung. Genauso treten Kräfte auf, die diese Welle auf Biegung beanspruchen. Da die Lenkwelle nicht nur die Lenkgeometrie der Vorderachse zusammenhält, sondern zudem noch für einen sicheren Sitz des Lenkers zuständig ist, muss sie stets im einwandfreien Zustand sein. Lagerungen und Umlenkpunkte sowie die Aufhängung eines Lenkungsdämpfers müssen spielfrei sein.

Das hat nicht jeder: Werkzeug zur Stoßdämpferreparatur.

Lenker

Auch die Lenkstange eines Quads unterliegt erheblichen Belastungen, Im Gegensatz zum Motorrad muss sie helfen, die Turnübungen zur Verlagerung des Körpergewichtes einzuleiten. Somit kann durchaus eine erhebliche Belastung auf den Lenker einwirken. Eingerissene, verbogene oder anderweitig beschädigte Lenker und Armaturen sollten unbedingt sofort ersetzt werden. Beschädigungen an Lenker- und Bedienungsteilen bergen ein sehr großes Verletzungsrisiko.

Karosserie

Der Quadsport ist nicht unbedingt als brutales Wochenendgemetzel anzusehen, aber so manches Verkleidungsteil bleibt trotzdem auch bei Hobby- und Freizeitfahrern auf der Strecke. Die eigentliche Aufgabe der Verkleidungen, neben der optischen Präsentation des Fahrzeuges, liegt in der Abdeckung der technischen Teile. Alle Verkleidungsteile sollten grundsätzlich so befestigt sein, dass sie nicht verrutschen oder durch übermäßige Bewegungen beschädigt werden. Gebrochene Verkleidungsteile sind meist nicht reparabel und sollten wegen des erhöhten Verletzungsrisikos schnell ersetzt werden.

Bremsanlage

Alle Bremsanlagen der Fahrzeuge unterliegen den Anforderungen der StVZO oder einer entsprechenden Richtlinie der Europäischen Union. Die Leistung der Bremse ist definiert. Um die Funktion einer Bremsanlage prüfen zu können, müssen die Funktion, der Aufbau und die Anforderung an die Bremsanlage bekannt sein. Deshalb zuerst einmal eine Begriffsklärung zum Bereich Bremsanlage:

Kreisteilungen

Wenn man von Bremskreisteilungen spricht, meint man die Aufteilung der Bremskreise an die einzelnen Räder. Bei den meisten Quads verbleiben hier nicht sehr viele Möglichkeiten, da die Hinterachse starr ausgelegt ist und die meisten Fahrzeuge hier mit nur einer Bremsscheibe oder Bremstrommel ausgerüstet sind. Im Bereich der Utilities (die ATV) und den noch recht seltenen Straßen-Quads kommt durchaus schon ein Bremsgerät pro Rad zum Einsatz. Hier ergeben sich natürlich zusätzlich weitere Möglichkeiten als beim »normalen« Quad. Bei den meisten Fahrzeugen wird die Funktion der Hinterachse von der Funktion der Vorderachse getrennt.

Zentralbremsanlage

Die Zentralbremsanlage betätigt die Bremsgeräte der Betriebsbremsanlage des Quads über einen Betätigungshebel. Zentral eben. Hier werden die Bremskräfte für die Hinterachse für das Quad in einem mittleren Beladungszustand definiert. In der Regel wird auch schon durch die feste Abstimmung für die Einregelung der Bremsdrücke die geforderte Mindestverzögerung deutlich überschritten.

X-Kreisteilung

Bei wenigen Straßenfahrzeugen wie der GG der Firma Grüther aus der Schweiz, findet man eine so genannte Diagonalaufteilung. Diese Aufteilung findet man heute eigentlich in allen modernen Bremsanlagen. Gelegentlich wird diese Aufteilung aufgrund des Aussehens ihrer schematischen Darstellung auch »X-Kreisteilung« genannt. Die Bremsgeräte werden durch einen Hauptbremszylinder betätigt. Dieser ist als Tandem (also doppelter Kolben) ausgelegt.

Diagonal oder X-Kreisteilung ist der Stand der Technik von heute.

Vorteil:
Beim Ausfall eines Bremskreises ist ein sicheres Abbremsen durch die Hinterachse und ein verbleibendes vorderes Bremsgerät möglich.

Nachteile:
Nur mit einem ausgeglichenen, negativen Lenkrollhalbmesser an der Vorderachse ist der Betrieb gefahrlos. Die Bremsung im Gelände kann nicht fahrerwunschabhängig zwischen Hinterachse und Vorderachse geregelt werden.

Schwarz/weiß Teilung

Auch wenn beim Quad zwei getrennte Arbeitszylinder zum Einsatz kommen, spricht man hier von einer klassischen schwarz/weiß-Teilung. Diese Bauweise findet bei den meisten Quads Anwendung. Der Fußbremshebel betätigt die Hinterradbremsgeräte, die Handbremse die Bremsgeräte der Vorderachse.

Vorteil:
Beim Ausfall eines Bremskreises arbeitet der andere Bremskreis ohne Veränderung weiter.
Im Gelände werden die beiden Bremskreise unabhängig voneinander bedient. Es werden durch das getrennte Verzögern der Hinterachse oder der Vorderachse gezielt Fahrmanöver eingeleitet oder sogar durchgeführt.

Nachteil:
Der Umgang mit den unabhängig bedienbaren Bremskreisen erfordert viel Übung. Da die Hinterachse sehr leicht überbremst werden kann und damit auch die »Geradeausführung« des Fahrzeugs verloren geht, ist dieses Bremssystem im Straßenverkehr nicht unbedingt zu empfehlen.

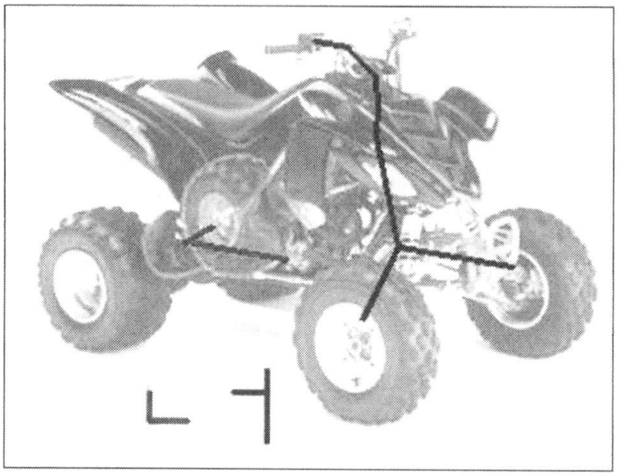

Alt, bewährt und stark verteidigt ist die Trennung der Bremsachsen noch heute.

Vier-Zwei Teilung

Bei einigen Straßenfahrzeugen sowie bei einigen Utilities (...den ATV...) erfolgt die Bremskreisaufteilung wie bei KVN eigentlich nach dem **»Vier-Zwei-Prinzip«** Die Besonderheit liegt hier eben darin, dass die Hinterachse starr ausgelegt ist. Es kann also kein Raddrehzahlausgleich erfolgen, da kein Achsdifferenzial verbaut wurde.
Hier ergibt sich die Möglichkeit, die gesamte Hinterachse mit einem Bremsgerät zu verzögern. Der zweite Kreis wird dann meist als hydraulisch betätigte Handbremse ausgelegt.

Vorteil:
Beim Ausfall eines Bremskreises ist ein sicheres Abbremsen durch die Hinterachse und einem verbleibenden vorderen Bremsgerät möglich.

Fast im gemischten Doppel spielen die Bremskreise zusammen und doch zumindest Hydraulisch getrennt.

Nachteil:
Eine sichere Funktion ist nur mit einem positiven Lenkrollhalbmesser an der Vorderachse möglich. Die Bremsung im Gelände kann nicht Fahrerwunsch abhängig zwischen Hinterachse und Vorderachse geregelt werden.

Hydraulische Bremsanlage
Bei der hydraulischen Bremsanlage wird die Bremskraft vom Hebel zum Bremsgerät durch eine Flüssigkeit übertragen. Die Flüssigkeit überträgt beim Bremsvorgang sehr hohe Drücke bis um 100 bar. Alle hydraulischen Anschlüsse müssen deshalb dicht sein. Die Bremsleitungen dürfen keine Beschädigungen aufweisen. Poröse Gummileitungen müssen getauscht werden.
Neben der Belagstärke müssen auch die Bremsscheiben genauer untersucht werden. Je nach Hersteller werden Mindestdicken und Bremsscheibenschlag als Obergrenzen oder Verschleißmaß angegeben. Ist das Verschleißmaß erreicht, muss die Bremsscheibe ersetzt werden. Es macht übrigens keinen Sinn neue Bremsbeläge auf eine alte Bremsscheibe zu verbauen, wenn diese im Profil bereits wellig ist. Es dauert nicht nur sehr lange, bis sich die neuen geraden Beläge auf die wellige Scheibe eingeschliffen haben, die Bremsleistung ist in dieser Zeit auch deutlich herabgesetzt. In extremen Fällen können durch die unterschiedlichen Stärken deutlich unterschiedliche Temperaturbereiche an der Bremsscheibe entstehen. Letztendlich kann die Bremsscheibe durch diese thermischen Spannungen reißen.
Ein wichtiger Bestandteil der hydraulischen Bremsanlage ist natürlich die Bremsflüssigkeit. Das Arbeitsgebiet und die Aufgaben der Bremsflüssigkeit sind keinesfalls einfach. Sie muss in der Lage sein, bei tiefen Temperaturen flüssig zu bleiben und bei hohen Temperaturen nicht zu vergasen oder sogar zu verdunsten. Gasblasen in der Flüssigkeit würden den hydraulischen Kraftfluss unterbrechen. Ein Teil der durch die Hydraulik übermittelten Kraft würde hier verloren gehen. Des Weiteren muss die Bremsflüssigkeit ein neutrales Verhalten gegenüber Gummidichtungen und den verwendetet Werkstoffen der Bremsanlage haben.
Ein Problem der Bremsflüssigkeit ist ihr hygroskopisches Verhalten. Das bedeutet, dass die Bremsflüssigkeit in der Lage ist, Wasser aufzunehmen. Die Temperatur der Bremsflüssigkeit kann je nach Situation und Bremsung bis zu 300 °C erreichen.
Da Wasser bereits einen Siedepunkt von 100 °C hat, kann man sich leicht ausmalen was passiert, wenn der Wasseranteil in der Bremsflüssigkeit zu hoch geworden ist. Der Zustand und die Auslegung der Bremsflüssigkeit hat sehr viel zum Gelingen einer guten Bremsfunktion zu tun. In der Grafik wird das Verhältnis von Wassergehalt und Siedepunkt deutlich. Ab einem Anteil von 3% Wasser in der Bremsflüssigkeit spricht man vom »Kritischen Nasssiedepunkt«. Grundsätzlich kann man von einer Zunahme des Wasseranteils von ca. 2% pro Jahr ausgehen. Der Flüssigkeitswechsel sollte also spätesten alle 2 Jahre erfolgen.
Die Bremsflüssigkeit ist zwar durch eine Gummimembrane von der Außenluft abgekapselt, aber diese Membrane dient eher als Auslaufschutz beim Umkippen des Fahrzeugs. Die Luft kann durch die Membrane hindurch trotzdem Kontakt mit der Bremsflüssigkeit bekommen. Problematisch ist die Luftfeuchtigkeit. Im Laufe der Zeit sammelt sich immer mehr Wasser in der Bremsflüssigkeit und setzt den Siedepunkt herunter. Das einzige Mittel dagegen ist nun mal der regelmäßige Wechsel der Bremsflüssigkeit. Gleichzeitig wird das System durch die Spülung gereinigt.

Hydraulische und mechanische Trommelbremse
Im Gegensatz zur Scheibenbremse werden die Beläge axial in den Eingriff gebracht. Der Nachteil liegt darin, dass bei zunehmender Wärme die Bremstrommel sich an der Befestigungsseite stärker abkühlt und die Anlagefläche der Beläge zunehmend geringer wird. Die Bremsleistung einer Trommelbremse fällt somit deutlich geringer aus als die der Scheibenbremse. Ein weiterer Nachteil liegt darin, dass der Antrieb des Belages in der Trommel verbleibt. Beim Quad oder Utility sind die Bremstrommel teilweise sogar gekapselt, um Wasser und Dreck aus dem Bremssystem zu verbannen. Bei Fahrzeugen mit Trommelbremse ist es somit sehr wichtig, die Trommel im Rahmen der Wartung regelmäßig zu öffnen und auch zu reinigen.
Der Unterschied zwischen der mechanischen und der hydraulischen Trommelbremse liegt lediglich in der Betätigung. Für die Wartung ergeben sich hieraus durchaus unterschiedliche Aspekte. Neben der Leichtgängigkeit der mechanischen Bauteile der hydraulischen Anlage muss auch die Dichtigkeit der Radzylinder überprüft werden. Durch die hygroskopische Eigenschaft der Bremsflüssigkeit setzt sich in den Radzylindern gerne Wasser ab, welches dann zur Korrosion des Gehäuses oder/und des Kolbens führt.

Diese Rostablagerungen wiederum bilden eine raue Oberfläche, die dann die Dichtmanschetten der Radzylinder beschädigen kann.

Mechanische Betätigung der Handbremse

Ein deutlicher Nachteil ist immer die mechanische Betätigung beziehungsweise die Nachstellung der Handbremse. In der Regel wird die Bremswirkung der Handbremse lediglich durch das Verschieben eines oder beider Bremskolben erreicht. Der Hub der Betätigungswelle ist aber mechanisch gebunden und reagiert nicht auf den Verschleiß. Werden die Beläge dünner, muss also die Handbremse nachgestellt werden. Die Einstellung muss aber so gewählt werden, dass die Bremse noch freigängig bleibt.

Neben erheblichem Belagverschleiß müsste sonst mit einer Überhitzung der Bremse gerechnet werden, die sowohl die Beläge als auch die Bremsscheibe betreffen würde.

Prüfen der hydraulischen Anlage

Neben der normalen Funktion der Bremsanlage unterscheidet man zwischen Sichtprüfung, Hochdruckprüfung, Niederdruckprüfung und Dichtheitsprüfung. Die Niederdruckprüfung wird heute kaum mehr durchgeführt.

Die Dichtheitsprüfung wird in der Regel im Zusammenhang mit der Hochdruckprüfung durchgeführt. Ein Entlüftungsnippel wird entfernt und mit einem Druckmanometer mit einem Messbereich von 150 - 200 bar belegt. Die Bremspumpe für den zu prüfenden Kreis wird so fest wie möglich betätigt und festgestellt.

Es sollte ein Druck zwischen 50 und 100 bar aufgebracht werden. Als Faustregel kann man davon ausgehen, dass diese Prüfung als bestanden gilt, wenn der Druck innerhalb von 10 Minuten höchstens um 10% abfällt. Undichte Stellen werden bei dieser Prüfung recht schnell sichtbar.

Fast wie bei der Kupplungsverstellung wird der Bremskolben beim hinteren Sattel für die Handbremse mechanisch bewegt.

Bremsflüssigkeitswechsel

Bremsflüssigkeit ist hygroskopisch. Das bedeutet, sie zieht Wasser aus der Luftfeuchtigkeit und verdünnt sich so zunehmend. Neben der Korrosionsgefahr für die Bauteile in den Bremsgeräten sinkt auch der Siedepunkt deutlich. Wer schnell auf der Straße unterwegs ist, sollte bedenken, dass beim Abbremsen schnell einige 100 °C an der Bremsscheibe auftreten können. Diese Temperatur wird über die Bremsbeläge (je dünner desto besser) und die Bremskolben auch an die Bremsflüssigkeit übertragen. Wasser kocht bereits bei 100 °C und somit bilden sich schnell Dampfblasen. Im Gegensatz zu Flüssigkeiten ist Gas komprimierbar, was für den Bremsdruck einen undefinierten Druckpunkt und für den Fahrer deutlich schlechtere Bremsleistung bedeutet.

Was ist vorzubereiten?
- Schlauch der auf den Entlüftungsnippel passt
- Auffangflasche für die alte Bremsflüssigkeit
- Passender Schlüssel für den Entlüftungsnippel

Welche Teile werden benötigt?
- Bremsflüssigkeit

Deshalb sollte alle zwei Jahre die Bremsflüssigkeit durch neue ersetzt werden. Wir gehen davon aus, dass Sie kein professionelles Entlüftungsgerät besitzen und zeigen Ihnen die gute alte »Handarbeit mit Schlauch und Flasche«.

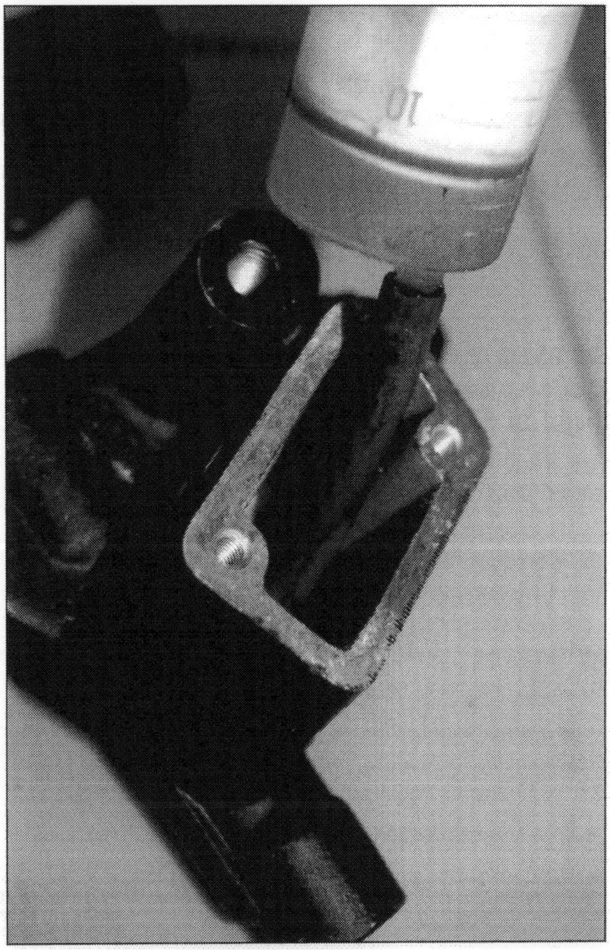

Absaugen mit der Medizinspritze.

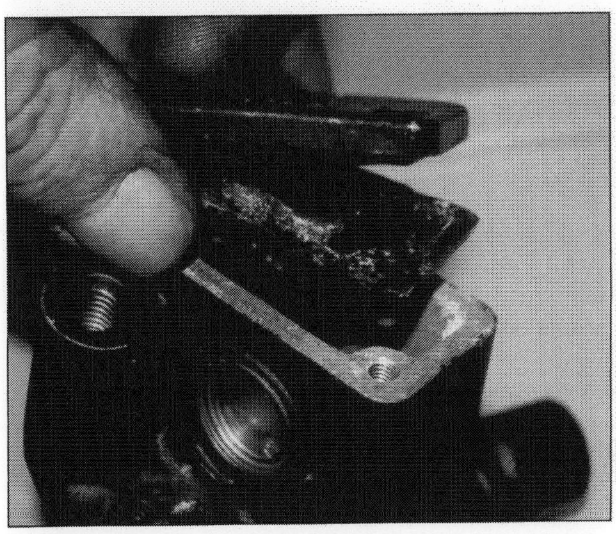

Deckel entfernen an der Handpumpe.

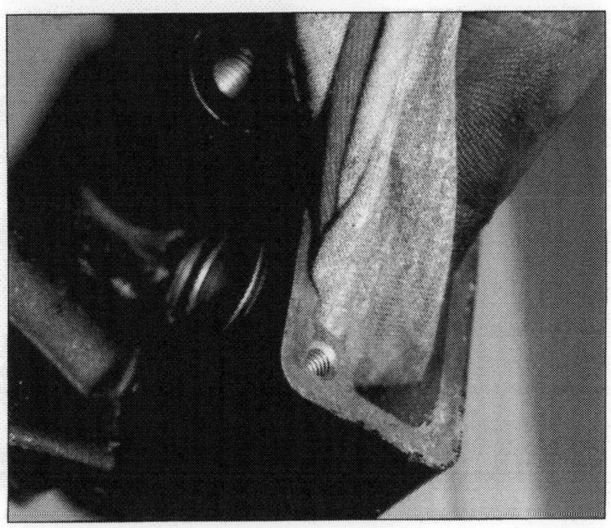

Austupfen mit einem Lappen.

Sorgen Sie dafür, dass der Bremsbehälter möglichst gerade steht und sich somit die Bremsflüssigkeit leicht auffüllen lässt.

- Demontieren Sie den Deckel des Bremsbehälters.
- Entleeren Sie den Bremsbehälter vollständig, indem Sie ihn zuerst mit einer Spritze absaugen und dann mit einem fusselfreien Tuch austupfen. Mögliche Abriebreste können Sie mit Bremsenreiniger ausspülen.
- Füllen Sie nun den Bremsbehälter zu 2/3 mit neuer Bremsflüssigkeit auf.
- Öffnen Sie den Entlüftungsnippel des Bremsgerätes, welches am weitesten vom Behälter entfernt ist. In der Regel ist es beim Quad die linke Bremszange. Stecken Sie einen Kunststoffschlauch auf den Nippel, der am anderen Ende in einer Flasche steckt.
- Betätigen Sie nun gaaaanz langsam und vorsichtig den Bremshebel.
- Wenn Sie den Bremshebel ganz durchgezogen haben, schließen Sie den Entlüftungsnippel und lassen dann erst den Bremshebel wieder los.
- Wiederholen Sie den Vorgang so lange, bis Sie etwa ¼ Liter Bremsflüssigkeit durchgespült haben.

PRAXISTIPP

Vorratsbehälter muss immer gut gefüllt sein

Achten Sie darauf, dass der Vorratsbehälter immer ausreichend gefüllt ist. Zieht er einmal Luft, muss die Bremsanlage entlüftet werden.

Auffangflasche für alte Bremsflüssigkeit: Immer deutlich kennzeichnen! Schließlich muss Sie ja entsorgt werden und darf nicht getrunken werden!

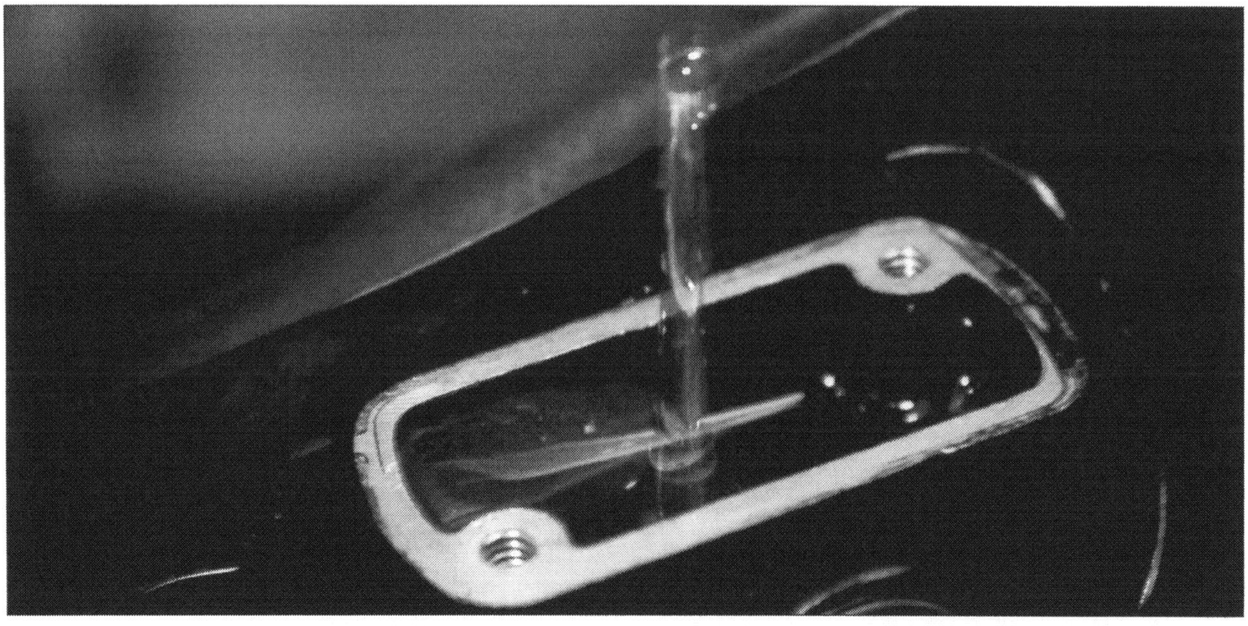

Die Springbrunnenfontäne tritt aus der Ausgleichsbohrung aus und kann dann oft hässliche Flecken auf Lack und Kunststoff hinterlassen. Also sofort wegwischen und später mit viel Wasser nachspülen!

Bremssystem entlüften

Wird die Bremsanlage zerlegt oder einzelne Teile getauscht, muss sie entlüftet werden. Hierbei tauchen Probleme auf, die auf den physikalischen Eigenschaften der Bremsflüssigkeit und den konstruktiven Begebenheiten beruhen.

Was ist vorzubereiten?
- Schlauch der auf den Entlüftungsnippel passt.
- Auffangflasche für die alte Bremsflüssigkeit.
- Passenden Schlüssel für den Entlüftungsnippel.
- Saugfähige Lappen.

Welche Teile werden benötigt?
- Bremsflüssigkeit

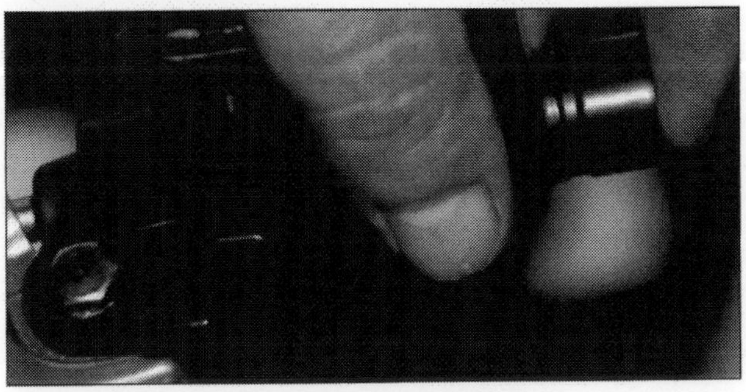

Vorentlüftung am Bremsleitungsanschluss.

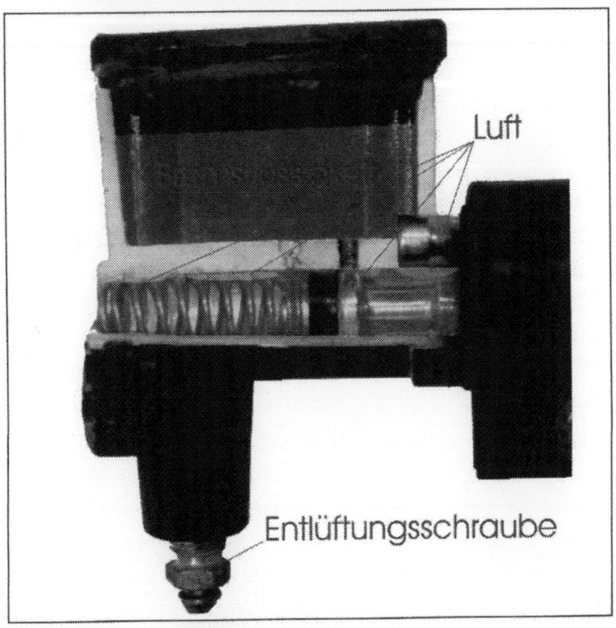

Schnittbild des Hauptbremszylinders mit potenziellen Luftpolstern an der Handpumpe.

Entlüften des Handbremszylinders
Die Handpumpe funktioniert nur dann, wenn sich keine Luft im Arbeitsbereich des Kolbens befindet. Zuerst einmal muss hier die Luft ausgespült werden.

■ Demontieren Sie den Deckel des Bremsbehälters.

■ Füllen Sie nun den Bremsbehälter zu 2/3 mit neuer Bremsflüssigkeit auf.

■ Betätigen Sie den Bremshebel mit kurzen Hüben und beobachten Sie, dass aus der Füllbohrung und der Ausgleichsbohrung die Restluft austritt.

■ Lösen Sie die Bremsleitung am Bremszylinder und demontieren Sie sie.

■ Legen Sie einen saugfähigen Lappen unter den Anschluss der Bremsleitung.

■ Halten Sie den Leitungsanschluss mit einem Finger zu.

■ Betätigen Sie langsam und vorsichtig den Bremshebel.

■ Wiederholen Sie den Vorgang so lange, bis bei jedem Arbeitshub Bremsflüssigkeit am Anschluss des Bremszylinders austritt.

■ Montieren Sie den Bremsleitungsanschluss wieder und reinigen Sie den Bereich der Arbeiten gründlich, um Schäden auf Lack und Kunststoff zu vermeiden.

Entlüften des Bremssattels
Die meisten Bremssättel am Quad stammen aus Großserienproduktionen im Motorradbereich. Gelegentlich kommt es vor, dass die Enlüftungsnippel nicht wie eigentlich erforderlich an der höchsten Stelle des Bremssattels liegen.
In solchen Fällen muss dann der Bremssattel demontiert, und während des Entlüftungsvorgangs so gehalten werden, dass die eingeschlossene Luft an der höchsten Stelle durch den Entlüftungsnippel entweichen kann.

- Demontieren Sie den Deckel des Bremsbehälters.

- Füllen Sie nun den Bremsbehälter zu 2/3 mit neuer Bremsflüssigkeit auf.

- Betätigen Sie langsam und vorsichtig den Bremshebel.

- Öffnen Sie den Enlüftungsnippel des Bremsgerätes, welches am weitesten vom Behälter entfernt ist. In der Regel ist es die beim Quad die linke Bremszange und stecken Sie einen Kunststoffschlauch auf den Nippel auf der am anderen Ende in einer Flasche steckt.

- Wiederholen Sie den Vorgang solange, bis am Bremssattel keine Luftblasen mehr in den Bremsschlauch aufsteigen.

- Reinigen Sie den Bereich der Arbeiten gründlich um Schäden auf Lack und Kunststoff zu vermeiden.

GEFAHRHINWEISE

⚠ Bremsflüssigkeit ist giftig!

Waschen Sie Ihre Hände nach der Arbeit sehr gründlich. Bremsflüssigkeit ist giftig.

Verwenden Sie bei der Arbeit Handschuhe oder cremen Sie Ihre Hände mit einer guten Hautschutzcreme ein.

Vermeiden Sie jeden Kontakt der Bremsflüssigkeit mit Haut und Augen.

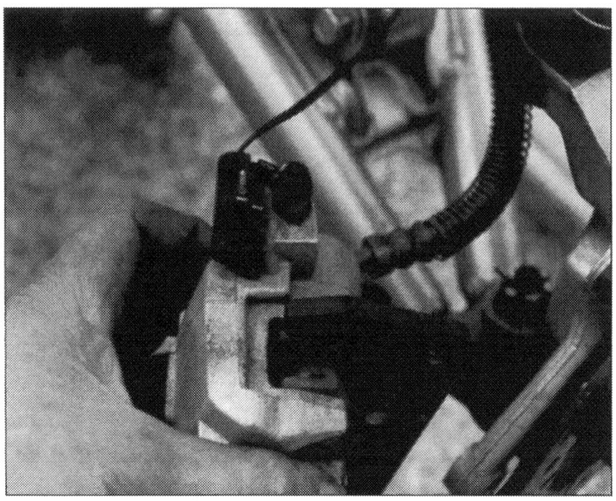

Kippen des Bremssattels um den Entlüftungsnippel an die »höchste« Stelle zu bringen.

Einstellung der Bremszüge

Gerade in älteren Fahrzeugen und in den meisten 50ccm-Varianten finden sich überwiegend seilzugbetätigte Bremsanlagen. Neben der Schwierigkeit, achsgleiche Bremsanlagen gleichmäßig einzustellen, können durch vielfältige Fehler (Korrosion beispielsweise oder auch nur eine verspannte Lage des Bowdenzuges, unterschiedliche Schwergängigkeit) ein unterschiedliches Ansprechverhalten der Bremsen bewirken. Der Wartungsaufwand für einen Bowdenzug ist trotz moderner Zugaufbauten mit Kunststoffseele höher als bei der hydraulischen Betätigung. Meistens wird auf einen Nachstellmechanismus vollständig verzichtet.

Diese Verschleißkorrekturen müssen dann auch über den Bowdenzug durchgeführt werden. Hierzu finden sich an geeigneten Stellen Einstellschrauben. Wenn man die Auswahl zwischen Fahrzeugen mit seilzugbetätigten Bremssystemen und Fahrzeugen mit hydraulischen Bremssystemen hat, sollte man den moderneren hydraulischen Bremssystemen den Vorzug geben.

Probefahrt

Die Probefahrt dient nicht dazu sich mit dem Fahrzeug fortzubewegen, sondern gibt dem Mechaniker die Möglichkeit, die Funktionen und das Verhalten des Fahrzeugs und seiner Bauteile zu überprüfen. Fehlfunktionen können meist recht gut erkannt werden.

Gerade diese »Prüfungsfunktion« erfordert meist den größten Teil der Aufmerksamkeit. Um sich selbst und den anderen Straßenverkehr nicht unnötig zu gefährden, sollte man sich eine Probefahrtstrecke suchen, die möglichst wenig befahren ist. Günstigstenfalls finden sich ein Gefälle und eine Steigung auf der »Probefahrtstrecke«. So können auch leicht die Höchstgeschwindigkeit und das Schaltverhalten der Variomatik überprüft werden.

Bremstest

Zum einen muss der Hebelweg so eingestellt sein, dass der Hebel am Druckpunkt, also da wo die Bremse beginnt zu ziehen, gut zu greifen ist. Zum anderen darf der Hebel bei einer Vollbremsung sich nicht bis zum Griffgummi ziehen lassen. Diese Prüfung kann natürlich auch noch im Stand durchgeführt werden. Die Bremsleistung, also die tatsächliche Kraft der Bremse, kann nur während der Fahrt oder auf einem

Die Probefahrt gehört durchaus zu den anspruchsvollen Arbeiten. Das Zusammenspiel der Fahrzeugsysteme und das Fahrverhalten müssen bewertet werden.

Prüfstand ermittelt werden. Grundsätzlich muss die Bremse in der Lage sein, das Rad während der Fahrt auf trockener Straße zum Blockieren zu bringen. Man kann sich vorstellen, dass gerade bei dieser Probefahrtsituation sehr große Aufmerksamkeit und auch Fahrzeugbeherrschung gefragt ist. Es besteht leicht die Möglichkeit, dass das Rad wegrutscht und es so zu einem Unfall kommt.
Man muss also sehr genau darauf achten, diese Prüfung als definierte Situation kurz, gut vorbereitet (Gewicht verlagern!) und sehr aufmerksam durchgeführt wird.

Höchstgeschwindigkeit

Nicht nur das die Höchstgeschwindigkeit der kleinen Quads vom Gesetzgeber vorgeschrieben ist, sagt sie einiges über die Abstimmung der Variomatik und des Motors aus. Nicht nur die eigentliche Höchstgeschwindigkeit, sondern auch der Beschleunigungszeitraum bis zur Höchstgeschwindigkeit muss genau beobachtet werden. Zieht das Quad gleichmäßig durch? Wie verhält sich die Motordrehzahl? Läuft es beispielsweise am Berg sehr untertourig und beginnt auf der Geraden deutlich besser zu ziehen, kann ein Problem mit der Variomatik vorliegen oder die Abstimmung der Variomatikrollen stimmt nicht.

Lenkverhalten

Auch das Lenkverhalten kann leicht durch definiertes Schlangenlinienfahren beurteilt werden. Reagiert die Lenkung für beide Lenkrichtungen gleich? Steht der Lenker bei der Geradeausfahrt auch gerade? Zieht das Quad in eine Richtung? Fehler dieser Art lassen sich meist durch die Lenkereinstellung verbessern. Sollte sich jedoch herausstellen, dass das veränderte Fahrverhalten auf eine verzogene Gabel oder einen verbogenen Rahmen zurückzuführen ist, müssen diese Teile dringend getauscht werden.

Inspektions- und Wartungsplan

Natürlich hat jedes einzelne Fahrzeug seinen speziellen vom Hersteller erstellten Wartungsplan. Die meisten Hersteller geben aber diesen Plan lediglich als Wartungstabelle für den Offroad-Einsatz heraus. Nur einige wenige Hersteller lassen sich auf »straßentaugliche« Wartungspläne ein.
Wie man aus dem Inspektionsplan entnehmen kann, gibt es Intervalle, bei denen die Flüssigkeiten gewechselt werden sollen. Auch wenn das Quad nur wenig bewegt wurde, verlieren beispielsweise die Additive im Öl langsam ihre Wirkung. Bei Fahrzeugen, die recht häufig stehen, zumindest einmal im Jahr die Öle wechseln. Im Quad sind in der Regel keine großen Ölmengen zu erwarten. Auch sind in den meisten Fällen keine besonderen Öle vorgeschrieben. Die Kosten halten sich also in einem vertretbaren Rahmen.
Bei Fahrzeugen, die unter erschwerten Bedingungen betrieben werden, wie beispielsweise im Motorsport oder im Arbeitseinsatz, werden die Wartungsintervalle verkürzt. Auch nach längerer Standzeit sollte zuerst eine Inspektion durchgeführt werden.
Dieser Wartungsplan wurde aus mehreren Wartungsplänen zusammengefasst und soll als Muster herhalten. Wenn für Ihr Quad ein eigener besteht, muss diesem natürlich der Vorzug gegeben werden. Die Reihenfolge der Arbeiten gibt einen systematischen Ablauf vor.

	Bemerkung	1.000 Km*	3.000 Km**	6.000 Km**	12 Monate**	24 Monate**
		20 h	80 h	160 h	160 h	320 h
Motoröl	Zustand, Füllvolumen, Intervall.	W	W	K	K	
Getriebeöl	Zustand, Füllvolumen, Intervall.	K	K	W	K	
Achsgetriebeöl	Zustand, Füllvolumen, Intervall.	K	K	W	K	
Bremsflüssigkeit	DOT 4	K	K	K	K	W
Kühlwasser (ACHTUNG! KEIN LEITUNGSWASSER BEI ALUMOTOREN!)	CUNA NC 956-16 Alusysteme	K	K	K	K	W
Batteriefüllung	destilliertes Wasser	K	K	K	K	
Luftfilter	nach Bedarf (K+N) ISO VG150		R	R/W	K	
Ölfilter	6544-558		W	W		
Kraftstofffilter	6544-553	K	K	W	K	
Ölfiltersieb			R	R		
Luftfilter	nach Bedarf (K+N) ISO VG150		R	R/W	K	
Ölfilter	6544-558		W	W		
Motorentlüftung	Schlauch und Filter.	K		K		R
Kraftstofffilter	6544-553	K	K	W	K	
Kraftstoffleitung	Auf Dichtheit und Zustand prüfen.	K	K	K	K	
Verschraubungen an Rahmen und Motor	Festziehen oder nachziehen.	K		K	K	
Ölfiltersieb	Vorfiltersystem		R	R		
Ventilspiel (Motor muss kalt sein!)	Daten siehe Herstellerangaben.	K		K	K	

	Bemerkung.	1.000 Km*	3.000 Km**	6.000 Km**	12 Monate**	24 Monate**
		20 h	80 h	160 h	160 h	320 h
Variorollen	Verschleiß, Laufspuren.			K	K	
Antriebsriemen	Verschleiß, Laufspuren.		K	K		
Antriebskette	Kettenspray	K	K	K	K	
Ritzel und Kettenrad	Kettenspray	K	K	K	K	
Zündkerze	Zustand, Elektroden-abstand prüfen.		K	W	W	
Kerzenstecker prüfen eventuell reinigen	Zustand, Funken-spuren Anschluss an Kabel und Kerze.	K	K	K	K	
Vergasereinstellung	CO Tester Synkrontester Kaltstarteinrichtung testen.	K	K	K	K	
Zündungseinstellung	Zündzeitpunkt, Zündspannung, Brenndauer.	K		K		
Batterieladung	13V-14,5V	K		K	K	
Dichtheit Kraftstoffanlage	Kraftstoffpumpe, Vergaser, Einspritzsystem und Leitungen bei Motorlauf.	K	K	K	K	
Dichtheit Auspuffsystem	Übergänge, Schellen, Flansche.	K	K	K	K	
Dichtheit Ölversorgung		K	K	K	K	
Dichtheit Kühlmittel	Schläuche, Dichtungen, Kühler und Behälter.	K	K	K		
Funktion des Thermostates		K	K	K	K	
Funktion des Lüftermotors		K	K	K	K	
Bremsbeläge vorne	Min. 1,5 mm		K	K		
Bremsbeläge hinten	Min. 1,5 mm		K	K		
Elektrische Anlage		K	K	K		
Bowdenzüge		K		K	K	
Bremsleitungen		K		K	K	
Reifendruck	Nach Herstellerangaben.	K	K	K	K	
Reifenzustand	Min. 1,6 mm Profil, keine Beschädigungen, Dichtheit.	K	K	K	K	

	Bemerkung	1.000 Km* 20 h	3.000 Km** 80 h	6.000 Km** 160 h	12 Monate** 160 h	24 Monate** 320 h
Felgenzustand	keine Beschädigungen, Rundlauf.	K	K	K	K	
Stoßdämpfer	Dichtheit Funktion.	K	K		K	C
Lichttest		K	K	K	K	
Tachosensor		K		K		
Sitz der Schrauben		K	K	K	K	
Gelenkbolzen		K		K	K	
Spurstangen		K		K	K	
Achsvermessung	Spur 0				W	
Schmierpunkte Vorderachse	NL Gl 1-2 Lagerfett Säurefrei.	W		W	W	
Schmierpunkte Hinterachse	NL Gl 1-2 Lagerfett Säurefrei.	W		W	W	
Radlagerspiel	NL Gl 1-2 Lagerfett Säurefrei.		K	K	K	
Spiel Lenksäule	NL Gl 1-2 Lagerfett Säurefrei.			K	K	
TÜV Untersuchung						W
AU KRAD oder ASU						W
Korrosionskontrolle		K	K	K	K	
Lack und Oberfläche		K	K	K	K	
Funktion der Kupplung	Anfahren, Auskuppeln, Leerlauf einlegen.	K	K		K	
Fahrverhalten	Richtungsstabilität, Bremsverhalten, Lenkveralten.	K	K	K	K	

* 1.000 km = Übergabeinspektion

** Diese Inspektionen sind bei Erreichen von **weiteren 3.000 km** fällig. **Alle 12 bzw. 24 Monate** fallen zusätzliche Arbeiten an. Bei geringen Laufleistungen ist die Inspektion für 6.000 km 1x im Jahr durchzuführen. Die Angabe in »h« bezeichnet die Betriebsstunden für Offroadfahrzeuge.

R= Reinigen W= Wechseln K= Kontrollieren C= Einsenden zum Wartungscheck (zum Hersteller)

PRAXISTIPP

Anbauteile

In keinem Wartungsplan finden sich die Bauteile, die nachgerüstet oder umgebaut wurden. Diese Teile und ihre Befestigung müssen auch regelmäßigen Kontrollen unterliegen. Gerade Anbauteile aus Aluminium, verchromte Schrauben und ein Stahlrahmen können auf Grund chemischer Prozesse Korrosion bilden. Dementsprechend sollte den Verbindungsstellen und natürlich auch den Bauteilen selbst regelmäßig ein kontrollierender Blick geschenkt werden. Sich lösende Schrauben sollten bei dieser Gelegenheit durch entsprechende Sicherungen wie Gewindekleber oder selbst sichernde Muttern nach gebessert werden.

Fahrzeugreinigung

»Eine echte Enduro reinigt sich von selbst ... «, bekommt man oft zu hören. Der Hintergrund für diesen Spruch ist auch im technischen Bereich zu finden. Genauer betrachtet, macht es natürlich schon hinsichtlich der Korrosion keinen Sinn, den Dreck am Quad zu belassen, bis er von selbst abfällt. Profifahrer nutzen die Reinigung für den ersten Kontrollblick, inwieweit sich Schäden an Fahrwerk und Karosserie andeuten, die sich im Anfangsstadium nicht nur leicht eindämmen lassen, sondern gerade im Wettbewerb sogar für ein Crash-freies Rennen ohne Verletzungen stehen können.
Gründliche Reinigung mit einem Hochdruckreinigungsgerät oder sogar einem Heißdampfstrahlgerät muss aber sehr bewusst und mit technischem Know-how durchgeführt werden. Ein recht häufiger Fehler an einem Quad ist beispielsweise ein defektes Achslager. Natürlich unterliegt das Lager auch »natürlichem« Verschleiß, in den meisten Fällen ist die Schadensursache in unsachgemäßer Reinigung zu finden:
Wird nämlich mit Hochdruck Schmutzwasser und Dreck in das Lager gepresst, sind Lagerschäden vorprogrammiert.

Reinigungsmaterial und Hilfsmittelchen

Für die Quadwäsche benötigen Sie in jedem Fall noch ein paar Dinge, um Ihr Schmuckstück perfekt in Form zu bringen. Wir haben darum hier die wichtigsten Utensilien zusammengestellt, die Sie beim Waschgang unbedingt parat haben sollten:

Das Grundrüstzeug: Unterschiedliche Pflegesubstanzen sowie die richtige Auswahl an Tüchern, Schwämmen und Bürsten sind zur gründlichen Reinigung unerlässlich.

GEFAHRHINWEISE – Bremsflüssigkeit ist giftig!

Ausnahmsweise gilt dieser Gefahrenhinweis nicht Ihnen, sondern der Umwelt. Das Quad vor der eigenen Hautür zu waschen, ist längst nicht mehr überall erlaubt und das aus gutem Grund: Mit dem Abwasser können gefährliche Stoffe in das Grundwasser gelangen. So zum Beispiel Öl oder Chemikalien, die Sie zum Reinigen verwenden. Auch der Trinkwasserverbrauch ist nicht zu unterschätzen. In Waschanlagen werden diese Stoffe durch Abscheider aufgefangen und das Wasser mehrmals aufbereitet und erneut verwendet. Auch die verschmutzten Lappen sind im Grunde genommen Sondermüll, besonders wenn Sie damit dicke Ölkrusten beseitigt haben. Wir raten Ihnen deshalb, grundsätzlich einen ausgewiesenen Waschplatz aufzusuchen. Am besten einen überdachten, so müssen Sie auch nicht darauf achten, dass die Sonne unter Umständen hässliche Wasserflecken in den Lack brennt. Und Sie sind unter Ihresgleichen: Quadliebhaber, die ihr Fahrzeug nicht nur als Fortbewegungsmittel sehen, sondern es mit Hingabe pflegen. Also ein guter Ort für Benzingespräche. Putzen gefährdet die Umwelt.

Der große Schwamm: Ein weicher Schwamm ist bei der Handwäsche das wichtigste Putzutensil. Er eignet sich aber auch gut zur Vorreinigung oder dem Nachputzen.

Gegen Insektenreste Besonders hartnäckig können Insektenreste auf den Streuscheiben der Scheinwerfer anhaften. Rücken Sie dem Fliegendreck mit einem Zellstoffpapier und etwas Schaumreiniger oder Insektenlösemittel zu Leibe.

Grober Dreck an der Karosse:Die starken Verschmutzungen lösen Sie zunächst mit der Waschbürste. Vorsicht: Kontrollieren Sie den Bürstenkopf bevor Sie loslegen. Übriger Sand und Staub könnte Ihren Lack verkratzen.

Bremsstaub an den Felgen: Der schwarze Abrieb an den Radzierblenden und Felgen sieht nicht nur hässlich aus, er greift auch das Material an. Daher immer gut einschäumen!

Kleiner Schwamm und Bürste: Die Feinarbeit an den Felgen erledigen Sie am besten mit einem kleinen Haushaltsschwamm und einer Bürste an einem flexiblen Drahtstiel.

Dampfstrahler marsch: Den Schaum mit dem Dampfstrahler von oben nach unten abwaschen. Dabei stets auf genügend Abstand, insbesondere von den Reifenflanken achten!

GEFAHRHINWEISE

⚠ Vorsicht beim Dampfstrahlen

Ein Dampfstrahler ist an sich eine tolle Erfindung: Heißes Wasser, das unter extrem hohem Druck aus einer Düse schießt, löst fast jede Schmutzkruste. Besonders gut natürlich dicke Ölkrusten an Motor und Getriebe. Hiervon raten wir aber dringend ab. Denn die im Motorraum verbauten Elektronikteile können durch die eindringende Feuchtigkeit erheblichen Schaden nehmen. Die Folge könnte ein kostspieliger Austausch des Motorsteuergerätes sein. Der Motorraum sollte daher nur mit geeigneten, so genannten Kaltreinigern und in Handarbeit oder, noch besser, vom Profi gesäubert werden. Auch für den Kühler ist ein Dampfstrahler Gift. Denn der scharfe Strahl dringt mit großem Druck durch die feinen Lamellen und kann diese deformieren. Bleiben noch die Felgen. Tatsächlich kann der Dampfstrahler hier im Kampf mit Bremsstaub und anderen Verschmutzungen viel bewirken. Meistens reflektieren die Speichen den Strahl jedoch in die Richtung, in der Sie gerade stehen. Und wehe, Sie kommen dem Reifen zu nah! Auch in der Seitenwand moderner Pneus kann der enorme Druck des Wasserstrahls Schaden anrichten. Also wenigstens 50 cm Abstand halten!

Grundreinigung

Zuerst sollte mit Wasserstrahl und Bürste das Fahrzeug grob gereinigt werden. Natürlich sind Druckreinigungsgeräte sehr hilfreich, wenn sie sachgemäß eingesetzt werden.

In der Regel werden schon sehr gute Reinigungsergebnisse erzielt, indem spezielle Motorradreiniger zum Einsatz kommen. Markenware unter diesen Reinigern garantiert ein recht neutrales Verhalten und greift weder Kunststoffe noch die edleren Aluminium-Bauteile an.

Gerade die Oberflächen müssen nun mit viel Wasser abgespült werden. Sehr gute Dienste tut noch immer das gute alte Echtleder-Tuch, um Wasserflecken beim Abtrocknen zu vermeiden.

Finden sich Kratzer auf einem harten Kunststoff, wie der Streuscheibe der Lampe beispielsweise, können diese mit »Glaspapier«, also einem Schleifpapier mit einer Körnung von ca. 1.000, geschliffen und anschließend mit einer Reinigungspolitur poliert werden. Der Kratzer verschwindet meistens vollständig.

Mit Wachspolitur alten Glanz wieder erstrahlen lassen.

Diese Methode funktioniert aber nicht bei weicheren Kunststoffen. In der Regel reicht es aber aus, kleinere Kratzer mit einem guten Politurwachs abzudecken. Sie verschwinden dann wenigstens für einen bestimmten Zeitraum.

Weiße Stellen sind die Stellen, an denen der Kunststoff so weit verformt wurde, dass eine Materialdehnung erfolgt ist, die sich nicht mehr zurückbilden konnte. Diese Stellen können aber leicht mit Hilfe eines Heißluftföhns gleichmäßig und langsam erwärmt werden.

In der Regel verschwinden dann zumindest die weißen Spuren im Kunststoff. Problematisch sind oftmals auch die Halterungspunkte der Plastikteile. Grundsätzlich sollten sie nicht starr ausgelegt werden, sondern dem Kunststoff etwas Bewegungsraum belassen. Oftmals lassen sich mit Hilfe von Unterlegscheiben und Gummilagern oder auch Silentblöcken recht gute Ergebnisse erzielen.

Grundsätzlich muss beachtet werden, ob ein Reiniger oder ein Kunststoffpflegemittel die Weichmacher im Kunststoff beeinflusst. Ein Hinweis für die Eignung von Pflegespray kann die Verträglichkeit für Airbagverkleidungen an Lenkrad und Armaturentafel bei Pkws darstellen. Gut sortierte Autofachmärkte oder Ihr Quadhändler können hier sicherlich Auskunft geben.

Karosserie

Bei den meisten Quads kommen Kunststoffkarosserien zum Einsatz. Die Verkleidungen wurden für den Renneinsatz ausgelegt.

Priorität haben hier das Gewicht und die Bruchsicherheit. Die Kunststoffteile in besonders gutem Zustand zu halten, war kein besonders wichtiger Aspekt für die Planer und Designer. Da der größte Teil der in Deutschland eingesetzten Quads oftmals im Straßenverkehr bewegt wird und die Fahrzeugpflege uns Deutschen nun auch in die Wiege gelegt wurde, müssen die Kunststoffteile auch optischen Ansprüchen Genüge tun.

Ein Nachteil der Kunststoffteile am Quad liegt in der weichen Oberfläche. Im Laufe weniger Betriebsstun-

den finden sich zunehmend kleinere Kratzer auf der Oberfläche. Überbeanspruchte Stellen werden meist deutlich heller.
Auch Lösungsmittel können deutliche Spuren hinterlassen.

Rahmen

Nach den meisten Veranstaltungen im Motorsport wird das Quad auf einem Waschplatz auf dem Gelände mit einem Waschgerät gereinigt. Grundsätzlich ist das richtig und auch wichtig. Bei dieser Arbeit kann allerdings schon sehr viel schief gehen. Sehr viele Teile am Quad sind beweglich und dementsprechend auch gelagert. Das fängt schon bei der Antriebskette an. Die Kette ist als O-Ring, X-Ring, X-W-Ring oder U-Ring ausgelegt. Diese Bezeichnung beschreibt die Querschnittform des Abdichtringes. Wird nun mit Hochdruck versucht, den Dreck von der Kette zu waschen, gelingt das nur zum Teil. Ein Teil des Schmutzes wird am Dichtring vorbei in die Lager gepresst. Die so eingeschwemmten Partikel wirken hier wie ein Schleifmittel und beschädigen die Lagerflächen. Für die Kette bedeutet das, dass sich relativ schnell ein erhöhtes Lagerspiel und somit eine deutliche Kettenlängung ergeben. Da die Passformen der Kette und der Kettenräder genau aufeinander abgestimmt sind, wird schnell auch der Verschleiß an den Kettenrädern sichtbar und spürbar.
Gleiches gilt natürlich auch für alle anderen Lager am Fahrzeug. Am besten versucht man gar nicht erst, diese empfindlichen Stellen mit dem Hochdruckreiniger zu behandeln und verwendet den guten alten Gartenschlauch und eine Stielbürste. Anschließend sollte natürlich jede Lagerstelle und selbstverständlich auch der Kettensatz neu abgeschmiert werden. Der Verschleiß wird so deutlich gemindert und somit der Geldbeutel entsprechend geschont.

Der Rahmen birgt konstruktionsbedingt viele »Hohlräume«. Oftmals werden diese einfach durch einen Stopfen verschlossen. Ganz sicher sind diese Stopfen gut, um das Eindringen von Dreck zu verhindern. Gleichzeitig verhindern sie aber auch das Austreten von Kondenswasser und Wasserrückständen. Sollten Sie an Ihrem Quad solche Verschlüsse entdecken, entfernen Sie diese regelmäßig und kontrollieren Sie die Hohlräume auf Verschmutzungen und Korrosion.

Korrosionsschutz

Der Korrosionsschutz ist gerade für Fahrzeuge wichtig, die überwiegend im Straßenverkehr eingesetzt werden. Gerade Fahrzeuge, die das ganze Jahr hindurch betrieben werden, sind hier besonders belastet. Problematisch sind die Stellen, die man im Normalfall nicht einsehen kann. Oftmals befinden sich auch die Kontaktflächen für Masseanschlüsse der elektrischen Anlage im »unsichtbaren« Bereich.
Selbstverständlich sollten auch die sonst verborgenen Ecken einmal im Jahr genau inspiziert und (wenn notwendig) ausgebessert werden. Für den Zeitraum dazwischen müssen Möglichkeiten gefunden werden, das Fahrzeug zu schützen und gleichzeitig diese Beschichtung leicht entfernen zu können.
Auch hier wird man wieder im Autozubehörmarkt fündig. Ein geeignetes Mittel ist »Motorraum WACHS«. Bitte nicht mit dem Motorschutzlack verwechseln. Es geht nämlich nicht darum eine glänzende Fläche zu schaffen, sondern einige Stellen mit Wachs zu versiegeln, um sie gelegentlich aus dem »Dornröschenschlaf« wecken zu können. Sehr gute Erfahrungen mit diesem Schutzwachs habe ich bei der Einbalsamierung des Motors machen können. Nachdem das Wachs entfernt wurde, glänzte das gute Stück wieder wie neu ... und ohne salzbedingte Flecken.

Reparaturen und Montagearbeiten

Natürlich ist es schwierig, in einem allgemeinen Reparaturhandbuch auf die Vielfalt von Motorvarianten und Aufbauarten im Detail einzugehen. Trotzdem sollen an einigen Beispielen praxisnah der Umgang und die Montagearbeiten dargestellt werden. Der Vollständigkeit halber wird auf Zweitaktmotoren genauso eingegangen wie auf Viertaktmotoren. Das Schaltungsgetriebe wird genauso unter die Lupe genommen wie das Variomatik-Getriebe. Für beide Motorarten wurden Motoren gewählt, an denen die Vorgehensweise prinzipiell und nachvollziehbar dokumentiert werden konnte.

Montagearbeiten am Motor

Das Auswechseln des Zylindersatzes ist zeitweise auch aufgrund von Verschleiß an Kolben und Kolbenringen notwendig. Wenn allerdings ein Schaden an Zylinder oder Kolben entstanden ist, wodurch auch Bruchstücke oder auch nur Partikel in das Kurbelgehäuse des Motors gelangt sein könnten oder sogar sichtbar sind, ist dringend anzuraten den Motor komplett auszubauen, zu zerlegen und zu reinigen.

Für eine Verschleißreparatur, die das Auswechseln des Zylinders erforderlich macht, ist es nicht zwingend erforderlich den Motor auszubauen. Der Ausbau des kompletten Motors erleichtert die Arbeit jedoch deutlich.

Sollten Zylinder oder Kolben beschädigt worden sein, kann es sein, dass Restteile in das Kurbelgehäuse eingedrungen sind und sogar die Kurbelwellenlager beschädigt haben. Diese Restteile könnten dann auch den neuen Zylindersatz beschädigen. Um das ausschließen zu können, muss der Motor ausgebaut und zerlegt werden.

In diesem Kapitel wird nun Schritt für Schritt der Motor ausgebaut und bis ins Detail zerlegt und wieder montiert. Natürlich wird auch auf Besonderheiten zwischen den wassergekühlten und luftgekühlten sowie Zweitakt- und Viertaktmotoren hingewiesen.

De- und Montage des Motors

Der Ausbau des gesamten Triebwerks erscheint zuerst einmal sehr aufwändig. Tatsächlich sind die erforderlichen Arbeiten eigentlich gar nicht aufwändig und lassen sich in der Regel auch von einem durchschnittlichen Schrauber gemütlich in einer halben bis dreiviertel Stunde erledigen.

Was ist vorzubereiten?
- Ein flacher Eimer für ca. 3 l Kühlflüssigkeit (wassergekühlte Modelle)
- 4 mm-Inbusschlüssel
- 5 mm-Inbusschlüssel
- Seegerringzange
- Schlitzschraubendreher ca. 5 mm-Klinge
- Ratschennuss oder Durchschlag mit passendem Außendurchmesser
- Hammer
- Fett

Welche Teile werden benötigt?
- O-Ring Wasserpumpe
- Wellendichtring Wasserpumpe
- 2x Lager Wasserpumpe

Die folgenden Arbeitsschritte sollten für einen reibungslosen Ablauf vorbereitet werden.

■ Das Werkzeug für den Ausbau sollte vorher herausgesucht und bereitgelegt werden. Bei den meisten Fahrzeugen ist es erforderlich, die Verkleidungsteile und den Tank zu demontieren.

»Wer kein fotografisches Gedächtnis hat, sollte sich die Bauteile vielleicht besser in Montageeinheiten zusammenlegen.«

■ Grundsätzlich sollten immer alle Teile im Umfeld aller zu erwartenden Arbeiten so weit demontiert werden, dass ausreichend Platz entsteht und auch Verschmutzungen nicht »in die offene Wunde« der Montagestelle eindringen können. Um Verwechslungen vorzubeugen, bereitet man am besten gleich mehrere Behälter für die Verschraubungen und Anbauteile vor. So wird es möglich, die demontierten Bauteile nach Baugruppen zu sortieren und getrennt aufzubewahren.

■ Vor der Montage werden zuerst einmal alle Öle des Motors abgelassen.

■ Der Masseanschluss der Batterie wird abgeschraubt und mit dem Schlauchstück 10 mm durch einfaches Aufschieben isoliert. So wird verhindert, dass ein zufälliger Kontakt die elektrische Anlage in Betrieb setzt und möglicherweise einen Kurzschluss auslöst.

■ Anschließend wird der Vergaser mit dem kompletten Luftfilter gelöst und abgezogen. Kraftstoffschlauch und Gaszug können so weiterhin montiert bleiben.

■ Kraftstoff oder Ölschläuche, die am Fahrwerk verbleiben und eventuell tropfen könnten, sollten grundsätzlich mit einer geeigneten Schraube verschlossen werden. Diese Methode ist gerade bei längerer Standzeit deutlich schonender, als die Schläuche mit Schlauchklemmen abzuquetschen.

■ Bei den wassergekühlten Motoren müssen jetzt die Kühlschläuche gelöst werden. Zweckmäßigerweise wird zuerst der tiefer liegende Schlauch an der Wasserpumpe demontiert. Hier wird schon eine geringe Menge Kühlflüssigkeit austreten. Um die Kühlflüssigkeit kontrolliert auslaufen zu lassen, wird erst jetzt der Deckel des Kühlwasserbehälters langsam geöffnet. Um nicht die halbe Werkstatt unter Wasser zu setzen, sollte auch nach dem Ablaufen noch etwas gewartet werden, bis auch der letzte Rest des Kühlwassers herausgetropft ist.

⚠ Vorsicht!

GEFAHRHINWEISE

Bei einigen Zweitaktmotoren ist ein zusätzlicher Gaszug für die Gemischpumpenansteuerung verbaut.

Dieser Zug sollte auf jeden Fall vorher demontiert werden.

Nachdem nun die Versorgung des Motors abmontiert ist, muss die Peripherie des Motors demontiert werden.

Zum einen ist die elektrische Anlage auch an den Motor angeschlossen, zum anderen sind die Auspuffanlage und in wenigen Fällen auch die hintere Schwinge mit dem Motor verbunden.

Hier sollten entsprechend passende Schrauben bereitliegen, die die Schwinge dann für die Reparaturzeit fixieren.

So bleibt das Quad wenigstens rollfähig.

De- und Montage des Zylinders beim Viertakter

Die eigentliche Montage des Zylinders unterscheidet sich nicht besonders zum Zweitaktmotor. Die Besonderheiten beginnen aber in der Ausführung der Bauteile, der umfangreicheren Motorsteuerung und zusätzlichen Einstellarbeiten.

Was ist vorzubereiten?
- Ölauffangbehälter
- Lappen
- Ventilspiellehre
- Drehmomentschlüssel
- Cuttermesser
- Schleifpapier

Welche Teile werden benötigt?
- Fußdichtung
- Kopfdichtung
- Dichtmasse

1 Ventildeckel, 2 Kipphebelwelle und Bock, 3 Zylinderkopf, 4 Kolben, 5 Zylinder, 6 Nockenwelle mit Rad, 7 Kopfdichtung, 8 Fußdichtung.

Wie auch beim Zweitaktmotor sollte das Verdrehen des Motors verhindert werden, wenn der Zylindersatz demontiert ist. Bei Arbeiten an der Variomatik und/oder der Zündanlage muss der Zylindersatz so lange montiert bleiben, bis es nicht mehr erforderlich ist, die Kurbelwelle zu verdrehen oder in der Drehrichtung der Kurbelwelle zu arbeiten. So können leicht Kolbenschäden vermieden werden, die durch unbeabsichtigtes Aufsetzen des Kolbens auf den Motorblock passieren.
Grundsätzlich gibt es zwei Wege, den Zylinder zu demontieren. Mit etwas Geschick ist es nicht erforderlich, den Motor auszubauen. Hierzu müssen bei den meisten Modellen lediglich die Kunststoffverkleidungen und der Tank demontiert werden.
Auch hier gilt es zu vermeiden, dass sich abgelagerter Straßendreck unbeabsichtigt in den Motorinnenraum verirrt, der Motor wird auch hier gründlich mit Luft abgeblasen oder auch mittels eines kräftigen Pinsels gereinigt.

■ Zuerst werden die Krümmerschrauben der Auspuffanlage gelöst. Hierbei sollte man sehr vorsichtig mit den Krümmermuttern umgehen, da diese gerne festrosten und somit der Bolzen in der Regel abreißt.

■ Anschließend werden die Befestigungsschrauben der Auspuffanlage gelöst. Nachdem die Muttern am Abgaskrümmer entfernt wurden, können die Befestigungsschrauben herausgedreht werden.

■ Die Auspuffanlage sollte nun so weit demontiert werden, dass der Motor ausreichend Platz erhält, um nachher beim Herausnehmen etwas gekippt werden zu können.

■ Da bei den meisten Fahrzeugen der Schwingenlagerbolzen durch den Motorblock hindurchgeht, muss vor der Demontage des Motors für eine geeignete Abstellfläche für die Schwinge gesorgt werden. Wer keine Motorradbühne besitzt, kann hier durchaus zwei leere Wasserkisten aus dem Getränkekeller verwenden. Dreht man diese um, erreicht man einen recht sicheren Stand für die weiteren Montagearbeiten.

■ Gerade bei den kleineren Quads mit Rollermotoren ist die Auspuffanlage oftmals recht verzwickt verlegt. Aber auch hier kann sie mit etwas Geschick ausgebaut werden. Nachdem der Zündkerzenstecker und die anderen Versorgungsleitungen abgezogen wurden und beim Schaltmotorrad das Kupplungsseil ausgebaut wurde, werden im nächsten Schritt die Kunststoffabdeckungen, die zur Zierde verbaut wurden, vom Motor demontiert.
Diese Kunststoffabdeckung hält die Zylindergebläsehaube bei luftgekühlten Quads. Die Gebläsehaube ist neben diversen Verschraubungen oftmals zusätzlich noch seitlich in Gummiführungen eingedrückt und kann einfach abgezogen werden.

■ Nachdem der Zylinderkopf und der Zylinder nun zugänglich freigelegt wurden, beginnt die eigentliche Demontagearbeit am Zylindersatz. Wie auch beim Zweitakter beginnt diese Arbeit immer »von oben«, also am Zylinderkopf. Zuerst einmal wird der Motor vor der Demontage auf den »oberen Totpunkt« gestellt. Alle Markierungen für die Steuerzeiten sind für die Kolbenstellung oben ausgelegt. Die Besonderheit beim Viertakter liegt nun darin, dass der Kolben den »oberen Totpunkt« zweimal passiert. Beim ersten Mal befindet er sich in der Überschneidung. Hier sind beide Ventile zumeist gleichmäßig einen kleinen Spalt weit geöffnet. Dreht man die Kurbelwelle um 360° weiter, trifft man auf den »Zünd-OT«. Hier beginnt der Arbeitstakt. Relevant für die Markierungen ist bei den meisten Herstellern der so genannte »Zünd-OT«. Der Motor wird also auf den Zünd-OT gestellt. Als Nächstes wird nun die Zylinderkopfhaube demontiert.

■ Unter der Zylinderkopfhaube sieht man nun bei den Modellen mit oben liegender Nockenwelle die Nockenwelle und den Ventiltrieb. Bei einigen Herstellern sind die Kipphebelwellen im Zylinderkopf verbaut. Oftmals werden auch durch die Demontage der Zylinderkopfhaube bereits die Lager der Nockenwelle freigegeben. Aus diesem Grund sollte der Motor unbedingt vor der Montage auf »Zünd-OT« gestellt werden. Sind die Lagerstellen offen, darf der Motor nicht mehr verdreht werden. Bei einigen Modellen ist es erforderlich, den Motor zu verdrehen, um

Die Markierungen kennzeichnen die Nockenwellenstellung für den Zünd-OT des Motors.

die Schrauben der Nockenwelle zu lösen. Hier darf ausschließlich an der Kurbelwelle und nur sehr vorsichtig gedreht werden. Man sollte dringend darauf achten, dass die Steuerkette nicht verhakt oder die Nockenwelle aus den Lagern gedrückt wird.

■ Als Nächstes werden nun die Markierungen kontrolliert. Im Zweifelsfall sollte auch hier ein Herstellerhandbuch zu Rate gezogen werden, welches genau auf Ihr Fahrzeug abgestimmt ist. Durch die Kontrolle der Markierungen wird zum einen die alte Motoreinstellung überprüft, und zum anderen kann man sich die Bezugskanten und die entsprechenden Markierungen besser einprägen.

■ Sind diese Vorbereitungen getroffen, kann nun der Steuerkettenspanner entfernt werden. Auch hier müssen einige Hersteller- und bauspezifische Besonderheiten beachtet werden. Man unterscheidet

– Öldruckspanner, die allein durch den Öldruck die Steuerkette unter Spannung halten.

– Ölrastenspanner, die wiederum mit Öldruck die Kette spannen, dann aber einrasten.

– Reine Federrastenspanner. Diese spannen die Kette allein durch die eingebaute Druckfeder.

Welche Bauart vorliegt, findet man meistens in den Herstellerunterlagen. In jedem Fall sollte der Kettenspanner mit Vorsicht demontiert werden. So kann man vermeiden, dass eventuell Einzelteile des Spanners in den Motor fallen.

Die beiden letzten Bautypen erlauben meistens ein Entspannen der Feder durch Herausschrauben einer einzelnen Schraube. So lässt sich der Spanner später auch leicht montieren.

■ Nun kann/können die Nockenwelle/n entnommen werden. Sicherheitshalber sollten Sie Einlass und Auslass zusätzlich markieren. Die Steuerkette wird mit einem Schraubendreher gesichert und nach der Demontage der Nockenwellen mit einem Kabelbinder gegen unbeabsichtigtes Hinunterrutschen gesichert.

Beim Federspanner sollte zuerst die Abdeckschraube für die Feder gelöst werden. Für den Einbau wird sie herausgedreht und erleichtert so die Montage erheblich.

■ Jetzt können die Zylinderkopfschrauben demontiert und der Zylinderkopf abgenommen werden. Die Zylinderkopfdichtung wird nun abgezogen. Bei einigen Viertaktern wird eine der Führungsschienen zwischen Zylinderkopf und Zylinder gelagert. Ist das der Fall, sollte die entsprechende Führungsschiene vor der Demontage des Zylinders entnommen werden. In der Regel sind die Führungsschienen lediglich eingesteckt. Bei einigen Modellen sind sie unten im Kurbelgehäuse verschraubt. Um an diese Befestigung heranzukommen, muss dann meist der Motordeckel entfernt werden. Anschließend wird der Zylinder durch leichtes Hebeln gelöst. Er klebt lediglich noch etwas an der Zylinderfußdichtung fest.
Der Zylinder kann nun abgezogen werden. Da der Kolben nur auf dem Pleuellager befestigt ist und ohne die Führung des Zylinders gerne am Motorblock anschlägt, sollte die Demontage des Zylinders auch mit Gefühl durchgeführt werden.

■ Wenn lediglich der Zylindersatz gewechselt werden soll, empfiehlt es sich den Eingang des Kurbelgehäuses sorgsam mit einem fusselfreien Lappen auszulegen. So kann vermieden werden, dass bei der anschließenden Demontage des Kolbenclips, dieser oder auch andere Bauteile sich in das Kurbelgehäuse verirren. Jedes noch so kleine Bauteil oder Bruchstück kann bei den nächsten Kurbelwellenumdrehungen bei der Fahrt einen weiteren Zylinderschaden verursachen.

■ Nach dem Entfernen des Kolbenclips, der am besten zugänglich ist, den Kolbenbolzen entweder von der linken Seite mit Hilfe eines kleinen Schraubendrehers herausschieben oder auch mit einer Spreizzange herausziehen.

■ Da das eventuell verbaute Nadellager, das auf dem Kolbenbolzen läuft, nach der Kolben-Demontage herausfallen und durchaus beschädigt oder verschmutzt werden könnte, sollte es in der Ablagebox sicher verstaut werden. Auch der Kolben ist sehr empfindlich und sollte bewusst sicher abgelegt werden. Bei einigen Modellen ist kein Nadellager im Kolben verbaut. Der Vorteil der Gleitlager liegt eindeutig in der höheren Druckfestigkeit. Die Gleitlager verbleiben in der Regel im Pleuel und werden lediglich bei zu großem Spiel ausgetauscht.

■ Für die Montage müssen die alten Dichtungen entfernt werden.
Die Dichtflächen müssen sorgfältig gereinigt werden. Bei Zylinderschäden, bei denen Bruchstücke (wie Teile der Kolbenringe) entstanden sind, ist es sinnvoll den Motor zu zerlegen. Das Risiko eines neuen Zylinderschadens ist sehr hoch.

Einbau des Kolbens

■ Wenn lediglich die Kolbenringe gewechselt wurden und der alte Kolben noch eingesetzt werden kann, empfiehlt es sich den Kolbenboden mit Hilfe einer Holzleiste vorsichtig zu reinigen. Der Kolbenboden sollte hierbei nicht verkratzt werden. Auch die Kolbenringnuten sollten gerade beim Einsetzen von neuen Kolbenringen gereinigt werden. Kontrollieren Sie auch, ob sich der Kolbenring nicht in der Ringnut festklemmt.

■ Zuerst werden die Kolbenringe und ein Kolbenclip montiert. Am günstigsten montiert man den Kolbenclip auf der Seite, die man nicht so gut erreichen kann. Der Kolbenbolzen wird nun so weit eingeschoben, dass das Kolbenbolzenlager noch in den Kolben hineinpasst. Dann wird das Kolbenbolzenlager in den Pleuel eingeschoben und mit etwas Öl benetzt. Die Einbaurichtung ist meistens mit einem Pfeil gegenzeichnet. In der Regel zeigt er zur Steuerkettenseite. Die Informationen hierzu müssen aus dem jeweiligen Originalhandbuch entnommen werden. Die Kolbenringe sowie der Abstreifring werden um 120° verdreht eingebaut. So wird eine bessere Abdichtung für den Kompressions- und Brenndruck erreicht. Der Kolbenbolzen sollte sich nun recht leicht in den Kolben einschieben lassen. Wichtig ist darauf zu achten, dass sich das Kolbenbolzenlager nicht verklemmt und so eventuell beschädigt werden könnte. Anschließend wird der äußere Clip eingesetzt.

■ Erst nachdem dieser Clip sicher sitzt, sollte das Tuch aus dem Kurbelgehäuse entfernt werden. Nun muss die Fußdichtung aufgesetzt werden.

■ Wenn sichergestellt ist, dass weder ein Grat noch Dreck im Zylinder zu finden ist, wird die Laufbahn leicht eingeölt. Nun werden die Kolbenringe mit den Fingern zusammengedrückt und der Zylinder vorsichtig über den Kolben geschoben. Der Zylinder darf hierbei nicht verdreht oder verkantet werden. Mit Gewalt können bestenfalls der neue Kolben oder die Ringe beschädigt werden. Beim Einschieben des Kolbens in den Zylinder muss sehr genau darauf geachtet werden, dass die Kolbenringe und auch der Ölabstreifring sich gleichmäßig einführen lassen. Werden sie verkantet, brechen sie sehr leicht. In schwierigeren Fällen sollte ein Kolbenringspannband zu Einsatz kommen. Bei einigen Motoren ist es auch hilfreich, den Kolben im Zylinder vorzumontieren.

De- und Montage des Zylinders beim Zweitakter

Was ist vorzubereiten?
- Druckluftpistole
- Ölkännchen
- Cuttermesser
- Spitzzange
- Ratsche und Drehmomentschlüssel
- Lappen
- Box für Kleinteile
- Fett

Welche Teile werden benötigt?
- Dichtungssatz
- Kolbenclipse
- Eventuell Kolbenbolzen und Nadellager
- Eventuell Zylindersatz oder Einzelteile zum Austausch

Soll auch die Variomatik und/oder die Zündanlage demontiert werden, sollte der Zylindersatz so lange montiert bleiben, bis es nicht mehr erforderlich ist, die Kurbelwelle zu verdrehen oder in der Drehrichtung der Kurbelwelle zu arbeiten. So können leicht Kolbenschäden vermieden werden, die durch unbeabsichtigtes Aufsetzen des Kolbens auf den Motorblock passieren.

Grundsätzlich gibt es zwei Wege, den Zylinder zu demontieren. Mit etwas Geschick ist es nicht erforderlich, den Motor auszubauen.

■ Um zu vermeiden, dass sich abgelagerter Straßendreck unbeabsichtigt in den Motorinnenraum verirrt, wird der Motor nun gründlich mit Luft abgeblasen oder auch mittels eines kräftigen Pinsels gereinigt.

■ Zuerst werden die Krümmerschrauben der Auspuffanlage gelöst. Hierbei sollte man sehr vorsichtig mit den Krümmermuttern umgehen, da diese gerne festrosten und somit der Bolzen in der Regel abreißt.

■ Anschließend werden die Befestigungsschrauben der Auspuffanlage gelöst. Nachdem die Muttern am Abgaskrümmer entfernt wurden, können die Befestigungsschrauben herausgedreht werden. Der Auspuff kann nun abgenommen werden. Bei den luftgekühlten Modellen hängt der Halteflansch gelegentlich etwas an der Kunststoffabdeckung für das Lüfterrad. Mit etwas Geschick lässt sich der Auspuff aber abnehmen, ohne dass der Kunststoff verkratzt wird.

1 Zylinder, 2 Kolben, 3 Fußdichtung, 4 Kopfdichtung, 5 Auspuffdichtung, 6 Kolbenbolzen, 7 Kolbenringe, 8 Kolbenclipse.

■ Zuerst muss der Zündkerzenstecker abgezogen werden.
Als nächster Schritt wird diese Kunststoffabdeckung demontiert. Sie hält die Zylindergebläsehaube. Die Gebläsehaube ist zusätzlich noch an der linken Seite in Gummiführungen eingedrückt und kann einfach abgezogen werden.

■ Jetzt können die Zylinderkopfschrauben demontiert und der Zylinderkopf abgenommen werden. Die Zylinderkopfdichtung wird nun abgezogen und der Zylinder durch leichtes Hebeln gelöst. Er klebt lediglich noch etwas an der Zylinderfußdichtung fest. Der Zylinder kann nun abgezogen werden.

Wenn lediglich der Zylindersatz gewechselt werden soll, empfiehlt es sich, den Eingang des Kurbelgehäuses sorgsam mit einem fusselfreien Lappen auszulegen. So kann vermieden werden, dass bei der anschließenden Demontage des rechten Kolbenclips dieser oder auch andere Bauteile sich in das Kurbelgehäuse verirren. Jedes noch so kleine Bauteil oder Bruchstück kann bei den nächsten Kurbelwellenumdrehungen bei der Fahrt einen weiteren Zylinderschaden verursachen.

■ Nach dem Entfernen des rechten Kolbenclips kann der Kolbenbolzen entweder von der linken Seite mit Hilfe eines kleinen Schraubendrehers herausgeschoben oder auch mit einer Spreizzange herausgezogen werden.

■ Da das Nadellager, das auf dem Kolbenbolzen läuft, nach der Kolben-Demontage herausfallen und beschädigt oder verschmutzt werden könnte, sollte es in der Ablagebox sicher verstaut werden. Auch der Kolben ist sehr empfindlich und sollte bewusst sicher abgelegt werden.

Für die Montage müssen die alten Dichtungen entfernt werden.
Die Dichtflächen müssen sorgfältig gereinigt werden. Bei Zylinderschäden, bei denen Bruchstücke (wie Teile der Kolbenringe) entstanden sind, ist es sinnvoll, den Motor zu zerlegen. Das Risiko eines neuen Zylinderschadens ist sehr hoch.

Einbau des Kolbens

■ Wenn lediglich die Kolbenringe gewechselt wurden und der alte Kolben noch eingesetzt werden kann, empfiehlt es sich, den Kolbenboden mit Hilfe einer Holzleiste vorsichtig zu reinigen. Der Kolbenboden sollte hierbei nicht verkratzt werden. Auch die Kolbenringnuten sollten gerade beim Einsetzen von neuen Kolbenringen gereinigt werden. Kontrollieren Sie auch, ob sich der Kolbenring nicht in der Ringnut verklemmt.

■ Zuerst werden die Kolbenringe und ein Kolbenclip montiert. Am günstigsten montiert man den Kolbenclips auf der in Fahrtrichtung linken Seite.

■ Der Kolbenbolzen wird nun so weit eingeschoben, dass das Kolbenbolzenlager noch in den Kolben hineinpasst.

■ Nun wird das Kolbenbolzenlager in den Pleuel eingeschoben und mit etwas Öl benetzt. Die Einbaurichtung ist

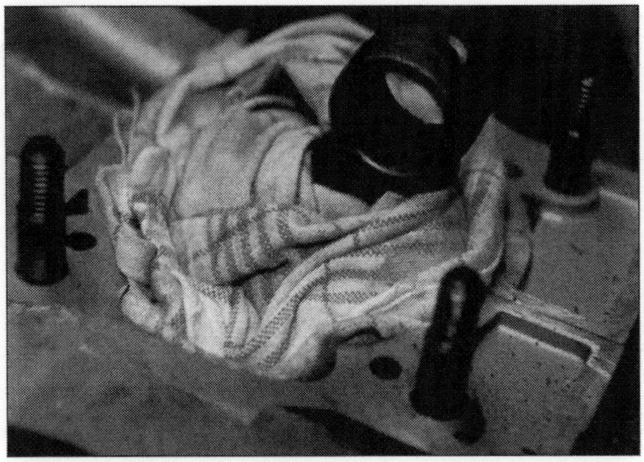

Kleiner Lappen, große Wirkung: Auch billige Kleinteile fallen mal herunter. Aber auch das billigste dieser Kleinteile kann verheerende Folgen für den Motor haben.

bei allen Motoren dieses Bautyps gleich. Beide Kolbenringöffnungen müssen nach oben, also weg vom Auslass zeigen. Der Kolbenbolzen sollte sich nun recht leicht in den Kolben einschieben lassen. Wichtig ist darauf zu achten, dass sich das Kolbenbolzenlager nicht verklemmt und so eventuell beschädigt werden könnte.

■ Anschließend wird der äußere Clip eingesetzt. Erst nachdem dieser Clip sicher sitzt, sollte das Tuch aus dem Kurbelgehäuse entfernt werden.

■ Nachdem nun die neue Fußdichtung über die Stehbolzen bis zum Motorblock durchgeschoben wurde, muss dafür Sorge getragen werden, dass die Kolbenringöffnungen auch genau über den Kolbenringnasen stehen.

■ Beim Aufsetzen des Zylinders ist es sehr wichtig darauf zu achten, ob eventuell beim alten Zylinder Rückstände den Auslasskanal verengen. Diese sollten bei dieser Gelegenheit gründlich entfernt werden.

■ Kommt ein neuer Zylindersatz zum Einsatz, muss unbedingt darauf geachtet werden, dass die Überström-, Einlass- und Auslass-Kanäle sauber entgratet worden sind. Ist das nicht der Fall, ist Nacharbeit erforderlich.

■ Wenn sichergestellt ist, dass weder ein Grat noch Dreck im Zylinder zu finden ist, wird die Laufbahn leicht eingeölt. Nun werden die Kolbenringe mit den Fingern zusammengedrückt und der Zylinder vorsichtig über den Kolben geschoben. Der Zylinder darf hierbei nicht verdreht oder verkantet werden. Gewalt kann bestenfalls den neuen Kolben oder die Ringe beschädigen.

Zylinderverschleiß messen

Für die Bewertung des Motorenzustandes ist das Erfassen der Maße des Motors nicht wegzudenken. Aus den Abmessungen können das Laufspiel und der Verschleiß an Kolben oder Zylinder abgelesen werden.

Was ist vorzubereiten?
- Tabelle für die Messwerte
- Motor und Zylindersatz zerlegen und reinigen
- Innenmessgerät, Messschieber, Bügelmessschraube und Fühlerlehre
- Plastigage bereitlegen

Welche Teile werden benötigt?
- Plastigage
- Lappen zum Reinigen

In der Regel werden zur Beurteilung des Motorenzustandes folgende Messungen durchgeführt:
Die Messung am Motor erfolgt in 3 Ebenen und 2 Richtungen. Es werden also für jeden Zylinder 6 Messungen durchgeführt und dokumentiert:
- Die Messrichtung in Drehrichtung der Kurbelwelle nennt man »A«.
- Die Messrichtung in Axialrichtung der Kurbelwelle nennt man »B«.
- Eine Messung im oberen Bereich des Zylinders nennt »Ebene 1«.
- Die mittlere Ebene wird mit »2« bezeichnet.
- Die untere Messebene wird durch die »3« ausgewiesen.

Die Messwerterfassung erfolgt in einer solchen Tabelle, die man sich leicht selbst erstellen kann:

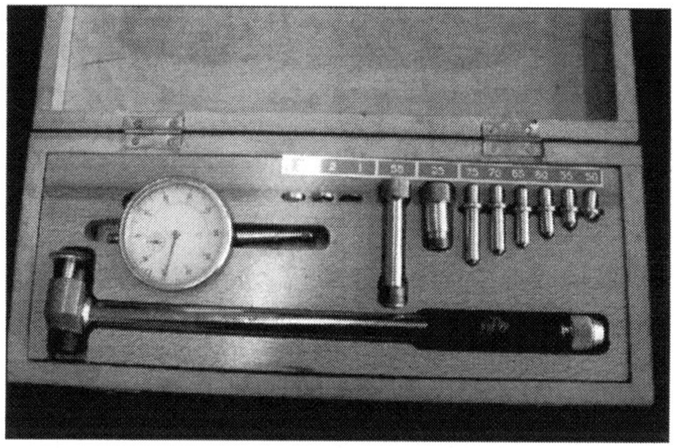

Messwerkzeug zur Verschleißbestimmung.

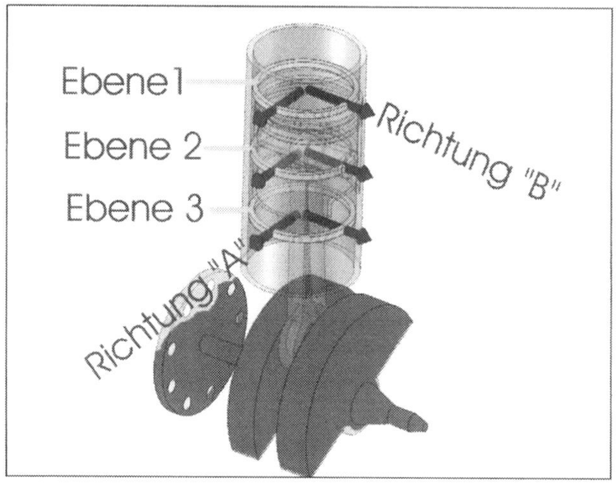

Messebenen am Zylinder.

Die Messungen werden mit dem Innenmessgerät mit Messuhr durchgeführt. Hierfür muss dieses Messgerät zuerst vorbereitet werden.

	Zylinder 1	Zylinder 2	Zylinder 3	Zylinder 4
A1				
B1				
A2				
B2				
A3				
B3				

■ Zuerst wird mit dem Messschieber das Maß der Zylinderbohrungen gemessen. Diese Messung dient nur als Anhaltspunkt für die Ausrichtung des Innenmessgerätes und muss somit nicht auf den 1/10 mm genau erfolgen.

■ Entsprechend der Messung wird nun ein passender Adapter für den Messuhrträger ausgewählt.

■ Die Messung mit dem Messschieber legt gleichzeitig das Grundmaß fest, auf das sich die Messuhrergebnisse später beziehen.

■ Der Einfachheit halber setzt man die Messuhr in den Zylinder ein und stellt sie auf ca. 2,00 mm Vorspannung fest. Für die genaue Ausrichtung des Innenmessers wird eine Bügelmessschraube auf das Sollmaß des Zylinders eingestellt.

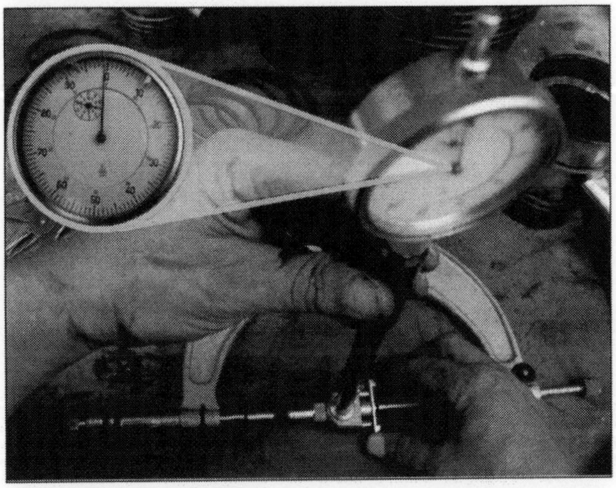

Einrichten der Messuhr.

■ Anhand dieses Maßes wird nun die Messuhr eingerichtet und die Skala auf »0« gestellt.

■ Nachdem die Klemmschraube des Innenmessers angezogen wurde, muss nun die »Nullung« der Messuhr

PRAXISTIPP

Richtig messen

Der Einfachheit halber werden zuerst alle Messungen in der Richtung »A« durchgeführt und im Protokoll festgehalten. Anschließend werden die Messungen für die Richtung »B« abgearbeitet und protokolliert.

nochmal kontrolliert und gegebenenfalls korrigiert werden. Alle Innenmaße, die jetzt im Zylinder gemessen werden, zeigen bei der Vorspannung 2 mm die Abweichung vom eingestellten Grundmaß. Ein Teilstrich bedeutet dann 1/100 mm.

■ Nun kann die eigentliche Messung im Zylinder beginnen.

■ Hierzu wird der Innenmesser in den Zylinder »eingekippt«.

■ Durch leichtes Schwenken lässt sich das »Kleinstmaß« ermitteln.

■ Die Abweichung bis zur Null stellt nun den Unterschied zum eingestellten Sollmaß in 1/100 mm da.

Die Anzeige der Messuhr muss nun noch interpretiert werden.
Wie schon erwähnt, betrachten wir die Abweichung von Null. Die Abweichung von 2 Teilstrichen gegen den Uhrzeigersinn bedeutet, dass die Messuhr die »Null« noch nicht erreicht hat. Das bedeutet, die Bohrung muss größer als das Sollmaß sein.

In die Tabelle wird nun für dieses Maß auf dem Bild »+0,03 mm« eingetragen. Das Grundmaß + 0,03 mm ergeben so den Messwert für diese Messebene.

Messungen am Kolben

Die Kolben werden eigentlich bei allen Herstellern im Bereich des Kolbenhemdes gemessen. Die genaue Lage der Messebene muss dem Werkstatthandbuch entnommen werden. In den meisten Fällen liegt diese Messstelle ca. 1 cm vom Kolbenhemdende entfernt und 90° versetzt zum Kolbenbolzen.

Kolbendurchmesser feststellen.

Was ist vorzubereiten?
– Kolben und Zylinder müssen demontiert sein
– Kolbenringe müssen demontiert sein

Welche Teile werden benötigt?
– Motordichtsatz »TOPEND«

Die Bügelmessschraube, mit der der Innenmesser eingerichtet wurde, wird nun zum Bestimmen des Kolbendurchmessers genutzt. Wichtig ist hierbei, dass der richtige Messandruck mit der Fühlschraube angezogen wird. Bei Erreichen des richtigen Andruckes »ratscht« diese über und verhindert so einen zu großen Andruck und somit auch ein falsches Messergebnis.
In der Regel soll die Ursache für hohen Ölverbrauch oder lediglich der Verschleiß des Motors festgestellt werden. Hierzu ist es natürlich auch notwendig, die einzelnen Bauteile, die für die Abdichtung des Motors zuständig sind, näher zu betrachten.
Um den Verschleiß der Ringnuten im Kolben und der Kolbenringe selbst beurteilen zu können, müssen diese natürlich auch geprüft werden. Hierzu müssen zuerst einmal die Kolbenringe demontiert werden.

Die Kolbenringe und auch der Ölabstreifring bestehen aus einem sehr harten Stahl. Der Nachteil des Stahls ist, dass er bei Überdehnung sehr leicht bricht. Deshalb ist es notwendig, die Kolbenringe mit einer Kolbenringmontagezange zu montieren oder zu demontieren.

Höhenspiel der Kolbenringe
Für diese Prüfung wird die Fühlerlehre benötigt.

■ Der jeweilige Kolbenring wird in seine Ringnut eingelegt. Mit der Fühlerlehre wird nun geprüft, wie groß das Spaltmaß zwischen dem Kolbenring und der Kolbenringnut ist. Die Sollwerte müssen dem Motorhandbuch entnommen werden.

■ Die Lehre muss »saugend« zwischen Ringnut und Kolbenring hindurchgleiten.

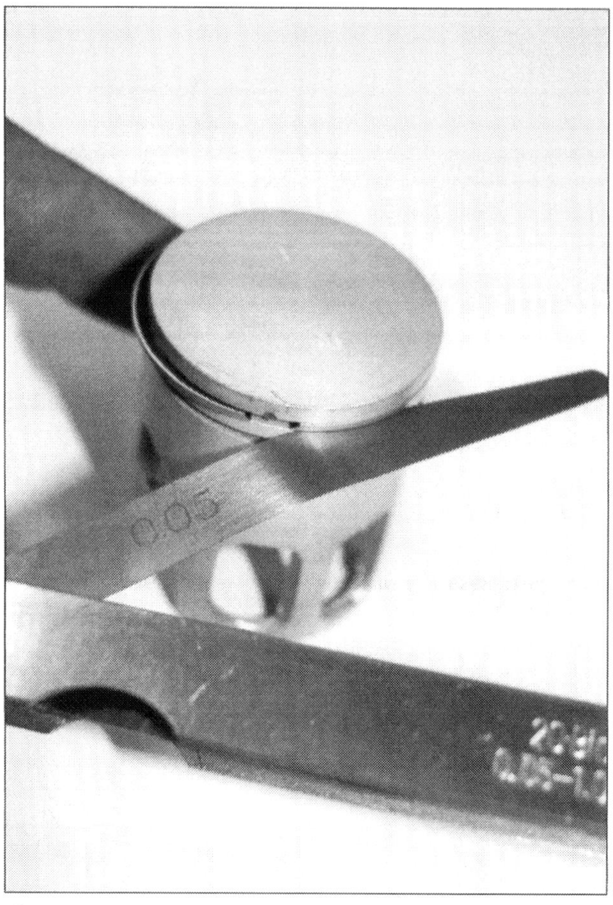

Spiel zwischen Ring und Nut.

Stoßspiel der Kolbenringe

■ Um das Spaltmaß der Kolbenringe prüfen zu können, ist es wichtig, dass der Kolbenring gerade in die Zylinderlaufbahn eingesetzt wird.

■ Die Höhenlage wird wiederum vom Fahrzeughersteller angegeben.
Mit Hilfe eines anderen Kolbens ist sehr leicht möglich, den Kolbenring gerade einzusetzen.

■ Nun kann mit der Fühlerlehre das Spaltmaß sehr leicht ermittelt werden.

Diese Messung wird grundsätzlich für alle Kolbenringe gleich durchgeführt. Bei den meisten Herstellern, die mehrteilige Ölabstreifringe verbauen, ist allerdings kein Verschleißmaß angegeben. Diese mehrteiligen Ölabstreifringe werden also nur dann vermessen, wenn es speziell im Herstellerhandbuch vermerkt ist.

PRAXISTIPP

Kolbenringe tauschen

Einteilige Ölabstreifringe werden wie die Kolbenringe behandelt.

Mehrteilige Kolbenringe (zwei Ringe mit einer Wellfeder in der Mitte) werden nicht ausgemessen. Sie werden schon bei Verdacht auf Verschleiß getauscht.

Spiel zwischen den Ringenden.

Zylinderkopf prüfen

Was ist vorzubereiten?
- Zylinderkopf demontieren
- Zylinderkopf reinigen
- Dichtungsflächen auf Beschädigungen und Dichtungsrückstände prüfen
- Ventile demontieren
- Ventilsitze prüfen

Welche Teile werden benötigt?
- Motordichtsatz (TOPEND)
- Motorreiniger

Planfläche mit dem Haarlineal abtasten und nach Herstellerwerten auswerten.

Neben dem optischen Zustand kann der Zylinderkopf bei Zylinderschleifereien auch auf Dichtheit geprüft werden.
Hier wird der Zylinderkopf auf einer Gummimatte abgedichtet, in einem Wasserbad erhitzt und zusätzlich mit Druckluft versorgt. Undichte Stellen können so sehr schnell erkannt werden.

PRAXISTIPP

Planfläche am Zylinderkopf

Zur Prüfung des Zylinderkopfes gehört natürlich auch die Kontrolle der Oberfläche des Zylinderkopfes. Mit einem Haarlineal lässt sich gegen das Licht recht einfach erkennen, ob der Zylinderkopf noch »plan« ist.

Will man die Größe der Unebenheit erfassen, wird diese Messung wiederum mit Hilfe der Fühlerlehren durchgeführt.

Montagearbeiten an der Kurbelwelle

Was ist vorzubereiten?
- Ölauffangbehälter
- 5 mm-Inbusschlüssel
- Kurbelwellenausdrücker
- Hammer
- Meißel
- Lagerabzieher
- Schraubendreher

Welche Teile werden benötigt?
- Kurbelwellenseitenlager
- Simmerringe
- Dichtmasse

Um die Kurbelwelle ausbauen zu können, müssen die Motorblockhälften getrennt werden.
Hierzu müssen zuerst der Generator und die Variomatik wie schon beschrieben ausgebaut werden.
Zusätzlich müssen der Hauptständer und die Ansaugstutzen sowie der Membranblock demontiert werden.

■ Zuerst werden nun die Blockschrauben gelöst und dann herausgedreht. Der Motorblock kann nun auseinandergezogen werden. Hierzu ist ein spezieller Abzieher hilfreich, der auf dem Gehäuse verschraubt wird und dann die Kurbelwelle herausdrückt.

■ Mit Vereisungsspray lässt sich die Welle einschrumpfen, sodass sie sich leicht mit einem Kunststoffhammer herausschlagen lässt. Die Lager können mit einer passenden Ratschennuss aus dem jeweiligen Gehäuse herausgeschlagen werden. Die beiden Kurbelwellenseitenlager müssen auf jeden Fall ersetzt werden.

Für das Einsetzen der Kurbelwelle muss oft der Lagersitz im Block erwärmt werden. Die Demontage geht mit einem Gehäusetrenner leicht von der Hand.

■ Bei vielen Viertaktmotoren ist der Wechsel der Kurbelwellenlager nicht vorgesehen. Dafür lassen sie sich durchaus von Hand ohne Presswerkzeuge demontieren.

■ Beim Zweitakter verbleiben die Lager im Motorgehäuse und müssen dann gesondert mit einem Durchschlag oder eben einer passenden Ratschennuss herausgeschlagen werden. Lager, die auf der Kurbelwelle sitzen, müssen mit einem speziellen Lagerabzieher abgezogen werden. Die Lager mit Hammer und Meißel von der Kurbelwelle zu schieben, bedeutet zwei Risiken für die Kurbelwelle. Zum einen kann die Welle durch den Meißel beschädigt werden und zum anderen kann sie durch die Hammerschläge verzogen werden.

■ Vor der Montage von Kurbelwelle und Motorblock sollten alle Bauteile gründlich gereinigt und die Dichtungsreste entfernt werden.

■ Um die Kurbelwellenlager bei der Montage nicht zu beschädigen, wird der Motorblock so weit erwärmt, dass sich die Lagerbohrung aufweitet. Bei ca. 90 bis 95 °C kann das Kurbelwellenlager einfach mit der Hand eingeschoben werden. Die Hand sollte man mit einem Leder- oder Textilhandschuh schützen, um keine Verbrennungen zu erleiden. Die Temperatur lässt sich sehr einfach mit dem Multimeter erfassen und überwachen.

■ Nachdem beide Motorblockhälften mit den neuen Lagern versehen worden sind, werden die neu eingebauten Lager auf ca. 90 bis 95 °C erwärmt. Die Lager dehnen sich unter der heißen Luft aus und ermöglichen die Kurbelwelle von Hand einzusetzen. Wichtig hierbei: Einbaurichtung beachten!!!

■ Bevor die zweite Blockhälfte erwärmt und aufgesetzt wird, muss die Dichtmasse auf die bereits vormontierte Blockhälfte aufgetragen werden. Die Temperatur sollte vor dem Auftragen der Dichtmasse auf ca. 25 bis 40 °C abgekühlt sein. Wichtig hierbei ist eine Dichtmasse zu wählen, die druck-, temperatur- und benzinfest ist. Solche Dichtmassen sind zumeist auf Silikonbasis hergestellt.

■ Sobald das Lager und der Motorblock die Temperatur erreicht haben, werden die beiden Motorblöcke zusammengeschoben und verschraubt. Die Wartezeit nach dem Erwärmen muss sehr kurz gehalten werden. Auch das eigentliche Einschieben der »kalten« Bauteile, wie Kurbelwelle und Lager, muss sehr zügig und am besten mit einem Ruck erfolgen, da die Temperatur des Blocks schnell an die zu montierenden Bauteile abgegeben wird.

■ Zu guter Letzt müssen die Überstände der Dichtmasse entfernt oder verstrichen werden. Gerade im Bereich des Kurbelgehäuses und im Einlass können sie stören. Es sollte auf jeden Fall kontrolliert werden, ob die Kurbelwelle ohne Simmerringe leichtgängig ist. Sollte das nicht der Fall sein, kann mit einem leichten Setzschlag auf die beiden Wellenseiten nachgeholfen werden.

■ Abschließend müssen noch die Kurbelwellensimmerringe eingesetzt werden. Der Einbau zum jetzigen Zeitpunkt bewirkt, dass sie nicht durch Montagearbeiten der Wellen beschädigt werden.

Die Wärmezufuhr mit dem Heißluftfön funktioniert recht gut.

Kurbelwelle einmessen

Auch für die Kurbelwelle gibt es Grenzwerte, die für einen ausfallfreien Motorlauf von entscheidender Wichtigkeit sind.

Was ist vorzubereiten?
- Kurbelwelle demontieren
- Kurbelwelle reinigen
- Auflagerböcke
- Messuhr
- Messuhrträger
- Gerade Metallplatte als Messplatz

Welche Teile werden benötigt?
- Motordichtsatz
- Motorreiniger

Höhenspiel des Pleuellagers

Ein wenig Luft zum Laufen ist schon erforderlich ... zu viel davon verursacht aber nicht nur unangenehme Geräusche, sondern führt oft zu kapitalen Motorschäden. In der Regel laufen die Pleuellager an zwei Stellen ein. Pleuellagerspiel in der Drehrichtung vor dem »oberen Totpunkt« zeigt eine Belastung aus dem Bereich des Kompressionsdrucks. Die Ursache könnten konstruktive Fehler, wie beispielsweise die Qualität des Materials, oder einfach Verschleiß sein.
Ein erhöhtes Lagerspiel nach dem »oberen Totpunkt« kann auf eine Belastung während des Verbrennungsablaufes hinweisen. Auf alle Fälle sollten Zündzeitpunkt sowie die Oktanzahl des Kraftstoffes überprüft werden.

Seitenspiel des Pleuellagers

Auch das Kippen des Pleuels wird natürlich überprüft. Die Grenzwerte werden durch den Hersteller vorgegeben. Wenn ein zu großes Seitenspiel festgestellt wird, sollte auch überprüft werden, ob der Pleuel noch gerade ist.

Schlagmessung an der Kurbelwellenwange.

Spielmessung am Pleuel.

Höhenschlag der Welle

Eine unrund laufende Kurbelwelle führt zum einen zu erheblichen Vibrationen während des Motorlaufs und verursacht leicht auch Schäden an Lagern, Motorblock und anderen Bauteilen.
Da die Kurbelwellen bereits werkseitig gewuchtet sind, können lediglich ein Höhenschlag oder der Versatz der Kurbelwangen für die Vibrationen verantwortlich sein. Der Höhenschlag kann leicht auf Lagerböcken mit Hilfe der Messuhr erfasst werden. Die Grenzwerte werden hier auch wieder durch den einzelnen Hersteller vorgegeben.

Lagerspiel messen

Was ist vorzubereiten?
- Drehmomentschlüssel
- Anzugsdrehmomente für die Lagerdeckel
- Lappen
- Motoröl
- Tabelle zur Dokumentation des Lagerspiels

Welche Teile werden benötigt?
- Plastigage-Set, entsprechende Dicke zum Lager-Sollspiel

Von einigen Herstellern sind bei mehrzylindrigen Motoren Gleitlager in der Kurbelwelle verbaut. Will man das Lagerspiel prüfen, geht das sicherlich auch auf die herkömmliche Art mit Innenmesser und Bügelmessschraube.
Es gibt aber eine weitere, sehr einfach zu handhabende Methode: Das Prüfen des Lagerspiels mit Plastigage.

■ Um das Lagerspiel feststellen zu können, ist es erforderlich, das zu messende Lager zu demontieren. Die Lager werden zuerst mit einem fusselfreien sauberen Lappen abgewischt.
Für die Prüfung wird ein Kunststofffaden auf die Lagerwelle oder das Lager eingelegt.

■ Anschließend wird das Lager wieder montiert und mit dem vorgeschriebenen Drehmoment angezogen. Hierbei wird der Pastigage-Faden »platt gedrückt«.
Da der Hersteller der Schnur den Durchmesser festgelegt hat, war es leicht, eine Vergleichstabelle zu erstellen, aus der man aufgrund der neuen Fadenbreite die Fadenhöhe feststellen kann.
■ Nach der erneuten Demontage des Lagerdeckels kann man den »platt gedrückten« Faden gut erkennen.
Die Höhe des Fadens entspricht dem Lagerspiel des Lagers.

■ Anhand der auf der Verpackung des Fadens aufgedruckten Tabelle kann nun das Lagerspiel abgelesen werden. Die breiteste Stelle des Abdruckes wird als Vergleich für die Tabelle herangezogen.

PRAXISTIPP

Lagerspielerfassung per Messfaden

Sollte der Abdruck breiter werden als das Maß auf der Tabelle, kommt ein Faden mit einem anderen Durchmesser zum Einsatz. Pastigage gibt es in unterschiedlichen Dicken für größere und kleinere Messbereiche.

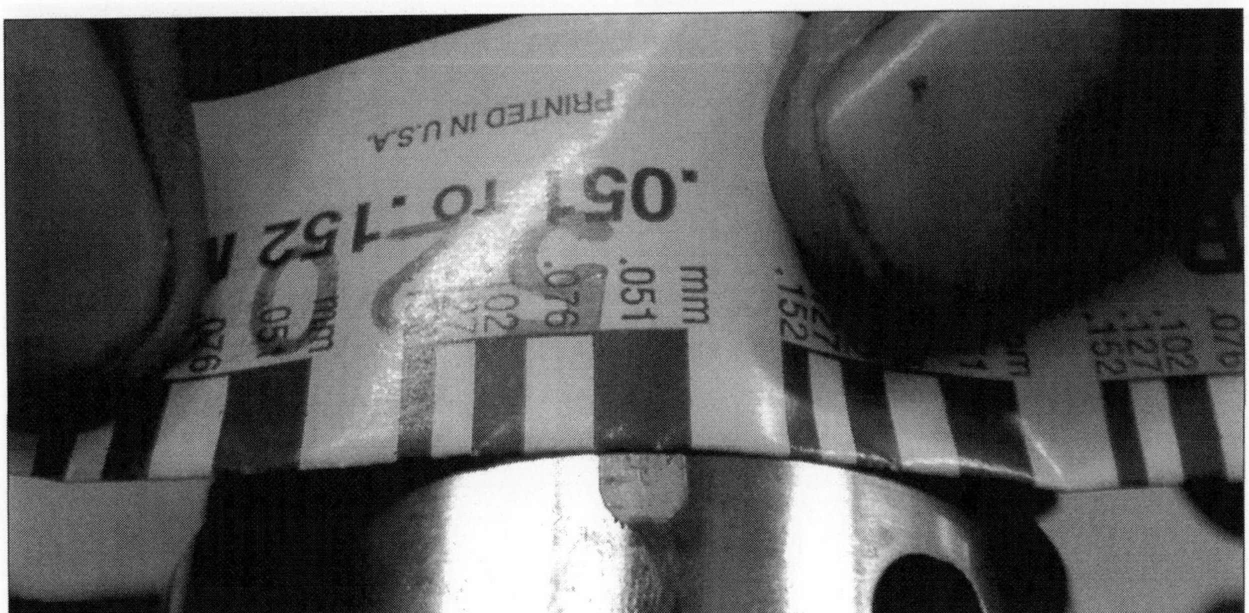

Plastigage im Einsatz.

De- und Montage der Ventile

Wenn Arbeiten an Ventil, Ventilsitz oder am Zylinderkopf durchgeführt werden sollen, kommt man oft nicht darum herum die Ventile und die Anbauteile aus dem Zylinderkopf zu demontieren. Die meisten Fahrzeuge sind heute mit Zylinderköpfen mit oben liegenden Nockenwellen ausgestattet. Auch bei den Fahrzeugen mit zwei oben liegenden Nockenwellen müssen zuerst die Nockenwellen und teilweise auch der Ventiltrieb demontiert werden. Um die Ventile aus dem Zylinderkopf ausbauen zu können, muss der Zylinderkopf demontiert sein.

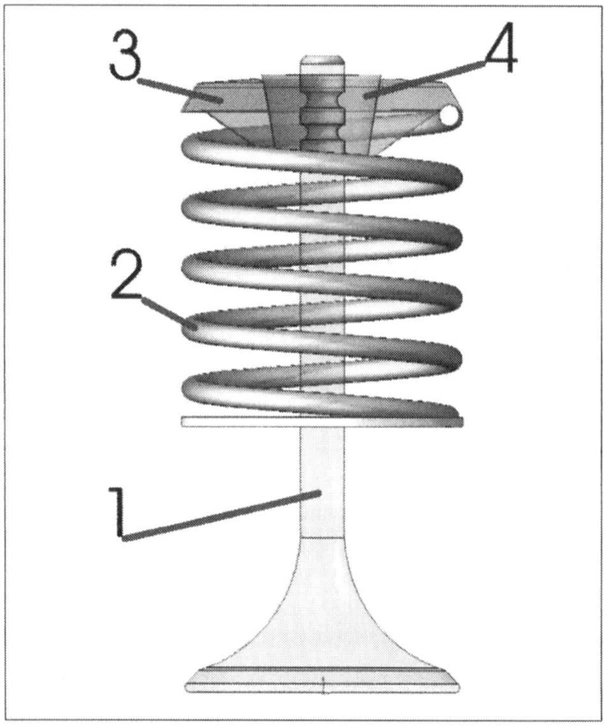

1 Ventil, 2 Ventilfeder, 3 Ventilteller, 4 Klemmstücke.

Was ist vorzubereiten?
- Zylinderkopf demontieren
- Ventiltrieb demontieren
- Ventildeckel demontieren
- Steuerkette eventuell demontieren
- Ventildemontagezange
- Adapter zur Aufnahme

Welche Teile werden benötigt?
- »Top End«-Dichtsatz für den Zylinder mit Ventilschaftdichtungen

Etwas fummelig, aber nicht wirklich schwer.

■ Mit Hilfe einer Ventilfederzange wird der Federteller heruntergedrückt, und die beiden Klemmstücke werden gelöst.

■ Die Klemmstücke werden nun am besten mit einer Spitzzange herausgenommen und sicher verwahrt. (Diese Kleinteile gehen recht oft verloren!).

■ Nun wird die Ventilfederzange entspannt. Federteller, Ventilfeder und die Unterlage können jetzt entnommen werden.

■ Das Ventil kann nun nach unten herausgezogen werden.

■ Auf jeden Fall sollten die Ventilschaftdichtungen mit ausgetauscht werden.

PRAXISTIPP

Ersatz für Ventilfederzange

Wer die doch recht teure Ventilfederzange nicht besitzt, kann sich recht leicht mit einer Schraubzwinge und einer passenden geschlitzten Ratschennuss weiterhelfen. Die geschlitzte Nuss sollte allerdings an der Schraubzwinge befestigt werden können. Die Feder ist mitunter recht gut vorgespannt und kann durchaus auch Verletzungen verursachen.

Ventile prüfen

Die Ventile können sowohl typische Schadensbilder haben als auch Verschleißspuren zeigen.
Sollten die Ventile nach einem Motorschaden ausgebaut werden müssen, muss der Rundlauf auf jeden Fall überprüft werden. Schlägt ein Ventil ein, sitzt es auch nicht mehr richtig im Ventilsitzring des Zylinderkopfes und wird dann auch nicht mehr richtig abdichten. In diesem Fall muss das Ventil ersetzt werden. Ein solcher Schaden kann auch durch Überhitzung bei gedrosselten Motoren oder durch Materialfehler vorkommen.

Was ist vorzubereiten?
- Messuhr und Messuhrträger
- Ventilschleifgerät
- Auflagebock

Welche Teile werden benötigt?
- Neue Schaftdichtungen
- Zylinderkopfdichtung
- Ventildeckeldichtung
- Dichtmasse

Neben dem »Rundlauf« der Ventile wird auch der Ventilsitz begutachtet. Er sollte generell bis zu 1/3 der gesamten Sitzbreite ausmachen. Die Auflagestellen sind in der Regel sehr gut zu erkennen, da sie deutlich sauberer sind als der Rest der Sitzbreite. Ungleichmäßige Sitzauflagen weisen auch auf ein »krummes Ventil« hin. Bei einigen »günstigen« Herstellern kann dieses Schadensbild allerdings schon zu den »Fertigungstoleranzen« gehören. In einem solchen Fall sollte man auch die neuen Ventile auf Rundlauf und Gleichmäßigkeit des Ventilsitzes hin prüfen. Ungleichmäßige Materialstärken bewirken auch ein unterschiedliches Ausdehnen des Ventils unter Wärmeeinfluss. Die Auswirkung einer ungleichmäßigen Erwärmung wiederum bewirkt ein Verziehen des Ventils, sobald es durch die Auswirkungen des Motorlaufens erwärmt wird.

Für die Prüfung des Rundlaufes ist eine Messuhr mit Messuhrträger erforderlich. Am besten lässt sich das Ventil mit Hilfe einer Sitzschleifmaschine überprüfen, da die Aufnahme und die Lagerung optimal für diese Aufgabe und das Einschleifen des Sitzes geeignet sind.

Es ist aber auch möglich, den Ventilschlag in der Schaftführung des Zylinderkopfes zu prüfen. Hier muss lediglich beachtet werden, dass die Bohrung der Schaftführung etwas größer ist als der Ventilschaft.
Es ist also etwas Spiel vorhanden.

Schlagfreier Lauf ist wichtig. Ein eierndes Ventil kann schneller überhitzen!

Klare Zeichen: Abgebranntes Auslassventil zeugt von schlechter Wärmeabfuhr!

Ventile einschleifen

Was ist vorzubereiten?
– Ventilhalter (Saugpümpel)
– Saubere Leinenlappen
– Schälchen mit Wasser

Welche Teile werden benötigt?
– Einschleifpaste (Vor- und Nachschleifpaste)

■ Um die Ventile einschleifen zu können, müssen sie demontiert werden.

■ Der Zylinderkopf und das Ventil sollten von Ablagerungen befreit werden.

■ Der Zylinderkopf wird nun auf eine ebene Fläche gelegt und so befestigt, dass die Ventile auf dem Ventilsitz aufliegen können.

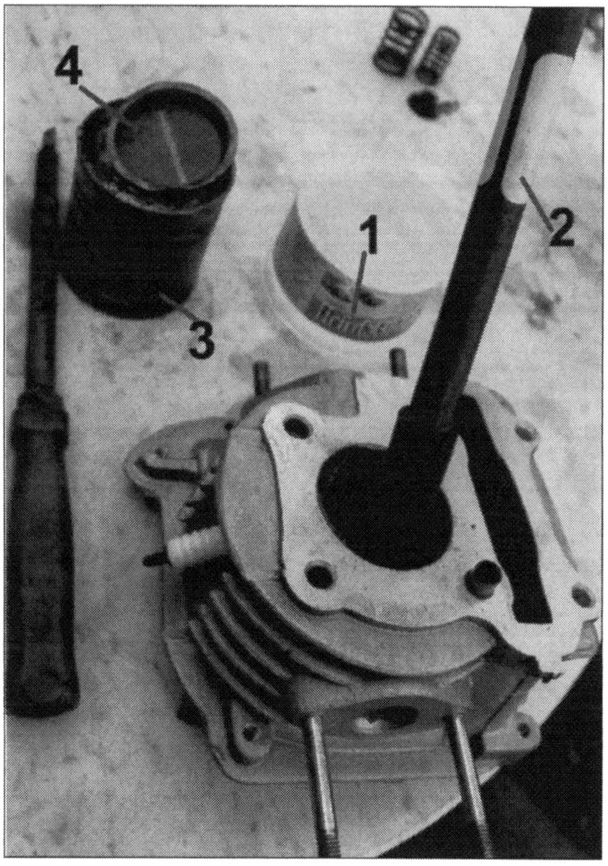

1 Wassertopf, 2 Ventilsauger (Pümpel), 3 Vorschleifpaste, 4 Nachschleifpaste (meist in einer Doppeldose erhältlich!).

■ Als Nächstes wird etwas Vorschleifpaste auf das Ventil im Bereich des Sitzes aufgetragen.

■ Nun wird mit dem Einschleifstab das Ventil leicht abgedrückt und hin und her gedreht. Immer dann, wenn das Schleifgeräusch leiser wird, kann man das Ventil kurz anheben und etwas verdrehen.

■ Der Einschleifvorgang wird so lange wiederholt, bis der Ventilsitz das vom Fahrzeughersteller geforderte Maß erreicht hat. Die Sitzfläche sollte nicht mehr als 50% bis 60% der gesamten Sitzfläche auf dem Sitz des Ventils einnehmen.

Sobald das Schleifbild zu erkennen ist, wird mit der Nachschleifpaste der Vorgang wiederholt. Hier sollte dann ein sauberes und gleichmäßiges Schliffbild zu erkennen sein. Wenn alle Ventile eingeschliffen worden sind, werden die Rückstände des Schleifmittels entfernt und die Ventile sowie der Zylinderkopf gereinigt.

PRAXISTIPP – Markieren der Ventile

Wichtig ist, dass das Ventil, welches auf den Sitz eingeschliffen wurde, auch nachher in diesen Sitz montiert wird. Um einer Verwechslung vorzubeugen, sollte man die Ventile vor dem Herausnehmen mit einem wasserfesten Filzstift markieren.

Das Ventil sieht wieder gut aus!

WISSENSWERTES

Besonderheiten Titanventile

Bei einigen Herstellern, wie beispielsweise den Sport-Quads bei Honda, sind teilweise Titanventile verbaut.

Diese Ventile werden aufgrund ihrer geringeren Masse verbaut. Somit kann der Motor bei leichteren Bauteilen des Ventiltriebes mit höheren Drehzahlen betrieben werden. Je weniger Masse bewegt werden muss, umso schneller sind Änderungen der Bewegungsrichtung möglich. Zusätzlich bewirkt eine geringere Bauteilmasse deutlich geringere Kräfte an den Bauteilen selber und an ihrem Antrieb. Nockenwellen, Kipphebel und natürlich auch die Lagerung im Zylinderkopf werden weniger belastet. Die höhere Motordrehzahl bewirkt eine verbesserte Motorleistung.

Die Beschichtung der Ventile verbietet jegliche Nacharbeit an den Ventilen. Sind Verschleißspuren ersichtlich, müssen sie ersetzt werden. Werden sie trotz beschädigter oder fehlender Beschichtung weiter betrieben, überhitzen sie und verursachen mit großer Wahrscheinlichkeit einen Motorschaden.

Ob Stahl- oder Titanventile verbaut sind, sollte gerade bei den hochwertigeren Fahrzeugen entweder beim Hersteller hinterfragt oder in den Unterlagen für das Fahrzeug nachgeschlagen werden. An diesem Ventiltyp werden dann lediglich der Rundlauf und das Verschleißmaß des Ventilsitzes überprüft.

Arbeiten an der Wasserpumpe

Was ist vorzubereiten?
- Fahrzeug abkühlen lassen
- Auffangwanne und Behälter für das Kühlmittel
- Saubere Leinenlappen

Welche Teile werden benötigt?
- Wasserpumpe
- Kühlmittel

Bei vielen Modellen mit Motorvarianten, die sich auch im Quad finden, erfolgt der Antrieb der Wasserpumpe über den Generator.
Bei größeren Quad-Motoren wird der Antrieb über die Kurbelwelle realisiert.
Der eigentliche Aufbau unterscheidet sich nicht wesentlich von der Darstellung oben. Bei einigen Modellen muss lediglich der Kupplungsdeckel demontiert werden.
Hier kann es vorkommen, dass das Motorenöl abgelassen und die Deckeldichtung ersetzt werden müssen.

■ Um die Wasserpumpe zu zerlegen und zu überholen, muss zuerst der Generatordeckel abgebaut werden. Anschließend werden die drei Schrauben des Pumpengehäuses entfernt und das Pumpengehäuse abgenommen.

■ Nun wird der Generatordeckel umgedreht und der Sicherungsring für das Antriebsrad entfernt. Jetzt kann das Antriebsrad abgezogen werden. Man sollte darauf achten, dass das Antriebsrad keine Beschädigungen hat oder sogar ausgeschlagen ist. Auch der Sicherungsring darf nicht aufgeweitet sein. Ist das der Fall, muss er erneuert werden.

■ Der Stift, der das Antriebsrad auf der Wasserpumpenwelle fixiert, kann nun entnommen werden.

■ Nun lässt sich die Wasserpumpenwelle herausziehen. Kann man Einlaufspuren auf der Wasserpumpenwelle erkennen, die durch den Wellendichtring entstanden sind, muss sie ersetzt werden.

■ Am leichtesten lassen sich die Wasserpumpenlager mit Hilfe eines Durchschlages demontieren. Der Durchschlag wird leicht schräg in den Wellendichtring gesteckt, sodass man gerade noch das Lager erreicht. Wichtig ist, die Schlagstelle immer um 180° zu versetzen, um die Lager nicht schräg herauszutreiben und so den Generatordeckel zu beschädigen. Der Wellendichtring kann dann leicht von der Rückseite auf die gleiche Art demontiert werden.

Die Wasserpumpenlager müssen grundsätzlich ersetzt werden. Sie sollten beidseitig mit einer Gummiabdichtung verschlossen sein. Die Normbezeichnung der Lager wird dann um die Bezeichnung »2RS« oder »RS2« ergänzt. Die Lager werden zuerst mit der Hand ausgerichtet und dann mit Hilfe einer geeigneten Hülse (in unserem Fall passte eine 15er-Nuss) hineingeschlagen.
Wichtig ist hier, den Generatordeckel auf eine weiche Unterlage zu legen, um die Dichtfläche für das Pumpengehäuse nicht zu beschädigen. Bevor das zweite Lager montiert wird, muss der Distanzring eingelegt werden.

PRAXISTIPP

Dichtheit des Kühlsystems

Das Kühlsystem sollte nun bei laufendem Motor auf Funktion und Dichtheit untersucht werden.

Undichtigkeiten können sich durchaus nur bei höheren Temperaturen zeigen. Eventuelle Haarrisse werden oft mit steigender Temperatur größer.

Nun kann der Wellendichtring eingebaut werden. Wenn man die Ränder des Wellendichtringes mit etwas Fett bestreicht, lässt er sich leicht von Hand hineindrücken.

Auch für die Montage ist es zu empfehlen, die Welle mit etwas Fett einzustreichen. Die Welle kann so leichter durch den Wellendichtring gleiten.
Der Rest der Montage erfolgt dann in der umgekehrten Reihenfolge der Demontage.

1 Flügelrad mit Welle, 2 Wellendichtring, 3 Kugellager 2RS, 4 Distanzring, 5 Kugellager 2RS, 6 Generatordeckel, 7 Antriebsrad, 8 Befestigungsschrauben, 9 Stift, 10 Sicherungsring, 11 Dichtring, 12 Pumpengehäuse.

Arbeiten an der Gemischpumpe

Was ist vorzubereiten?
- 5 mm-Inbusschlüssel
- 4 mm-Inbusschlüssel
- Schlitzschraubendreher 5 mm
- Abzieher
- 19 mm-Ringschlüssel
- Gegenhalter Generator
- 17 mm-Ratschennuss
- Ratsche

Welche Teile werden benötigt?
- Zweitaktöl

Bei Fahrzeugen mit Zweitaktmotor sind in der Regel Gemischpumpen verbaut. So entfallen die Betankung mit Kraftstoff/Öl-Gemisch und die Zumischung von Zweitaktöl in den Kraftstoff.
Für den Viertaktmotor findet die Gemischpumpe keine Anwendung. Hier erfolgt die Schmierung durch Motorenöl, welches im Motor verbleibt.

Der Einbauort ist von Hersteller zu Hersteller unterschiedlich. In der Regel werden sie aber von der Kurbelwelle direkt angetrieben und finden sich dann oft vor dem Motorblock oder seitlich in ihm.

Die Gemischpumpe ist recht selten reparaturfällig. Lediglich die Einstellung sollte von Zeit zu Zeit überprüft werden. Das Antriebsrad der Kurbelwelle ist aus einem Kunststoff gefertigt. Das Antriebsrad der Pumpe selber besteht aus Stahlguss.

Die Schmierung erfolgt durch Fett, welches in einem speziellen Fach in der Gehäusehälfte zusammen mit dem Antrieb untergebracht ist.
Der Zustand des Fettes sollte, genau wie der Zustand der Antriebsräder, zumindest im Rahmen einer Jahresinspektion überprüft werden.

Die Gemischpumpe ist bei einigen Modellen auch von der Gasstellung abhängig und kann eingestellt werden. Die Neutralstellung im Leerlauf ist mit einer Markierung auf dem Pumpengehäuse und auf dem Gaszugrad gekennzeichnet. Ist keine Markierung vorhanden, wird der Gaszug so eingestellt, dass er mit dem Gasschieber zeitgleich betätigt wird.

Da weder Dichtungen noch Ersatzteile für die Pumpe selber erhältlich sind, sollte diese auch nicht zerlegt werden. Wenn sich herausstellt, dass die Pumpe selber undicht ist und entsprechend Öl aus diesem Bereich austritt, sollte die Ölpumpe getauscht werden. In vielen Fällen stellt es sich aber heraus, dass die Zufuhr zur Gemischpumpe oder der Druckschlauch zum Vergaser aufgescheuert oder lediglich abgerutscht ist. Es lohnt also, die verölten Stellen zu reinigen und die Schläuche auf festen Sitz zu prüfen. Der Motor sollte dann einige Zeit im Stand laufen. Eine undichte Stelle zeigt sich dann recht schnell.

So oder ähnlich finden sich bei den Zweitaktern die Versorgungspumpen für das Frischöl am Motor.

Öltankgeber prüfen

Die Eigenschaften

Der Öltankgeber ist ein Schwimmerschalter, der als Kontakt oder Reedschalter ausgelegt ist und bei geringem Füllstand des Tanks eine Warnleuchte einschaltet.

Typische Fehler

- Kontakt im Schalter verschmutzt
- Schwimmer defekt
- Schwimmer verklemmt

Ein typischer Vertreter seiner Baureihe.

Die Warnleuchte für zu geringen Ölstand im Zweitakt-Vorratsbehälter ist sehr wichtig im Alltagsbetrieb. Ölmangel hätte unweigerlich einen Motorschaden zur Folge.

Es gibt zwei unterschiedliche Ausführungen dieses Schalters. Die eine Variante arbeitet als Reedkontakt, die andere als Kontaktschalter. Der Reedkontakt wird ausgelöst, wenn der im Schwimmer befindliche Magnet in die Nähe des Reedkontaktes kommt.

Die Kontaktschaltervariante verbindet mittels Schleifern die beiden Kontakte, die am unteren Ende des Sensors verbaut sind, und schaltet so durch. Beide Varianten vertragen keine großen Ströme. Im Falle eines Kurzschlusses in der Leitungsführung oder an der Kontrollleuchte sind sie auszutauschen. Für die Messung ergibt sich kein Unterschied.

Durchgangsprüfung am Ölsensor

■ Für die Durchgangsprüfung müssen die Stecker am Ölsensor abgezogen werden und der Ölsensor selber ausgebaut werden.

■ Wird nun der Ölsensor auf den Kopf gedreht, darf er keinen Durchgang haben.

■ In Einbaurichtung gehalten, sollte er einen Durchgang von 0 Ohm aufweisen.

Stellt sich bei der Messung etwas anderes heraus, muss der Ölsensor ersetzt werden.

Spannungsmessung an den Anschlüssen

Natürlich kann der Ölsensor auch im angeschlossenen Zustand geprüft werden. Die Zündung muss hierzu eingeschaltet sein. Für diese Prüfung ist es einfacher, den Ölsensor auszubauen.

Misst man parallel an den Anschlüssen des Ölgebers, sollte bei umgedrehtem Ölsensor 12 V gemessen werden. Wird der Sensor in Einbaulage gehalten, muss das Ergebnis 0 Volt betragen. Sollten die Werte abweichen oder bei der Messung in Einbaulage ein Spannungswert herauskommen, der nicht plausibel erscheint, ist der Ölsensor zu tauschen. Eine Reparatur ist nicht nur aufgrund der Tatsache, dass es keine Ersatzteile gibt, nicht wirklich sinnvoll.

Haltung	Messung	Ergebnis
Über Kopf	Pin 1 auf Pin 2	12 V
Einbaulage	Pin 1 auf Pin 2	0 V

Sollten sich gar keine sinnvollen Messergebnisse erzielen lassen oder sich die Messwerte nicht abhängig von der Lage des Sensors verändern, kann davon ausgegangen werden, dass sich der Ölsensor verhängt hat. Auch hier bleibt nur der Austausch des Sensors.

PRAXISTIPP

Ölfüllung im Gemischtank

Achten Sie darauf, dass die Zweitaktöltanks nicht bis zum Maximum befüllt werden. Zum einen schwitzt das Öl dann deutlich stärker aus Verschluss und Dichtungen, und zum anderen ist die Gefahr des Überlaufens deutlich größer.

Leitbleche und Zylinderhaube

Die Leitbleche finden sich natürlich lediglich bei den zwangsluftgekühlten Modellen. Sie haben die Aufgabe, die Luft vom Gebläserad, das auf dem Rotor des Generators aufgeschraubt ist, über den Zylinder und den Zylinderkopf zu leiten und dann nach unten abzuführen. Wenn die Bauteile zur Luftleitung beschädigt sind oder sogar fehlen, kann der Motor überhitzen.

Zwangskühlung wörtlich: Der Luftweg ist eng vorgegeben.

Was ist vorzubereiten?
- Steckschlüsselsatz
- Schraubendreher
- Kleiner Montierhebel

Welche Teile werden benötigt?
- Keine

■ Um an den Zylinder zu kommen, müssen beide Leitbleche oder besser gesagt die Kunststoffluftführungen demontiert werden. Verschraubt sind sie meist auf der rechten Fahrzeugseite.

■ Wenn der Zündkerzenstecker abgezogen wurde, kann auch die Zylinderhaube abgenommen werden. Sie ist lediglich neben dem Luftfilterkasten mit Nasen in einer Gummiführung eingerastet.
Bei der Montage muss natürlich darauf geachtet werden, dass die Schläuche zur Gemischpumpe sowie der Druckschlauch zum Vergaser und auch die eventuell vorhandenen Seilzüge nicht verklemmt werden.

Kompressionstest durchführen

Prüfen und Messen ist grundsätzlich immer der bessere, sicherere und oft auch der schnellere Weg um einen Fehler zu finden. Das trifft natürlich auch auf die Motormechanik zu. Wir stellen Ihnen die wichtigsten Prüfungen genauer vor. Eine der einfachsten Vorgehensweisen, um eine Aussage über den Zustand des Motors treffen zu können, ist die Auswertung eines Kompressionstests.

Was ist vorzubereiten?
- Kerzenschlüssel
- Kerze demontieren
- Kompressionstester vorbereiten
- Batterie muss geladen sein

Welche Teile werden benötigt?
- Druckschreiberkarte

Hier wird der Höchstdruck der Verdichtung gemessen. Bei Geräten mit analoger Anzeige erfolgt die Anzeige auf der Messuhr. Der Druck wird mittels eines Autoventils am Ende des Messschlauchs gehalten und muss nach der Messung abgelassen werden. Die Kompressionsschreiber ermöglichen zwar nicht unbedingt eine genauere Messung, erlauben aber eine Dokumentation des Ergebnisses anhand der so genannten

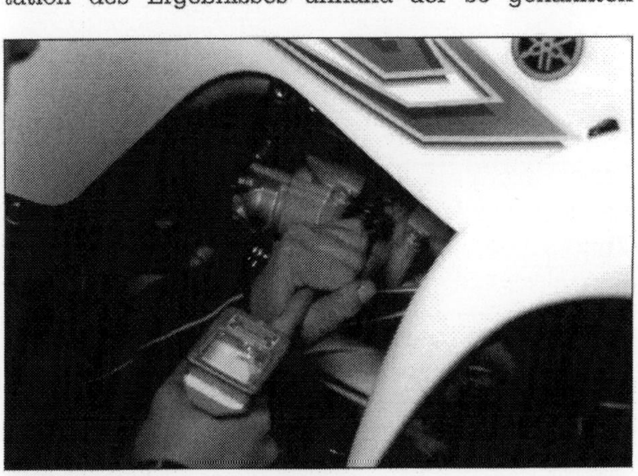

Kompressionsdruckmessung am Quad.

Schreiberkärtchen. Der Preisunterschied zwischen Kompressionsprüfer und Kompressionsschreiber ist erheblich. Für gute Kompressionsschreibersets kann man leicht mehrere Hundert Euro anlegen.

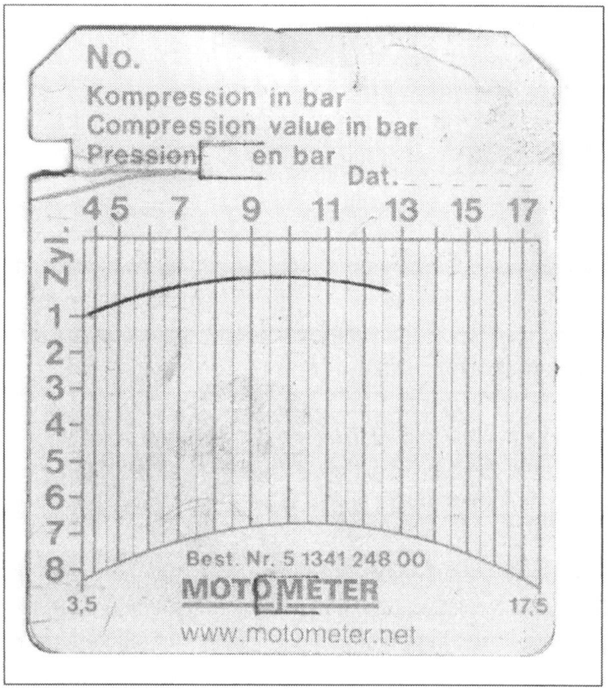

Kompressionsdruck in Ordnung.

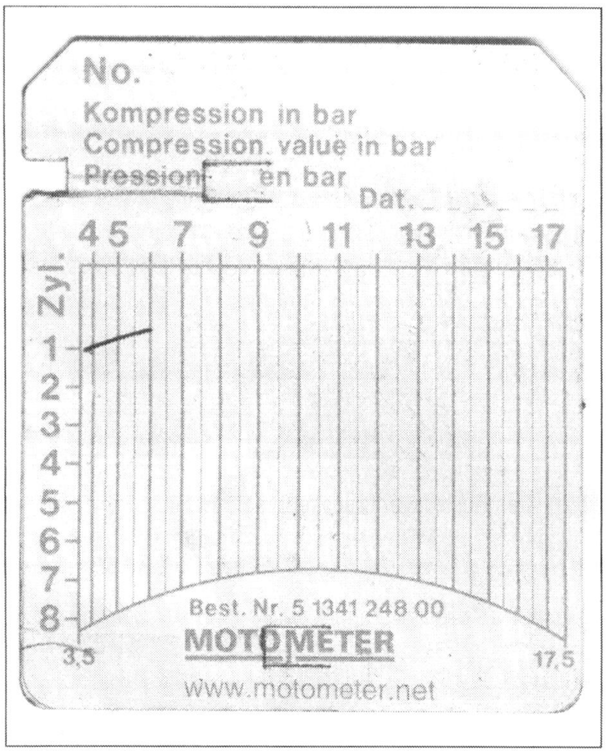

Kompressionsdruck zu niedrig.

Die Vorgehensweise ist für beide Messgeräte ist im Wesentlichen gleich.

- Zuerst wird die Zündkerze demontiert und dann der Kompressionsprüfer (je nach Konstruktion des Messgeräts) eingeschraubt oder in das Kerzengewinde hineingepresst.

- Die Zündanlage muss stillgelegt werden, oder zumindest die Zündkerze sollte mit einem Masseanschluss versehen werden, um Spannungsüberschläge im CDI-Schaltgerät zu vermeiden.

- Nun muss der Motor mit normaler Anlasserdrehzahl gedreht werden. Hierzu muss der Vergaserschieber voll geöffnet sein.
- Es wir so lange gestartet, bis der Druck nicht mehr deutlich ansteigt. Der Höchstdruck sollte bei maximal 12 Motorumdrehungen erreicht sein. Der Kompressionsdruck sollte bei Zweitaktmotoren zwischen 5 bar und 9 bar liegen. Bei Viertaktmotoren müssen 7 bis 14 bar erreicht werden.

PRAXISTIPP

Druckverlust zu hoch?

Ist der Kompressionsdruck geringer, muss der Zylindersatz geprüft und gegebenenfalls erneuert werden. Deutlich höherer Kompressionsdruck weist meistens auf Öl im Zylinder hin. Hier müssten dann die Gemischpumpe oder beim Viertakter die Ölabstreifringe und der Zylinderverschleiß geprüft werden.

Druckverlusttest durchführen

Im Gegensatz zum Kompressionstest geht es nicht darum, den eigentlichen Zylinderdruck festzustellen, sondern vielmehr darum festzustellen, wie groß der Verlust ist und wohin der Druck entweicht. Schon an dieser Beschreibung merkt man, dass die Aussagekraft für eine Diagnose am Motor wesentlich wichtiger ist, als die Feststellung des tatsächlichen Kompressionsdrucks beim Kompressionstest.

Was ist vorzubereiten?
- Kerzenschlüssel
- Kerze demontieren
- Druckverlusttester abgleichen
- Motor kann an der Kurbelwelle gedreht und blockiert werden

Welche Teile werden benötigt?
- Evtl. Ventildeckeldichtung

Ein weiterer Unterschied liegt darin, dass der Motor nicht wie beim Kompressionstest gedreht werden muss, um Druck zu erzeugen. Der Motor wird im Bereich des Zünd-OT blockiert. Zumeist reicht ein Schraubenschlüssel hierfür. Nun wird der Brennraum mit Druckluft beaufschlagt. Ähnlich wie beim Druckminderer am Kompressor wird der Luftdurchsatz reduziert und die Differenz hier beim Druckverlusttester in Prozenten angegeben. Ein Verlust bis zu 10 – 15% kann durchaus als »normal« bezeichnet werden. In einer ruhigen Umgebung kann man schnell durch »Abhören« herausbekommen, wo der Druck entweicht.

■ Zuerst wird der Druckverlusttester an den Kompressor angeschlossen und mit Hilfe des Handrades bei abgezogener Messleitung auf 0% eingestellt.

Druckverlusttest am Quad.

■ Jetzt wird die Messleitung angeschlossen. Die Skala sollte 100% anzeigen. Reduziert man nun den Luftstrom mit dem Finger, indem man die Messleitung teilweise zuhält, erhält man eine auf der Skala ablesbare »Verlustrate«.

■ Nachdem man sich von der Funktion des Testers überzeugt hat, wird die entsprechende Kerze demontiert und der Motor auf den Zünd-OT gedreht.

■ Im günstigsten Fall sollte er blockiert werden. Will man ihn festhalten, sollte man auf keinen Fall die Kräfte der Druckluft unterschätzen, die den Motor sehr leicht verdrehen können. Hier können leicht Verletzungen entstehen.

■ Nachdem die Messleitung in das Kerzengewinde eingeschraubt wurde, kann sie am Tester angeschlossen werden. Nun wird der Zylinderraum mit Druckluft beaufschlagt. Der Druckverlust ist sofort ablesbar. Die Verluststellen zeigen durch deutliches Zischen den Druckverlust an.

PRAXISTIPP

Kompressionsdruck zu niedrig?

Es zischt aus dem Motorgehäuse:
Der Druck entweicht im Bereich Zylinder oder Kolben. Bei größerem Druckverlust muss der Zylinder demontiert und auf Verschleiß der einzelnen Komponenten geprüft werden.

Es zischt aus dem Einlasskanal:
Das Einlassventil schließt nicht richtig oder ist beschädigt. Es ist durchaus möglich, dass durch längere Standzeiten des Motors Korrosionsspuren das Ventil an seinem Sitz verunreinigen. Leichte Hammerschläge auf das Ventil von oben lassen es schlagartig öffnen und schließen. Oftmals lässt sich dann eine deutliche Verbesserung feststellen.

Es zischt aus dem Auslasskanal:
Das Auslassventil schließt nicht richtig oder ist beschädigt. Wie auch beim Einlassventil ist es durchaus möglich, dass längere Standzeiten des Motors Korrosionsspuren am Ventilsitz hinterlassen haben. Leichte Hammerschläge auf das Ventil von oben lassen es auch hier schlagartig öffnen und schließen. Oftmals lässt sich dann so ein deutlich verbessertes Messergebnis feststellen.

Druckverlust in Ordnung.

Druckverlust zu hoch.

Endoskopie

Was ist vorzubereiten?
- Zündkerze demontieren
- Kerzenloch zugänglich machen

Welche Teile werden benötigt?
- Keine

Endo = Innen; scopein = betrachten. Diese Informationen bekommt man aus dem Wörterbuch.
Das Endoskop ist ein Gerät, das mit Hilfe dünner Glasfaserstäbe eine Lichtquelle weiterleiten kann und so die Betrachtung innen liegender Gegenstände ermöglicht. Die Sonde des Endoskops ist ca. 6 – 8 mm dick. Sie wird beispielsweise in den Brennraum des Motors durch das Kerzengewinde eingeführt. Nun kann man geradeaus schauen und Kolben sowie Zylinderwand betrachten und beurteilen.

Es ist aber auch möglich mit Hilfe unterschiedlicher Spiegel, die auf die Sonde aufgeschraubt werden, in die Richtung zu schauen, aus der die Sonde eingeführt wird.
So können Zylinderkopf und die Ventile recht gut betrachtet werden.

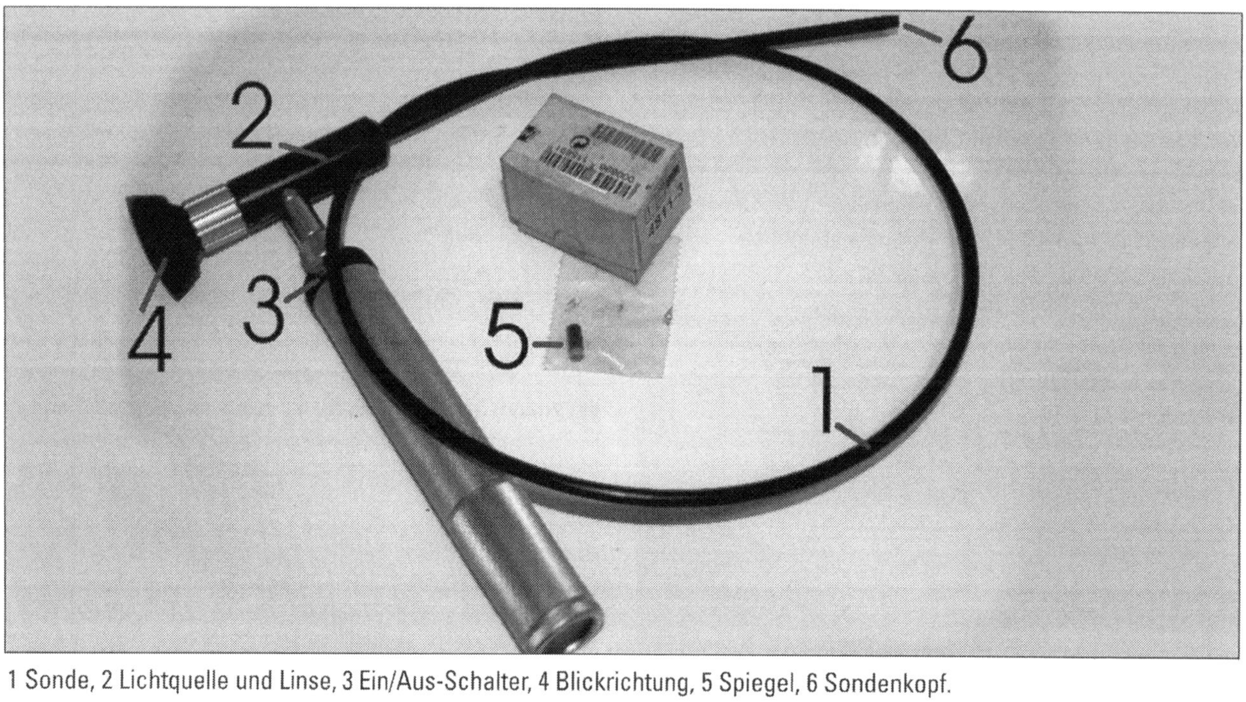

1 Sonde, 2 Lichtquelle und Linse, 3 Ein/Aus-Schalter, 4 Blickrichtung, 5 Spiegel, 6 Sondenkopf.

Die Endoskopie ermöglicht es, sich einen Überblick über das Schadensbild zu machen, ohne den Motor zu zerlegen. Mit etwas Erfahrung ist ein guter Mechaniker in der Lage, mit Hilfe des Druckverlusttestes und der Endoskopie eine Diagnose zu stellen, die fast die Qualität erreicht, die man nach dem Zerlegen des Motors erwartet. Die folgenden Bilder entstanden durch das Zündkerzenloch.

PRAXISTIPP

Endoskop und Videoskop

Gute Endoskope kosten auch heute noch ab 600 Euro aufwärts. Auf Messen werden meist von chinesischen Herstellern Videoskope zu ähnlichen Preisen vorgestellt, die das Bildmaterial dann auf dem Laptop erzeugen.

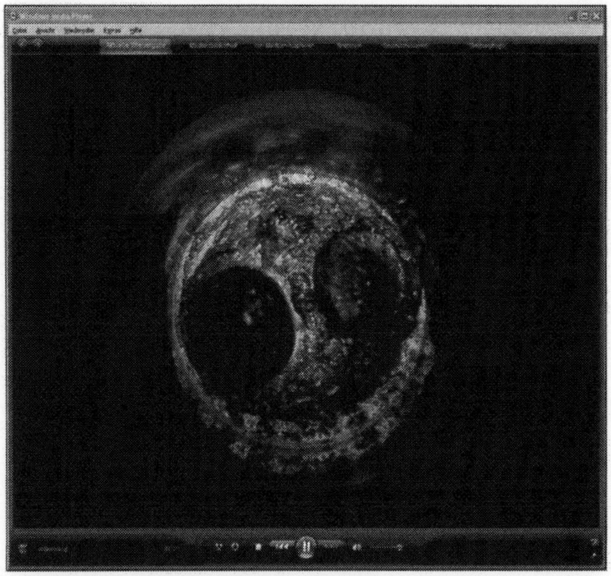

Videoskop-Bild als Bildschirmkopie.

Reparatur eines abgerissenen Stehbolzens

Gelegentlich kommt es vor, dass ein Stehbolzen im Zylinder oder eine Schraube im Ansaugstutzen so fest sitzt, dass sie bei der Demontage abreißt. Das ist zwar ärgerlich, aber auch kein großes Problem.
Es gibt noch immer drei Möglichkeiten die alte Schraube zu entfernen und das Gewinde wieder instand zu setzen oder zumindest wieder nutzen zu können.

Was ist vorzubereiten?
- Feststellzange mit scharfen Zähnen
- Säge
- Feile
- Körner
- 300 g-Hammer
- Bohrmaschine
- Bohrer-Set
- Linksdrall
- Gewindeschneider
- Rostlöser

Welche Teile werden benötigt?
- Neuer Bolzen oder Schraube

Lösen durch Bewegung

Die einfachste Möglichkeit ergibt sich nur, wenn die Schraube oder der Bolzen noch zum Teil aus dem Motorblock herausragt. Zumeist reicht es, wenn es sich um 5 mm Überstand handelt.

■ Zuerst wird mit einigen gezielten Schlägen auf den Bolzen versucht, die Oxidschicht zwischen Schraubengewinde und Gehäusegewinde zu schwächen.

■ Dann wird mit der Feststellzange der Bolzen gegriffen. Hierbei muss darauf geachtet werden, dass zum einen der Block nicht beschädigt wird und zum anderen die Zahnfläche der Zange möglichst viel Auflagefläche findet, um Kraft für die Drehbewegung übertragen zu können.

■ Nun gilt es den Bolzen mit viel Gefühl in Bewegung zu setzen. Es darf nur gerade so viel Kraft ausgeübt werden, wie die Zange übertragen kann.

■ Bewegt sich der Bolzen ein kleines Stück, wird er nun Stück für Stück mal nach rechts und mal nach links gedreht. Sobald etwas Bewegung in den Bolzen gekommen ist, kann etwas Kriechöl oder Rostlöser helfen, das Gewinde wieder gängig zu machen.

Lösen durch den Linksdrall
Grundsätzlich sollte immer erst versucht werden, das Gewinde mit der Methode »Lösen durch Bewegung« instand zu setzen. Prinzipiell sollten die Vorarbeiten genauso ausgeführt werden, wie sie in dieser Methode schon beschrieben wurden. Wenn das nicht funktioniert, kommt man um das Bohren nicht herum.
Die Schwierigkeit liegt meist darin, dass das Material der Schraube härter ist als das Aluminium. Der Bohrer wird also versuchen, aus dem Schraubenstahl auszuwandern. Umso wichtiger ist es, sehr genau vorzuarbeiten.

Absägen des Restbolzens.

■ Zuerst muss die abgerissene Schraube bis auf die Höhe des Motorblocks abgesägt und gerade gefeilt werden, um eine möglichst einfache und genaue Bohrung in den Bolzen machen zu können.

■ Dann wird genau in der Mitte des Bolzens ein Körnerschlag durchgeführt. Schlägt man den Körnerpunkt zuerst einmal nicht so fest ein, ist es leicht, ihn durch Schräghalten des Körners zu korrigieren. Erst dann, wenn genau die Mitte erreicht ist, sollte der Körnerpunkt mit einem kräftigen Schlag vertieft werden.

Körnerpunkt in der Mitte.

■ Dann kann mit dem Bohren begonnen werden. Zuerst sollte man einen kleinen Bohrer verwenden, um ein Führungsbohrung zu schaffen. Die Bohrergröße für unseren 6 mm-Bolzen am Ansaugstutzen wurde auf 3 mm festgelegt.

■ Da sich die Bauteile wie der Motorblock meistens nicht in den Maschinenschraubstock der Ständerbohrmaschine einspannen lassen, muss die Handbohrmaschine verwendet werden. Die größte Schwierigkeit besteht nun darin, die Bohrung gerade in den Bolzen zu bekommen. Wird die Führungsbohrung schief, können die nachfolgenden Bohrungen auch nicht gerade werden.

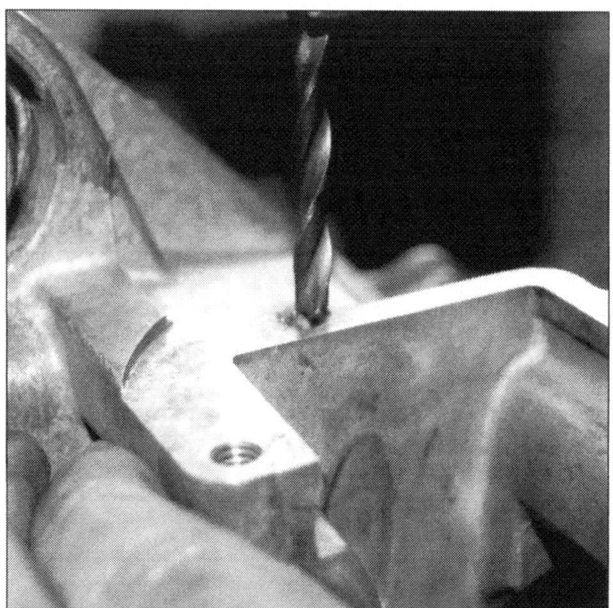

Ungefähr 3-4 mm muss das Loch kleiner als der Bolzen sein, damit der Bolzen noch ausreichende Festigkeit aufweist.

■ Jetzt wird hier mit 4 mm-Bohrer die Führungsbohrung vorsichtig erweitert.

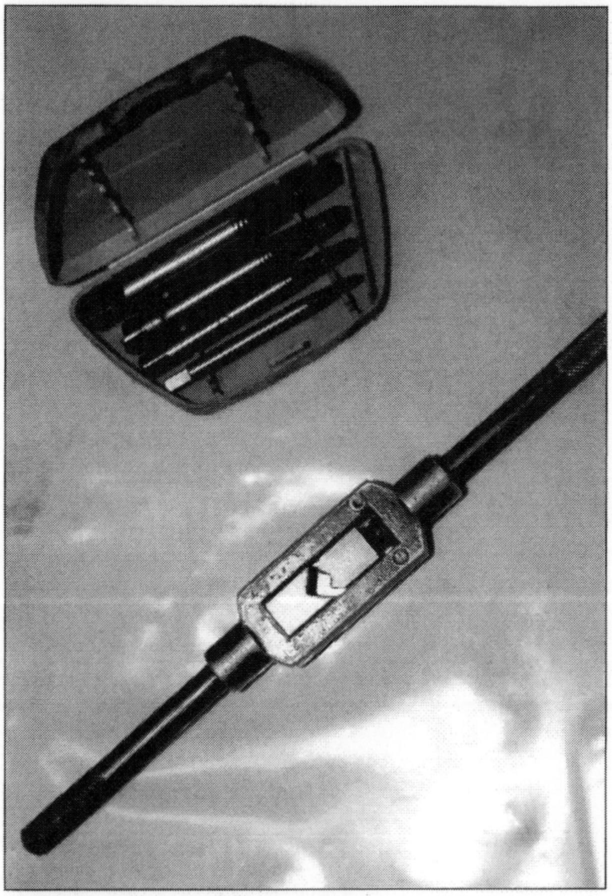

Vorsichtiger Einsatz des Linksdralls.

■ Nun kann der Linksdrall in das Bohrloch eingedreht werden. Die Arbeiten mit dem Linksdrall sollten auch nur sehr vorsichtig durchgeführt werden. Sollte dieses Werkzeug abbrechen, entsteht ein größeres Problem. Der Linksdrall ist aus Werkzeugstahl und kann mit herkömmlichem Werkzeug nicht ausgebohrt werden. Zum Teil müsste er zertrümmert werden.
Auch hier gilt das Gleiche wie beim »Lösen durch Bewegung«. Viel Gefühl, gewaltfreie Arbeit und Bewegung ergeben ein gutes Ergebnis.

Sollte diese Methode auch nicht zum Erfolg führen, bleibt nur noch das vollständige Ausbohren des Bolzens bis zum Kerndurchmesser. In unserem Fall sind das 4,5 mm und das Nachschneiden des Gewindes. Auch hier muss sehr vorsichtig vorgegangen werden, um das vorhandene Gewinde nicht zu beschädigen und lediglich die Reste des alten Gewindes des Bolzens herauszuschälen.

Gewindereparatur mit einem HeliCoil-Einsatz

■ 1. Schritt: Wenn der Rest einer abgebrochenen Schraube im alten Gewinde steckt: Sichtbaren Schraubenrest ankörnen, mit einem scharf geschliffenen Bohrer, der 0,5 mm kleiner ist als der alte Gewinde-Nenndurchmesser (Beispiel M6: Bohrer 5,5 mm), das abgebrochene Gewindestück vorsichtig ausbohren.

■ 2. Schritt: Mit dem im HeliCoil-Repairkit befindlichen Bohrer das beschädigte Gewinde komplett ausbohren.
Der Bohrerdurchmesser entspricht dem Kerndurchmesser des neuen Aufnahmegewindes für den HeliCoil Plus-Drahtgewindeeinsatz.

■ 3. Schritt: Aufnahmegewinde für den HeliCoil-Drahtgewindeeinsatz mit dem beiliegenden Gewindebohrer schneiden. Wichtig: Damit keine Späne in Gewindebohrungen hineinfallen, den Gewindebohrer vor dem Gewindeschneiden in Fett eintauchen, dann bleiben die Späne am Gewindebohrer haften.

■ 4. Schritt: Gewinde reinigen, z. B. mit Druckluft ausblasen. ALLE Späne entfernen!

■ 5. Schritt: HeliCoil-Drahtgewindeeinsatz mit der Einbauspindel montieren. Dieses ist sehr einfach, der Drahtgewindeeinsatz wird mit der Spindel wie eine Schraube in das vorbereitete Aufnahmegewinde eingedreht.

■ 6. Schritt: Nach der Montage des Drahtgewindeeinsatzes dessen Mitnehmerzapfen abbrechen.
Tipp: Zapfenwerkzeug zuvor in etwas Fett tauchen, ganz in den Drahtgewindeeinsatz einführen, mit einem kleinen Hammer einen leichten Schlag auf das Zapfenwerkzeug geben und den abgebrochenen Mitnehmerzapfen aus dem Drahtgewindeeinsatz entfernen. Wichtig: Bei der Reparatur von Durchgangsbohrungen muss Obacht gegeben werden, wo der abgebrochene Mitnehmerzapfen hinfällt, damit er z. B. nicht in den Motor zwischen empfindliche Motorenmechaniken gerät!

Eine solche Gewindereparatur ist innerhalb von zehn Minuten ohne Schweißaufwand erledigt. Nach der Reparatur mit HeliCoil ist das Gewinde um ein Vielfaches belastbarer als das Originalgewinde. Das Gewinde wurde nicht etwa »geflickt«, sondern seine Qualität wurde deutlich verbessert: Der HeliCoil-Drahtgewindeeinsatz aus Edelstahl macht das Gewinde verschleißfester und korrosionsbeständiger. Zukünftige Wartungsarbeiten können diesem Gewinde nichts mehr anhaben.

PRAXISTIPP

Linksausdreher oder Linksdrall

Wenn der alte Bolzen aus dem Gewinde herausgedreht werden konnte, muss noch etwa eine halbe Stunde der Rostlöser auf das Gewinde im Motorblock einwirken. Anschließend sollte die Gewindebohrung mit Druckluft gereinigt werden.

Ein Nachteil des Linksdralles besteht darin, dass sehr leicht die aufgebohrten Bolzen »ausgeweitet« werden und so von Haus aus schon schwerer laufen. Mit etwas Geschick und wenig Hemmungen lässt sich ein guter Torx-Einsatz in die Bohrung einschlagen. Das Herausarbeiten des Bolzens unterscheidet sich nicht von der Vorgehensweise mit dem Linksdrall.

Reparatur des Zündkerzengewindes

Das ist schnell passiert: Das Aluminiumgewinde für die Zündkerze hat zuerst Macken und irgendwann ist es schlichtweg nicht mehr vorhanden. Um nicht gleich den Zylinderkopf erneuern zu müssen, gibt es natürlich auch hier Reparaturmaßnahmen, die Sie leicht selbst durchführen können.

Was ist vorzubereiten?
- Kerzenschlüssel
- 22 mm-Schlüssel
- Gewindeschneideisen Kerzengewinde
- Öl
- Demontieren des Zylinderkopfes

Welche Teile werden benötigt?
- Gewindeeinsatz
- Gewindekleber
- Kopfdichtung

Bei leichten Beschädigungen oder auch Verschmutzungen kann das Zündkerzengewinde meist noch mit einem passenden Gewindeschneider gerettet werden. Allerdings müssen hierzu der Zylinderkopf demontiert und das Gewinde oder der Gewindeschneider eingeölt werden, um ein »Klemmen« des Schneideisens zu vermeiden.

Reparatur des Kerzengewindes mit Grip-Einsätzen

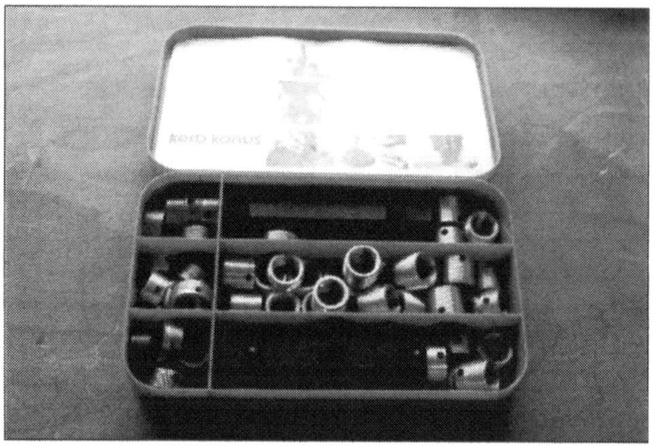

Reparaturset komplett mit Bohrer und Einsätzen.
Ist das Gewinde vollends beschädigt und kann nicht mehr nachgeschnitten werden, kann das Zündkerzengewinde trotzdem repariert werden.

Gerade aufbohren.

■ Hierzu wird die Bohrung erweitert und ein neues größeres Gewinde geschnitten.

■ Nun wird ein Gewindeeinsatz mit dem entsprechenden Gewinde für die Kerze in die neue Bohrung eingedreht.

■ Zu diesem Zweck wird die Gewindehülse auf den Einschrauber aufgeschraubt und in die Bohrung eingeschraubt. Sie schneidet ihr neues Gewinde selbsttätig.

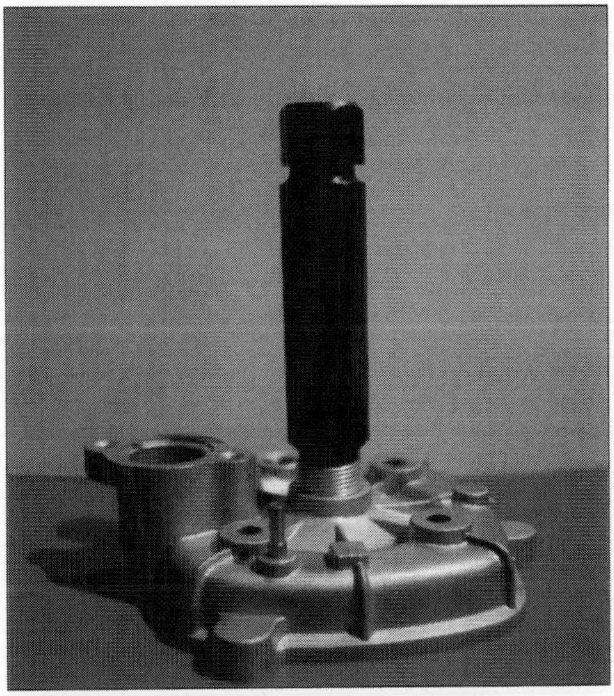

Gewindehülse mit dem Spannhalter eindrehen.

■ Es muss darauf geachtet werden, dass die Gewindehülse auf die entsprechende Länge gekürzt wird. Die Gewindehülse darf auf keinen Fall in den Zylinderraum hineinragen und auch nicht über den Kerzensitz überstehen.

Gewindereparaturhülse sichern

PRAXISTIPP

Um die Gewindehülse zusätzlich zu sichern, kann die Hülse auch vor dem Eindrehen mit etwas Gewindekleber versehen werden. Jetzt wird die Gewindehülse mit Gewindekleber im Zylinderkopf fixiert und fest eingedreht. Nachdem der Gewindekleber abgebunden hat, kann die Kerze wieder hineingedreht werden.

Spezialwerkzeuge zum Selbermachen

Abzieher Spezial.

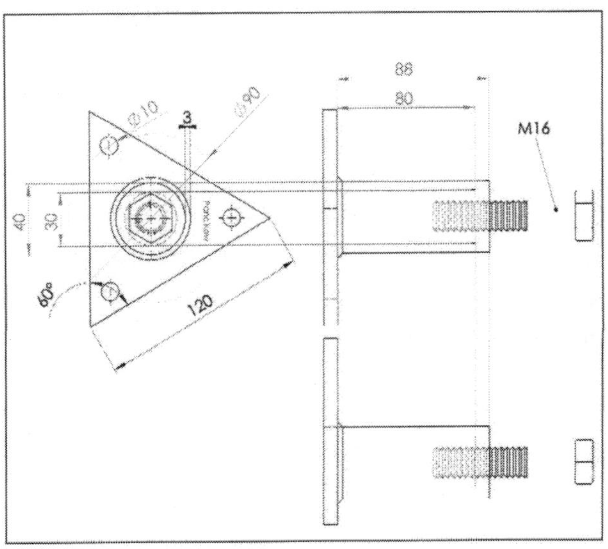

Technische Zeichnung dazu.

STÖRUNGSBEISTAND

Motor

Störung	Fragestellung	Was muss ich tun?
A **Der Motor springt nicht an**	**1** Ist die Batterie in Ordnung?	Ladezustand der Batterie prüfen, gegebenenfalls laden oder erneuern.
	2 Ist die Sicherung in Ordnung?	Sicherung prüfen, gegebenenfalls laden oder erneuern.
	3 Ist die Zündung eingeschaltet?	Zündung einschalten.
	4 Funktioniert das Starterrelais?	Starterrelais prüfen, gegebenenfalls laden oder erneuern.
	5 Ist der Kickstarter in Ordnung?	Lässt sich der Motor mit dem Kickstarter drehen?
	6 Lässt sich der Motor mit dem Anlasser drehen?	Zündkerze entfernen!
	7 Lässt sich der Motor mit dem Kickstarter drehen?	Motormechanik prüfen! Keine Gewalt anwenden, der Motor wird blockiert.
	8 Ist ein Zündfunken vorhanden?	CDI prüfen.
	9 Ist die Zündkerze trocken?	Zündkerze erneuern, Motor »trocknen« und erneut versuchen zu starten.
	10 Ist die Zündkerze jetzt trocken?	Vergaser prüfen, PRI-Benzinhahn prüfen.
	11 Läuft der Motor?	Etwas Starthilfespray in den Luftfilter sprühen und erneut starten.
	12 Läuft der Motor jetzt?	Zündzeitpunkt prüfen, Keil des Polrades und Polrad prüfen.
	13 Läuft der Motor im Leerlauf?	Vergasereinstellung und Leerlaufsystem prüfen.
	14 Läuft der Motor in Volllast?	Vergasereinstellung und Kraftstoffstand im Schwimmer prüfen.

STÖRUNGSBEISTAND

Motor

Störung	Fragestellung	Was muss ich tun?
B Die Zündkerze ist schwarz. Die Ablagerungen an der Zündkerze sind schwarz und flockig.	**1** Ist die Zündkerze in Ordnung? (Wärmewert richtig usw. ...).	Zündkerze prüfen, gegebenenfalls ersetzen.
	2 Ist ein Zündfunken vorhanden?	Zündkerzenstecker und Zündspule prüfen oder erneuern.
	3 Ist der Kompressionsdruck in Ordnung?	Kompressionsdruck prüfen, gegebenenfalls notwendige Reparaturen durchführen.
	4 Viertakter: Ist der Kurbelgehäuseinnendruck in Ordnung?	Kolben und Kolbenringe prüfen.
	5 Ist der Luftfilter in Ordnung?	Luftfilter prüfen gegebenenfalls reinigen oder erneuern.
	6 Zweitakter: Wird das richtige Zweitaktöl verwendet?	Zweitaktöl überprüfen, gegebenenfalls sicherheitshalber erneuern.
	7 Ist der automatische Choke in Ordnung?	Kaltstarteinrichtung prüfen, gegebenenfalls erneuern.
	Die Ablagerungen auf der Zündkerze können auch durch die Gemischpumpe verursacht werden. Sollte die verfärbte Kerze allerdings nach sehr langer Standzeit des Quads auftreten, empfiehlt es sich das Fahrzeug zuerst einmal über eine längere Strecke zu bewegen und dann die Ablagerungen an der Kerze zu begutachten.	
C Motor macht Fehlzündungen	**1** Ist die Zündkerze in Ordnung?	Zündkerze prüfen.
	2 Ist das Kerzenbild in Ordnung?	Kerzenbild betrachten und Zündkerzen--Typ mit Herstellerliste vergleichen und/oder Zündkerze erneuern.
	3 Ist die CDI in Ordnung (die Zündanlage)?	CDI und Zündzeitpunkt prüfen.
	4 Ist der Vergaser in Ordnung?	Vergaser reinigen und Düsen und Kanäle prüfen.

STÖRUNGSBEISTAND

Motor

Störung	Fragestellung	Was muss ich tun?
	5 Sind Kolben, Ringe und Steuerzeiten in Ordnung?	Motormechanik prüfen.
	Natürlich können Fehlzündungen auch durch Ablagerungen von Kraftstoff im Auspuff oder andere abnorme Situationen rund um den Motor verursacht werden. Aber in den meisten Fällen finden sich die hier aufgezeigten Symptome.	
D Motor wird zu heiß	**1** Ist die Zündkerze in Ordnung?	Zündkerze prüfen, reinigen gegebenenfalls erneuern.
	2 Zweitakter: Ist das richtige Zweitaktöl im Tank und ist es in Ordnung?	Zweitaktöl überprüfen, gegebenenfalls erneuern.
	3 Viertakter: Ist genügend Motoröl im Motor?	Ölstand prüfen, gegebenenfalls auffüllen.
	4 Luftgekühlte: Sind das Lüfterrad und die Luftführung noch sauber und intakt?	Lüfterrad und Luftführung prüfen, gegebenenfalls instand setzen und/oder reinigen.
	5 Wassergekühlte: Sind das Kühlsystem, der Thermostat und die Wasserpumpe noch intakt?	Thermostat, Wasserkreislauf und Wasserpumpe prüfen.
	6 Ist das Ansaugsystem dicht?	Ansaugsystem prüfen, abdichten, eventuell teilweise erneuern.
	7 Ist der Vergaser in Ordnung?	Vergaser reinigen, Einstellungen und Bedüsungen prüfen.
	8 Ist der Luftfilter in Ordnung?	Luftfilter und Luftfilterkasten prüfen, reinigen eventuell erneuern.
	9 Ist der Zylindersatz in Ordnung?	Zylindersatz und seine Bestandteile prüfen, reinigen eventuell erneuern.
	10 Sind Auslasssystem und Auspuff in Ordnung?	Auslass am Zylinder und Auspuff prüfen, gegebenenfalls reinigen oder erneuern.

STÖRUNGSBEISTAND

Motor

Störung	Fragestellung	Was muss ich tun?
E **Öl tropft aus dem Motor. Kontrollieren Sie, ob es sich beim Viertaktmotor um Öl oder Benzin handelt!**	**1** Handelt es sich um einen Zweitaktmotor?	Prüfen Sie die Kraftstoffzufuhr auf Undichtheit. Prüfen Sie den Motorblock auf Ölverlust. Prüfen Sie den Kompressionsdruck, den Druckverlust und den Innendruck des Motorblocks.
	2 Kommt das Öl aus der Generatorseite (in Fahrtrichtung rechts) ?	Anschlussschläuche vom Tank und den Tank prüfen, gegebenenfalls erneuern.
	3 Ist der Anschlussschlauch zum Mischöltank dicht?	Schellen und Schlauch prüfen, gegebenenfalls erneuern.
	4 Ist der Druckschlauch zwischen Gemischpumpe und Vergaser dicht?	Schellen und Schlauch prüfen, gegebenenfalls erneuern.
	5 Ist die Gemischpumpe dicht (Gehäuse, Anschlussstücke)?	Schellen und Schlauch prüfen, gegebenenfalls erneuern.
	Wenn all diese Anforderungen gegeben sind, kann es sich nicht um eine Undichtheit an der Gemischpumpe handeln. Sollte eine Flüssigkeit tropfenweise aus dem Lüftergehäuse austreten, so kann es sein, dass der Kurbelwellensimmerring undicht ist. Hinweise dazu findet man auch unter der Montage/Demontage des Kurbelgehäuses.	
F **Motor macht ungewöhnliche Geräusche**	**1** Ist die Auspuffanlage in Ordnung?	Auspuffanlage prüfen, gegebe nenfalls reinigen, abdichten oder erneuern.
	2 Ist die Ansauganlage in Ordnung?	Ansauganlage prüfen, gegebenenfalls reinigen, abdichten oder erneuern.
	3 Ist der Antriebsriemen in Ordnung?	Antriebsriemen und Teile der Variomatik prüfen, gegebenenfalls erneuern.
	4 Ist das Radgetriebe in Ordnung?	Radgetriebe und verbaute Lager prüfen und gegebenenfalls erneuern.
	5 Ist die Kurbelwelle in Ordnung?	Kurbelwelle und Lager prüfen, gegebenenfalls erneuern.
	6 Viertakter: Stimmen die Steuerzeiten?	Steuerzeiten prüfen, gegebenen falls einstellen.
	7 Viertakter: Stimmt das Ventilspiel?	Ventilspiel prüfen, gegebenenfalls einstellen.
	8 Ist der Zylindersatz in Ordnung?	Zylindersatz prüfen, gegebenenfalls reinigen oder erneuern.

Die Auspuffanlage

Das Aufsägen und Schweißen der Auspuffanlagen ist im Reparaturbereich nur insofern erlaubt, als die technischen Eigenschaften nicht beeinflusst werden. Die Geräuschpegel für alle Fahrzeuge und somit auch für die Quads sind vorgeschrieben und können durchaus bei einer Verkehrskontrolle überprüft werden.

Für die Schallmessungen an Fahrzeugen sind bestimmte Prüfmethoden vorgeschrieben, die eigentlich nur auf einem Prüfgelände nachvollzogen werden können. Aus diesen Prüfungen wurde eine vereinfachte Messmethode entwickelt, die auch im Straßenverkehr bei einer normalen Verkehrskontrolle angewendet werden kann. Sollte ein unerlaubt hoher Schallpegel entstehen, muss das Fahrzeug aus dem Verkehr gezogen und stillgelegt werden. Das liegt nicht im Ermessen der Polizei, sondern ist gesetzlich vorgeschrieben.

Die meisten Schalldämpfer auf dem Markt sind mittlerweile »street-legal« und mit einer EG-Typengenehmigung ausgestattet. Diese Anlagen dürfen im Straßenverkehr betrieben werden. Aufgrund der Genehmigung müssen die Schalldämpfer nicht eingetragen werden. Lediglich der mitgelieferte EG-Typenschein sollte bei einer Verkehrskontrolle griffbereit sein.

Ein weiterer Hinweis auf die EG-Homologation ist das »E-Label« auf dem Schalldämpfer. Aber auch diese Anlagen unterliegen dem Gesetz und damit auch der Lautstärkebeschränkung. Sollte eine entfernte Drosselblende dem Quad mehr Geschwindigkeit ermöglicht haben oder der Auspuff zu laut sein, wird das Fahrzeug trotzdem stillgelegt, da man davon ausgehen kann, dass der verbaute Schalldämpfer defekt ist.

Die Abgasanlage eines Quads löst wohl die meisten Diskussionen aus. Vom sonoren Geballer ohne DB-Killer bis zum kaum hörbaren Flüsterton ist alles dabei. Nichts von diesem breiten Spektrum kann aber alle Quadfahrer einigen. Hier scheiden sich die Geister. Gelegentlich helfen aber auch die Herren der Verkehrsüberwachung beim »scheiden« oder »entscheiden«.

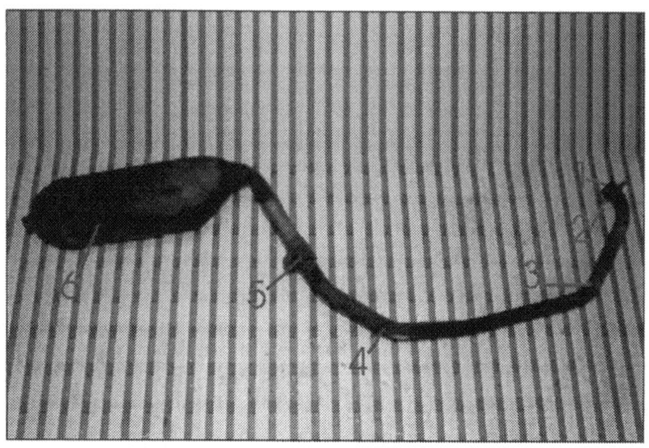

Komplette Serienanlage am Quad:
1 Flansch, 2 Flanschplatte, 3 Rohrkatalysator, 4 Auspuffrohr, 5 Schelle, 6 Auspufftopf.

Die meisten Serienschalldämpfer bestehen aus einem Stück und können nicht weiter zerlegt werden. Bei einigen Modellen liegt die Drosselreduzierung lediglich locker im Auspuffflansch. Die Dichtung besteht aus einem mit Dichtmasse gefüllten Stahlring, der nach jeder Demontage erneuert werden sollte, da er sich nur einmal verformen kann und keine federnden Eigenschaften hat.

Auch die Reinigung durch Ausbrennen hat nur geringe Erfolgsausichten, da im Krümmerrohr bei vielen Modellen ein Katalysator verbaut ist und der Rest des Schalldämpfers als Kammerschalldämpfer ausgelegt ist. Die sich lösenden Rückstände könnten nicht aus dem Schalldämpfer heraus gebracht werden.

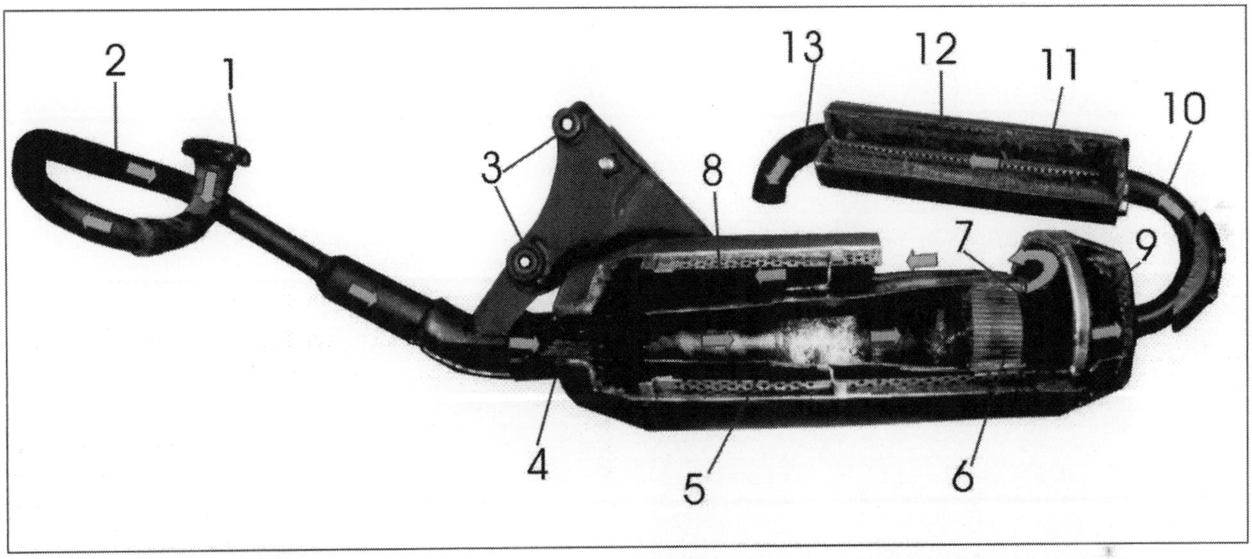

Auspuff im Detail: 1 Krümmerflansch, 2 Krümmer, 3 Halter, 4 Katalysator, 5 Kammer 1, 6 Katalysator, 7 Kammer 2, 8 Kammer 3, 9 Kammer 4, 10 Verbindungsrohr, 11 Dämmwolle Endschalldämpfer, 12 Lochrohr Endschalldämpfer, 13 Endrohr.

Demontage der Auspuffanlage

Was ist vorzubereiten?
- Gewindebolzen mit Rostlöser einsprühen und gut einziehen lassen
- Federzange für Spannfedern
- Federmontagehebel
- Steckschlüsselsatz
- Passende Gabelschlüssel
- Schonhammer

Welche Teile werden benötigt?
- Dichtungen
- Sicherungsschrauben

■ Um den Schalldämpfer demontieren zu können, werden zuerst die Befestigungsschrauben des Auspuffs am Rahmen gelöst. Bis auf eine Schraube können die Halterungsschrauben am Rahmen demontiert werden.

■ Nun werden die Schrauben am Zylinder gelöst. In vielen Fällen sind die Schrauben stark angerostet. Hier sollte zuerst ein guter Rostlöser lange einwirken. Sollte eine Schraube am Krümmerflansch des Zylinders abreißen, bleibt meist nur die Demontage des Motors, um das Gewinde zu reparieren.

■ Jetzt kann die letzte der Halterungsschrauben entfernt werden und die Auspuffanlage abgenommen werden.

Die Montage der Auspuffanlage erfolgt in umgekehrter Reihenfolge. Die Auspuffdichtung sollte in jedem Fall erneuert werden. Bei einigen Modellen gibt es aufgrund der eingelegten Drosselblende für leistungsreduzierte Varianten etwas dickere Auspuffdichtungen. Diese passen dann meist nicht in die Auspuffanlagen für die Varianten desselben Motortyps mit offener Leistung.

Sportschalldämpfer oder Zubehörschalldämpfer

Meist schon nach recht kurzer Betriebszeit, leider oft schon in der zweiten Saison, sieht der Original-Schalldämpfer alles andere als gepflegt aus. Noch etwas später sorgt die Korrosion für ernst zu nehmende Schäden, die an die Substanz der Schalldämpfer gehen. Originalteile werden oft zu derart horrenden Preisen gehandelt, dass einem der Atem stockt, wenn man die Teile bestellen möchte. Eine sinnvolle Alternative bietet der Zubehörmarkt an. Neben den einfachen Anlagen mit EG-Zulassung gibt es auch edle Anlagen aus Edelstahl oder Titan, die das Rostproblem einfach eliminieren. Überwiegend sind diese Anlagen günstiger als die Originalteile des Fahrzeugs.

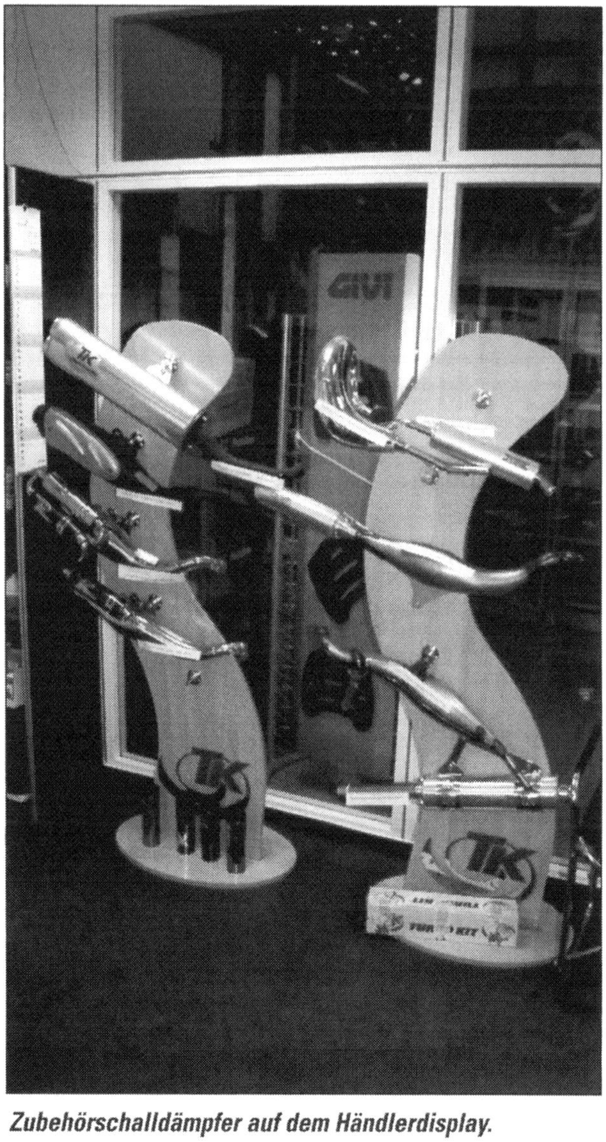

Zubehörschalldämpfer auf dem Händlerdisplay.

Schalldämpfer als Staufacherweiterung

Die Vorschrift, Verbandsmaterial und ein Warndreieck mitzuführen, resultiert aus den Betriebsvorschriften für Pkws. Die Hersteller empfehlen das zwar auch, haben aber in der Regel kein Staufach geschaffen, in dem das Mitführen der Utensilien realisiert werden kann.

Die Firma Martin hat diese Marktlücke bearbeitet und sich diese Lösung patentieren lassen. Die so genannte »Twinpipe« sieht einem hochwertigen Schalldämpfer so ähnlich, dass auch gelegentliche Irritationen bei der Abgasmessung im Rahmen der HU vorgekommen sind.

Der Anbau ist recht einfach zu realisieren:

Das Dreieckige muss ins Runde …

Schellen ausrichten und anpassen.

■ Legen Sie sich die passenden Schrauben und das Werkzeug zurecht.

■ Demontieren Sie die hintere Halterungsschraube für den Haltebügel.

■ Montieren Sie die mitgelieferten Schellen auf dem Rohr und richten Sie diese aus.

■ Montieren Sie nun die Twinpipe, passen die Ausrichtung dem Schalldämpfer an und ziehen Sie sie fest.

■ Kontrollieren Sie den festen Sitz der Verschraubungen und räumen Sie die Twinpipe mit einem Warndreieck/Verbandskasten ein.

Festziehen der Montageschellen.

Schellen ausrichten und anpassen.

Ausrichten der Montageschellen.

Ansicht von hinten ... neue Optik!

STÖRUNGSBEISTAND

Auspuffanlage

Störung	Fragestellung	Was muss ich tun?
A Knatterndes Auspuffgeräusch	**1** Ist die Krümmerdichtung am Zylinder in Ordnung?	Krümmerdichtung wechseln oder erneuern.
	2 Ist die Übergangsstelle zwischen Schalldämpfer und Abgasrohr dicht?	Schelle nachziehen, eventuell Dichtung erneuern.
	3 Ist der Schalldämpfer in Ordnung?	Schalldämpfer prüfen nötigenfalls reparieren.
B Vibrationsgeräusche (Sirren)	**1** Ist der Auspuff spannungsfrei verbaut?	Alle Verschraubungen lösen, Auspuff ausrichten und die Verschraubungen neu anziehen.
	2 Sind die Befestigungspunkte in Ordnung?	Verschraubungen und Spannfedern kontrollieren.
	3 Ist der Schalldämpfer in Ordnung?	Schalldämpfer prüfen, nötigenfalls reparieren.
C Auspuff ist sehr laut	**1** Ist der DB-Killer verbaut?	EG-Betriebserlaubnis auf den Aufbau des Schalldämpfers durchlesen. Eventuell DB-Killer beim Händler nachbestellen.
	2 Ist die Dämmwolle im Endschalldämpfer in Ordnung?	Auspuff demontieren und neue Dämmwolle einbringen (Zweiradhandel).
	3 Ist der Schalldämpfer in Ordnung?	Gehäuse überprüfen, eventuell ausbauen und schütteln. Klappern bedeutet lose Schalldämpferteile innen. Reparatur oder Neuteilersatz werden dann fällig.
D Auspuffrohr bricht öfter	**1** Ist der Auspuff spannungsfrei verbaut?	Alle Verschraubungen lösen, Auspuff ausrichten und die Verschraubungen neu anziehen.
	2 Sind die Befestigungspunkte in Ordnung?	Verschraubungen und Spannfedern kontrollieren.

STÖRUNGSBEISTAND

Auspuffanlage

Störung	Fragestellung	Was muss ich tun?
E Sekundärluftsystem undicht	**1** Ist die Befestigungsplatte abgebrochen?	Schweißen und eventuell mit einem Kehlblech verstärken.
	2 Ist der Zufuhrschlauch undicht?	Hitzefesten Anschlussschlauch verbauen (Modellbaubereich, ferngesteuerte Autos).
	3 Ist die Membran in Ordnung?	Membran ausbauen und prüfen.
F Motor hat keine Leistung	**1** Ist der Katalysator intakt?	Katalysator prüfen (lassen), eventuell Auspuffrohr ersetzen.

Getriebe und Antrieb

Neben Schalt- und Variomatik-Getrieben finden sich noch weitere herstellerspezifische Systeme wie die Hondamatic im Antriebskonzept der Quads. Auch werden Sie durchaus unterschiedliche Aufbauarten der Variomatik und der Schaltgetriebe finden. Aufgrund der Vielfalt auf dem Markt können wir Ihnen nur exemplarisch ein System einer Bauweise vorstellen.

De- und Montage am Schaltgetriebe

Was ist vorzubereiten?

- Schraubensortierbox
- Cutter-Messer
- Schleifpapier
- Verdünnung
- Pinsel
- Reinigungsbenzin
- Hammer
- Fett

Welche Teile werden benötigt?

- Gehäusedichtsatz
- Wellendichtringsatz

Um ein Schaltgetriebe zu zerlegen und zu reparieren, sollte man einige Erfahrungen bei der Getriebereparatur haben. Kleine Einbau- oder Montagefehler können fatale Folgen für Motorblock oder Lager haben. Im Grundsatz ist ein Getriebe immer so konstruiert, dass lediglich ein Gang eingelegt ist. In der Regel handelt es sich um so genannte »Schieberad-Getriebe« oder »Schiebemuffen-Getriebe«. Bei diesen Getriebetypen wird das ganze Zahnrad oder eben die Schaltmuffe für den Gangwechsel verschoben und zur Kraftübertragung entsprechend dem Zahnradpartner positioniert. Genau darin liegt ein wesentliches Problem. Man muss bei der Demontage sehr genau darauf achten, dass die richtige Unterlegscheibe an die richtige Stelle kommt. Diese »Spacer« und »Washer« haben eine bestimmte Stärke, die die Position der Gangräder und -wellen stellen und auch ein gewisses Spiel einzelner Bauteile einstellen.

1 Abtriebswelle, 2 Antriebswelle, 3 Schalttrommel, 4 Achse Schaltklaue, 5 Schaltklaue, 6 Achse Schaltklaue, 7 Schaltklaue, 8 Führungsnut für Schaltklaue.

Das Getriebe ist beim Quad wie auch beim Motorrad im Motorblock untergebracht. Um an das Getriebe heranzukommen, muss der Motorblock zerlegt werden.
Betrachten wir uns den konzeptionellen Grundaufbau des Motorblocks im Quad-Bereich:

Wie bei den zweirädrigen Brüdern: Halbierung für die Montage erforderlich!

Es gibt grundsätzlich horizontal und vertikal getrennte Motorblöcke. In der Fahrzeugtechnik heißt es immer: »Es gibt nichts, was es nicht gibt!« Das trifft gerade bei den Motoren im Quad-Bereich zu. Bei Motoren mit horizontaler Gehäuseteilung ist es möglich, die Kurbelwelle bei demontierten Blockhälften recht einfach zu entnehmen. Diese Bauweise wird in der Regel bei Mehrzylindermotoren bevorzugt. Im Quad-Bereich findet man diese Bauweise bereits bei der legendären Yamaha Banshee 350.
Nach Öffnung des Motorblocks blickt man direkt auf die Getriebewellen und kann die Zahnradkomponenten und die Schaltungsbauteile recht gut einsehen und beurteilen. Ein Vorteil liegt meist in der Position der Schaltbetätigung. In den meisten Fällen ist es nicht erforderlich, die Schaltbetätigung und die Führungswellen zu demontieren.

Vorteile gegenüber der vertikalen Teilung wie bei der »Raptor«, Suzuki oder den meisten Eintöpfen unter den Quads gibt es eigentlich nicht.
Bei der Demontage verbleibt hier das Getriebe in der Regel in der Motorblockhälfte, in der die Kupplung verbaut ist. In dieser Blockhälfte werden dann auch die Schaltbetätigung und die Klauenführung aufgebaut.

■ Um die Radwellen ausbauen zu können, muss neben den Verschraubungen und den Sicherungen in den verbleibenden Blockhälften auch die Schaltbetätigung ausgehängt werden. In der Regel sind bei modernen Motoren Schaltwalzen verbaut, die die Schaltklauen betätigen. Die Schaltklauen werden auf Führungswellen gelagert, auf denen sie auf und ab gleiten können.
Bei einem Sechsganggetriebe sind normalerweise drei Schaltklauen verbaut. Die Einbauposition sollte man sich entweder merken oder sicherheitshalber mit einem Lackstift markieren.

■ Zur Demontage der Schaltgabeln werden die Führungswellen herausgezogen. Die Schaltklauen können nun entnommen werden. Da sie die Radwellen nicht mehr weiter sichern, können nun auch die Radwellen aus den Lagern entfernt werden.
Ein weiteres Problem taucht dann auf, wenn die Kurbelwelle des Motors seitlich mit Rillenkugellagern ausgelegt wurde. Diese Bauweise ist bei Zweitaktmotoren üblich und wird auch bei Viertaktmotoren immer wieder verwendet. Die Problematik liegt darin, dass die Lager mit Vorspannung montiert und dann bei der Getriebereparatur auch mit erneuert werden müssen. Bei Motoren mit Tonnenlagern fällt der Lagerwechsel nicht an. Hier muss lediglich darauf geachtet werden, dass die Kurbelwelle für die Demontage entsprechend vorbereitet wird. Welche Lagerart vorliegt, erfährt man aus den Herstellerunterlagen (unerschrockene Schrauben eben bei der eigentlichen Demontage).

Grundsätzlich werden ein Getriebe und auch der Motorblock nach erfolgter Demontage gründlich gereinigt und entfettet. Bei der Reinigung sollten die Bauteile auf Beschädigungen hin überprüft werden. Auswaschungen und Ausbrüche bei einzelnen Bauteilen sollten den sofortigen Ersatz der betroffenen Bauteile zur Folge haben.

PRAXISTIPP

Gangräder und Paarungen

Oftmals handelt es sich bei Zahnrädern um aufeinander abgestimmte »Paarungen«, die nicht unbedingt untereinander ausgetauscht werden können. Das Verwenden einzelner gebrauchter Teile ist nur dann zu empfehlen, wenn das Tragbild und das Laufspiel der Zahnradpaarung geprüft werden können. Die Angaben über die Einbau- und Verschleißwerte findet man dann im entsprechenden Herstellerhandbuch.

Montagearbeiten am Variomatikgetriebe

Was ist vorzubereiten?
- Ein flacher Eimer zur Aufnahme von ca. 3 l Kühlflüssigkeit
- 4 mm-Inbusschlüssel
- 5 mm-Inbusschlüssel
- Seegerringzange
- Schlitzschraubendreher ca. 5 mm-Klinge
- Ratschennuss oder Durchschlag mit ca. 5 mm Außendurchmesser
- Hammer
- Fett

Welche Teile werden benötigt?
- O-Ring Wasserpumpe
- Wellendichtring Wasserpumpe
- 2x Lager Wasserpumpe

Der Verschleiß des Riemens wird anhand der Verschleißspuren optisch kontrolliert, und die Riemenbreite wird gemessen. Ist der Grenzwert für den Verschleiß erreicht, muss der Antriebsriemen ersetzt werden. Bei Fahrzeugen, die entweder viel zu ziehen haben oder viel im Gelände unterwegs sind, kann die Laufleistung des Riemens enorm verkürzt werden.
Die meisten Quads mit Variomatik sind sehr ähnlich aufgebaut. In der Funktion unterscheiden sie sich nicht. Lediglich in der Auslegung der Bauteile wie den Gewichten der Variomatikrollen, den verwendeten Antriebsriemen und den Andruckfedern finden sich Unterschiede. Um den Zustand der Bauteile der Variomatik begutachten zu können, ist es erforderlich, den Deckel zur Variomatik zu demontieren.

1 Gleitbuchse, 2 Fliehkraftrollen, 3 Unterlegscheibe, 4 Lüfterrad, 5 Kickstarterantriebsrad, 6 Klauenunterlegscheibe, 7 Führungsstücke, 8 Gegenscheibe, 9 Variator, 10 Gleithülse Variator.

■ Zuerst muss das Lüfterrad entfernt werden. Meistens sitzt hier noch ein Kickstartergegenstück auf der Kurbelwelle, welches das Eingreifen des Kickstarters ermöglicht. Die Demontage kann mit Hilfe des Gegenhalters für die Riemenscheibe erfolgen. Nach Herstellervorschrift ist der Einsatz des Schlagschraubers eigentlich untersagt, da hier die Kurbelwelle verschoben werden könnte. Da aber die Anzugsdrehmomente nicht sehr hoch sind und die Masse der Kurbelwelle der Kraft des Schlagschraubers entgegensteht, ist in meiner mehr als 25-jährigen Werkstattpraxis kein einziger Fall vorgekommen, an dem die Kurbelwelle in Mitleidenschaft gezogen wurde.

■ Eine günstige Alternative stellt sicher auch ein altes Ölfilterband aus Stahl dar, welches mit einer Ratsche betätigt wird. Die Spannkraft reicht aus, um die Mutter mit einem Schlüssel zu lösen und wieder anzuziehen. Das Ölfilterband sollte aber auf keinen Fall das Aluminium des Lüfterrades oder der äußeren Riemenscheibe beschädigen. Die entsprechenden Gegenhalter sind aber auch schon für relativ wenig Geld im Zubehörhandel erhältlich.

■ Das Lüfterrad kann jetzt entfernt werden. Wichtig hierbei ist, darauf zu achten, an welcher Stelle die Anlaufscheiben und Unterlegscheiben sitzen. Vergessliche sollten sich die Teile in Montagereihenfolge ablegen, um eine falsche Montage zu vermeiden.

■ Nach dem Entfernen der Befestigungsmutter für die hintere Riemenscheibe kann die Kupplungsglocke abgenommen werden. Zusammen mit der Ausgleichsscheibe wird jetzt der Zahnriemen abgenommen.

■ Als Nächstes steht die Demontage des Variators an. Der hier verbaute Variomat hat ein zusätzliches Schirmblech, welches die Verschmutzung der Variorollen etwas verringert. Bei den meisten Motoren wurde aber auf dieses Bauteil verzichtet. Ob nun die Laufflächen der Variorollen gefettet werden sollen oder nicht, entscheidet der jeweilige Motoren-Hersteller. In der Regel ist es nicht erforderlich. Hinsichtlich der Verschmutzung durch die Kühlluft und den Abrieb des Antriebsriemens ist das Fett sicherlich kein Vorteil. Schmutzpartikel könnten sich mit Fett wesentlich besser in den Rollenlaufbahnen festsetzen.

■ Die gründliche Reinigung aller Bauteile wird nun als Nächstes durchgeführt und ermöglicht so eine Beurteilung des Zustandes der Verschleißteile der Variomatik.

■ Das Motorgehäuse und der Deckel dazu sollten von Abriebstaub und Ölrückständen gereinigt werden. Sehr gut geht das mit Bremsenreiniger oder mit einer Sprühpistole für den Kompressor.

Die gereinigten Teile lassen sich nun auf Verschleiß prüfen. Der Variator, der in der Regel aus Aluminium ist, kann sehr schnell deutliche Laufspuren durch die Variomatikrollen bekommen. Leichter Verschleiß auf der Laufbahn selber stellt hier kein Problem dar. Wenn allerdings die seitlichen Laufschienen abgelaufen oder die Stege für die Führungsstückchen verschlissen sind, ist es dringend anzuraten den Variator auszutauschen. Die Variatoren gibt es mittlerweile im Zubehörhandel. Es muss aber zumindest der Motortyp oder das Original des Lizenzbaus bekannt sein. Erfahrene Händler können hier in vielen Fällen weiterhelfen.
Ein ähnliches Verschleißbild kann die Gegendruckplatte aufweisen. Da hier aber in den meisten Fällen Stahl als Material eingesetzt wird, ist der Verschleiß entsprechend gering.
Der Sitz der Führungstückchen muss natürlich auch hier geprüft werden.
Wenn die montierten Führungsstückchen zu viel Spiel aufweisen, kann der Variator zum einen nicht richtig arbeiten und zum anderen kann er auch durch das Schlagen im Lastwechsel stark verschleißen oder sogar beschädigt werden. Diese Führungsstücke gibt es in der Regel auch einzeln. Der Hersteller des Variomaten muss allerdings bekannt sein. Hier liegt ein Nachteil der Zubehör- und Racingausrüstungen. In vielen Fällen gibt es den Variomaten nur als Komplettset mit allen Gleit- und Führungsbauteilen zu kaufen.
Die Gegendruckplatte nimmt zum Teil die Kraft auf, die durch die Kurbelwelle übertragen wird. Sie ist meistens mit der Kurbelwelle verzahnt. Ist die Verzahnung nicht in Ordnung, kann die Kurbelwelle beschädigt werden und der Variator kann sich verdrehen. So würde ein wesentlich höherer Verschleiß am Antriebsriemen entstehen.
Der größte Verschleiß findet sich an den Variomatikrollen. In den meisten Fällen sind nach ein paar Tausend Kilometern bereits deutliche Abflachungen zu erkennen. Diese Abflachungen sorgen dafür, dass sich die Variomatikrollen eben nicht mehr abrollen, sondern lediglich noch gleiten. Da aber nicht alle Rollen gleich schnell verschleißen, wird der Variomat nicht gleichmäßig geführt. Der Antriebsriemen beginnt

dann zu ruckeln und wird sich dann deutlich schneller abnutzen.
Überall, wo etwas reibt, entsteht auch Verschleiß. Auch das Lüfterrad wird von der Riemenseite her recht stark beansprucht. Geringfügige Verschleißspuren können mit einem Schleifpad wegpoliert werden. Größere Verschleißspuren bedeuten wiederum eine übermäßige Belastung für den Antriebsriemen. Die abgebildeten Verschleißspuren sind gerade noch hinnehmbar. Wahrscheinlich wird aber dieses Lüfterrad bei der nächsten Inspektion der Variomatik erneuert werden müssen.

Genauso können durch stetige Beanspruchung und Temperaturschwankungen Brüche oder Risse entstehen. Die Belastungen können durchaus die Ausgleichsscheibe zum Reißen bringen. Bei der Reinigung und Kontrolle der Bauteile lässt sich das aber recht gut erkennen. Auch die verbauten Kugellager und Nadellager unterliegen einem gewissen Verschleiß. Schwergängige Lager werden besser sofort ausgetauscht. Nadellager können mit einem säurefreien Fett nachgefettet werden.

Die Montage kann nun grundsätzlich in umgekehrter Reihenfolge wie die Demontage erfolgen.

■ Die Variorollen werden in den Variator eingelegt. Die Führungsstücke werden vor der Montage des Variators leicht gefettet.

■ Die Andruckplatte wird in den Variator eingesetzt und kann so die Variorollen festhalten.

Einlegen der Variorollen.

■ Sehr wichtig ist die Leichtgängigkeit und Sauberkeit der Gleithülse des Variators. Wenn sie schwergängig ist, kann die Variomatik nicht einwandfrei arbeiten und im Extremfall werden die Variomatikrollen nicht richtig abgedrückt und können verklemmen. Auch hier kommt ein säurefreies Langzeitfett zum Einsatz. Graphitfette eignen sich übrigens überhaupt nicht für diese Aufgabe. Zwar sind die Gleiteigenschaften dieser Fette hervorragend, aber die doch recht enge Lagerpassung kann durch den Graphitanteil verklemmen.

■ Anschließend kann der Variomat wieder verschlossen und eingebaut werden. Beim Aufschieben auf die Kurbelwelle muss darauf geachtet werden, dass die Andruckplatte nach Möglichkeit die Variorollen nicht freigibt und diese so möglicherweise aus der Führung fallen können. Um möglicher Korrosion vorzubeugen, kann der Kurbelwellenzapfen, auf den der Variator aufgeschoben wird, leicht eingefettet werden.

■ Die Anfahrkupplung, die in der Regel auf der Ausgleichscheibe montiert ist, unterliegt natürlich auch dem Verschleiß. Da es sich hier um eine Fliehkraftkupplung handelt, die die Beläge an die Kupplungsglocke einschwenkt, lässt sich, wenn man den Rand an den Belagsenden betrachtet, der Verschleiß sehr gut erkennen. Verschlissene Beläge werden in der Regel sehr spät bemerkt, da auch der Antriebsriemen einen Teil des Schlupfs übernimmt.

■ Die hintere Ausgleichsscheibe sollte zur Probe zusammengedrückt werden. Zu beachten ist hier, dass dann die vordere der beiden Riemenscheiben um ca. ¼ Umdrehung durch die Mechanik verdreht wird.
Ist das nicht der Fall, sind die Gleitstücke im Inneren verschlissen. Bei einigen Fahrzeugen sind auch hier Einzelteile erhältlich. Zur Montage des Antriebsriemens sollte dieser bis ungefähr zur Hälfte des Ausgleichsweges eingelegt werden. So bleibt etwas mehr Platz, um den Antriebsriemen über die vordere Variomatik zu legen und das Lüfterrad wieder zu montieren. Nachdem alle Teile gewaltfrei wieder an ihren Platz verbracht und die Muttern von Hand angedreht wurden, können die Muttern nach Herstellerangabe mit einem Drehmomentschlüssel angezogen werden. Auf die Verwendung von Gewindekleber ist aus Rücksicht auf den Mechaniker bei der nächsten Inspektion besser zu verzichten. Die Verschraubungen unterliegen weder einer großen Belastung, noch werden sie durch Drehung beansprucht. Sie müssten also auch »trocken« halten.

De- und Montage des Gangpositionsgebers

Neben der Anzeige in der Armaturentafel verwenden viele Hersteller den Gangpositionsgeber zur Drehzahldrosselung des Motors im Rückwärtsgang. Achten Sie deshalb immer genau auf die richtige Montageposition. Ist diese nicht bekannt, markieren Sie sich die Einbauposition genau mit einem Farbstift.

Was ist vorzubereiten?
– Ölauffangwanne für das Motor oder Getriebeöl
– 8 mm-Steckschlüssel
– Kreuzschlitzschraubendreher PZ2 oder PZ3
– Fett

Welche Teile werden benötigt?
– O-Ring Gangpositionssensor

Gangpositionsgeber am Quad.

- Lassen Sie das Getriebeöl ab.
- Ziehen Sie die Anschlusskabel des Sensors ab.
- Markieren Sie die Einbauposition des Gebers.
- Demontieren Sie die Halterungsschrauben.
- Ziehen Sie den Sensor heraus. Achten Sie darauf, dass der eventuell nur eingesteckte Kontaktstift und die Andruckfeder nicht verloren gehen.

Die Montage erfolgt sinngemäß in umgekehrter Reihenfolge. Prüfen Sie die Funktion der Anzeige und auch die Motorleitung sowie die eventuelle Motordrossel im Rückwärtsgang im Rahmen einer Probefahrt.

Die Ausgleichscheiben

- Um die Ausgleichsscheiben kontrollieren zu können, müssen sie zerlegt werden. Um den Antriebsriemen zu entnehmen, muss das Lüfterrad des Variators demontiert sein. Zuerst muss die Kupplungsglocke abgeschraubt werden. Nun kann die Mutter der Kupplungsträgereinheit entfernt werden.

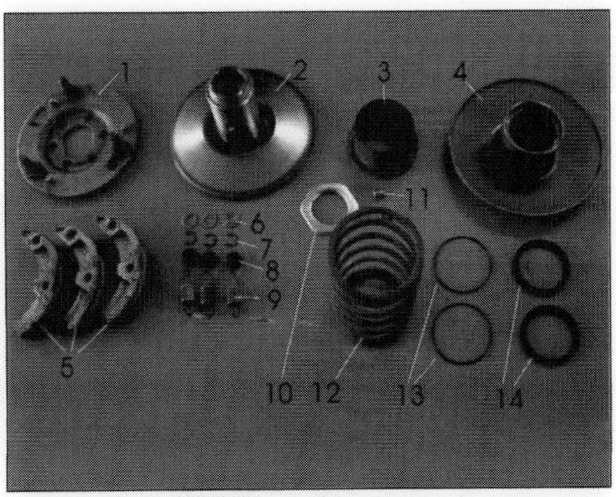

1 Belagträger, 2 Statische Scheibenhälfte, 3 Abdeck- und Führungshülse, 4 Bewegliche Scheibenhälfte, 5 Kupplungsbacken, 6 Unterlegscheiben, 7 Sicherungsringe, 8 Anschlag-Gummis, 9 Kupplungsfedern, 10 Flachmutter, 11 Sicherungsstift, 12 Gegendruckfeder, 13 O-Ring, 14 Wellendichtring.

■ Nachdem man die Ausgleichsfeder abgenommen hat, kann man die Abdeckhülle abziehen und die Führungsstifte entnehmen. Jetzt können die Ausgleichscheiben auseinandergezogen werden. Die meisten Hersteller liefern die Ausgleichscheiben nur noch komplett. Bei einigen Importeuren gibt es aber sogar die Führungsstücke einzeln. So lassen sich die Ausgleichscheiben auch reparieren.

■ Die Kupplungsträgereinrichtung lässt sich auch zerlegen. Hierzu müssen lediglich die Kupplungsfedern ausgehängt werden. Nun müssen die Sicherungsringe entfernt werden. Je nach Bauweise können dann die Belagträger entnommen werden. Bei einigen Herstellern rasten die Belagträger noch zusätzlich in einem Gummilager ein.

PRAXISTIPP

Demontage der Kupplung

Achtung:
Kupplungsträgereinheit zusammendrücken. Sie ist durch die Ausgleichsfeder vorgespannt. Halten Sie die Kupplungseinheit während des Abschraubens der Zentralmutter mit beiden Händen zusammengedrückt.

Montage mit Kniffen: So lässt sich das Lüfterrad vorne nachher sehr leicht zentrieren.

De- und Montage des Umsetzergetriebes zum Kettenrad

Was ist vorzubereiten?
- Ölauffangbehälter
- 5 mm-Inbusschlüssel
- 12 mm-Schlüssel
- Werkzeug zum Hebeln

Welche Teile werden benötigt?
- Getriebeöl
- Dichtung Getriebe
- entsprechender Simmerring

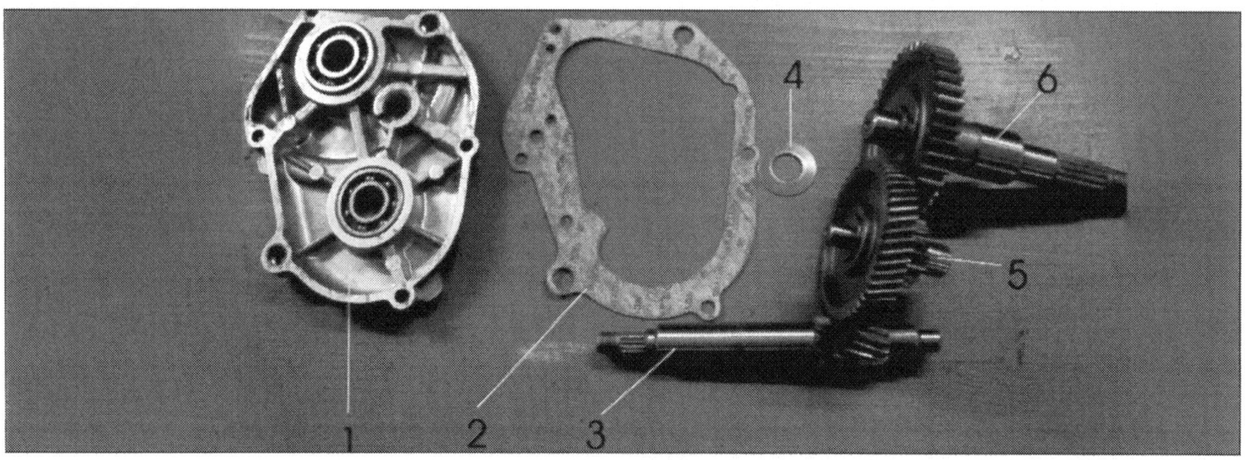

Standardaufbau ohne Rückwärtsgang: 1 Getriebedeckel, 2 Dichtung, 3 Getriebeeingangswelle, 4 konische Federscheibe, 5 Zwischenrad, 6 Getriebeausgangswelle.

■ Die Aufgabe des Achsgetriebes liegt in der Drehzahlreduzierung für den Radantrieb.
Wenn hier die Wartungsintervalle eingehalten wurden, sind eigentlich keine Schäden zu erwarten. Trotzdem kann es zu Verschleiß an Simmerringen, Lagern oder Zahnrädern kommen. Zumeist aber werden die Simmerringe gewechselt, wenn Getriebeöl in das Variomatikgehäuse läuft.

■ Der Variomatikdeckel und die Fliehkraftkupplung mit den Ausgleichscheiben müssen ausgebaut sein. Soll das komplette Getriebe zerlegt werden, müssen auch das Kettenritzel und die Kette ausgebaut werden. Wenn lediglich die Deckeldichtung und der Simmerring der Eingangswelle getauscht werden sollen, muss die Abtriebswelle nicht demontiert werden und somit kann das Hinterrad auch im Fahrzeug verbleiben.

■ Zunächst muss das Getriebeöl abgelassen werden.

■ Dann werden alle Gehäuseschrauben herausgedreht.

■ Danach kann der Getriebedeckel durch Hebeln an den beiden Laschen gelöst werden. Meistens klebt der Deckel leicht an der Dichtung an. Man muss darauf achten, den Deckel gerade nach oben zu ziehen.

■ Zusammen mit dem Deckel lässt sich die Antriebswelle herausziehen.

■ Das Zwischenrad und die Abtriebswellen lassen sich bei demontiertem Deckel aus dem Getriebegehäuse entnehmen.

■ Anschließend muss das Getriebe entsprechend gereinigt werden. Dichtungsreste auf den Gehäusen müssen entfernt werden. Es ist auf jeden Fall eine neue Dichtung einzusetzen.

Für die Montage werden die Arbeiten in umgekehrter Reihenfolge durchgeführt. Wichtig ist es, die Führungsbuchsen in den Getriebeblock einzusetzen und die Dichtung gut zu positionieren.

PRAXISTIPP

Montagetipp für Gehäusedichtungen

Sollte die Dichtung trotz Führungshülsen verrutschen, kann man mit etwas Fett auf der Dichtfläche die Dichtung für die Montage leicht fixieren.

Etwas aufwändiger wird's mit Rückwärtsgang.

Hinterachslager wechseln

Die Hinterachslager sind ein recht oft verkanntes Problem bei Quads. In vielen Fällen werden die Verschraubungen nachgezogen, um das Lagerspiel zu verringern. Die meisten Quads mit Starrachse hingegen sind mit Rillenkugellagern ausgerüstet. Diese Lager sind lediglich in der Lage, Kraft in Drehrichtung aufzunehmen. Für eine Seitenlast sind sie nicht ausgelegt. Die Aufbauten unterscheiden sich im Wesentlichen durch zwei Konstruktionsmerkmale. Die Achse mit Lagerhülse sowie Achsen, bei denen die Lagerhülse entfällt, da sie abgesetzt wurde und den Lagersitz auf der Achse gewährleistet. Die Lagerhülse, beziehungsweise der Absatz, ist so ausgelegt, dass das Lager spannungsfrei montiert ist. Stimmt der Versatz nicht und das Lager wird verspannt, wird es recht schnell wieder beschädigt werden. Grundsätzlich müssen also der Sitz der Lager und (sofern verbaut) auch der Zustand und die Länge der Lagerhülse überprüft werden.

■ Zuerst müssen die Sicherungsmuttern für die Hinterachse demontiert werden. Je nach Hersteller oder Ausführung befinden sie sich auf der Kettenrad- oder Bremsscheibenseite der Achse und sind bei einigen Modellen auch mit einer Kontermutter gesichert. In diesen Fällen muss zuerst die Kontermutter gelöst werden.

■ Als Nächstes wird nun die Kette entspannt und vom Kettenrad abgenommen. Die Kette sollte so auf der Schwinge abgelegt werden, dass sie die weiteren Arbeiten nicht behindert. Um Kratzer auf der Schwinge zu vermeiden, sollte man den Bereich, auf dem die Kette abgelegt wird, mit einem Lappen abdecken oder die Kette in den Lappen einwickeln. Auch die Kettenspannvorrichtung unterscheidet sich bei den meisten Fahrzeugen. Im Wesentlichen kann man sie in eine Exzenterspannvorrichtung und in die Lagerbock-Spannvorrichtung unterteilen. Bei der Exzenterspannvorrichtung muss der gesamte Exzenter verdreht werden, um die Kette zu entspannen.

1 Achse, 2 Achslagermuttern, 3 Lagerhülse, 4 Achslager.

■ Als Nächstes muss der Radkranz demontiert werden. Um Beschädigungen zu vermeiden, sollte der Radkranz von der Welle abgezogen werden. Er sollte auf keinen Fall mit einem Hammer heruntergeschlagen werden. Hierfür gibt es spezielle Abzieher, die durchaus auch selbst hergestellt werden können.

■ Nachdem nun der Radkranz entfernt und auch die Achsmuttern abgenommen wurde, muss lediglich die Bremsscheibe gelöst werden. Es muss darauf geachtet werden, dass sich die Bremsscheibe nicht beim Ausschlagen der Achse verklemmt. Sie kann sich sonst verziehen und muss somit erneuert werden.

Die Achse lässt sich in den meisten Fällen nur schwer bewegen. Sollte es erforderlich sein ein Schlagwerkzeug zu verwenden, muss unbedingt das Gewinde zur Befestigung des Radkranzes geschützt werden. Auch hier gibt es ein Spezialwerkzeug, das wiederum auch selbst hergestellt werden kann.
Ideen für diese Spezialwerkzeuge finden Sie am Ende des Kapitels. Die demontierte Achse sollte auf jeden Fall auf Höhenschlag hin untersucht werden. Bei Motocross-Quads ist ein Wellenschlag an der Außenseite von bis zu 1,5 mm durchaus noch vertretbar. Auch die Gewinde und mögliche Bruchstellen wie beispielsweise die Gewindeansätze oder auch alle Abstufungen der Dicken sollten genauer betrachtet werden.
In den meisten Fällen finden sich im Inneren des Achsträgers oder des Lagergehäuses Wasserrückstände und auch Korrosionsrückstände. Diese müssen gründlich entfernt werden. Nach ausreichender Trocknungszeit kann dieser Hohlraum auch mit Kettenspray behandelt werden, um einer neuen Korrosion etwas entgegenzuwirken. Dem Lagergehäuse eine komplette Fettfüllung zu verpassen macht allerdings keinen Sinn. Die Fettmasse wird nie durch die Lager gewälzt und wird dann eher zum Emulsionsspeicher für zukünftige Feuchtigkeit. Bei den meisten Achssystemen sind Simmerringe vor den Lagern verbaut. Diese sollten bei

jeder Montage erneuert werden. Zudem sollten trotz der vorhandenen Simmerringe geschlossene Lager verbaut werden. Am günstigsten sind die so genannten 2RS- oder RS2-Lager. Dieser Lagertyp dichtet sein Fettreservoir mit zwei Gummidichtungen ab.
Die Montage erfolgt sinngemäß in umgekehrter Reihenfolge. Wichtig ist hierbei, darauf zu achten, dass eventuell verbaute Lagerhülsen mit eingebaut werden und die Drehmomente für die Achsmutter unbedingt eingehalten werden. Der Auslöser für einen Achsbruch kann durchaus ein zu großes Anzugsdrehmoment der Achsmuttern sein. Einzelne Hersteller schreiben die Verwendung von Schraubensicherungen vor. Hierüber, und auch inwieweit die Erneuerung einiger Sicherungsringe erforderlich ist, gibt der jeweilige Hersteller Auskunft.

De- und Montage der Steckachswellen

Bei Fahrzeugen mit Einzelradaufhängung muss die Achse natürlich unterbrochen sein, um die unterschiedlichen Radbewegungen realisieren zu können. Die Abdichtung der Gleichlaufgelenke der Achswellen erfolgt über Achsmanschetten. Durch Steinschlag oder andere widrige Bedingungen auf der Straße und im Gelände kann eine solche Manschette beschädigt werden und Schmutz zu dem Gleichlaufgelenk vordringen. Natürlich kann ein Gelenk auch im normalen Betrieb ganz ohne Zwischenfälle verschleißen. In beiden Fällen bleiben nur die Demontage der Gelenkwelle, die gründliche Reinigung und Überprüfung auf mögliche Schäden oder Verschleißbilder.

Was ist vorzubereiten?
- Behälter mit Reinigungsbenzin
- Pinsel
- Drehmomentschlüssel
- Ratsche
- Austreiber
- Wagenheber oder Quadheber
- Hammer
- Teppichmesser

Welche Teile werden benötigt?
- Manschettensatz
- Sicherungsmutter
- Eventuell Staubkappe
- Manschettenschellen (Autozubehörmarkt!)

Wechsel der radseitigen Manschetten
Hier unterscheidet sich die Montage zum Pkw kaum. Am besten ist es, die gesamte Gelenkwelle auszubauen und auf der Werkbank zu zerlegen. Bei einigen Modellen bedeutet das aber immer eine erhebliche Mehrarbeit. Wir stellen hier mal einen vergleichsweise schnellen Universalweg für den Manschettenwechsel vor.

Gleichlaufgelenke in unterschiedlichen Varianten.

1 Gehäuseflansch, 2 Käfig, 3 Sicherungsring, 4 Lagerkugeln, 5 Innenläufer, 6 Sicherungsring Gehäuseflansch, 7 Achswelle, 8 Lagerflansch.

Das Gleichlaufgelenk muss immer gut im Fett stehen und vor allem sauber bleiben.

■ Demontieren Sie das Rad, an dem die Achswelle ausgebaut werden soll.

■ Lösen Sie die Zentralschraube und nehmen Sie diese ab.

■ Lösen Sie den Achsschenkel von den Querlenkern.

■ Klappen Sie den Achsschenkel etwas ab und ziehen Sie die Achswelle aus der Radnabe heraus.

■ Entfernen Sie die Schellen der Manschette.

■ Schneiden Sie die Manschette mit einem Teppichmesser ein.

■ Ziehen Sie die Manschette von der Achswelle ab.

Das äußere Topfgelenk kann auf zwei Arten gehalten sein. Die eine Variante arbeitet mit einem Sicherungsring, der nur bei angewinkeltem Topfgelenk erreichbar ist. Dieser muss dann mit einer Zange aufgedrückt und das Topfgelenk danach abgezogen werden. Die zweite Variante ist mit einem Rastring ausgerüstet. Dieser rastet auf der Achswelle ein. Auch hier wird das Topfgelenk abgeklappt und dann das Topfgelenk mit einigen beherzten Hammerschlägen in axialer Richtung auf den Innenläufer gelöst.
Der Unterschied zwischen beiden Systemen ist meist erst nach gründlicher Reinigung im Bereich des Übergangs zwischen Topfgelenk und Achswelle ersichtlich.

■ Klappen Sie das Achsgelenk etwas ab.

■ Halten Sie die Achswelle gut fest und schlagen Sie den Innenläufer in axialer Richtung ab.

■ Ziehen Sie das Topfgelenk von der Welle.

■ Markieren Sie die Lage der Kugeln und legen Sie diese so ab, dass sie nicht vertauscht werden können.

■ Reinigen Sie die Bauteile gründlich und untersuchen Sie gerade die Laufflächen auf Rattermale oder andere Beschädigungen. Bei einem Schaden bleibt nur der Austausch des kompletten Gelenks.

Wechsel der Getriebeseitigen Manschette
Beim Quad sind die Gleichlaufgelenke im Vergleich zum Pkw noch sehr primitiv aufgebaut. Mangelnde Oberflächenhärtung und auch sehr schlechte Passungen verursachen leicht Klapper- oder Knackgeräusche. Nur wenige Hersteller greifen auf die Großserien-Erfahrung der Autohersteller zurück.

■ Demontieren Sie das Rad, an dem die Achswelle ausgebaut werden soll.

■ Lösen Sie die Zentralschraube und nehmen Sie diese ab.

■ Lösen Sie die Manschette und ziehen Sie diese zurück.

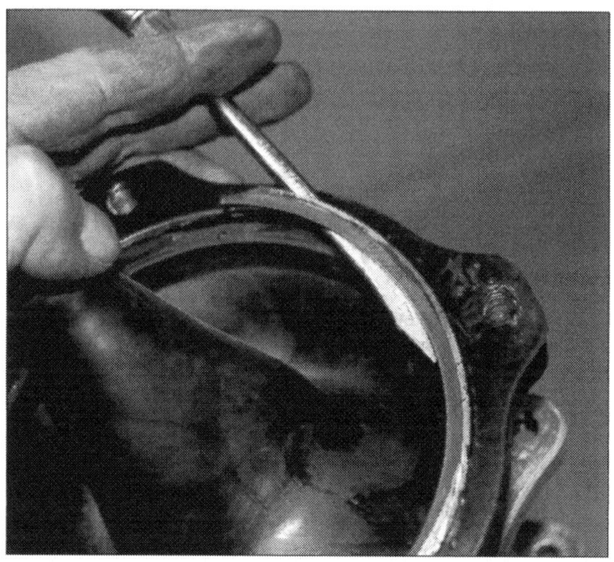

Achsseitig/Getriebeseitig sind die Manschetten oft mit einem Sprengring gesichert.

■ Entfernen Sie den Sicherungsring.

■ Lösen Sie den Achsschenkel von den Querlenkern.

■ Klappen Sie den Achsschenkel etwas ab und ziehen Sie die Achswelle heraus.

■ Nehmen Sie den Sicherungsring ab und ziehen Sie das Gelenk ab.

■ Markieren Sie die Lage der Kugeln und legen Sie diese so ab, dass sie nicht vertauscht werden können.

■ Reinigen Sie die Bauteile gründlich und untersuchen Sie gerade die Laufflächen auf Rattermale oder andere Beschädigungen. Bei einem Schaden bleibt nur der Austausch des kompletten Gelenks.

Gleithülsen wechseln

Gleithülsen finden sich bei vielen Herstellern an beweglichen Teilen mit geringer Drehzahl oder Bauteilen, die nur eine Teilkreisbewegung durchführen. Ein typischer Einbauort ist die Schwinge eines Quads. Auch wenn es recht leicht aussieht, sollte man darauf verzichten, die alte Hülse mit einem Hammer auszutreiben. Die neue Lagerhülse sollte auf gar keinen Fall mit dem Hammer eingeschlagen werden. Es besteht die Gefahr, dass die Lagerbuchse gestaucht wird.

■ Am einfachsten lassen sich diese Lager mit einem Abzieher montieren oder demontieren. Der Abzieher lässt sich leicht auch selbst herstellen. Es wird dafür nur eine Montagehülse benötigt die ca. 2/10 mm kleiner ist, als beispielsweise das Lagerrohr der Schwinge. Für die Demontage muss auch eine Hülse zur Verfügung stehen, in die die Hülse hineingezogen werden kann, ohne dass sie festklemmt. Die Hülse darf durchaus 1 mm größer im Innendurchmesser ausfallen als die Lagerhülse selber. Zum Auspressen wird eine Bundhülse verwendet. Nun werden lediglich eine Schraube und eine Mutter verwendet. Wird nun die Schraube angezogen, wird das Lager recht leicht in die größere Hülse geschoben.

■ Für die Montage sollte der Lagersitz in der Schwinge frei von Korrosionsspuren oder Beschädigungen sein.

■ Zuerst wird der Lagersitz etwas eingefettet.

■ Nun wird das Lager gerade angesetzt.

■ Pressen Sie das Lager nun mit Hilfe der Schraube wieder ein. Achten Sie darauf, dass das Lager gerade eingezogen wird.

Der Gleitlagerabzieher lässt sich auch selbst herstellen.

Radlager vorne wechseln

Der Wechsel von Radlagern ist für einen geübten Schrauber kein besonderes Problem. Im Wesentlichen bestehen sie aus zwei Rillenkugellagern und einer Distanzhülse dazwischen. In den meisten Fällen ist die Distanzhülse nicht verbaut. Die Lager werden mit Hilfe einer Mutter auf der Welle verschraubt und sind in der Regel nur in die Radnabe eingepresst. Bei einigen Herstellern wurden noch zusätzlich Wellendichtringe zur Abdichtung verbaut. Wie auch bei der Demontage der Hinterachse, sollten die verbauten Wellendichtringe immer gewechselt werden. Wenn die Lager erneuert werden, sollte auf so genannte 2RS-Lager zurückgegriffen werden. Diese Lager sind abgedichtet und auch für den schlammigen Einsatz gut geeignet.

Was ist vorzubereiten?
- Behälter mit Reinigungsbenzin
- Pinsel
- Drehmomentschlüssel
- Ratsche
- Austreiber
- Wagenheber oder Quadheber
- Hammer

Welche Teile werden benötigt?
- Radlagersatz
- Simmerringe
- Sicherungsmutter
- Staubkappe

■ Zuerst werden das Rad und der Bremssattel entfernt.

■ Nun kann die Achsmutter gelöst werden.

■ Die Radnabe kann nun von der Welle abgezogen werden. Lässt sich die Nabe nur schwer abziehen, sollte besser auf Gewalt verzichtet werden und die Nabe mit einem Abzieher von der Welle gedrückt werden.

■ Die Lager können nun recht einfach mit einem Durchschlag aus der Nabe herausgeschlagen werden. Wichtig ist dabei, das Lager gleichmäßig auszutreiben, um Schäden an der Nabe zu vermeiden.

1 Radlager, 2 Radnabe, 3 Welle.

Abwechselnd und gleichmäßig müssen die Lager sowohl ausgetrieben als auch eingesetzt werden.

Die Montage erfolgt sinngemäß in umgekehrter Reihenfolge. Achten Sie darauf, dass die Lager gerade eingezogen werden.

Kugelgelenkbolzen wechseln

Zuerst einmal ein Sicherheitshinweis: Auch wenn das Quad an sich nicht besonders schwer ist, kann es zu Verletzungen wie Quetschungen und Knochenbrüche kommen, wenn es »vom Bock« rutscht. Grundsätzlich sollte man gewährleisten, dass das Quad sich nicht verselbstständigen kann oder ungewollte Bewegungen ausführt.

Was ist vorzubereiten?
- Fahrzeug aufbocken und sicher abstellen
- Das entsprechende Rad abmontieren
- Verschraubungen einsprühen und einwirken lassen

Welche Teile werden benötigt?
- Rostlöser oder Kriechöl
- Unterstellböcke oder Hebebühne
- Drahtbürste

Kugelgelenkbolzen sind in der Regel in Kunststoff gelagert. Schon aus diesem Grund wird deutlich, warum diese auf keinen Fall erwärmt werden dürfen. Das gilt natürlich auch für das Lösen von Gewinden. Der Brenner hat an Fahrwerksteilen nichts zu suchen. Zudem können durch Erwärmung Materialeigenschaften verändert werden. Die Auswirkungen daraus sind nicht abzuschätzen.

Der Gelenkbolzenabdrücker ist nicht ganz billig, aber die Arbeit verläuft materialschonend und schnell.

Wechsel des Spurstangenkopfes

■ Zuerst wird die Befestigungsmutter entfernt. Sollten hier bereits am Gewinde erhebliche Korrosionsspuren festzustellen sein, muss das Gewinde mit Rostlöser eingesprüht und nach kurzer Einwirkzeit mit der Drahtbürste gereinigt werden.

■ Mit dem Kugelbolzenabdrücker wird der Kugelbolzen dann aus seinem konischen Sitz gedrückt.
Von Schlägen mit dem Hammer sollte man aus Rücksicht auf Bauteile und Gewinde besser verzichten.

■ Wenn die Sicherungen der Spurstangen gelöst sind, kann der defekte Spurstangenkopf aus der Spurstange herausgedreht werden. Am besten zählt man die Umdrehungen, die der Kugelbolzen herausgedreht werden muss. So lässt sich das baugleiche Neuteil schon sehr genau positionieren. Grundsätzlich muss darauf geachtet werden, dass die Spurstangenköpfe so eingestellt werden, dass der Schwenkbereich in allen Fahrsituationen nicht überschritten wird. Ein so genanntes »Überdrücken« eines Gelenkbolzens kann den Gelenkbolzen aus der Lagerung in der Gelenkpfanne ziehen.

■ Grundsätzlich sollte im Anschluss eine Achsvermessung durchgeführt werden.
Werden Gelenkbolzen im Rahmen einer Unfallreparatur gewechselt werden, müssen im Rahmen der Achsvermessung auch die anliegenden Bauteile gründlich geprüft werden.

Ausgebaut und ohne Manschette.

Die Montage gestaltet sich meist etwas schwieriger. In der Regel werden selbstsichernde Muttern verbaut. Diese Muttern sind recht schwergängig aufgrund der Sicherung auf dem Gewinde. In der Regel lässt sich dann leichter die Kugel in der Pfanne verdrehen, als sich die Mutter auf das Gewinde weiterdrehen lässt. Mit Hilfe einer Rohrzange oder eines Montierhebels muss nun gerade so viel Druck auf den Bolzen ausgeübt werden, dass der Gelenkbolzen sich nicht mehr weiterdreht. Nun kann die Mutter angezogen werden.

Wechsel eines Trag- und Führungsgelenkes

Auch hier darf kein Bauteil erwärmt werden. Wie auch beim Spurstangenkopf sind die Lagerungen in der Regel aus Kunststoff hergestellt. Im Grundsatz gibt es zwei Bauweisen für dieses Gelenk. Die eine Variante wird wie der Spurstangenkopf auch über einen Konus im Achsschenkel oder im Querlenker fixiert. Hier kann auch mit dem Kugelbolzenabdrücker gearbeitet werden. Die zweite Variante hingegen wird geklemmt. Hier dient die Klemmschraube gleichzeitig als Abrutschsicherung. Eine Nut im Bolzen, in die sich die Schraube einsetzt, verhindert das Herausrutschen des Bolzens aus dem Achsschenkel.

Für die Demontage bedeutet das, dass die Schraube zuerst ausgebaut werden muss, um den Bolzen herausziehen zu können. Auch hier ist es sehr hilfreich, die Schraube, den Bolzen sowie die Aufnahme im Achsschenkel mit Rostlöser vorzubehandeln und einwirken zu lassen.

■ Bei festhängenden Bolzen kann der Spalt der Bolzenaufnahme im Achsschenkel etwas aufgeweitet werden. Diese Arbeit sollte allerdings mit Vorsicht durchgeführt werden. Die Aufweitung sollte auch kleiner ausfallen als 0,5 mm.

■ Für die Montage ist es ratsam, das Loch für den Bolzen sowie die Querbohrung für die Sicherungsschraube zu reinigen und leicht einzufetten. Sehr gut eignet sich hier ein Kettenfett als Korrosionsschutzmittel.

■ Der Bolzen muss nun so ausgerichtet werden, dass er beim Einführen nicht im Achsschenkel verkantet.
Der Bolzen rutscht in der Regel sehr leicht hinein, wenn mit kleinen Schlägen mit einem Kunststoff- oder Schonhammer nachgeholfen wird.

STÖRUNGSBEISTAND

Antrieb

Störung	Fragestellung	Was muss ich tun?
A **Variomatik schaltet nicht richtig**	**1** Beim Anfahren macht der Motor einen kräftigen Eindruck?	Abstimmung der Kupplungsfedern prüfen, Variomatikrollen prüfen.
	2 Nach dem Anfahren zieht das Quad gleichmäßig an, bis er die Höchstgeschwindigkeit erreicht hat?	Variomatikrollen prüfen, Ausgleichfeder der Ausgleichscheibe und die Führungen der Ausgleichscheiben prüfen.
	3 Sobald das Quad auf einem geraden Stück Drehzahl gewonnen hat, zieht er besser?	Variomatikrollen prüfen und das Gewicht der Rollen neu abstimmen.
	4 Das Quad schaltet sofort bei Lastwechselsituationen?	Leichtgängigkeit der Variomatik-Hülse prüfen.
	5 Hat der Antriebsriemen guten Grip?	Die Länge des Antriebsriemens und die anliegenden Riemenscheiben auf Beschädigung prüfen.

STÖRUNGSBEISTAND

Antrieb

Störung	Fragestellung	Was muss ich tun?
B **Kupplung trennt nicht richtig (Variomatikgetriebe).**	**1** Ist die Leerlaufdrehzahl in Ordnung (Kaltstart)?	Federn prüfen, eventuell Kupplung neu abstimmen.
	2 Ist die Leerlaufdrehzahl in Ordnung (Motor warm)?	Leerlaufdrehzahl prüfen, eventuell einstellen.
	3 Stimmt die Anfahrdrehzahl mit der Werksangabe überein?	Anfahrdrehzahl prüfen, eventuell Kupplung neu abstimmen.
	4 Sind die Federn der Anfahrkupplung in Ordnung?	Federn prüfen, eventuell Kupplung neu abstimmen.
	5 Sind die Kupplungsbacken der Anfahrkupplung in Ordnung?	Backen und Lagerung prüfen, eventuell Kupplung erneuern.
	In der Regel wird ein möglicher Fehler durch die Prüfschritte recht schnell erkannt. Bei wenigen Fahrzeugen ist die Vergaserabstimmung für den Kaltstart so erfolgt, dass die Leerlaufanhebung so groß wird, dass sie über der Einkuppeldrehzahl liegt. Im Einzelfall sind hier schon Quads selbsttätig »abgefahren«. Grundsätzlich muss gerade in der Warmlaufphase das Quad immer »im Auge« behalten werden.	
C **Kupplung trennt nicht richtig (Schaltgetriebe)**	**1** Ist das Lüftspiel am Hebel korrekt eingestellt?	Lüftspiel korrigieren.
	2 Ist der Kupplungszug in Ordnung?	Kupplungszug prüfen, gegebenenfalls erneuern.
	3 Ist der Ausrückhebel in Ordnung?	Ausrückhebel prüfen, gegebenenfalls erneuern.
	4 Ist das richtige Getriebeöl eingefüllt worden?	Getriebeöl überprüfen, gegebenenfalls wechseln.
	5 Ist der Druckstab in Ordnung?	Druckstab prüfen, gegebenenfalls erneuern.
	6 Ist die Einstellschraube in Ordnung?	Einstellschraube prüfen, gegebenenfalls erneuern.
	7 Sind die Kupplungsbeläge in Ordnung?	Kupplungsbeläge prüfen, gegebenenfalls erneuern.
	8 Sind die Stahllamellen in Ordnung?	Stahllamellen prüfen, gegebenenfalls erneuern.
	9 Ist der Kupplungskorb in Ordnung?	Kupplungskorb prüfen, gegebenenfalls erneuern.
	10 Ist der Kupplungskern in Ordnung?	Kupplungskern prüfen, gegebenenfalls erneuern.

Elektrische Anlage am Motor

Was ist vorzubereiten?
- Kabelbinder zum Festzurren loser abgezogener Leitungen
- Kreppband und Stift zur Beschriftung unklarer Verkabelungen am Fahrzeug

Welche Teile werden benötigt?
- Kabelbinder
- Kreppband
- Isolierband

Einige wichtige Bauteile der elektrischen Anlage sind am Motor verbaut. Grundsätzlich sollte man vor der Demontage des Motors jeden Winkel und jeden Anschluss kontrollieren. Ein abgerissenes Kabel verursacht in der Regel wesentlich mehr Arbeit als eine gute Vorbereitung für den Ausbau des Motors.

Generator
Die Verkabelung der elektrischen Anlage ist auch mit dem Motor verbunden. Je nach Ausführung der Generatoren wird eine bestimmte Anzahl von Kabeln aus dem Generator herausgeführt und mit meistens unterschiedlichen Steckern mit dem Hauptkabelbaum verbunden.

Starter
In der Regel werden die Anschlüsse für den Anlassermotor nicht im Hauptkabelbaum mit eingebunden, sondern als einzelnes Extra-Kabel angeschlossen. Es kommt vor, dass der Anlassermotor mit einem zusätzlichen Massenanschlusskabel versehen wurde. Hier muss bei der Montage darauf geachtet werden, dass keine Verwechslung mit dem Pluskabel passieren kann.

Temperaturfühler Kühlwasser
Normalerweise findet man am Zylinderkopf die Temperaturfühler für Kühlwasser. Die Anschlüsse sollte man gerade dann, wenn es sich um Flachstecker oder sehr feine einzelne Anschlüsse handelt, sehr vorsichtig abziehen. Ein abgebrochener Anschluss lässt sich nicht reparieren. Das betroffene Bauteil muss ersetzt werden.

Öldruckschalter oder Sensor
Auch Anschlüsse für den Öldruck bei Viertaktmotoren und der Kontrollschalter für die Leerlaufstellung des Getriebes müssen abgezogen werden.

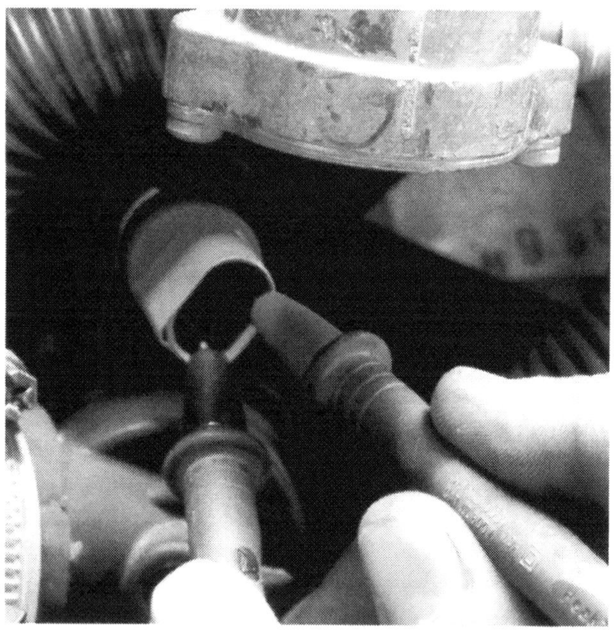

De- und Montage Generator

Was ist vorzubereiten?
– 5 mm-Inbusschlüssel
– 4 mm-Inbusschlüssel
– Schlitzschraubendreher 5 mm
– Abzieher
– 19 mm-Ringschlüssel
– Gegenhalter Generator
– 17 mm-Ratschennuss
– Ratsche

Welche Teile werden benötigt?
– Eventuell Unterlegscheibe für die Rotormutter

■ Zum Ausbau des Generators ist es erforderlich, meist die rechte Motorabdeckung zu entfernen. Bei luftgekühlten Motoren ist das die Gebläseabdeckung, bei wassergekühlten Motoren der Gehäusedeckel, auf dem die Wasserpumpe festgeschraubt ist.

■ Mit dem Generatorgegenhalter und der passenden Nuss wird die Mutter gelöst. Nachdem die Mutter entfernt wurde, kann der Abzieher in das Gewinde des Rotors eingeschraubt werden. Mit der 19 mm-Nuss wird nun die Schraube des Abziehers hineingedreht und damit der Rotor abgezogen.

■ Nun müssen die Stecker des Generators vom Kabelbaum abgezogen werden und die Kabeltülle aus dem Gehäuse gedrückt werden.

■ Die Statorplatte muss jetzt demontiert werden. Das Kabel kann nun durch die Gehäusebohrung gezogen und der Stator kann entnommen werden.

Die Montage kann in umgekehrter Reihenfolge durchgeführt werden.
Lediglich beim Aufsetzen des Rotors muss darauf geachtet werden, dass die Keilnut im Rotor auf dem Keil der Kurbelwelle sitzt und der Keil nicht aus der Nut heraus gedrückt wird.

PRAXISTIPP

Montagetipps Polrad

Den Keil Generator-Rotor/Kurbelwelle leicht schräg anstellen. Das erhöht die Trefferquote beim Aufschieben des Rotors. Durch kurzes schnelles Zucken in der Drehrichtung wir das Verschieben des Keils leicht vermieden.

Ob der Stator im Deckel oder am Motorblock befestigt ist, verändert den Aufbau wenig. Die Montage fällt aber deutlich leichter.

Prüfungen am Generator

Die Eigenschaften
Magnetspulengenerator mit Lade- und Auslösespule für eine Kondensator-Zündanlage.
Sie erzeugt den Strom zur Batterieladung, für die Lichtanlage sowie die Spannungsversorgung und die Auslösung der Zündung.

Typische Fehler
- Korrosion an den Kontakten
- Spulenbruch auf der Statorplatte
- Kabelbruch an der Statorplatte
- Durchgescheuerte Kabelverbindung

Die Spulen des Generators unterliegen recht starken und zudem noch stetig wechselnden Magnetfeldern. Natürlich entstehen hierdurch auch Schwingungen. Auch die Temperaturunterschiede können zwischen -15 °C und 90 °C schwanken. Feuchtigkeit und eventuell auch Salze schaffen sicherlich auch keine günstigen Betriebszustände.
Im Laufe eines »Quadlebens« kann so auch ein Draht einer Spule brechen oder der Übergangswiderstand durch Korrosion zu hoch werden. Gefährdet sind meist die Übergänge zur Masse und auch die Kabelabgänge. Die Auswirkungen sind oftmals zu geringe Ladespannung oder eine Ladespannung, die beim Einschalten der Beleuchtung zusammenbricht. Für die beiden Spulen der Zündung bedeutet es oft, dass der Motor »stottert« oder »Aussetzer« hat.

Generator und Einzelteile.

Prüfung der Batteriespannung, Ladespannung, Spannungshöchstwert

- Batterie freilegen.
- Messkabel ans Multimeter anschließen.
- Messbereich auf 20 V DC (Gleichspannung) einstellen.
- Rotes Messkabel an das Pluskabel halten.
- Schwarzes Messkabel an das Minuskabel halten.

Die Batteriespannung sollte zwischen 12,5 V und 13 V liegen, wenn die Batterie geladen ist.
Nun muss der Motor gestartet werden. Die Spannung darf nicht unter 9 V beim Starten fallen, da sonst die Elektronik des Zündsystems keine sinnvollen Funktionen mehr realisieren kann.
Am laufenden Motor muss die Spannung etwa 1-3 V höher ausfallen als die zuvor gemessene Batteriespannung. Sie sollte aber auch bei höherer Motordrehzahl 15 V nicht überschreiten. Die Batterie würde sonst »kochen« und schnell kaputt gehen. Nun schalten wir die Lichtanlage und eventuell übliche Verbraucher wie Griffheizung dazu. Auch hier muss die Ladespannung höher als die Grundspannung der Batterie ausfallen und die Höchstspannung darf nicht überschritten werden.
Bricht hier die Spannung zusammen, werden zuerst einmal die Zuleitungen zum Regler geprüft.

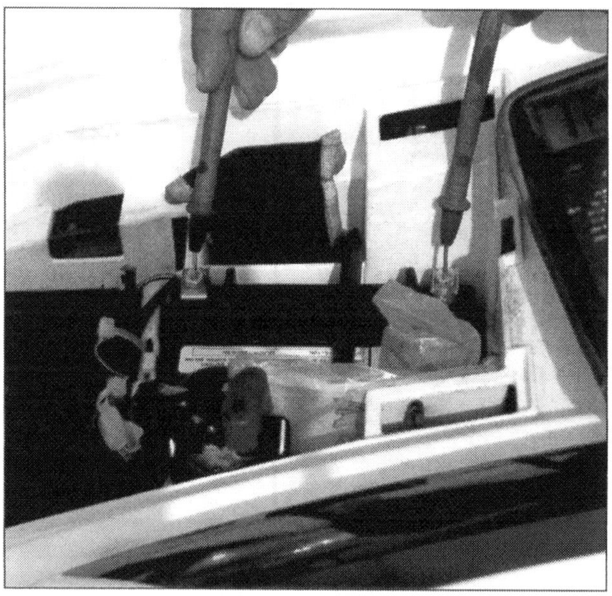

Grundspannung und Ladespannung an der Batterie.

Spannungsverlustmessung in der Plus- und in der Minusleitung

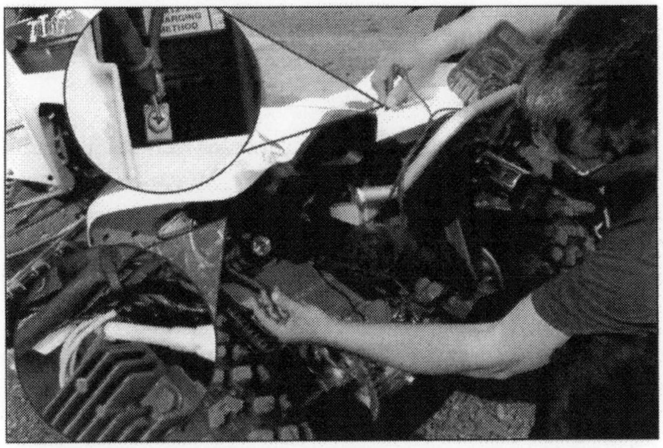

Spannungsverlustmessung: Messung Batterieplus auf Reglerplus.

Spannungsverlustmessung: Messung Batterieminus auf Reglergehäuse.

- Batterie freilegen.
- Regleranschlüsse zugänglich machen, aber nicht abziehen.
- Messkabel ans Multimeter anschließen.
- Messbereich auf 20 V DC (Gleichspannung) einstellen.
- Rotes Messkabel an das Pluskabel der Batterie halten.
- Schwarzes Messkabel an das Pluskabel des Reglers (meist ist es das rote) halten.

Spannungsverlustmessung Masseanschluss des Reglers, und natürlich auch des Motorblocks

Spannungsverlustmessung: Messung Batterieminus auf Reglerminus.

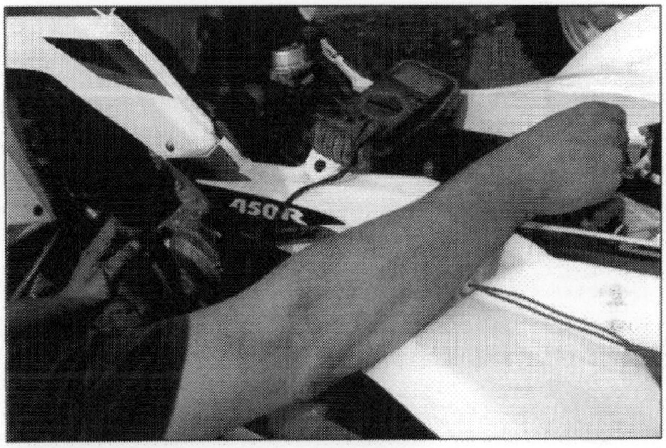

Spannungsverlustmessung: Messung Batterieminus auf Motorgehäuse.

- Batterie freilegen.
- Regleranschlüsse zugänglich machen, aber nicht abziehen.
- Messkabel ans Multimeter anschließen.
- Messbereich auf 20 V DC (Gleichspannung) einstellen
- Rotes Messkabel an das Minuskabel der Batterie halten.
- Schwarzes Messkabel an das Minuskabel des Reglers (meist ist es das grüne oder schwarze) halten.

Selbstverständlich sollte der Motor laufen und die gängigen Verbraucher wieder in Betrieb sein.

An keiner Stelle sollte der Spannungsverlust größer als 0,3 V ausfallen. Sonst stehen wie schon erwähnt Reinigungsarbeiten mit Schleifpapier an den Anschlüssen an.
Fällt auch diese Messung nicht negativ auf, fühlen wir dem Regler und dem Generator auf den Zahn:

Prüfungen am 2-Phasen-Generator

Spannungsmessung mit dem Multimeter
Das Messen der Generatorspannung macht eigentlich nur Sinn, um die Spannung der Lichtspule und die der Batterieladespule beurteilen zu können.

- Regleranschlüsse zugänglich machen, aber nicht abziehen.
- Messkabel ans Multimeter anschließen.
- Messbereich auf 200 V AC (Wechselspannung) einstellen (30 bis 160 V können je nach Generator anliegen!).
- Rotes Messkabel an ein Anschlusskabel des Generators am Regler halten.
- Schwarzes Messkabel an ein Anschlusskabel des Generators am Regler halten.

Die Spannungsabgabe ist stark von der Motordrehzahl abhängig und somit schwierig als Vergleichswert anzunehmen. Generell kann ein Anhaltswert von 65 V Wechselstrom angenommen werden, wenn der Motor 5000 1/min dreht und der Generator ohne Last, das heißt nicht angeschlossen, läuft. Schon diese Anforderung ist nur zu realisieren, wenn einzelne Stecker aus dem Kombistecker entfernt werden.

Aufgrund der hohen Spannungen und des Signalbildes im Bereich der Zündanlage, ist es nicht zu empfehlen die Spannungen mit einem Multimeter nachzumessen.

Widerstandsmessung an den Anschlüssen

Die Widerstandsmessung am Generator hat den großen Vorteil, dass sie statisch, also bei stehendem Motor, durchgeführt wird.

Für diese Messungen werden alle Anschlüsse des Generators abgezogen.

Funktion	Kabelfarbe	Kabelfarbe	Ohmscher Wert
Lichtspule	Gelb-Rot	Schwarz	0,3 Ohm
Ladespule	Weiß	Schwarz	0,3 Ohm
Ladespule CDI	Schwarz-Rot	Schwarz	540 Ohm
Pick-up-Spule	Weiß-Rot	Schwarz	110 Ohm

Alle Werte können um bis zu 20% vom Nennwert abweichen. Bei größeren Abweichungen muss der komplette Stator ersetzt werden.

PRAXISTIPP

Steckkontakte und Masseanschlüsse

Sehen Sie sich die Anschlüsse immer genau an. Auch die Korrosion der Motormasse kann Fehlerbilder verursachen, die eigentlich auf Bauteildefekte wie Spulen und Steuergeräte hinweisen.

Finden Sie Anschlüsse die Korrosionsspuren aufweisen, reicht es nicht aus mit Rostlöser oder Kontaktspray zu arbeiten. In der Regel steht hier eine manuelle Reinigung mit Schleifpapier und Schraubendreher vor dem konservierenden Sprühflascheneinsatz.

Prüfungen am 3-Phasen-Generator

Prüfung der Generatorspannung:

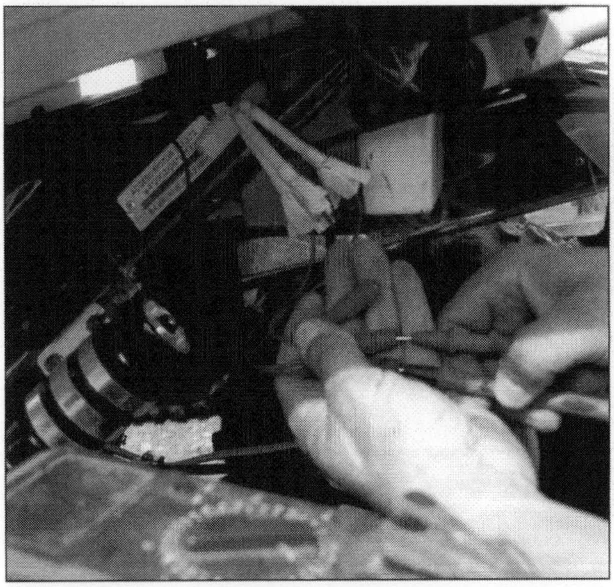

Messung Generatorwicklung gegen Generatorwicklung.

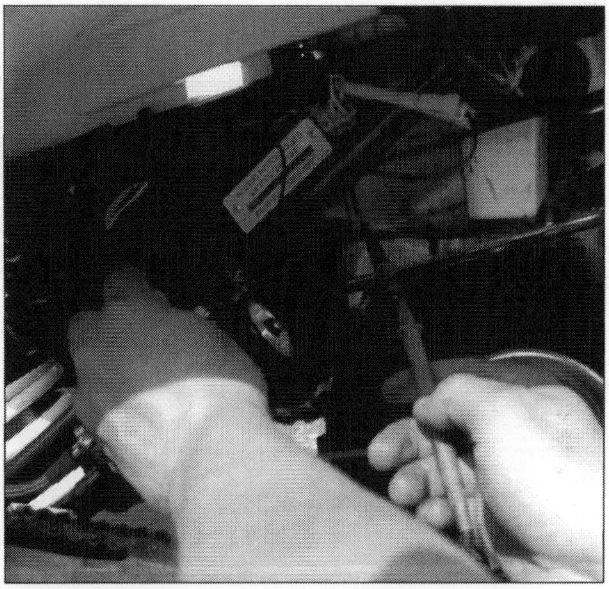

Messung Generatorwicklung gegen Masse.

- Regleranschlüsse zugänglich machen, aber nicht abziehen.
- Messkabel ans Multimeter anschließen.
- Messbereich auf 700 V AC (Wechselspannung) einstellen (30 bis 160 V können je nach Generator anliegen!).
- Rotes Messkabel an ein Anschlusskabel des Generators am Regler halten (meist ist es alles Gelbe).
- Schwarzes Messkabel an ein Anschlusskabel des Generators am Regler halten.

Die Messergebnisse sollten auch unter Last nicht mehr als 15% voneinander abweichen.

Prüfen Sie auch die Spannungen der einzelnen Generatoranschlüsse gegen Masse. Die Spannungen sollten nun alle etwa gleich groß und bei etwas erhöhter Drehzahl größer als 14 V ausfallen.Ist bis hierhin alles in Ordnung und die Ladespannung bricht immer noch unter Last zusammen, dürfte der Fehler in der Leistung des Generators oder des Reglers zu finden sein. Gerade bei den Zugmaschinen wird die normale Leistungsgrenze des Generators von etwa 120-180 W leicht erreicht.
Überschlägig lassen sich die Leistungsangaben der Verbraucher einfach zusammenzählen.
Wird die Leistung überschritten, bleibt nur der Umbau der Verbraucher oder der Kauf eines »stärkeren« Generators. Nehmen Sie auch die Batterie und Ihre Anschlüsse genauer unter die Lupe. Eine falsche oder defekte Batterie kann kuriose Fehler verursachen.

Funktion	Kabelfarbe	Kabelfarbe	Ohmscher Wert
Generatorspule 1	Gelb	Schwarz	0,3 Ohm
	Gelb	Schwarz	0,3 Ohm
	Gelb	Schwarz	0,3 Ohm
Pick-up-Spule	Weiß-Rot	Schwarz	110 Ohm

Ausbau des Anlasser

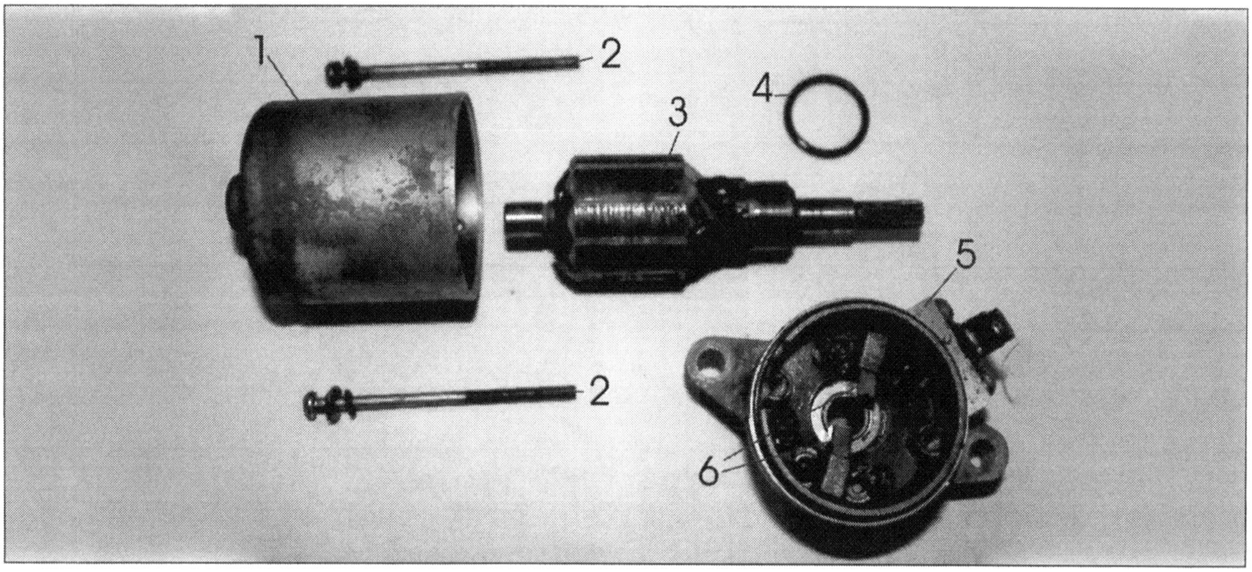

1 Gehäuse mit Festmagneten, 2 Schraube, 3 Anker, 4 Dichtring, 5 Schleiferträger, 6 Kohlen.

Was ist vorzubereiten?
- 5 mm-Inbusschlüssel
- Kreuzschlitzschraubendreher-Bit 2
- Kleiner Schraubendreher
- Fühlerlehre

Welche Teile werden benötigt?
- O-Ring
- Säurefreies Lagerfett
- Anlasserkohlen

Um den Anlasser ausbauen zu können, muss zuerst das Pluskabel abgezogen werden. Anschließend werden die beiden Befestigungsschrauben demontiert. Der Anlasser kann jetzt herausgezogen werden. Er kann durch den Dichtring und leichte Korrosion durchaus etwas festhängen. Vor der Montage sollten der Dichtring und der Flansch leicht eingefettet werden, um die Montage zu erleichtern.
Auch für den Anlasser sind in den meisten Fällen keine Einzelteile lieferbar.
Nichtsdestotrotz ist der Anlasser natürlich auch zerlegbar. Solange die Ankerwicklungen und der Kollektor in Ordnung sind, ist der Anlasser durchaus noch reparabel.

■ Zuerst werden die beiden Befestigungsschrauben herausgedreht. Nun kann das Gehäuse mit den Festmagneten abgezogen werden. Hierzu empfiehlt es sich, das Anlasserritzel festzuhalten. Zieht man nun den Anker aus dem Gehäuse, werden die beiden Schleifkohlen sichtbar. Wenn diese erneuert werden sollen, müssen sie in den meisten Fällen eingelötet werden.

■ Die Montage funktioniert mit Hilfe einer Fühlerlehre recht einfach. Die Kohleschleifer können so leicht in Position gehalten und der Anker kann wieder eingesetzt werden. Die Lagerstellen des Anlassers sollten mit säurefreiem Fett eingefettet werden. Fett auf den Schleifringen muss vermieden werden, da so ein Übergangswiderstand entstehen kann oder die Schleifringe verschmutzt werden.

Befestigung am Block: Der Ausbau ist meist sehr ähnlich.

Arbeiten am Anlasserfreilauf

Was ist vorzubereiten?
- Kreuzschlitzschraubendreher-Bit 2
- Kreuzschlitzschraubendreher-Bit 3
- Kleiner Schlitzschraubendreher
- Reinigungsmittel
- Lappen

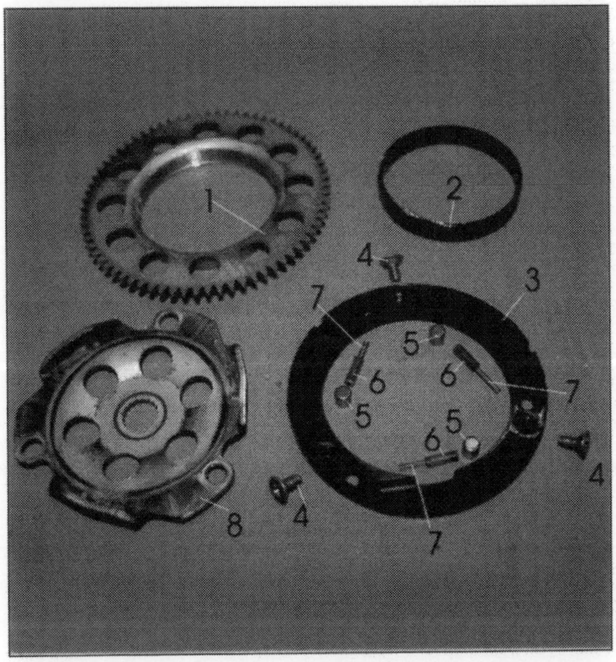

1 Starterkranz, 2 Lager, 3 Gehäuse Freilauf, 4 Schraube, 5 Sperrrolle, 6 Führungshülse, 7 Sechskantfeder, 8 Gehäusedeckel Freilauf.

Auch hier finden sich kaum Unterschiede zwischen den Motorbauarten und Herstellern beim Quad.

Um den Anlasserfreilauf demontieren zu können, ist es bei den Variomatikfahrzeugen oft erforderlich, den Variator abgenommen zu haben. Bei den heutigen Motoren findet man den Anlasserfreilauf oft auf der Generatorseite in Verschraubung mit dem Rotor der Anlage. Das Funktionsprinzip und der generelle Aufbau unterscheiden sich bei beiden Systemen nicht nennenswert.
Auch beim Quadmotor mit Schaltung treibt der Anlasserfreilauf meistens die Kurbelwelle über ein Freilaufrad an. Diese sitzt hinter einem Gehäusedeckel, der extra abgenommen werden kann.

■ Ist der Antrieb von außen nicht erkennbar, muss der entsprechende Gehäusedeckel entfernt werden. Man sollte die Dichtung für diesen Gehäusedeckel für die Montage grundsätzlich erneuern.
Bei vielen Fahrzeugen findet sich der Anlasserfreilauf unter dem Rotor der Zündanlage. Um den Freilauf kontrollieren zu können, muss der Generatorrotor abgezogen werden.

■ Zuerst die Lagerplatte des Anlasserumsetzerrades demontieren. Bei dieser Gelegenheit sollte das Lagerfett des Umsetzerrades erneuert werden.

■ Anschließend kann der komplette Anlasserfreilauf entnommen werden.

■ Nun kann das Zahnrad vom Freilaufrad abgenommen werden.

■ Als Nächstes werden die Andruckrollen und die Sechskantfedern sowie die Führungsstücke aus dem Anlasserfreilauf entnommen.

Die Montage erfolgt dann in der umgekehrten Reihenfolge. Für die Montage muss lediglich das Freilauflager gefettet werden. Die anderen Bauteile werden nur gründlich gereinigt.

Anlasser prüfen

Die Eigenschaften
Anlasser 12 V Gleichstrom

Typische Fehler
- Kohlen verschlissen
- Lager verschlissen
- Kollektor verschlissen
- Festmagnet gebrochen
- Wicklung durchgebrannt

Der Anlasser ist ein Gleichstrommotor mit Kollektor und Kohleschleifern. Die Kohleschleifer gehören zu den Verschleißteilen. Bei einigen Importeuren sind sie auch als Ersatzteil lieferbar. Sollte der Kollektor verschlissen sein, müsste der Anker ausgetauscht werden. In den meisten Fällen ist dieser aber nicht lieferbar. Der Anlasser muss dann als komplettes Teil ersetzt werden.

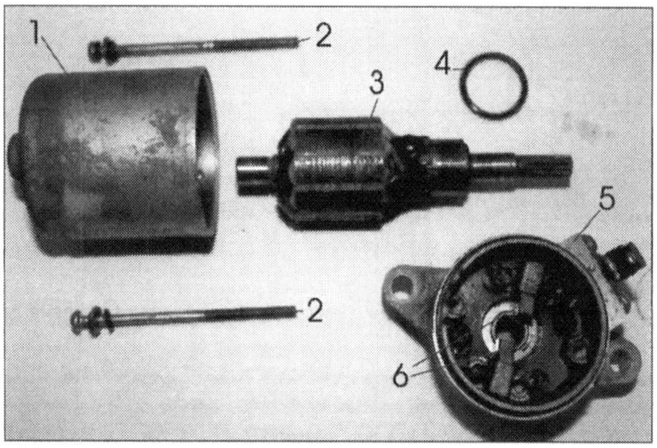

1 Magnetgehäuse, 2 Schrauben, 3 Anker, 4 Dichtring, 5 Träger, 6 Kohlen.

Geschaltet wird der Anlasser vom Anlasserrelais. Wird das Anschlusskabel direkt an die Batterie angeschlossen, läuft der Anlasser. Auf diese Weise kann ein ausgebauter Anlasser auch geprüft werden.

Spannungsmessung mit dem Multimeter
Man kann die Spannungsversorgung (+) prüfen. In der Regel sind die Kabelverbindungen zum Anlassermotor gesteckt. Liegt hier bei eingeschalteter Zündung, betätigter Handbremse und Starterkopf keine Spannung an, muss der Fehler im Bereich Starterrelais oder Startertaster gesucht werden.
Wichtig ist auch, die Spannung zwischen Batteriemasse und Anlassermasse zu messen. Ist bei dieser Fehlerspannungsmessung eine Spannung von mehreren Volt festzustellen, muss der Masseanschluss des Motors überprüft werden.

Sonstige Prüfungen
Erscheint die Anlasserdrehzahl ungewöhnlich niedrig und der Anlasser wird sehr heiß, dürfte ein Fehler im Bereich der Kohlen oder des Ankers selber zu finden sein. In den meisten Fällen kann man verbrannte Wicklungen des Ankers recht leicht erkennen. Bei diesem Schadensbild muss der Anlasser ersetzt werden. Eine Reparatur ist nicht wirtschaftlich.

Schnelltest am ausgebauten Starter.

Verschlissene Kohlen und verschlissene Kollektoren lassen sich gut am zerlegten Anlasser feststellen.

Startertaster prüfen

Die Eigenschaften
Der Startertaster schließt den Kontakt bei eingeschalteter Zündung, um das Anlasserrelais zu betätigen. Dieses schaltet dann den Anlasser.

Typische Fehler
- Korrosion der Schaltkontakte
- Verbrennen der Schaltkontakte
- Korrosion der Kabelverbindung
- Korrosion der Anschlussstecker

Der Startertaster kann zum einen durch Korrosion im Inneren beschädigt werden. Zum anderen besteht aber auch die Möglichkeit, dass er durch Verschleiß der Kontakte nicht mehr schalten kann. Es gibt eigentlich keine Möglichkeit, diesen in der Griffschaltereinheit verbauten Schalter zu reparieren. Im Falle einer Fehlfunktion ist er zu ersetzen.

Durchgangsprüfung am Schalter
Für die Durchgangsprüfung müssen die Stecker am rechten Lenkerschalter abgezogen werden. Das Multimeter wird nun an die Steckerpole angeschlossen. Bei betätigtem Startertaster sollte nun ein Durchgang festzustellen sein.
Sollte die Funktion abweichen oder ein Widerstand messbar sein, ist die entsprechende Schaltereinheit zu erneuern.

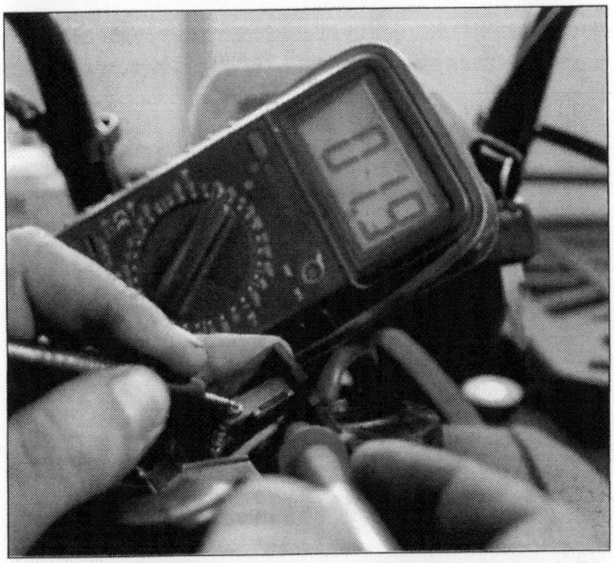

Die Spannungsverlustmessung ist immer besser! Die Durchgangsprüfung erbringt keine Ergebnisse unter Last!

Spannungsmessung an den Anschlüssen
Natürlich kann auch der Startertaster im eingebauten Zustand geprüft werden.
Hierzu wird das Multimeter wie in der Durchgangsprüfung angeschlossen, nur wird der Startertaster nicht abgeklemmt. Bei eingeschalteter Zündung und unbetätigtem Startertaster sollte eine Spannung von ca. 12 V abzulesen sein. Bei betätigtem Startertaster würde eine Spannung um 0 V den intakten Startertaster ausweisen. Liegt aber bei betätigtem Startertaster noch immer eine Spannung von mehreren Volt an den Kontakten des Startertasters an, so hat dieser einen Innenwiderstand und die Schaltereinheit muss erneuert werden.

PRAXISTIPP – Schaltermechanik Schmieren

Der regelmäßige Spritzer Kettenfett kann hier den Verschleiß mindern und das Eindringen von Wasser oftmals verhindern.

Starterrelais prüfen

Die Eigenschaften
Das Starterrelais soll den Strom für den Betrieb des Anlassers schalten und so den Startertaster entlasten.
12 V 40 A
12 V 50 A

Typische Fehler
- Korrosion an den Anschlusskabeln
- Ungenau abisolierte Kabelverbindungen
- Schaltkontakt verbrannt
- Relais defekt

Einbaulage
Die Einbaulage ist bei jedem Fahrzeug etwas anders. Im Grundsatz aber finden Sie das Relais zwischen Batterie und Anlasser verbaut. Im Regelfall sind an ihm recht dicke Kabel angeschlossen, die zum einen zur Batterie und zum anderen zum Anlasser gehen.
Das Starterrelais besteht aus einer Spule und einem Schalter. Wenn die Spule mit Spannung beaufschlagt wird, baut sich ein Magnetfeld auf und der Schalter wird betätigt. Da die Spule keine große Leistung hat, können so Ströme bis zu 50 A geschaltet werden, ohne

dass der Startertaster dafür ausgelegt werden muss. Die Spannungsversorgung von der Batterie zum Starterrelais und auch weiter zum Anlasser ist nicht abgesichert. Ein Kurzschluss in diesem Bereich kann im ungünstigsten Fall die Batterie zur Explosion bringen. Die Anschlüsse an Batterie und Starterrelais müssen also entsprechend umsichtig behandelt werden.
Das Starterrelais ist eines der Bauteile, bei denen die erste Prüfung schon erfolgen kann, ohne dass irgendetwas demontiert werden muss. Schaltet man die Zündung ein und betätigt eine der beiden Bremsen, muss das Relais zumindest deutlich klacken. Wenn das nicht der Fall ist, müssen nachfolgende Schritte durchgeführt werden. Bei einigen Fahrzeugen gibt es diese Sicherheitsschaltung nicht. Hier kann das Starterrelais auch ohne Bremsbetätigung angesteuert werden.

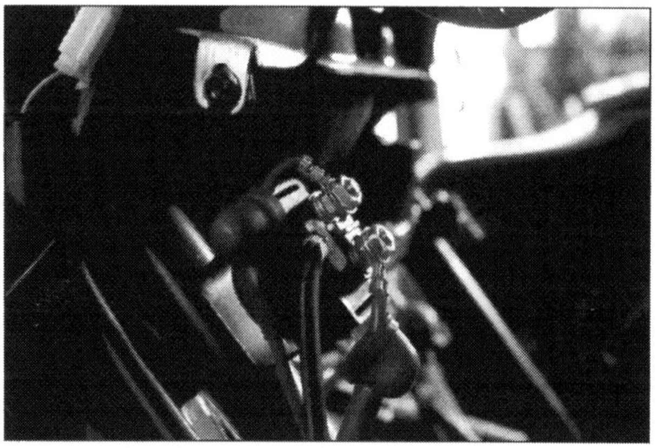

Ein typischer Vertreter seiner Bauart: Relais in Tonnenform mit Gummilagerung.

Messungen der Steuerspannung

Das Relais sollte dauernd mit Masse beaufschlagt sein. Den roten Pin des Messgerätes an Batterie-Plus anschließen und beide Seiten des Steckers zum Anlasserrelais mit der schwarzen Spitze antasten. Das Messergebnis bei unbetätigtem Starter sollte 12 V betragen. In den meisten Fällen ist die Kabelfarbe für den Masseanschluss schwarz isoliert. Sollten die Messungen ein anderes Ergebnis zeigen, so besteht keine oder zumindest keine gute Masseverbindung zu dem Relais.
Legt man nun den schwarzen Anschluss des Multimeters auf Masse und misst nun die Spannung am anderen Pol des Starterrelais, muss das Multimeter bei betätigter Bremse und Startertaster 12 V anzeigen. Ist das nicht der Fall, muss der Fehler beim Startertaster, dem Bremslichtschalter oder den Verbindungen dahin gesucht werden.

Durchgangsprüfung mit dem Multimeter

Eine Durchgangsprüfung eines ausgebauten Relais ist nur schwer zu handhaben. Um den Schaltausgang prüfen zu können, muss die Spule des Relais mit Spannung beaufschlagt werden. Hierzu ist es erforderlich, dass das Relais zumindest »klackt«. Bei einem ausgebauten Relais können die dünnen Steuerleitungen mit Spannung beaufschlagt werden. So wird auch erreicht, dass das Relais schaltet, und der Durchgang kann geprüft werden. Welcher Anschluss nun mit Plus und welcher mit Minus beaufschlagt wird, ist gleichgültig. Dieser Versuchsaufbau kann auch mit einem eingebauten Relais erfolgen. Es muss nur sichergestellt sein, dass der Stecker zur Ansteuerung abgezogen ist. Zudem sollten die Arbeitskontakte spannungsfrei sein. Es besteht sonst die Gefahr das Multimeter zu beschädigen.

Spannungsmessung an den Anschlüssen

Das Starterrelais ist in der Regel so angeschlossen, dass die beiden dünnen Leitungen die Steuerleitungen darstellen. Die dickeren Anschlusspole sind zum einen der Batterieplusanschluss und zum anderen die Zuleitung zum Anlassermotor. Misst man also die beiden dicken Pole der Batterie, muss das Multimeter im Ruhezustand 12 V anzeigen. Wird das Relais betätigt, muss das Messergebnis 0 V betragen. Ergibt sich ein anderer Messwert als 0 V, ist der Schaltkontakt des Relais verbrannt und das Relais muss ersetzt werden. Es kommt auch vor, dass der Relaisschaltkontakt nicht abschaltet. Hier ist dann der Kontakt verbrannt. Das Relais muss sofort getauscht werden. Läuft der Anlasser dauerhaft mit, kann er durchbrennen oder die Umsetzerbauteile des Anlassers zur Kurbelwelle werden beschädigt.

Korrosion an den Anschlusskabeln

PRAXISTIPP

Achten Sie bei jeder Inspektion oder jeder Gelegenheit mit Blick fürs Detail auf die Anschlüsse des Starters und auch die Masseanschlüsse.

Die Stromaufnahme kann durchaus je nach Motor und Anlasser zwischen 80 A und 200 A liegen.

Der Übergangswiderstand wird dann schnell zur Leistungsbremse!

Batterie

Die Eigenschaften
Batterie 12 V 4 Ah, beispielsweise
- YB 4LB (offene Variante mit Säure)
- YB 4LBS (wartungsfreie Variante)

  Beide sind als Energiespeicher ausgelegt und als Bleiakkumulatoren ausgeführt.

Typische Fehler
- Entladene Batterie
- Zellenschluss durch Ablagerung
- Zu geringer Flüssigkeitsstand
- Sulfatierung durch Alterung

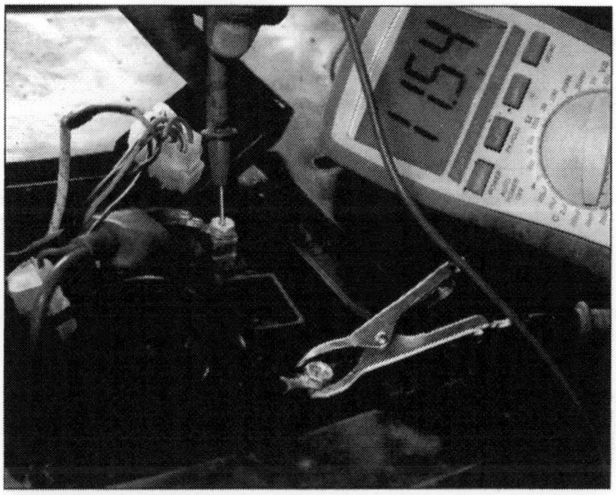

Einbaulage am Quad.

Bei Batterien können im Wesentlichen zwei Fehler auftreten. Der Säurestand ist sehr wichtig, da durch ihn die nutzbare Fläche der Platten bestimmt wird. Die Bleiplatten in der Batterie stehen nur so lange als Energiespeicher zur Verfügung, wie sie auch vollständigen Kontakt mit dem Elektrolyt haben. Sinken des Säurestands bedeutet zwar nicht den Verlust der Batteriespannung, aber die Leistung der Batterie nimmt deutlich ab.

Außerdem entladen sich sogar neue Batterien in der Regel innerhalb von wenigen Monaten bis unter die Hälfte der Nennkapazität. Gelegentlich sollte also die Batterie nachgeladen werden.

Ein weiterer Fehler tritt durch Sulfatierung der Bleiplatten auf. Die nutzbare Oberfläche wird so verkleinert. Die Kapazität der Batterie nimmt also schon durch Alter und Lagerung ab. Die Lebensdauer einer Batterie beträgt zwischen ein und vier Jahren je nach Ladezyklen, Standzeiten und Belastung.

Batterie prüfen

Spannungsmessung mit dem Multimeter

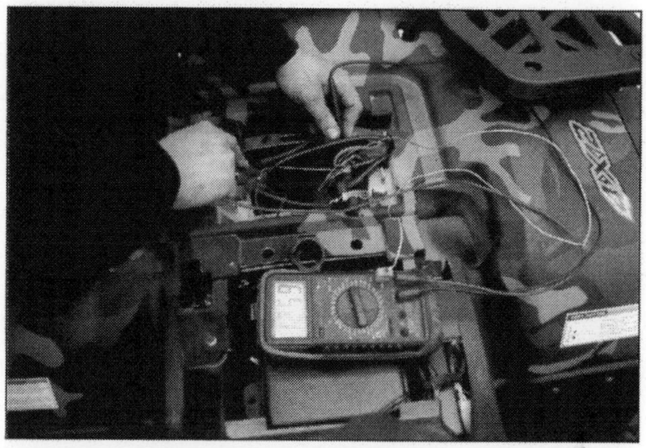

Spannungsmessung mit dem Multimeter.

Mit dem Multimeter kann festgestellt werden, wie groß die »Leerlaufspannung« (die Spannung ohne Last) der Batterie ist. Die Spannungsmessung unter Belastung (z. B. Betätigen des Anlassers) kann Rückschlüsse auf die Kapazität der Batterie zulassen. Im Ruhezustand sollte eine geladene Batterie eine Spannung zwischen 12,8 V und 3,6 V aufweisen. Unter Belastung darf diese Spannung nicht unter 9 V fallen.

Ladezustandsprüfung mit dem Säureheber
Diese Prüfung ist nur bei Batterien möglich, deren Zellen mit Verschlussstopfen verschlossen sind. Diese Stopfen werden mit einer Spitzzange entfernt und dann kann mit dem Säureheber Säure aus der Batteriezelle angesaugt werden. Es muss so viel Säure entnommen werden, dass der Messkolben im Inneren frei schwimmt. Anhand der Säureskala kann der Ladezustand abgelesen werden.

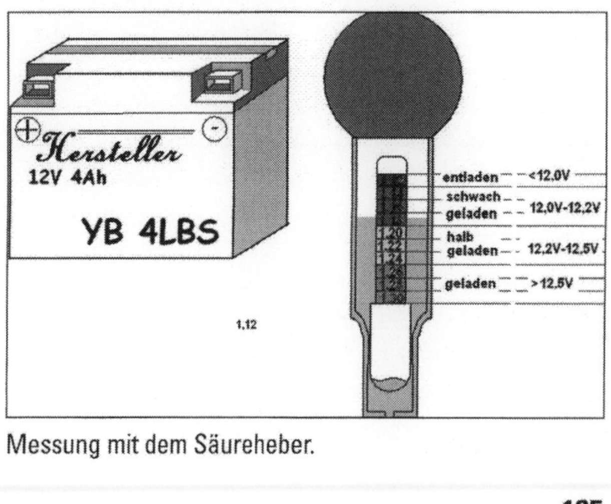

Messung mit dem Säureheber.

PRAXISTIPP

Lebensverlägerung für Batterien

Ein Dauerladegerät mit Überwachung und Lastsimulation kann die Lebensdauer einer Batterie, gerade bei Fahrzeugen, die wenig bewegt werden, erheblich steigern.

Achten Sie beim Kauf eines Ladegerätes darauf, ob die Funktion "Akkujoggen" im Programmablauf vorhanden ist. Sie zeichnet das Ladegerät als Dauerladegerät aus.

Batterie ausbauen, laden und kontrollieren

Selbst das Batterieladen birgt heute einige Gefahren und Risiken, denen man sich zumindest bewusst sein sollte. Einfach mal ein Ladegerät anschließen und dann abwarten, funktioniert nicht mehr wirklich. Das Ladegerät sollte heute in der Lage sein sich auf die Anforderungen, die durch die Batterie gestellt werden, einzustellen. Die Investition in ein Ladegerät mit Ladeerhaltefunktion und selbstverständlich Gel/Akku-Eignung, rechnet sich recht schnell. Die Ladeerhaltung kann aufgrund eines prozessorgesteuerten Ladestromverlaufes und auch definierter Spannungshöhen wenigstens zum Teil das Altern des Akkus deutlich verzögern.

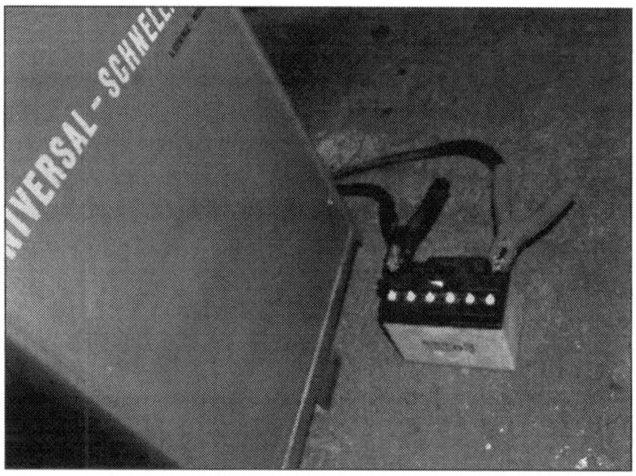

Batterie am Ladegerät: Mit einem Dauerlader immer startklar.

Demontage der Batterie

- Demontieren Sie die Batteriehalterungen und die notwendigen Verkleidungen.
- Lösen sie den Minuspol der Batterie.
- Lösen Sie den Pluspol der Batterie.
- Nehmen Sie die Batterie heraus.

Laden der Batterie

Blei-Akkus mit Entlüftung sollten grundsätzlich für den Ladevorgang ausgebaut werden. Es kann immer etwas Säure oder Säuredampf austreten, die leicht Lackschäden oder Korrosionsschäden verursachen können. Bei geschlossenen Akkus oder Gelbatterien ist das nicht erforderlich.

- Schließen Sie das Minuskabel an die Batterie an.
- Schließen Sie das Pluskabel an die Batterie an.
- Stellen Sie das Ladegerät (wenn erforderlich) auf den Batterietyp ein.
- Kontrollieren Sie die Batterietemperatur und den Ladevorgang nach einigen Stunden.

PRAXISTIPP

Ladungsüberwachung

Achten Sie darauf, dass das Ladegerät die Polarität der Batterie erkennt.

Ist die Batterie tief entladen, kann es helfen eine weitere Batterie parallel dazu anzuschließen, um die Ladung überhaupt zu ermöglichen.

Diese sollte dann nach einigen Stunden wieder abgeklemmt werden.

Sicherung

Die Eigenschaften
- Glassicherung 12 V 7 A
- Glassicherung 12 V 10 A
- Kunststoffstecksicherung 7,5 A
- Kunststoffstecksicherung 10 A

Typische Fehler
- Kurzschluss
- Alterung
- Vibrationsbruch

Die Sicherung ist eigentlich ein Draht, der bei einer ganz bestimmten Stromstärke durchbrennt. Je höher die Sicherung ausgelegt ist, umso dicker wird dieser Draht.
Die Sicherung soll den »Schwachpunkt« in der Stromversorgung darstellen, um die restliche Verkabelung vor großen Strömen bei Kurzschluss zu schützen.
Das Durchbrennen des Drahtes in der Sicherung wird durch zu hohe Ströme verursacht. Sie darf niemals durch eine stärkere Sicherung ersetzt werden, da sonst erhebliche Schäden an der elektrischen Anlage zu erwarten sind.

Durchgangsprüfung mit dem Multimeter
Die ausgebaute Sicherung kann mit dem Multimeter auf »Durchgang« geprüft werden. Hierzu wird mit dem Multimeter der Durchgang von Anschluss zu Anschluss geprüft. Die Messungen sollten einen Durchgang ergeben. Wenn sich herausstellt, dass die Messung keinen Durchgang ergibt, ist die Sicherung zu ersetzen.

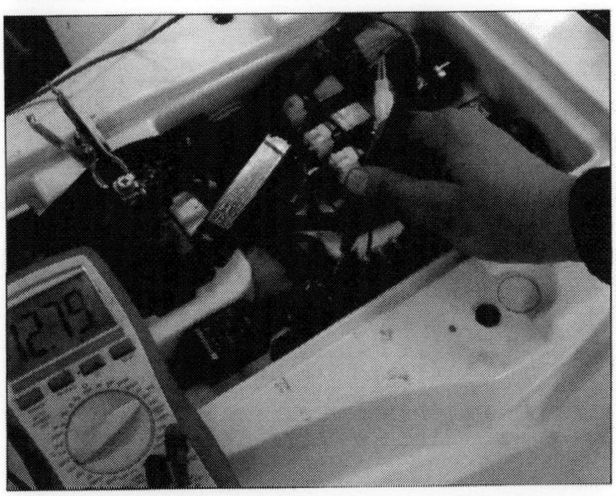

Schnell mal durchgemessen ... Sicherungen am Quad.

Spannungsmessung an den Anschlüssen
Hier ergeben sich zwei mögliche Vorgehensweisen. Bei eingebauter und angeschlossener Sicherung kann die Spannung zwischen den Anschlüssen gemessen werden. Ist die Sicherung intakt, ergibt sich bei eingeschalteter Zündung eine Spannung von 0 V. Bei defekter Sicherung ist hier eine Spannung von 12 V zu messen. Eine weitere Möglichkeit ist es, die Spannung an beiden Anschlüssen einzeln gegen Masse zu messen. Ist die Sicherung in Ordnung, muss am Sicherungseingang sowie am Sicherungsausgang eine Spannung von 12 V anliegen. Ergibt sich am Sicherungsausgang eine Spannung von 0 V, ist die Sicherung durchgebrannt und muss ersetzt werden.

PRAXISTIPP – Sicherung und Stromstärke

Verwenden Sie niemals stärkere Sicherungen, als dies durch den Hersteller angegeben worden ist. Fällt eine Sicherung allerdings häufiger aus, messen Sie die Stromaufnahme nach. Liegt diese knapp über dem Nennwert und handelt es sich um einen Stromkreis, in dem etwas umgebaut oder nachgerüstet worden ist, kann es sein, dass Sie eine stärkere Sicherung nachrüsten müssen. Berechnen Sie dann grundsätzlich, ob die Kabelstärke für die Stromaufnahme noch ausreichend ist.

Regler

Die Eigenschaften
Er wandelt die Wechselspannung aus dem Generator für den Ladestrom der Batterie in Gleichspannung um und begrenzt die Spannungshöhe auf ca. 12 bis 14,5 V.

Typische Fehler
- Übergangswiderstand in der Masseleitung
- Übergangswiderstand in einer Anschlussleitung
- Defekter Regler
- Defekter Gerätestecker

Der Generatorregler hat zwei Aufgaben. Zum einen wird der Ladestromkreis geregelt und gleichgerichtet, zum anderen der Lichtstromkreis geregelt, aber nicht gleichgerichtet. Neben eventuellen Fehlern im Herstellerwerk können auch Überlastung oder Kurzschluss den Regler zerstören. Wird das Quad beispielsweise ohne Batterie betrieben, können die Stromspitzen beim Ein-

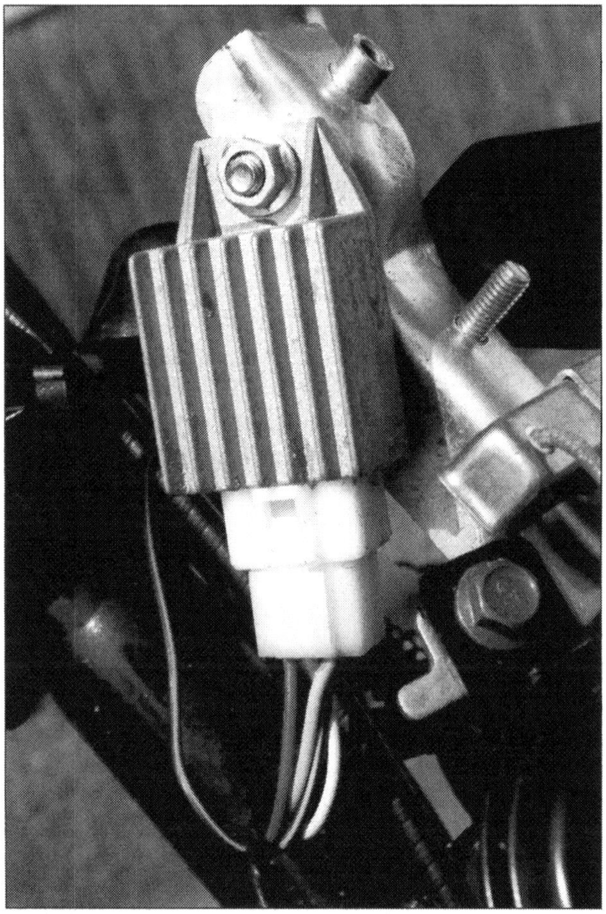

Erkennbar an den Kühlrippen ... Bauformen gibt es viele.

schalten einiger Verbraucher wie beispielsweise Hupe, Anlasser oder auch Blinkanlage bereits für die Zerstörung des Reglers verantwortlich sein. Eine defekte Batterie oder auch das Vertauschen der Anschlusspole hat oft die Zerstörung des Reglers zur Folge.

Prüfungen an und um den Regler

Um den Regler zu prüfen, werden die elektrischen Funktionen wie Gleichrichtung und Regelgrenzen nachvollzogen. Da der Regler zum einen die Gleichspannung regelt und zum anderen für die Lichtanlage die Wechselspannung begrenzt, müssen diese beiden Funktionen nachvollzogen werden.

Spannungsmessung an der Batterie
Betrachten wir zuerst die Ladespannung für die Batterie.
Die Anschlüsse des Multimeters werden an die Batteriepole angeschlossen. Die gemessene Spannung merkt man sich, um sie später mit anderen Ergebnissen vergleichen zu können. Die Spannung darf beim Starten 9 Volt nicht unterschreiten. Ist das der Fall, sollte die Batterie geprüft werden. Sobald der Quadmotor läuft, muss die Spannung über der eben gemessenen Spannung im Ruhezustand sein. Die Ladespannung darf allerdings nicht 14,5 V übersteigen, da sonst die Batterie »überladen« wird und mit starker Gasbildung »kocht«.
Die Spannung darf auch bei Enddrehzahl des Motors nicht überschritten werden.

Spannungsmessung an den Anschlüssen
Grundsätzlich finden sich am Regler immer vier Anschlüsse: Masse, Batterie »+«, Lichtausgang als Wechselspannung und der Generatoreingang. Dieser zentrale Punkt eignet sich recht gut, um einen Fehler im Ladesystem zu suchen. Zuerst wird an den Anschlüssen des Reglers auf folgende Messergebnisse geprüft. Der Motor sollte dazu laufen gelassen werden.

Messspitze schwarz	Messspitze rot	Einstellung Messbereich	Ergebnis
Masse	Pin 1 am Stecker	20 V Gleichspannung	13,2 V Gleichspannung
Masse	Pin 2 am Stecker	20 V Wechselspannung	13V Wechselspannung
Masse	Pin 3 am Stecker	20 V Wechselspannung	ca. 15 bis 20 V Wechselspannung
Pin 4 am Stecker	Pin 1 am Stecker	20 V Gleichspannung	13,2 V Gleichspannung

PRAXISTIPP

Anschlusspunkte für Masse am Rahmen

Reinigen Sie die Masseanschlusspunkte am Rahmen grundsätzlich gründlich und dichten Sie diese dann auch mit einem Spritzer Kettenfett ab. Übergangswiderstände bilden sich an diesen Punkten leicht und sorgen dann für Fehlfunktionen.

Der Lastwiderstand

Die Eigenschaften
Leistungswiderstand zur Lichtmaschinenbelastung im Leerlauf.
Um Spannungsspitzen beim Aus- und Einschalten des Lichtes zu vermeiden, wird ein Leistungswiderstand aufgeschaltet, wenn das Licht ausgeschaltet wird.

Typische Fehler
- Korrosion an den Anschlüssen
- Schlechte Masseverbindung
- Leistungswiderstand defekt

Der Lastwiderstand hat die Aufgabe, die Spannungsschwankungen und Spannungsspitzen im Bordnetz zu minimieren.
Ein defekter Lastwiderstand kann durchaus ein Grund für durchbrennende Birnen und Bauteile sein.

Prüfungen am Lastwiderstand

Spannungsmessung an den Anschlüssen
Bei laufendem Motor sollte an dem Anschluss des Lastwiderstandes eine Spannung zwischen 10 und 15 V anliegen. Diese Spannung ist abhängig von der Motordrehzahl und wird in ihrer Höhe vom Regler begrenzt. Sollten die Spannungen höher ausfallen, kann von einem Defekt am Lichtmaschinenregler ausgegangen werden.

Widerstandsmessung an den Anschlüssen
Für die Widerstandsmessung muss der Lastwiderstand abgeklemmt werden. Dann kann an den Anschlüssen der Widerstand gemessen werden. Wichtig hierbei ist, dass der Lastwiderstand kalt ist und das Quad mindesten 1 Stunde nicht betrieben wurde. Die Widerstandswerte sind in der Regel auf dem Lastwiderstand aufgedruckt oder eingeprägt.

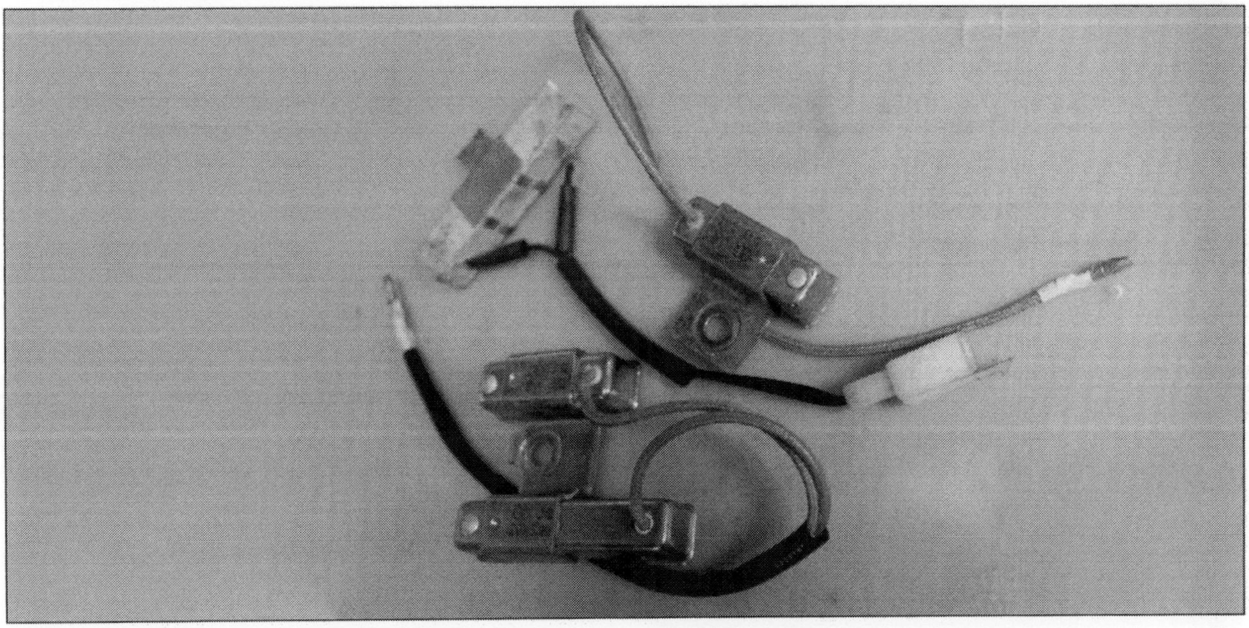

Rahmenheizung bei ausgeschaltetem Licht.

Teilweise werden auch Widerstände in die Wechselspannungsleitungen für die Lichtstromversorgung verbaut, um den Strom zu begrenzen. Vielfach wird zwar propagiert diese Widerstände zu entfernen, um die Spannung für die Beleuchtung und somit auch die Helligkeit der Lampen positiv zu beeinflussen, hinsichtlich der Lebensdauer der Lampen und Ihrer Funktionssicherheit wirkt sich dieser Eingriff aber eher negativ aus.

PRAXISTIPP

Kabel am Heißwiderstand

Achten Sie darauf, dass keine Kabel im Bereich des Heißwiderstandes liegen und auch keine mechanischen Fehler wie Ausbrüche an der Keramik feststellbar sind.

STÖRUNGSBEISTAND

Elektrische Anlage am Motor

	Störung	Fragestellung	Was muss ich tun?
A	**Batterie ist ständig leer**	**1** Ist die Batterie in Ordnung?	Batterie prüfen, gegebenenfalls aufladen und Entladung beobachten.
		2 Ist die Ladespannung in Ordnung?	Ladespannung prüfen.
		3 Ist die Ladespannung auch unter Belastung in Ordnung?	Licht und andere Verbraucher einschalten und Ladespannung messen.
		4 Ist die Verkabelung zum Regler und zur Batterie in Ordnung?	Verkabelung und Steckverbindungen unter Last prüfen.
		5 Ist der Stator in Ordnung?	Stator und Verkabelung prüfen.
		6 Ist der Wechselspannungsanteil der Ladespannung in Ordnung?	Ladespannung im Wechselspannungsbereich messen.
		7 Ist die Masseverbindung in Ordnung?	Fehlerspannungsmessung am Rahmen, Motor und Regler durchführen.
B	**Der Motor hat bei hohen Drehzahlen Aussetzer**	**1** Ist die Zündkerze in Ordnung?	Zündkerze prüfen.
		2 Stimmen Zündzeitpunkt und Frühverstellung?	Zündzeitpunkt prüfen, Frühverstellung ablesen.
		3 Ist die CDI in Ordnung?	CDI und Zündspule prüfen.
C	**Der Motor geht während der Fahrt aus**	**4** Ist der Luftfilter in Ordnung?	Luftfilter reinigen, gegebenenfalls ersetzen.
		5 Ist die Kraftstoffversorgung zum Vergaser in Ordnung?	Kraftstoffversorgung prüfen.
		6 Ist der Kompressionsdruck in Ordnung?	Kompressionsdruck prüfen; wenn zu niedrig, Gegenmaßnamen treffen.
D	**Schwacher Zündfunken**	**1** Ist die Zündkerze in Ordnung?	Zündkerze prüfen oder erneuern.
		2 Ist der Zündkerzenstecker in Ordnung?	Zündkerzenstecker erneuern.
		3 Ist die Zündspule in Ordnung?	Zündspule und die Verkabelung prüfen.

STÖRUNGSBEISTAND

Elektrische Anlage am Motor

Störung	Fragestellung	Was muss ich tun?
	4 Ist das Zündschloss in Ordnung?	Kabel (Klemme »Stopp«) am Zündschloss bis zum CDI-Steuergerät prüfen.
	5 Ist die Startdrehzahl ausreichend hoch?	Prüfen, ob der Zündfunke stärker wird, wenn der Kickstarter schneller getreten wird.
	6 Sind die Anschlusskabel zwischen CDI und Motor in Ordnung?	Verbindungskabel und Stecker prüfen, reinigen und wenn erforderlich instand setzen.
E **Die Zündkerze verschmutzt oft und schnell mit Ablagerungen**	**1** Ist die Starterdrehzahl hoch genug?	Batterie laden, Anlasser prüfen, schneller in den Kickstarter treten.
F **Kein Zündfunken vorhanden**	**2** Ist die Zündspule in Ordnung?	Zündspule prüfen, Einstellung des Schwimmers prüfen.
G **Zündfunken ist sehr schwach**	**3** Sind die Spulen auf dem Stator in Ordnung?	Stator prüfen, Abstand Pick-up zum Rotor prüfen.
	4 Ist die Zündkerze in Ordnung?	Zündkerze prüfen, Elektrodenabstand prüfen.
	5 Ist der Zündkerzenstecker in Ordnung?	Zündkerzenstecker prüfen.
	6 Sind die Steckverbindungen in Ordnung und fest versteckt?	Kabelverbindungen und ihren Sitz prüfen.
	7 Ist wieder ein Zündfunken feststellbar?	CDI-Steuergerät prüfen. gegebenenfalls ersetzen.
	8 Ist die Auspuffanlage in Ordnung?	Auspuffanlage und Zylinderauslass prüfen, gegebenenfalls reinigen oder erneuern.

Arbeiten an der elektrischen Anlage

Kleinigkeiten fallen immer an. In diesem Kapitel geht es um die Montagearbeiten, die an Ihrem Quad ab und an mal anfallen. Wenn Sie Bauteile untersuchen oder die Messtechnik kennen lernen wollen, legen wir Ihnen unsere Bauteilprüfungen sowie das Praxistraining nahe.

Scheinwerferbirnen wechseln

Neben den Nachrüstscheinwerfern mit E-Prüfung finden sich mittlerweile auch diverse Originallichteinheiten mit europäischer Zulassung. Bei einigen ist die Montage ähnlich wie bei einem Motorrad, bei anderen wiederum ist die Montage mit der an einem Auto vergleichbar. Wir zeigen Ihnen zwei typische Varianten, die Ihnen sicherlich auch an Ihrem Quad weiterhelfen können.

Scheinwerferanbau unter der Karosserie (Original).

- Ziehen Sie die Lampenabdichtung ab.
- Drücken Sie die Federklammer aus den Haltenasen heraus.
- Ziehen Sie den elektrischen Kontaktstecker ab.
- Klappen Sie den Federbügel nach oben.
- Nehmen Sie die Glühlampe heraus.

Die Montage erfolgt sinngemäß in umgekehrter Reihenfolge.

Scheinwerferanbau unter der Karosserie (Nachrüstung).

- Demontieren Sie den Abdeckring des Scheinwerfers.
- Nehmen Sie den Reflektor heraus.
- Ziehen Sie die Lampenabdichtung ab.
- Ziehen Sie den elektrischen Kontaktstecker ab.
- Klappen Sie den Federbügel nach oben.
- Nehmen Sie die Glühlampe heraus.

Scheinwerferanbau zentral in der Karosserie.

■ Demontieren Sie die Frontverkleidung um den Scheinwerfer.

■ Nehmen Sie die Verkleidung mit dem Scheinwerfer ab.

■ Ziehen Sie die Lampenabdichtung ab.

■ Ziehen Sie den elektrischen Kontaktstecker ab.

■ Klappen Sie den Federbügel nach oben.

■ Nehmen Sie die Glühlampe heraus.

Leuchtmittel nie anfassen!

PRAXISTIPP

Fassen Sie den Glassockel der Lampen nie mit bloßen Fingern an. Das verdampfende Fett auf dem Glaskolben kann den Scheinwerfer oder auch die Lampe erblinden lassen. Achten Sie darauf, dass die Isolierungen zu den Halogenlampen in Ordnung sind. Die Hitzeeinwirkung kann diese bei ungünstiger Einbaulage leicht verschmoren!

Lampen und Leuchten

Die Eigenschaften

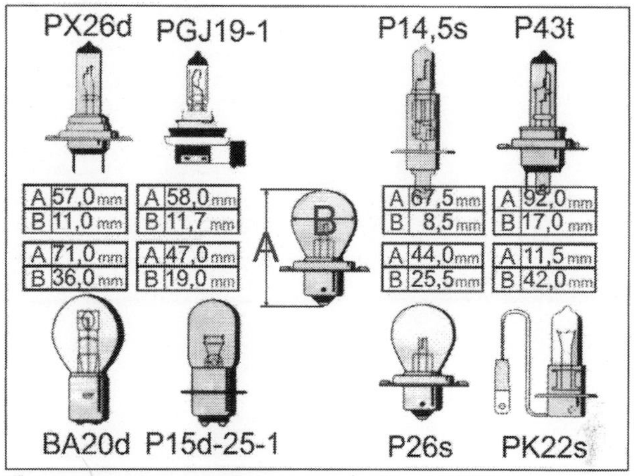

Übersicht der Leuchtmittel.

Typische Fehler
- Übergangswiderstand in der Fassung
- Steckkontakt ausgeweitet
- Birne defekt durch Vibrationen
- Birne defekt durch Überspannung
- Birne defekt durch Verschleiß

Auch eine Lampe kann verschleißen. Das Durchbrennen der Glühfäden in der Lampe wird durch zu hohe Spannungen und durch starkes Rütteln während des Betriebes begünstigt. Das Rütteln ist meist fahrbahnabhängig und kann nicht beeinflusst werden. Eine zu große Betriebsspannung kann auf Probleme mit dem Lichtmaschinenregler hinweisen.

Prüfung der Leuchtmittel

Durchgangsprüfung mit dem Multimeter

■ Die ausgebaute Glühbirne kann mit dem Multimeter auf »Durchgang« geprüft werden. Hierzu wird mit dem Multimeter der Durchgang vom
a) Fassungsgehäuse (1) zum Anschluss (2),
b) Fassungsgehäuse (1) zum Anschluss (3) geprüft.

■ Beide Messungen sollten einen Durchgang ergeben. Wenn sich herausstellt, dass eine der Messungen oder beide Messungen keinen Durchgang ergeben, ist die Birne zu ersetzen. Bei Varianten mit einem Glühfaden entfällt die zweite Messung entsprechend.

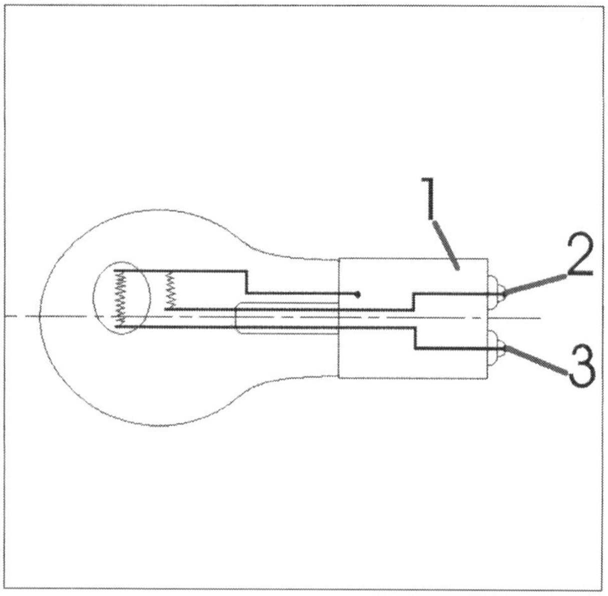

Anschlüsse an einer Zweifadenlampe.

PRAXISTIPP

Anschlüsse am Regler

Achten Sie immer auch saubere und sichere Anschlüsse am Generatorregler.

Oft reichen kurze Spannungsspitzen durch schlechte Kontakte schon aus, um der Lampe das Licht endgültig auszuknipsen!

Spannungsmessung der Hauptscheinwerferlampe an den Anschlüssen

Bei eingebauter und angeschlossener Glühlampe kann die Spannung zwischen den Anschlüssen gemessen werden. Natürlich muss der Betriebszustand für diese Lampe erreicht werden. Dementsprechend muss alles eingeschaltet oder betätigt werden, was für den normalen Betrieb notwendig ist.

Blinkleuchten wechseln

Die Blinkleuchten der Quads sind in der Regel nachgerüstet. Lediglich die Fahrzeuge mit serienmäßiger Straßenzulassung werden mit einer entsprechenden Lichtanlage ausgerüstet. Für den Rest und auch viele Serienfahrzeuge gilt: Erst mal nachsehen, was tatsächlich verbaut wurde. Gelb beschichtete Lampen, deren Beschichtung beschädigt ist, sodass sie weißes Licht abgeben, gelten als defekt und müssen übrigens getauscht werden.

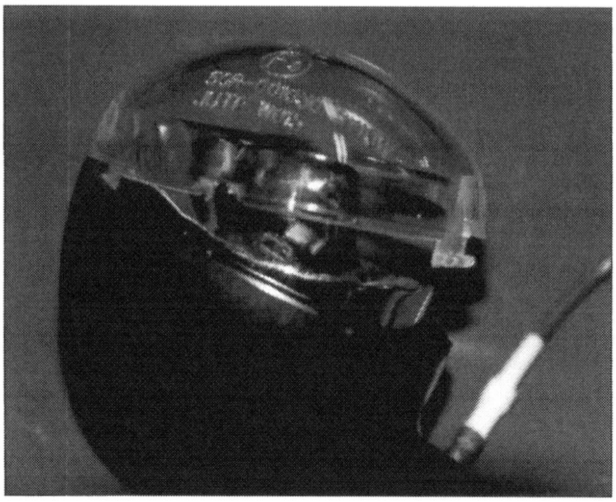

Vorsicht! Hier bricht leicht was ab! Geklammerte Blinkergläser.

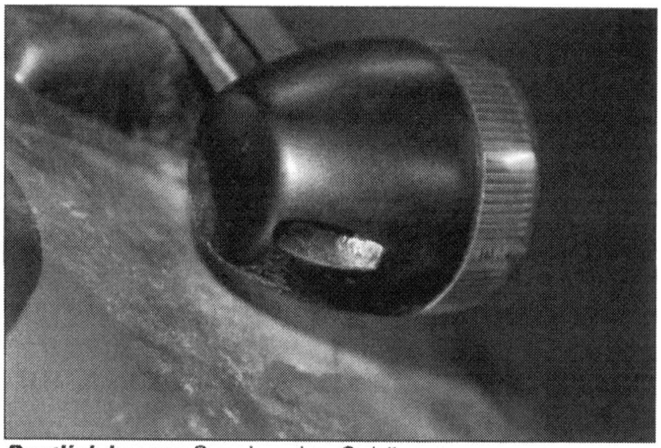

Deutlich besser: Geschraubte Gehäuse.

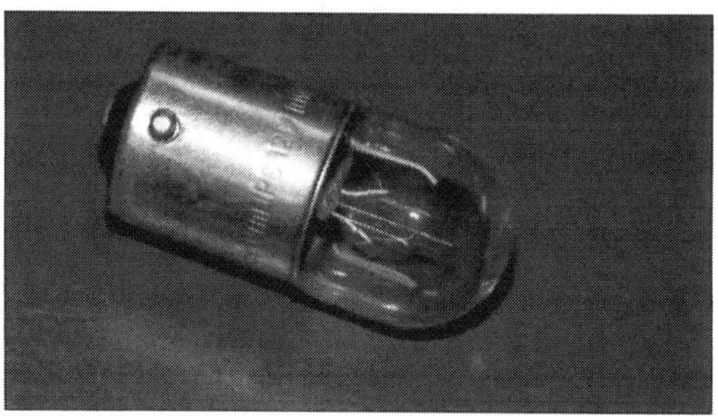

Leuchte 12V 10 W: Etwas drücken und nach links drehen.

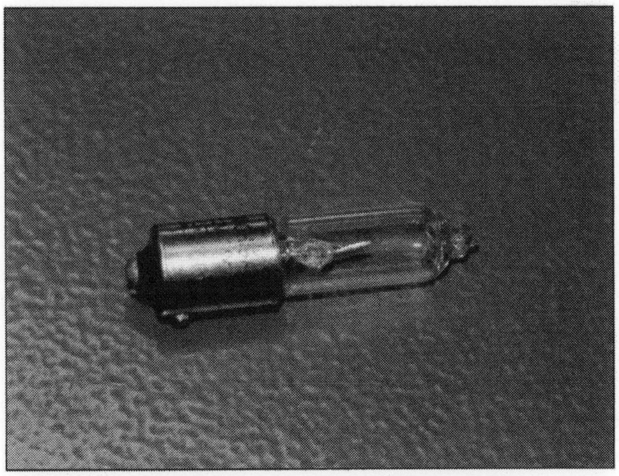

Achtung die Halogenleuchte hat versetzte Nasen!

Nachrüstleuchten von Hella sind nicht nur bei Anhängern Standard.

■ Demontieren Sie das Blinkerglas.

■ Heben Sie das Blinkerglas ab. Achten Sie auf Halterungsnasen. Diese können sehr leicht abbrechen!

■ Drehen Sie die Blinkerlampe etwas nach links und ziehen Sie sie heraus.

■ Kontrollieren Sie den Zustand der Anschlusskontakte und reinigen Sie diese, falls es erforderlich ist.

■ Drehen Sie die neue Lampe mit einem Taschentuch oder einem fettfreien Lappen wieder ein.

■ Kontrollieren Sie die Blinkleuchten, ob sie wieder funktionieren.

■ Montieren Sie das Blinkerglas wieder.

PRAXISTIPP

Reinigung und Einbau

Auch wenn es die Einbauvorschriften nicht hergeben: Fassen Sie den Glassockel der Lampen nie mit den Fingern an. Die Säure im Schweiß können auch die Beschichtungen angreifen.

Verschmutzungen im Blinkerglas lassen sich hervorragend in der Geschirrspülmaschine entfernen (solange die Ehefrau nichts davon mitbekommt).

Blinkerschalter

Blinkerschalter am Lenker.

Die Eigenschaften
Der Blinkerschalter ermöglicht den Wechsel zwischen Blinker links und Blinker rechts sowie die Abschaltung der Blinker in der Mittelstellung.

Typische Fehler
- Kontaktkorrosion am Schalter
- Verbrennen des Schaltkontaktes durch Kurzschluss
- Verschleiß der Mechanik
- Beschädigter Schalterhebel

Für den Blinkerschalter erwarten wir zwei mögliche Fehlerbilder. Zum einen kann man mit Kontaktkorrosion rechnen. Zum anderen kann aber auch Verschleiß zu Schäden an der Raste führen. In beiden Fälle wäre der Schalter defekt und müsste erneuert werden. In der Regel fallen aber nicht beide Seiten des Schalters aus. Eine typische Beschreibung zum Auftreten des Fehlers stellt ein gelegentlicher Aussetzer eines oder beider Blinkers dar.

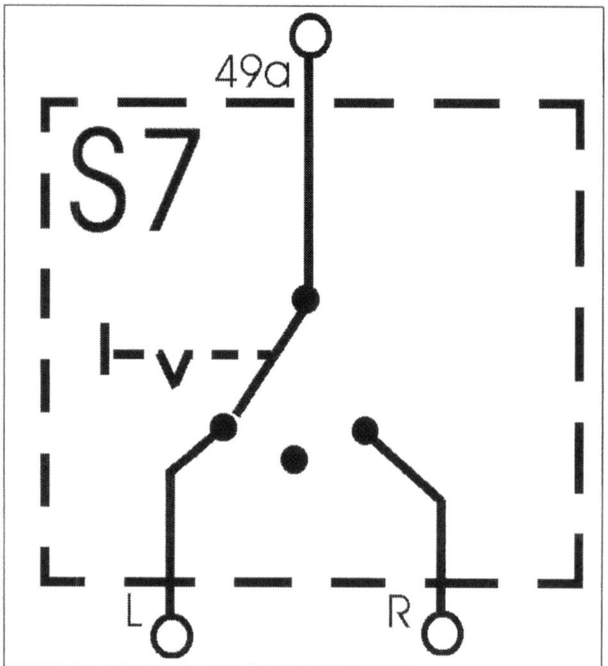

Schaltplan des Blinkerschalters.
49a = zum Ausgang vom Blinkrelais
L = Blinkleuchten links (vorne und hinten)
R = Blinkleuchten rechts (vorne und hinten)

Prüfung am Blinkerschalter

Durchgangsprüfung mit dem Multimeter

■ Für die Durchgangsprüfung muss der Stecker der Schaltereinheit grundsätzlich abgezogen werden.

■ Die Durchgangsprüfung im eingebauten Zustand ist nicht sinnvoll, da die Blinkerkontrollleute zwischen den Anschlüssen (L) und (R) verbaut ist. Auch die Blinkleuchten selber können zu Fehlmessungen beitragen.

Spannungsmessung an den Anschlüssen

Wenn eine ausgiebigere Fehlersuche im Bereich der Blinkanlage durchgeführt werden soll, können das Blinkrelais entfernt und der Stecksockel von der Klemme 49 auf die Klemme 49a überbrückt werden. Die Blinkerleuchten sollten auf jeden Fall angeschlossen bleiben; da auch bei einem möglichen Übergangswiderstand noch immer eine Spannung anliegt, die durchaus nur etwas geringer ausfällt als die Bordnetzspannung. Unter Last – also dann, wenn die entsprechenden Blinkleuchten angeschlossen sind – tritt ein Fehler sehr deutlich hervor.

PRAXISTIPP

Schalter pflegen und warten

Die Schaltereinheit ist Wind und Wetter ausgesetzt. Regelmäßige Pflege mit einem Sprühöl wie WD40 verhindert Kontaktkorrosion sehr deutlich.

Auch wenn die Funktion des Schalters unter gelegentlichen Aussetzern leidet, gilt: Erst sprühen und prüfen und dann erneuern.

Blinkersummer/ Blinkerpiepser

Die Eigenschaften

Der Blinkerpiepser gibt ein akustisches Signal (Piepsen) beim Blinken ab. Er soll Fußgänger und Radfahrer nochmal auf das abbiegende Fahrzeug hinweisen.

Typische Fehler

– Relais defekt
– Verkabelung defekt
– Anschlussunterbrechung

Blinkgeber mit eingebautem Piepser und Schallluke.

Das Ausfallen des Blinkerpiepsers wird in der Regel meistens nicht beklagt. Im Gegenteil. In vielen Fällen soll dieses »Geräusch« beim Setzen des Blinkers abgestellt werden. Verbaut werden zwei Varianten. Zum einen findet man Blinkpiepser, die fest in das Gehäuse des Blinkgebers eingebaut sind. Zum anderen gibt es Blinkgeber, die außerhalb des Blinkgebergehäuses zu finden sind.

L = Blinkleuchten links (vorne und hinten)
R = Blinkleuchten rechts (vorne und hinten)

Prüfungen des Blinkgebers am Fahrzeug

Bei der im Blinkgeber verbauten Version besteht eigentlich keine Prüfmöglichkeit, da die Anschlüsse nicht abgreifbar sind. Das Blinkrelais an der Klemme 49a mit Spannung zu beaufschlagen, ist nicht ratsam. Sollten also die Blinkleuchten alle funktionieren, der Blinkerpiepser jedoch nicht, muss für diese Variante das Relais komplett gewechselt werden.

Bei den extern verbauten Relais erfolgt der Anschluss an Klemme 49a des Blinkrelais und an Klemme 31 Masse.

■ Wird also das Blinkerrelais abgezogen und der Anschluss 49a mit Klemme 49 überbrückt, wird wahlweise die eine Blinkleuchtenseite dauernd leuchten und der Blinkerpiepser ein Dauergeräusch abgeben.

■ Bei einer weiteren Variante wird der Piepser, wie auch die Blinkerkontrollleuchte, durch die Spannung der eingeschalteten Blinkseite mit Spannung versorgt. Die Masse bekommt er dann durch die nicht angewählten Blinkleuchten.

Spannungsmessung an den Anschlüssen

■ Wenn eine ausgiebigere Fehlersuche im Bereich der Blinkanlage durchgeführt werden soll, kann das Blinkrelais entfernt und der Stecksockel von der Klemme 49 auf die Klemme 49a überbrückt werden.

■ So liegt auf der einen Seite des Blinkgebers eine Spannung von ca. 12 V an. Der andere Anschluss stellt die Masse dar.

PRAXISTIPP – Blinkrelais für LED Blinker

Wenn Sie Ihre Blinker umgebaut und mit LED-Technik ausgerüstet haben, muss auch zwangsweise ein Blinkrelais verbaut werden, das lastfrei arbeitet.

In der Regel passen die elektronischen Relais auf den Stecker des Originalrelais.

Blinkrelais

Die Eigenschaften

Das Blinkrelais taktet die zugeschalteten Blinkleuchten in einer Frequenz von 1,5 Hz ± 0,5 Hz (90 Impulse ± 30 Impulse pro Minute).

Pkw-Standardvariante.

Typische Fehler

- Korrosion im Schaltkontakt
- Übergangswiderstand in Masse oder Zuleitungsverkabelung
- Defektes Blinkrelais

In den meisten Fällen liegt der Fehler nicht am Blinkrelais selber, sondern an den Blinkleuchten. Die Blinkleuchten versorgen das Blinkrelais zumindest bei den zweipoligen Varianten mit Masse. Die Relais mit drei Anschlüssen haben den Masseanschluss extra ausgeführt. Ein Kurzschluss an den Zuleitungen oder im Blinker selber kann das Relais zerstören. Auch Wassereintritt sorgt für den Ausfall dieses Bauteils. In beiden Fällen ist das Relais zu erneuern. Wichtig ist allerdings, die angeschlossene Peripherie zu überprüfen, da sonst auch das neue Relais beschädigt oder zerstört werden kann. Ältere Varianten werden noch über einen Bimetallstreifen geschaltet und sind somit lastabhängig. Hier wird durch den Einbau einer Blinkleuchte mit einer größeren oder kleineren Leistung die Blinkfrequenz verändert.

Überprüfung eines ausgebauten Blinkrelais

Funktionsprüfung im ausgebauten Zustand

Um ein ausgebautes Relais prüfen zu können, ist es erforderlich einen »Hilfsverbraucher« herzustellen. Hierzu werden lediglich ein Kabel an die Birnenfassung und ein weiteres an den Anschluss-Pol einer 12V 21W-Birne gelötet. Die Fassung wird anschließend mit Isolierband isoliert. Die Kabel sollte eine Länge von jeweils ca. 70 cm aufweisen, um auch an abgelegene Stellen des Quads zu gelangen. Die offenen Stellen am anderen Ende des Kabels werden abisoliert und verlötet, sodass man »Messspitzen« erhält.

■ Die Klemme 49 des Relais wird nun mit (+) 12 V belegt, die Klemme 49a mit dem einen Ende des Hilfsverbrauchers. Die andere Leitung des Hilfsverbrauchers wird an (-) angeschlossen.

■ Wenn das Relais in Ordnung ist, sollte die Birne nun blinken. Bei einigen Relais ist es erforderlich, eine zusätzliche Leitung als Masseleitung an das Relais anzuschließen.

Funktionsprüfung im eingebauten Zustand

■ Um einen möglichen Fehler an den Blinkleuchten und deren Verkabelung ausschließen zu können, empfiehlt es sich, mit Hilfe einer 12V 21W-Birne einen »Hilfsverbraucher« an die Klemme 49a anzuschließen.

■ Mit Einschalten der Zündung sollte nun die 21W-Birne blinken. Die Funktion der Kontrollleuchte sollte nicht beachtet werden. Sollte kein Blinksignal oder gar keine Funktion erkennbar sein, aber der andere Anschluss 12 V Bordnetzspannung aufweisen, ist das Blinkrelais zu ersetzen.

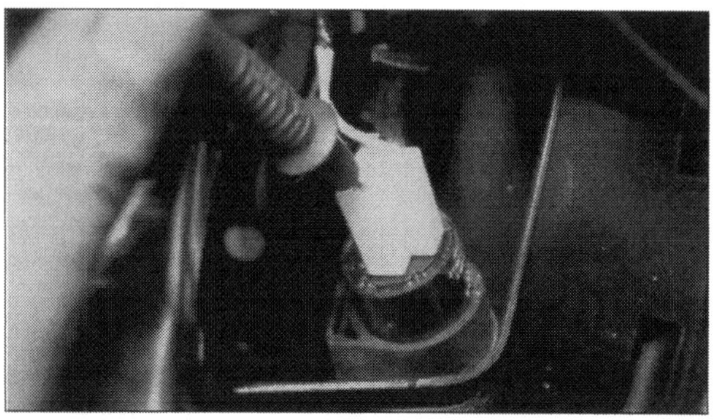

Ohne Schaltplan schwer möglich: Messen an den Anschlüssen.

Spannungsmessung an den Anschlüssen

■ Im eingebauten Zustand sollte man an den Klemmen 49 (+) und 49a (-) eine Spannung um 12 V bei eingeschalteter Zündung aber abgeschaltetem Relais messen können.

■ In diesem Fall ist die Verkabelung zum Relais in Ordnung. Zur Sicherheit sollte das Relais aber immer noch mit dem »Hilfsverbraucher« getestet werden.

PRAXISTIPP – Elektronische Blinkrelais

Beachten Sie, dass wenn Sie das elektronische Relais für die LED-Blinker verbaut haben, in der Regel kein Schaltgeräusch mehr zu hören ist.

Lichtschalter

Die Eigenschaften

Der Lichtschalter schaltet nicht nur das Licht des Quads ein und aus. Bei abgeschalteter Beleuchtung wird ein Lastwiderstand aufgeschaltet.
Bei den meisten Quads ist er als 3-stufiger Schalter ausgelegt. Bei einigen Fahrzeugen erfolgt die Standlichtschaltung über das Zündschloss.

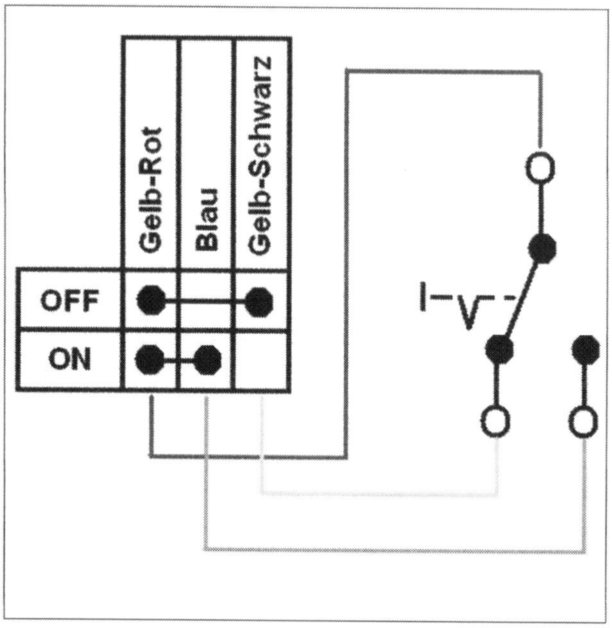

Prinzipschaltbild des Lichtschalters.

Typische Fehler
- Korrosion an den Anschlüssen
- Mechanischer Verschleiß
- Überlastung

Der Lichtschalter kann zum einen durch Korrosion im Inneren beschädigt werden. Zu anderen besteht aber auch die Möglichkeit, dass er durch Verschleiß der Kontakte nicht mehr schalten kann. Des Weiteren kann er durch Überlastung »ausglühen« und somit einen eigenen Widerstand entwickeln, der den Kontakt immer weiter verschlechtert. Ursächlich kann durchaus ein Kurzschluss sein. Der geschaltete Lichtstrom ist nicht abgesichert. Es handelt sich bei den meisten Ausführungen um einen Wechselschalter. In der Schalterstellung »aus« wird der Lastwiderstand mit Spannung beaufschlagt. Die Stellung »an« schaltet den Lastwiderstand ab und die Lampen der Beleuchtung ein. Bei diesen Lampen handelt es sich um den vorderen Scheinwerfer, das Rücklicht und die Tachobeleuchtung. Es gibt eigentlich keine Möglichkeit, diesen in die Griffschaltereinheit eingebauten Schalter zu reparieren. Im Falle einer Fehlfunktion ist er zu ersetzen. Bei einigen Modellen hat der Lichtschalter selber drei Stufen. Es handelt sich hierbei um einen kombinierten Schalter aus Wechselschalter und Serienschalter. Die Aufschaltung der Lastwiderstände ist bei beiden Schaltern gleich. In der ersten Stufe wird lediglich das Standlicht zugeschaltet.
Die folgenden Messungen beziehen sich auf die vorgestellten Schalter. Die Kabelfarben und Funktionen können von Schalter zu Schalter oder auch bei jedem Bautyp hinsichtlich der Belegung und Schaltung deutlich unterschiedlich sein.

Prüfungen am Lichtschalter

Durchgangsprüfung am Schalter

■ Für die Durchgangsprüfung müssen die Stecker am rechten Lenkerschalter abgezogen werden.

■ Das Multimeter wird nun an die Steckerpole angeschlossen.

■ Bei der Schalterstellung »OFF« sollte nun ein Durchgang von 0 Ohm vom Kabel »Gelb-Rot« zum Kabel »Gelb-Schwarz« ermessen werden. Bei der Schalterstellung »ON« wird diese Verbindung unterbrochen und ergibt nun einen unendlich hohen Widerstand.

■ In der Schalterstellung »ON« werden nun die Kabelfarben »Gelb-Rot« und »Blau« zusammengeschaltet und ergeben einen Widerstand von 0 Ohm. Nun hat die Verbindung zwischen »Gelb-Rot« und »Gelb-Schwarz« einen unendlich großen Widerstand.
Sollten die Messergebnisse von dieser Schilderung abweichen, muss der Schalter ersetzt werden.

Spannungsmessung an den Anschlüssen

■ Natürlich kann auch dieser Schalter im angeschlossenen Zustand geprüft werden. Der Motor des Quad muss laufen. Da im Leerlauf noch keine volle Bordnetzspannung anliegt, werden die Messergebnisse keine 12 V erreichen.

■ Der Messbereich des Multimeters muss auf Wechselspannung eingestellt werden.
Hierzu wird das Multimeter wie in der Durchgangsprüfung angeschlossen, nur wird der Lichtschalter nicht abgeklemmt.

Schalter	Farbe	Farbe	Ergebnis
»off«	Gelb -Rot	Gelb-Schwarz	0 V
»off«	Gelb -Rot	Blau	12 V
»off«	Blau	Gelb-Schwarz	12 V
»on«	Gelb -Rot	Gelb-Schwarz	12 V
»on«	Gelb -Rot	Blau	0 V
»on«	Blau	Gelb-Schwarz	12 V

Messungen am kombinierten Wechsel-Serienschalter

Durchgangsprüfung am Schalter

■ Für die Durchgangsprüfung müssen die Stecker am rechten Lenkerschalter abgezogen werden.

■ Das Multimeter wird nun an die Steckerpole angeschlossen.

■ Bei der Schalterstellung »OFF« sollte nun ein Durchgang von 0 Ohm vom Kabel »Gelb-Rot« zum Kabel »Gelb-Schwarz« erfolgen.

■ Bei der Schalterstellung »ON« wird diese Verbindung unterbrochen und ergibt nun einen unendlich hohen Widerstand. In der Schalterstellung »ON« werden nun die Kabelfarben »Gelb-Rot« und »Blau« zusammen geschaltet und ergeben einen Widerstand von 0 Ohm. Nun hat die Verbindung zwischen »Gelb-Rot« und »Gelb-Schwarz« einen unendlich großen Widerstand.
Sollten die Messergebnisse von dieser Schilderung abweichen, muss der Schalter ersetzt werden.

Spannungsmessung an den Anschlüssen

■ Auch hier kann dieser Schalter im angeschlossenen Zustand geprüft werden. Der Motor des Quads muss wiederum laufen. Da im Leerlauf keine volle Bordnetzspannung anliegt, werden die Messergebnisse keine 12 V erreichen.

■ Der Messbereich des Multimeters muss auf Wechselspannung eingestellt werden.
Hierzu wird das Multimeter wie in der Durchgangsprüfung angeschlossen, nur wird der Lichtschalter nicht abgeklemmt.

PRAXISTIPP

Korrosionsschutz am Bremslichtschalter

Der regelmäßige Spritzer Kettenfett kann hier den Verschleiß mindern und das Eindringen von Wasser oftmals verhindern.

In der Regel sind die Bremslichtschalter nicht zerlegbar. Korrosion entsteht durch eindringendes Wasser.

Bremslichtschalter

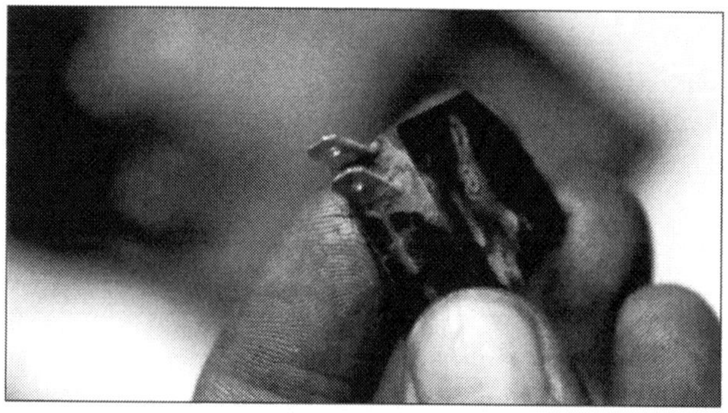

Bremslichtschalter mit Kontaktkorrosion.

Die Eigenschaften

Der Bremslichtschalter schaltet mit Betätigen einer Bremse die 21W-Glühwendel der Rücklichtbirne ein. Das helle rote Licht signalisiert dem nachfolgenden Verkehr die Absicht des Fahrers sein Fahrzeug zu verlangsamen.

Typische Fehler

– Kontaktkorrosion am Schalter
– Verbrennen des Schaltkontaktes durch Kurzschluss
– Verschleiß der Mechanik
– Beschädigter Schalterpin

Schalter	Farbe	Farbe	Ergebnis
»off«	Gelb –Rot	Gelb-Schwarz	0 V
»off«	Gelb –Rot	Blau	12 V
»off«	Blau	Gelb-Schwarz	12 V
»on«	Gelb –Rot	Gelb-Schwarz	12 V
»on«	Gelb –Rot	Blau	0 V
»on«	Blau	Gelb-Schwarz	12 V

Der Bremslichtschalter kann durch Korrosion im Inneren beschädigt werden. Es besteht aber auch die Möglichkeit, dass er durch die Abnutzung des Betätigungsstiftes nicht mehr ausschalten kann. Bei solchen Dauerbremslichtern muss natürlich auch überprüft werden, ob der Bremslichtschalter fest in das Gewinde eingeschraubt ist und sich nicht im Laufe des Fahrbetriebes durch Vibrationen gelöst hat. Die Bremslichtschalter sind eigentlich so konstruiert, dass kein Wasser eindringen kann. Im Laufe der Betriebsdauer wird er trotzdem durch Korrosion beschädigt.

Es gibt keine Möglichkeit, diese Miniaturschalter zu reparieren. Im Falle einer Fehlfunktion sind sie zu ersetzen.

Da bei einigen Quads die elektrische Schaltung so ausgelegt ist, dass der Motor nur bei angezogener Bremse gestartet werden kann, bedeutet der Ausfall beider Bremslichtschalter gleichzeitig den Funktionsverlust des Elektrostarters.

Bauteilprüfung des Bremslichtschalters

Durchgangsprüfung am Schalter

■ Für die Durchgangsprüfung müssen die Stecker am Bremslichtschalter abgezogen werden. Bei den Fahrzeugmodellen mit Mikroschaltern sind die Stecker nach etwa 10 cm am Kabel zu finden.

■ Das Multimeter wird nun an die Steckerpole angeschlossen. Bei nicht betätigter Bremse sollte nun kein Durchgang festzustellen sein. Bei betätigter Bremse ist ein Durchgang festzustellen.

Sollte die Funktion abweichen, ist der entsprechende Bremslichtschalter zu erneuern.

Spannungsmessung an den Anschlüssen

■ Auch der Bremslichtschalter kann im eingebauten Zustand geprüft werden.

■ Hierzu wird das Multimeter wie in der Durchgangsprüfung angeschlossen, nur wird der Bremslichtschalter nicht abgeklemmt.

■ Bei eingeschalteter Zündung und unbetätigter Bremse sollte eine Spannung von ca. 12 V abzulesen sein.

■ Bei betätigter Bremse würde eine Spannung um 0 V den intakten Bremslichtschalter ausweisen. Liegt aber bei betätigter Bremse noch immer eine Spannung von mehreren Volt an den Kontakten des Bremslichtschalters an, hat dieser einen Innenwiderstand und muss erneuert werden.

TIPP: Der regelmäßige Spritzer Kettenfett kann hier den Verschleiß mindern und das Eindringen von Wasser oftmals verhindern

Durchgangsprüfung am hinteren Bremslichtschalter.

Fehlersuche und Messungen an Hupe und Hupentaster

Die Eigenschaften

Die Hupe ist das akustische Mittel, um sich im Straßenverkehr bei Bedarf bemerkbar zu machen.
In der Regel handelt es sich um einen Metallkern, der durch eine Spule angezogen wird. Durch die Unterbrechung des Stromkreises und die zurückschwingende Membran wird der Ton erzeugt.

Typische Fehler

- Hupentaster verbrannt
- Anschlüsse korrodiert
- Verkabelung defekt
- Hupe verstellt
- Hupe defekt

Die Hupe an sich funktioniert recht einfach. In der Hupe befindet sich eine Spule mit einem Metallkern. Wird dieser Metallkern mit Spannung beaufschlagt, wird er magnetisch und zieht die Ankerplatte an. Trifft die Ankerplatte den im inneren verbauten Öffner, wird der Stromkreis unterbrochen. Das Magnetfeld wird abgebaut, die Membran mit der Ankerplatte schwingt zurück, bis der Öffner wieder schließt. Dann beginnt dasselbe Spiel wieder von vorne. Durch die Schwingung wird ein Ton erzeugt. Bei vielen Hupen ist es möglich, den Öffner mit einer kleinen Schraube einzustellen.
Der Hupentaster kann durch Korrosion im Inneren beschädigt werden. Es besteht aber auch die Möglichkeit, dass er durch Verschleiß der Kontakte nicht mehr schalten kann. Es gibt eigentlich keine Möglichkeit diesen in die Griffschaltereinheit eingebauten Hupentaster zu reparieren. Im Falle einer Fehlfunktion ist er zu ersetzen.

Nicht viel drin: Hupe im Schnitt.

Prüfen der Hupe und des Hupentasters

Durchgangsprüfung am Schalter

■ Für die Durchgangsprüfung müssen die Stecker am Lenkerschalter abgezogen werden. Das Multimeter wird nun an die Steckerpole angeschlossen.

■ Bei betätigtem Hupentaster sollte nun ein Durchgang festzustellen sein. Sollte die Funktion abweichen oder ein Widerstand messbar sein, ist die entsprechende Schaltereinheit zu erneuern.

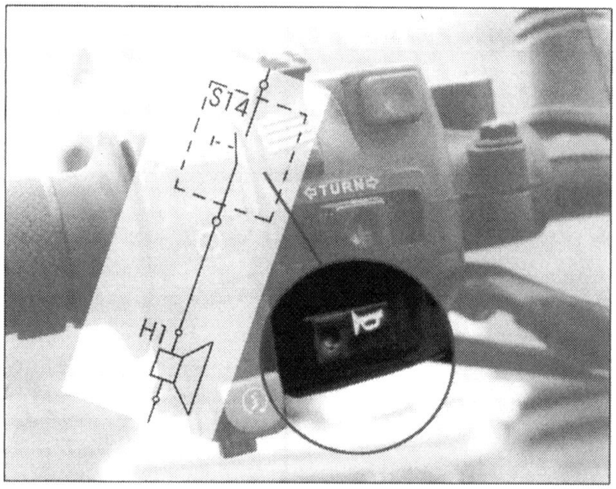

Bauteil und Schaltplan: Der Umgang muss geübt werden.

Spannungsmessung an den Anschlüssen des Tasters

■ Der Hupentaster kann im eingebauten Zustand geprüft werden.

■ Hierzu wird das Multimeter wie in der Durchgangsprüfung angeschlossen, nur wird der Hupentaster nicht abgeklemmt.

■ Bei eingeschalteter Zündung und unbetätigtem Hupentaster sollte eine Spannung von ca. 12 V abzulesen sein.

■ Bei betätigtem Hupentaster würde eine Spannung um 0 V den intakten Hupentaster ausweisen.

Liegt aber bei betätigter Hupe noch immer eine Spannung von mehreren V an den Kontakten des Hupentasters an, hat dieser einen Innenwiderstand und die Schaltereinheit muss erneuert werden.

Spannungsmessung an den Anschlüssen der Hupe

■ Um die Hupe selber prüfen zu können, müssen die Zündung eingeschaltet und der Hupentaster betätigt werden.

■ Misst man nun an den Anschlüssen der Hupe bei aufgesteckten Steckern, sollte an dem einen Anschluss eine Spannung von 12 V anliegen, während der andere Anschluss gegen Masse gemessen 0 V anzeigt.

■ Ist keine Spannung festzustellen, kann die Hupe auch direkt mit Spannung versorgt werden.

■ Stellt sich heraus, dass am anderen Anschluss auch 12 V messbar sind, muss die Masseverbindung geprüft werden.

■ Zieht man den Massestecker der Hupe ab, muss das Multimeter an dem nun freien Anschluss wiederum 12 V anzeigen.

PRAXISTIPP

Einstellen der Hupe

Oftmals reicht es schon aus, die Einstellschraube der Hupe etwas zu verdrehen, um die Hupe wieder in Funktion zu setzen.

Natürlich muss sie dann mechanisch und ohmisch in Ordnung sein..

Reparatur des Zündschlosses

An diesem Beispiel lässt sich gut erkennen, dass auch Reparaturen durchgeführt werden können, die nicht vom Hersteller vorgesehen sind. In unserem Fall ist der Zündschlüssel abgebrochen und steckt im Schloss. Das Fertigen eines Nachschlüssels ist leicht bei jedem Schlüsseldienst zu bewerkstelligen, den Schlüsselrest zu entfernen ist etwas filigrane Feinmechanikerarbeit.

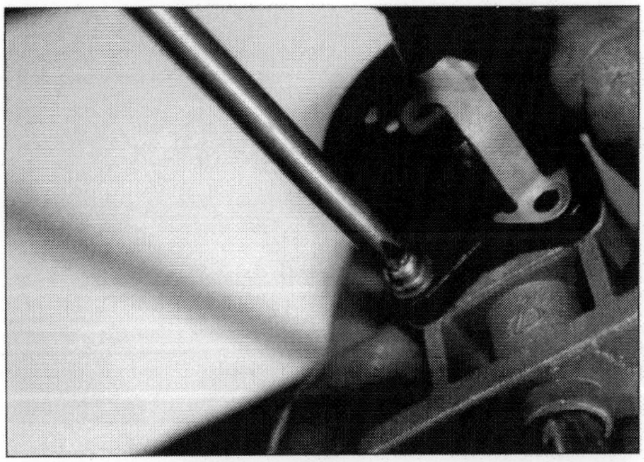

Demontage des Schlossschalters.

Was ist vorzubereiten?

- 5 mm-Inbusschlüssel
- Kreuzschlitzschraubendreher-Bit 2
- Kleiner Schraubendreher
- Fühlerlehre
- Spitzzange
- Schleifpapier

Welche Teile werden benötigt?

- Säurefreies Lagerfett

■ Demontieren Sie die Frontschildverkleidung außen.

■ Demontieren Sie das Zündschloss.

■ Demontieren Sie den Schlüsselschalter vom Schlossgehäuse. Es ist zumeist nur mit zwei Schrauben gehalten.

■ Entfernen Sie den Betätigungsbügel für den Rahmenschlossbolzen. Fingerspitzengefühl gefragt.

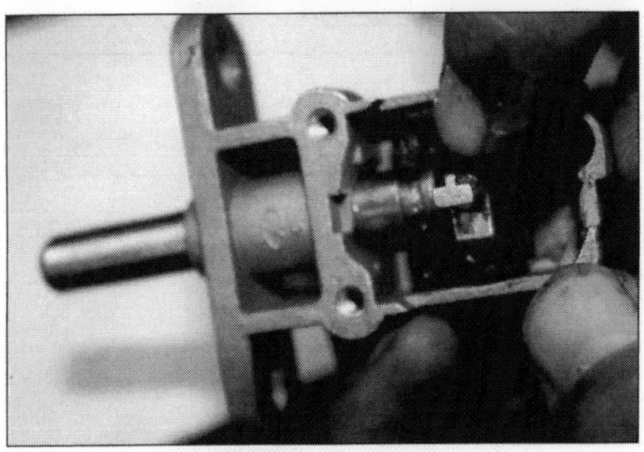

Ausbau des Lenkopfriegels.

■ Ziehen Sie den Rahmenschlossbolzen heraus.

Ist er noch leichtgängig, beschädigt, verbogen?

■ Demontieren Sie das Sicherungsblech für den Betätigungsaufsatz.

Weiter geht's in die Tiefe: Betätigungsmechanik.

■ Entnehmen Sie den Einrastzapfen.

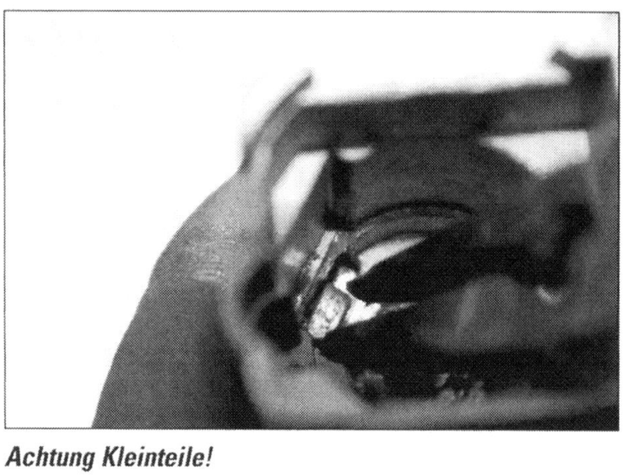

Achtung Kleinteile!

■ Ziehen Sie die Feder aus dem Schlosskörper.

Spätestens jetzt sollte man die Teile in einer kleinen Kiste horten.

■ Betätigen Sie die Sicherungsraste und ziehen Sie das Schloss heraus.

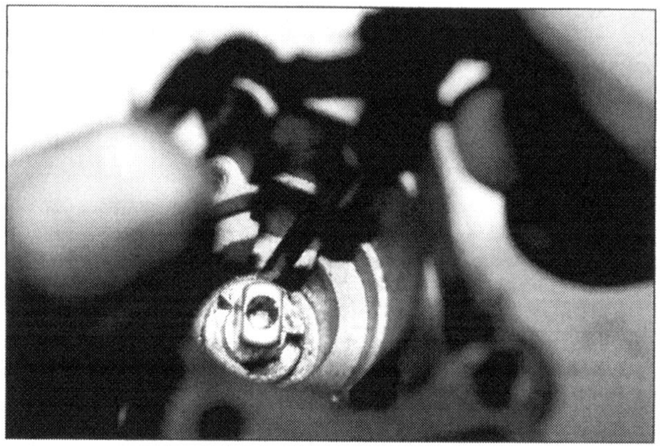

Leichter Druck mit dem Schraubendreher drückt die Raste ins Schloss zurück.

■ Schieben Sie den Schlüsselrest mit einem Draht durch die Lücken in den Rastenfeldern so weit nach vorne, dass Sie ihn mit einer Zange herausziehen können.

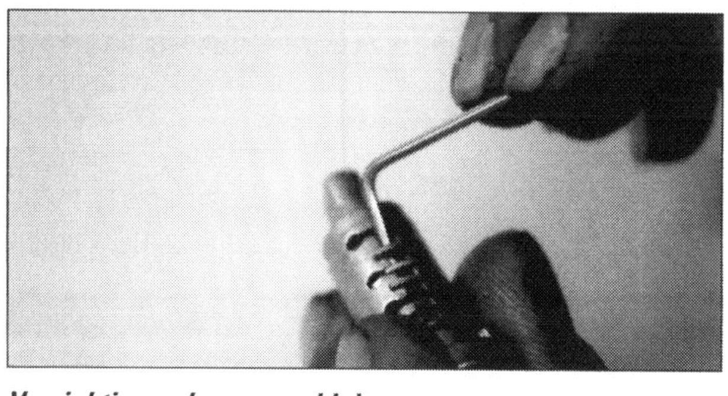

Vorsichtig nach vorne schieben...

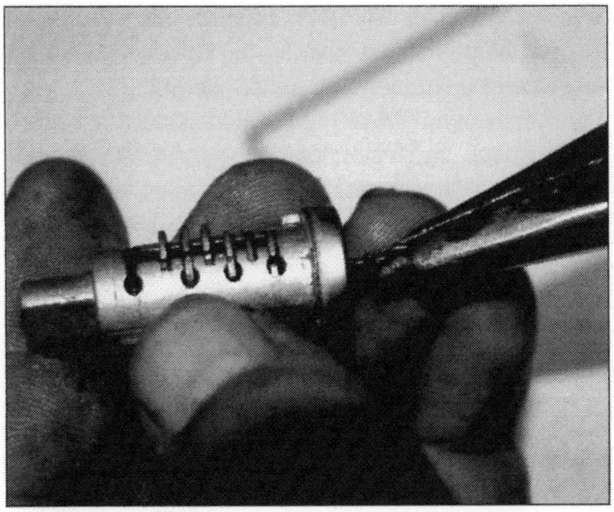

...und herausziehen.

■ Drücken Sie nun alle Rasten mit den Fingern locker zusammen.

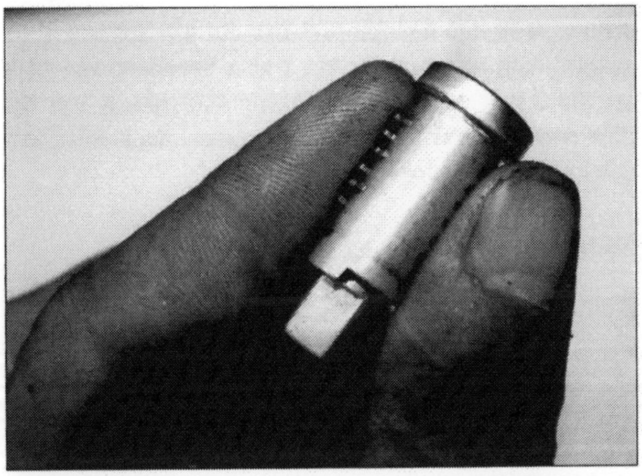

Grundhaltung.

■ Schieben Sie den Schlüssel in den Schließzylinder ein.

Schlüssel einschieben.

Die Montage erfolgt sinngemäß in umgekehrter Reihenfolge.
Fetten Sie alle mechanisch beweglichen Teile mit einem säurefreien Fett ein.

Hinweis: Achten Sie immer auf korrekten Sitz und Leichtgängigkeit der Bauteile.

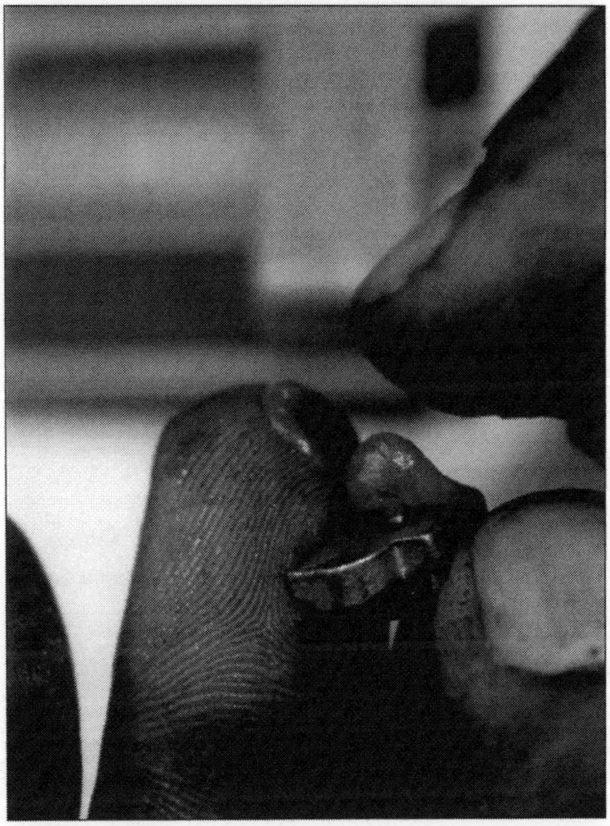

Kleinteile fetten

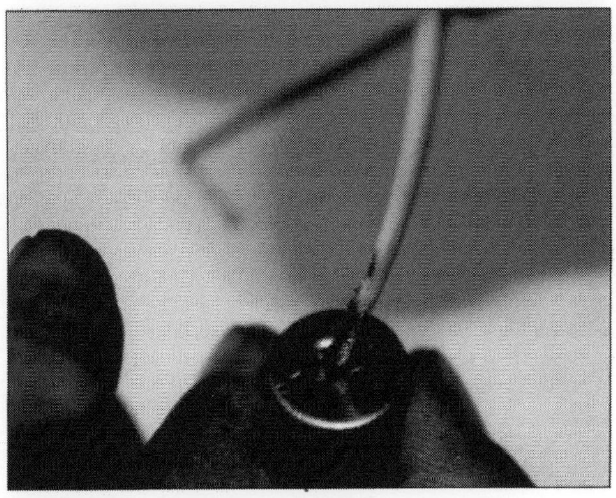

Etwas Schlossöl kann nie schaden.

Fehlersuche am Zündschloss

Die Eigenschaften
Das Zündschloss hat neben dem Blockieren der Lenkung eine Serienschaltfunktion.

Typische Fehler
- Defekte Schlossmechanik
- Fehler an den Schaltkontakten
- Korrosion oder Übergangswiderstände in den Anschlusskabeln

Das Zündschloss ist zwar lediglich als komplettes Bauteil lieferbar, muss aber für die Fehlersuche in den einzelnen Funktionen betrachtet werden.
Das Zündschloss ist in unterschiedlichen Ausführungen verbaut. Im Wesentlichen unterscheiden sich die verbauten Schlosstypen lediglich in einer so genannten Kontrollfunktion, die bei einigen Fahrzeugen zwischen der Stellung »OFF« und der Stellung »ON« eine »Check«-Funktion erlaubt, in der die Kontrollleuchten aufleuchten. Die anderen Funktionen sind trotz anderer Kabelfarben gleich.

Funktionsprüfung des Schlossschalters

Funktionsprüfung am Fahrzeug
In der Stellung »OFF« wird die Erregerspule gegen Masse geschaltet. Somit entsteht kein Zündfunken. Die Kontakte für Zündung sind erst bei der Stellung »ON« geschaltet. Die Funktionen für Hupe, Blinker und alle Anzeigen stehen erst bei der Stellung »ON« zur Verfügung.

■ Um das Zündschloss elektrisch prüfen zu können, ist es erforderlich, die entsprechenden Verkleidungen zu demontieren.

■ In den meisten Fällen ist die genaue Schaltung des Zündschlosses noch nicht bekannt oder die Funktion nicht sicher geklärt. Also wird zuerst das Verbindungskabel abgezogen und eine Funktionsbox für das Zündschloss erstellt.

■ Am besten kann man die Funktion des Zündschlosses anhand einer Schalter-Funktionsbox erkennen. Anhand der mit dem Durchgangsprüfer erfassten Durchgänge lässt sich die Kabelfarbe der Schaltfunktion im Schaltbild zuordnen.

Funktion	Pin 1	Pin 2	Pin 3	Pin 4
	Rot KL 30	Orange KL 15	SW/W STOP	Grün KL 31
On				
Off				

Nun kann der Stecker wieder aufgesteckt werden.

■ In dem dargestellten Fall muss in der Stellung »Off« auf Pin 1 Dauerplus anliegen, auf allen anderen Anschlüssen liegt keine Spannung an.

■ Pin 3 und Pin 4 haben beide Durchgang zur Masse mit 0 Ohm. Wird nun das Zündschloss auf die Stellung »On« gestellt, liegt nun auch an Pin 2 eine Spannung von 12 V an. Pin 3 hat nun einen Ohm'schen Widerstand von 408 Ohm gegen Masse und Pin 4 weist immer noch einen Widerstand von 0 Ohm gegen Masse auf.

Messungen bei Stellung »Off«

Kabelfarbe	Messungsspitze		Messergebnis
	Rot	Schwarz	
Rot	Pin 1	Masse	12 Volt
Orange	Pin 1	Masse	0 Volt
Schwarz/Weiß	Pin 1	Masse	0 Ohm
Grün	Pin 1	Masse	0 Ohm

Messungen bei Stellung »On«

Kabelfarbe	Messungsspitze		Messergebnis
	Rot	Schwarz	
Rot	Pin 1	Masse	12 Volt
Orange	Pin 1	Masse	0 Volt
Schwarz/Weiß	Pin 1	Masse	0 Ohm
Grün	Pin 1	Masse	0 Ohm

Sollten die Messergebnisse abweichen oder völlig unplausibel sein, muss das Zündschloss ersetzt werden.

PRAXISTIPP

Mechanische Belastung am Zündschloss

Die meisten Fehler in der Mechanik treten durch Verschleiß am Schloss selber und in der Lenksäulenarretierung auf. Da die mechanischen Teile bei den meisten Schlossherstellern verpresst sind, ist es wichtig, das Schloss bei den Wartungsarbeiten regelmäßig mit Kriechöl oder einem speziellen Schlossöl zu schmieren.

Auch sollte vermieden werden, einen schweren Schlüsselbund am Zündschlüssel mitzuführen, da durch das Gewicht das Zündschloss deutlich schneller verschleißt.

GEFAHRHINWEISE

Schutz fürs Multimeter

Wichtig!

Niemals den Widerstand an spannungsführenden Leitungen messen.

Das Multimeter kann dabei zerstört werden!

Immer zuerst davon überzeugen, dass die Kabel und Verbindungen, die gemessen werden sollen, spannungsfrei sind.

Nachrüsten von DE-Scheinwerfern

Sieht nicht nur gut aus, sondern man sieht auch besser!

Ob Originalscheinwerfer oder Umrüstung für die TÜV-Abnahme: In der Regel fällt die Lichtqualität der Frontscheinwerfer eher dramatisch aus. Es gibt nur wenige wirklich brauchbare Lichtanlagen, die das Ausleuchten der Straße in dunkler und nasser Herbstnacht wirklich realisieren können.
Nachrüster haben durchaus passende Lösungen für die unterschiedlichen Fahrzeuge, die sich durch effektive und präzise Lichttechnik hervorheben. Der Anbau ist nicht schwer zu bewältigen, und auch der Anschluss der elektrischen Anlage ist schnell umgesetzt.

Legen Sie sich folgendes Werkzeug zurecht:

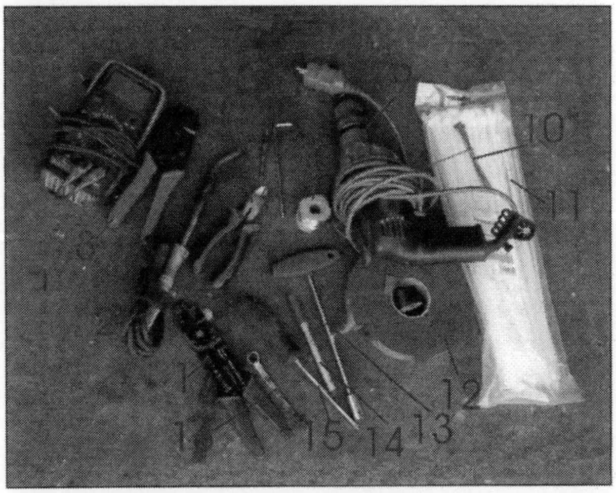

1 Universal Montagezange, 2 Lötkolben, 3 Crimpzange, 4 Multimeter, 5 Seitenschneider, 6 6 mm-Bohrer, 7 4 mm-Inbusschlüssel, 8 Lötzinn, 9 Bohrmaschine, 10 kleine Kabelbinder, 11 große Kabelbinder, 12 Schaumstoffband, 13 T-Griff SW 10 mm, 14 kleiner Faserschreiber, 15 Kreuzschraubendreher, 16 Doppelringschlüssel gebogen SW 10 mm.

Kontrollieren Sie die Anbauteile auf Vollständigkeit nach Lieferschein.

■ Schalten Sie die Zündung aus und ziehen Sie den Schlüssel ab.

■ Ziehen Sie die Steckverbindungen der Originalscheinwerfer ab.

■ Demontieren Sie die Originalscheinwerfer des Quads.

■ Prüfen Sie, welche Kabelfarbe welche Funktion der Lichtanlage hat und notieren Sie sich diese Information.

■ Löten Sie zwei zusätzliche Anschlüsse an das Massekabel an.

■ Rüsten Sie den jeweiligen Scheinwerfer mit der entsprechenden Abdeckung vor.

■ Montieren Sie die DE-Scheinwerfer.

■ Crimpen Sie die erforderlichen Stecker an die Kabelenden. Vergessen Sie nicht, die Isolierungen und Abdichtungen für die Scheinwerfer zu montieren.

■ Schieben Sie nun die rückwärtige Abdeckung bis zum Anschlag auf und zeichnen Sie die Löcher an.

■ Bohren Sie nun vorsichtig die Löcher auf 6 mm auf.

■ Prüfen Sie die Scheinwerferfunktion und stellen Sie die Scheinwerfer ein.

■ Montieren Sie die hintere Abdeckung.

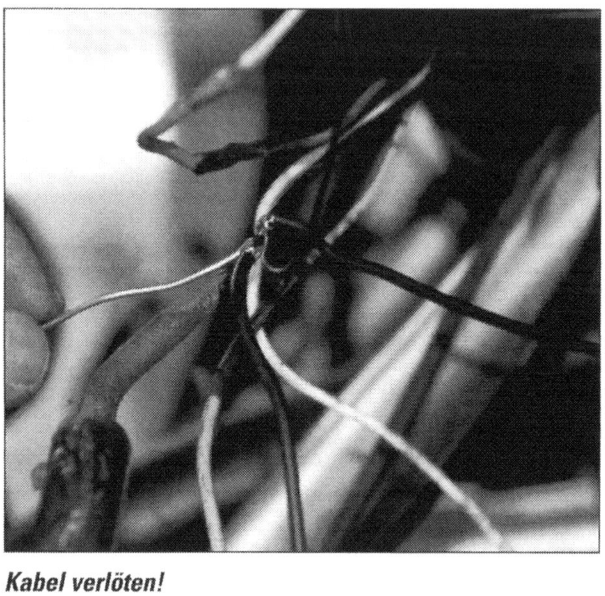

Kabel verlöten!

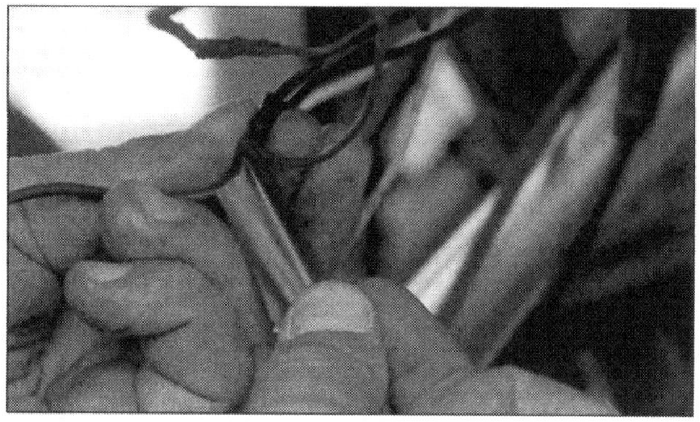

Isolierung ist wichtig!

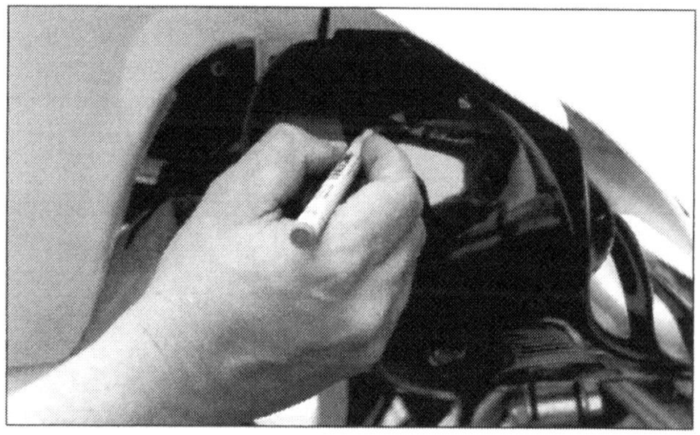

Anzeichnen.

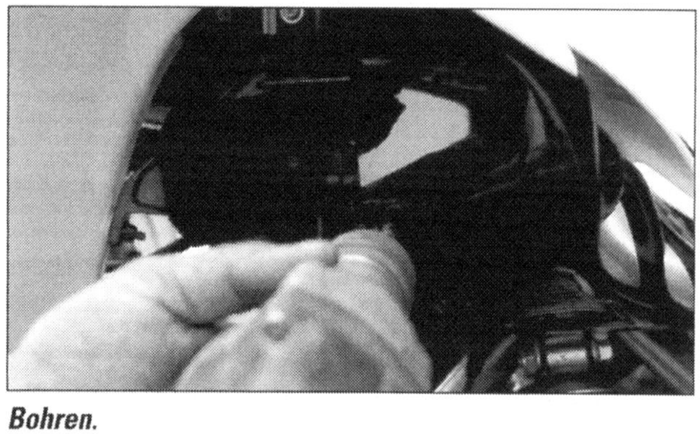

Bohren.

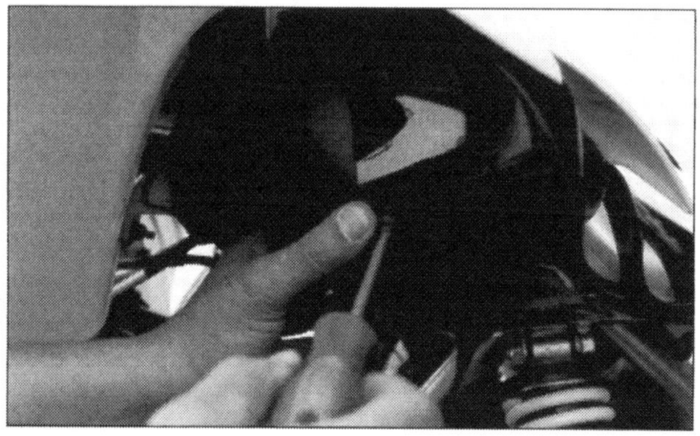

Verschrauben.

Scheinwerfer einstellen

Um nachts eine optimale Straßenausleuchtung zu erreichen und am besten niemanden zu blenden, sollten die Scheinwerfer richtig eingestellt werden. Um die Einstellung richtig ausführen zu können, müssen zuerst einige Rahmenbedingungen erfüllt sein:

- Zuerst den Reifenluftdruck überprüfen und gegebenenfalls korrigieren.
- Ein Fahrer setzt sich auf das Fahrzeug.
- Das Quad rechtwinklig 5 m von einer senkrechten Wand entfernt aufstellen (Der Boden vor der Wand sollte eben sein und nicht in irgendeine Richtung abfallen).
- Die Scheinwerferhöhe ermitteln (Mitte des Scheinwerfers bis zum Boden).
- Das Licht sollte nun mit der Hell-Dunkel-Grenze ca. 6 cm niedriger als die Scheinwerferhöhe auf der Wand auftreffen.
- Gegebenenfalls die Höheneinstellung korrigieren.
- Die Mitte des Abblendlichtes markiert die asymmetrische Ablenkung im Lichtbild. Sie darf auf keinen Fall nach links abweichen. Eine Abweichung nach rechts ist bis 20 cm zulässig.

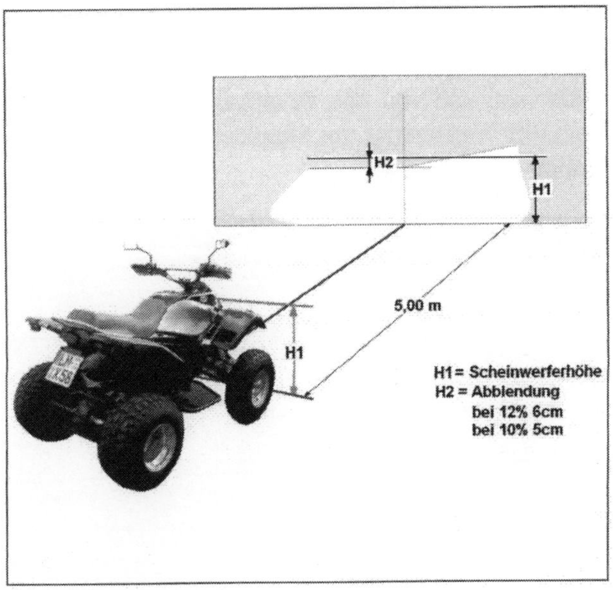

Einstellen an der Wand.

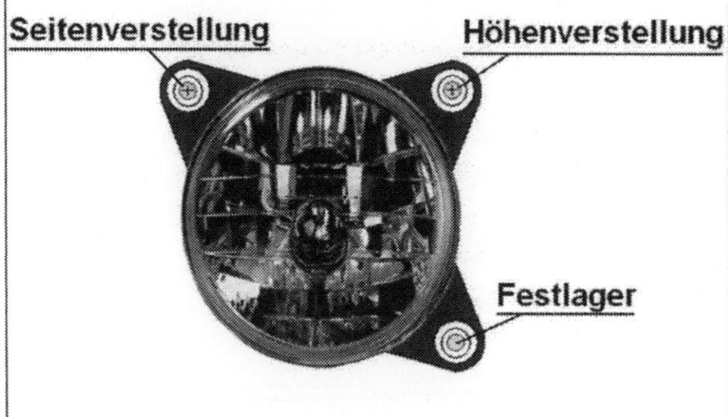

Einstellschrauben an den Scheinwerfern.

PRAXISTIPP

Lichteinstellung kontrollieren!

Die Einstellungen können sich natürlich mit der Änderung der Zuladung oder der Fahrwerkseinstellung verändern. Wenn Sie eine längere Tour machen und auf dem Gepäckträger das Reisegepäck unterbringen, sollten Sie die Einstellung mit dieser Belastung durchführen. Im unbeladenen Zustand steht dann das Licht etwas zu tief, aber immerhin wird der Gegenverkehr nicht geblendet.

Rückleuchten in Miniformat

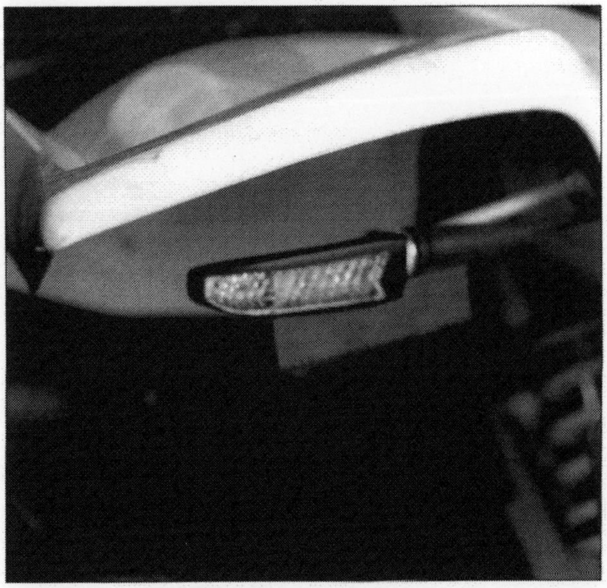

Sieht aus wie ein Blinker, ist aber keiner!

Gerade bei der Umrüstung zur Zugmaschine fällt die eigentlich filigrane Optik der Heckansicht bei Sport-Quads den üblicherweise klobigen Anhängerleuchten zum Opfer. Bei VKP s (den 21 PS-Varianten) sind bereits Blinker und Rücklicht verbaut. Die Rücklichter müssen aber nun doppelt ausgeführt werden. Auch hierfür bietet der Zubehörmarkt eine intelligente Lösung. Ein Rücklicht in Blinkerformat ermöglicht den Anbau an den schon vorhandenen Blinkerbefestigungen. Lediglich für die ebenfalls vorgeschriebenen Rückstrahler, den Rückfahrscheinwerfer und die Nebelschlussleuchte muss ein Plätzchen gefunden werden.

■ Schalten Sie die Zündung aus und ziehen Sie den Schlüssel ab.

■ Demontieren Sie die Sitzbank und die notwendigen Verkleidungen, um an die Verkabelung der Blinker und des Rücklichtes zu kommen.

■ Ziehen Sie die Steckverbindungen für die Blinkleuchten und die Rückleuchte auseinander.

■ Montieren Sie die »Minirückleuchten« und schließen Sie diese an.
Die Kabelverbindungen können mit so genannten »Dopplern«, die im gut sortierten Motorradfahrer-Fachmarkt erhältlich sind, ausgeführt werden. Die geringe Leistungsaufnahme der »Minirückleuchten« mit LED-Technik erfordert keine gesonderte Absicherung oder eine verstärkte Leitungsführung.

■ Prüfen Sie die Funktion der Rückleuchten.

■ Verbauen Sie die zuvor demontierten Verkleidungsteile und die Sitzbank wieder.

PRAXISTIPP

Umbauten mit dem TÜV planen!

Wenn Sie den Umbau selbst planen, sprechen Sie zuerst mit dem TÜV-Prüfer Ihres Vertrauens, der Ihnen abschließend die technische Abnahme machen soll.

Fragen Sie nach, ob er die Bremsleuchte des VKP s als Nebelscheinwerfer eintragen kann. Gelegentlich lässt sich so eine Zusatzleuchte einsparen.

Elektrische Anlage für Zugmaschinen nachrüsten

Der Umfang der Arbeiten an der elektrischen Anlage wird zunächst oft unterschätzt, die Schwierigkeit der Arbeit aber deutlich überschätzt. Na klar, es gehört schon dazu, einen Schaltplan lesen zu können oder besser noch einen Schaltplan umsetzen zu können. Das aber ist auch nur in der Planungsphase wichtig. Zumindest die eigentlichen Arbeiten zur Kabelbaumherstellung sind durchaus handwerklich zu realisieren. Im Wesentlichen geht es darum lediglich die Kabel ordentlich, sauber und funktionssicher zu verpacken, die benötigt werden, die einzelnen Geräte und Anbauteile am Quad zu betreiben. Wir stellen mal vor, wie auch heute noch die Produktion für Kleinserien und Prototypen auf die gute alte Art realisiert werden kann. Eine Besonderheit liegt in der Anbindung an die teilweise schon vorhandener Kabelanlage, die zum Teil sogar TÜV-konform ab Werk ist. Für die Umrüstung zum »LOF« (wegen der offenen Leistung) ist aber noch die eine oder andere Erweiterung oder Änderung erforderlich.

Unser Ziel ist es, die Funktionen der Originalbauteile so weit verwendbar zu nutzen, aber eben nach deutscher Manier entsprechend abzusichern und möglichst störungsfrei betriebssicher zu machen. Beispielsweise werden wir für die »Dauerverbraucher« entsprechende Lastrelais verwenden, die die Schlösser und Schalter des Quads entlasten sollen.

Die Werkzeuge

Sieht man mal von den Crimpzangen ab, zählt der Rest des Werkzeuges zur Standard-Ausrüstung einer Hobbywerkstatt.

Werkzeug	Wozu?
Cutter Messer	Schrumpfschlauch und Isolierband schneiden.
Crimpzange	Stecker und Ösen befestigen.
Wäscheleine	Kabellängen bestimmen.
Heißluftföhn	Schrumpfschläuche schrumpfen.
Lötkolben	Kabel verlöten.
Holzböcke	Zum Auflegen der Pressholzplatten.
Seitenschneider	Kabel abschneiden.
Abisolierzange	Kabel abisolieren.

Holzbrett	Kabelbaum-Herstellung.
Hammer	Nägel einschlagen.
Kleiner Edding (Permanent-Marker)	Markierungen auf der Wäscheleine und den Kabeln.
Kugel- oder Faserschreiber	Beschriften und skizzieren.

Auch die Materialien sind recht überschaubar.

Material	Wozu?
Isolierband	Teilbereiche des Kabelbaumes wickeln.
Kabel in verschiedenen Farben	Unterscheidungen schaffen.
Nägel	Hilfskonstruktion zum Befestigen des entstehenden Kabelbaumes auf einem Brett.
Pressholzplatten	Herstellung des Kabelbaumes.
DIN A 4-Block kariert	Bemerkungen und Skizzen
Schrumpfschlauch	Kabel zusammenfassen.
Kabelbinder	Für die Konstruktion und als Hilfsmittel.
Kreppklebeband	Beschriftungen und Markierungen.
3D-Vordruck	Vorplanung zur Lage des Kabelbaumes.

Betrachtung der Funktionen LOF und VKP (International) am Beispiel der Triton Reactor 450R

Funktion	LOF (Zugmaschine)	VKP (Quad bis 21 PS)
Aufblendlicht	rechts und links	Mitte
Abblendlicht	rechts und links	Mitte
Standlicht	rechts und links	Mitte
Blinker	rechts und links	rechts und links
Rückleuchte	rechts und links	Mitte
Bremslicht	rechts und links	Mitte
Nebelscheinwerfer	Ja (darf nur bei Abblendlicht funktionieren)	nicht erforderlich
Rückfahrscheinwerfer	Ja (soll nur bei eingelegtem Rückwärtsgang funktionieren)	nicht erforderlich
Warnblinkanlage	Ja	Ja
Hupe	Ja (Funktion auch bei abgeschalteter Zündung erforderlich	Ja
Kennzeichenleuchte	Ja	Ja

Planung der Einbaulage der Bauteile.

Planung ist alles, und so muss zuerst einmal feststehen, welches Bauteil wohin verbaut werden soll. Man muss auch festlegen, wie denn der neue Kabelbaum nachher verlegt und befestigt werden soll.
Alle Theorie ist grau und sicherlich nicht hilfreich, wenn man an die Umsetzung für sein eigenes Quad geht. In der nachfolgenden Schilderung werden wir uns beispielhaft an den Schaltplan in diesem Buch halten und auch immer wieder darauf verweisen.

■ Legen sie fest, welche Geräte wohin verbaut werden sollen.
Um größere Umbaumaßnahmen am Originalkabelbaum zu vermeiden, werden wir die Funktion des Auf- und Abblendlichtes zur Ansteuerung sowie des Standlichtes und auch des Bremslichtes als Lastkreis, aber neu abgesichert übernehmen. Entsprechend müssen dann auch Kabel zum Hauptscheinwerfer, zur Batterie und zum Fahrzeugheck mit eingeplant werden.

■ Legen Sie fest, wo der Hauptstrang des Kabelbaumes verlaufen soll. In den nächsten Schritten legen Sie nur die Länge des isolierten Kabelbaumteiles fest. Wie lang die Kabel sein müssen, interessiert im Moment noch nicht. Der Kabelbaum muss so gelegt werden, dass er weder an drehenden Teilen scheuern kann, noch durch Hebel, Pedale und Wellen in irgendeiner Art beschädigt wird. Ein Gummischlauch oder eine Wäscheleine kann hier schon sehr hilfreich sein. Legen sie die Wäscheleine so am Quad entlang, wie auch nachher der Kabelbaum verlaufen soll.

■ Legen Sie Abzweigpunkte fest. Als Beispiel könnte der Hauptstrang weiterlaufen, aber die Hupe soll an einer Position befestigt werden. Das Kabel für den Anschluss der Scheinwerfer muss dann im Bereich der Befestigung herausgeführt werden. Markieren Sie die Abzweigpunkte mit Kreppklebeband an der Wäscheleine. Notieren Sie sich auf dem Klebeband (»Panzerband« ist dafür sehr gut geeignet), wozu dieser Abzweigpunkt später verwendet werden soll.

■ Legen Sie nun jeweils weitere Teile der Wäscheleine genauso wie die Leine für den Hauptkabelstrang bis zu den Stellen, an denen weitere Abzweigungen entstehen sollen. Fixieren Sie die Abzweigungen an der Hauptleine und beschriften Sie auch diese mit einem kleinen Aufkleber aus Kreppklebeband. Dieselbe Arbeit führen Sie nun für den neuen Warnblinkschalter, die Rückleuchten und natürlich auch die Rückfahrscheinwerfer und die Nebelschlussleuchte aus. Legen Sie die Anschlüsse zu den Lampen und Anbauteilen nie zu stramm. Ein leichter Bogen ermöglicht immer ein Nachgeben des Kabels.

■ Markieren Sie sich nun mit einem Klebestreifen (oder auch einem Kabelbinder), wie lang die Isolierung des Kabelbaumes werden soll. Grundsätzlich sollte die Kabelbauisolierung ungefähr 2 cm in das Anbauteil hineinragen, welches angeschlossen werden soll. Für offene Steckkontakte markieren Sie etwa 10 cm vor dem Anschluss das Isolierungsende.

■ Ganz langsam und vorsichtig wird nun das Wäscheleinekonstrukt aus dem Quad entfernt. Nun muss es so auf das Brett gelegt werden, dass zumindest die ermessenen Abstände auch 1:1 auf dem Brett realisiert werden können. Alle Längen werden erfasst, die den Kabelbaum später darstellen sollen. Ergänzen Sie jede Leitungsführung sofort in einer Skizze.

■ Neben dem Wäscheleinekonstrukt werden nun an Anfang und Ende, an jeder Abzweigung sowie auf freier Strecke alle 20 – 30 cm jeweils ein Nagel rechts und einer links in das Brett eingeschlagen. Die Nägel müssen lediglich so tief eingeschlagen werden, dass sie fest sitzen. Die beiden Nägel werden jetzt jeweils mit einem Kabelbinder verbunden. Das sind nun unsere Haltebrücken, die verhindern, dass die Kabel beim Einlegen in unser Montagebrett außerplanmäßig herausrutschen. Lassen Sie genug Platz zwischen Hauptstrang und einem abzweigenden Strang. Der Platz wird noch benötigt.

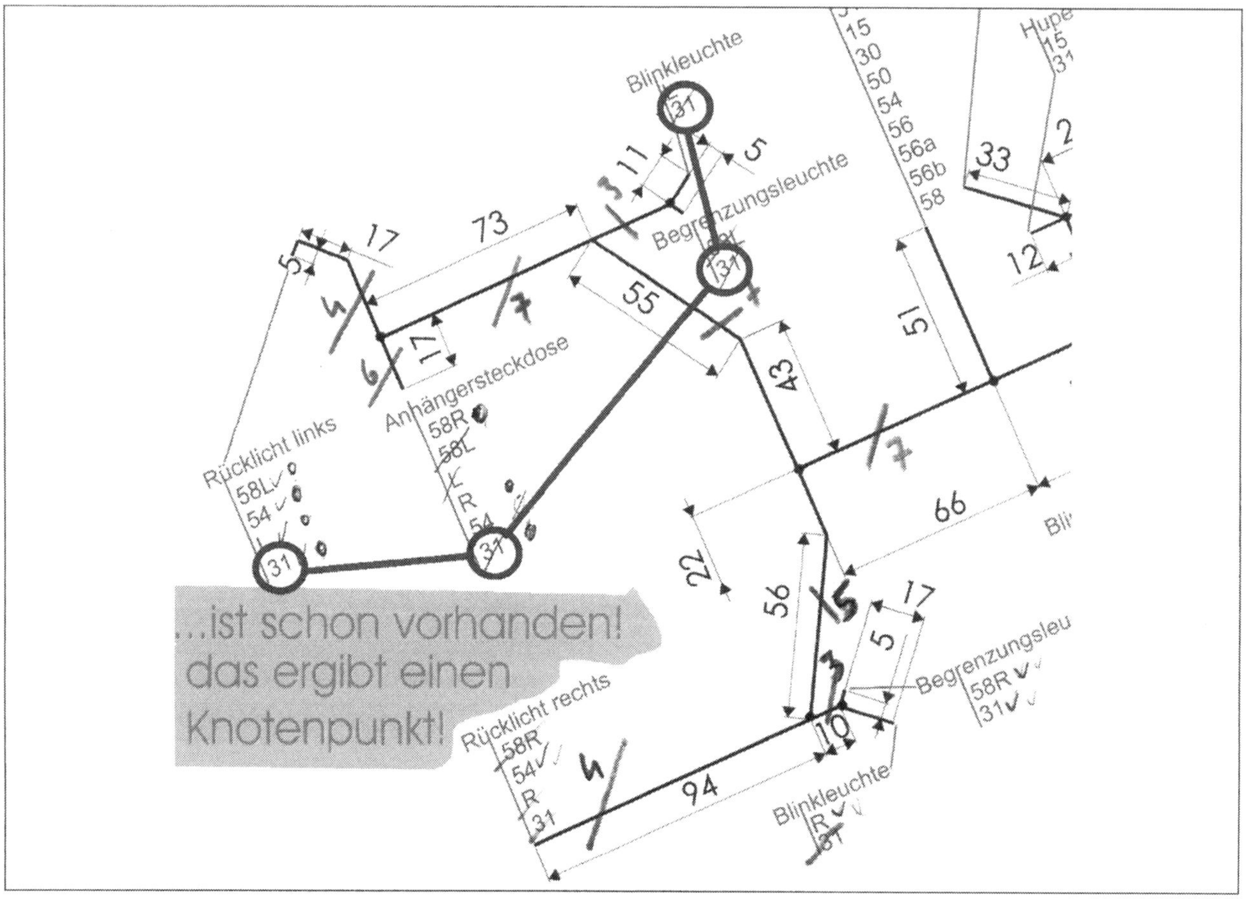

Festlegen von Abzweigpunkten.

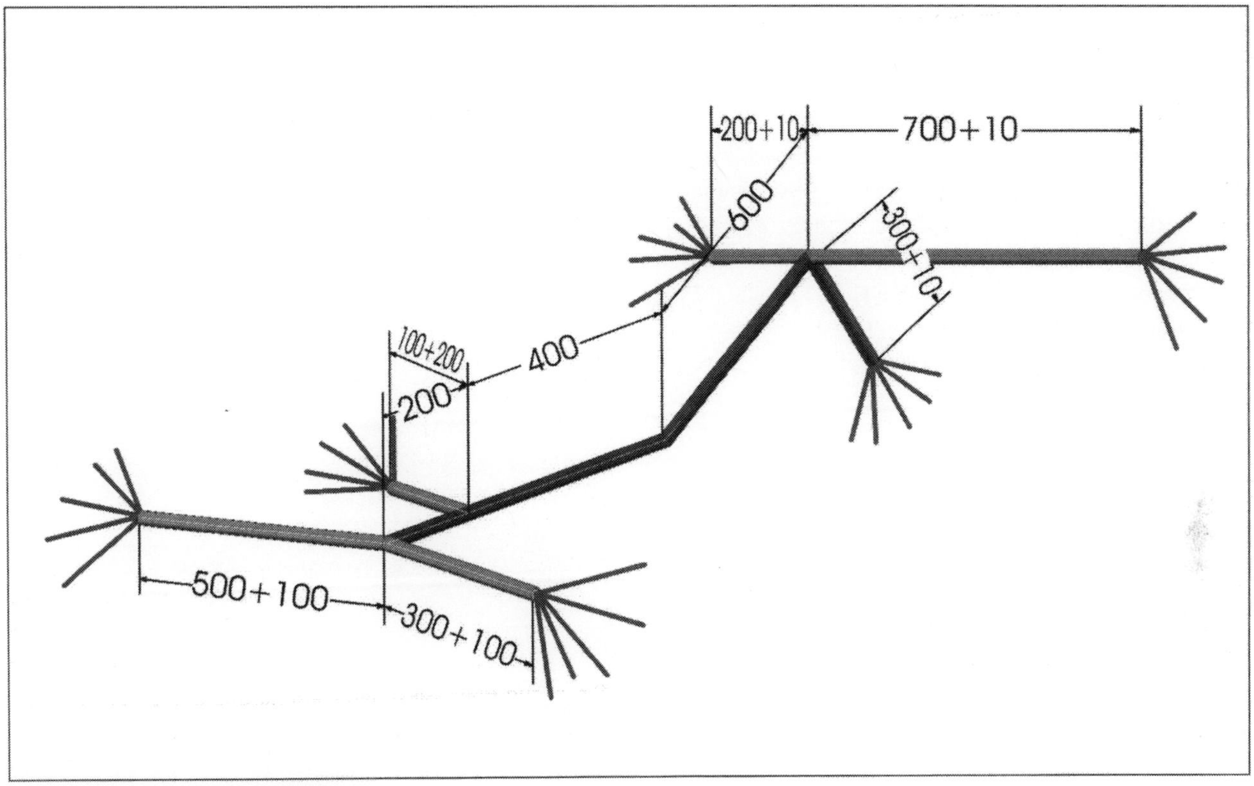

Muster-Planung der Verkabelung.

■ Das Brett ist im Gegensatz zum Quad flach. Die Leinenkonstruktion projiziert nun ein bewegliches 2D-Bild auf das Brett. Als Nächstes wird daraus eine Skizze als Musterplan erstellt. So gehen keine Informationen verloren, die Ergebnisse der bisherigen Arbeit können nachvollzogen werden und sind für die Nachwelt erhalten. Es ist nicht notwendig, dass bei dieser Skizze die Winkel stimmen oder dass sie maßstabsgetreu ausgeführt wird.

■ In die 2D-Skizze werden nun die Anschlüsse aller Geräte und Lampen eingezeichnet und am besten nach der Normklemmenbezeichnung benannt, die an das Gerät oder die Lampe angeschlossen werden sollen. Hilfreich kann nun der Schaltplan sein, um den Anschluss eines Kabels richtig vorzusehen.

Wir lesen nun aus dem Schaltplan die erforderlichen Anschlüsse für alle Geräte der Lichtanlage heraus, die angeschlossen werden sollen.

Gebraucht werden für den vollständigen Anschluss die Klemmen mit den Normbezeichnungen 31 (Masse), 54 (Bremslicht), L (Blinker links) und 58 (Standlicht/Begrenzungsleuchte).

■ Als Nächstes müssen nun die Gemeinsamkeiten der Anschlüsse für die Geräte festgestellt werden, die im sel-

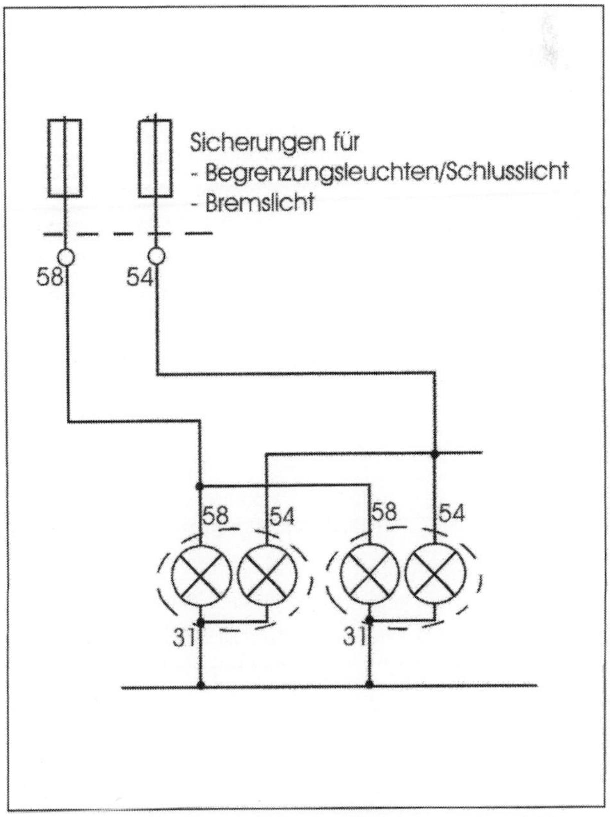

Auszug aus dem Schaltplan für die Rückleuchte links.

ben Bereich an den Kabelbaum angeschlossen werden. Für die Rückleuchten ergeben sich hier die Klemme 31 und die Klemme 54.

■ Oft haben alle Leuchten den Masseanschluss Klemme 31. Natürlich macht es keinen Sinn, alle Masseleitungen einzeln zur Batterie zu führen. Generell reicht es aus, die Masseanschlüsse über die Karosserie zu realisieren. Sicherheitshalber sollten die Leitungen im Kabelbaum auf eine Leitung zusammengefasst werden. Gleiches gilt natürlich auch für andere Anschlüsse. Beispielsweise die Anschlüsse für die Standlichter hinten, vorne und auch am Kotflügel haben die gleiche Klemmenbezeichnung 58L und können zusammengefasst werden. Auch die Anschlüsse für die Anhängerdose werden auf diese Art eingebunden.

■ Legen Sie die Kabelfarben fest! Es gibt nur wenige Kabelfarben, die für die Anschlüsse im Fahrzeug genormt sind oder sich dauerhaft eingebürgert haben. Rot = Klemme 30 ... Immer wenn ein »rotes Kabel« auftaucht, ist meistens mit Batterieplus zu rechnen. Damit die Kabelcodierungen, die Sie nun festlegen, nicht in den »Kalk« fallen, sollten Sie diese auf dem Zettel für die Kabelbaumplanung vermerken. Sollten Sie über keine ausreichende Anzahl an Kabelfarben verfügen, oder wenn auch nur eine einzelne Farbe zur besseren Unterscheidung helfen würde, kann der Edding wieder in den Einsatz kommen. So wird schnell aus dem zweiten »Blauen« ein »Blau-Strich«. Ist das an beiden Enden zu erkennen, ist die Unterscheidung auch gewährleistet.

■ Die Knotenpunkte werden grundsätzlich verlötet. Alle Lötpunkte müssen mit etwas Isolierband eingewickelt werden. Man sollte auf jeden Fall darauf achten, dass die Verbindungsstellen so schlank wie möglich ausfallen. So ergeben sich keine unförmigen »Knubbel« im Kabelbaum und Scheuerstellen werden vermieden.

■ Bevor wir nun an das Verpacken der einzelnen Kabel gehen, sollten immer nochmals alle Kabel auf Vollzähligkeit und Länge geprüft werden. Auch die Isolierungen müssen sitzen. Grundsätzlich sollten alle Verknotungen und größeres Kabelgewirr aufgelöst werden. Die einzelnen Stränge sollten nun am Anfang und am Ende mit einer Lage Isolierband zusammengezogen werden. So lässt sich der Schrumpfschlauch deutlich leichter überziehen.

■ Zuerst einmal muss das Hauptkabel »eingefädelt« werden. Beim Masseanschluss kann dann an einer Stelle am Rahmen eine Anschlussöse vorgesehen werden, die angeschraubt wird. Als Nächstes werden die Kabel bis zum nächsten Knotenpunkt eingelegt.

Genug der Vorbereitung, nun muss der Kabelbaum wachsen. Beginnen wir also mit dem Kabelbaum-Nagelbrett. Entsprechend der Vorplanung wird nun Kabel für Kabel eingelegt. Beginnen Sie immer bei den Anschlüssen, die auch mit anderen Geräten gemeinsam genutzt werden.

Hier gibt es einige Grundsätze, die zuerst einmal beachtet werden sollten:

1 Beachten Sie immer die Leistungsaufnahme der einzelnen Geräte und legen Sie die Kabelstärke entsprechend aus!

2. Lassen Sie die Kabel immer ca. 15 cm länger als die Abmessungen in der Isolierung vorgeben.

3 Alle errechneten Zahlen werden nach oben aufgerundet ... abschneiden ist leichter als ansetzen!

Nachdem die Verbindungen dargestellt wurden, kann nun die Arbeit auf dem Blatt Papier in unser Hilfsgestell als Kabelbaum übertragen werden. Zuerst geht es um die Anschlüsse, die bei mehreren Geräten vorhanden sind.
Müssen viele Kabel durch einen recht engen oder langen Schrumpfschlauch gezogen werden, kann es hilfreich sein, ein einzelnes Kabel an den Kabelstrang mit Isolierband zu befestigen und dann zuerst das einzelne Kabel durch den Schrumpfschlauch zu ziehen. Das Durchziehen der anderen Kabel fällt dann deutlich leichter!

■ Gerade der Hauptstrang liegt zumeist in der Mitte des Kabelbaumes. Ohne gut nachzudenken, welcher Schrumpfschlauch in welcher Stärke bis wohin aufgezogen werden muss, lässt sich die Dicke kaum bestimmen. Zumeist reicht es aus, vier verschiedene Stärken des Schrumpfschlauches auf Lager zu haben. Ersatzweise kann auch der gesamte Kabelbaum mit Isolierband gewickelt werden. Hier werden dann ungefähr 10 Rollen guten Isolierbandes als Umwicklung enden.

■ Sobald ein Abzweig vom Kabelstrang herausgeführt werden muss, wird der Schrumpfschlauch an dieser Stelle unterbrochen werden. Der Anschluss zwischen Abzweig und Hauptstrang muss sorgfältig gewickelt werden. Wichtig ist es, die Kabel von beiden Seiten mit Isolierband einzubinden.

■ Auch am Ende des Schrumpfschlauches müssen die Kabel mit Isolierband eng eingebunden werden. So werden das Ausleiern und auch das Eindringen von Schmutz weitestgehend verhindert.

■ Gelegentlich finden sich auch Kabel an Übergangsstellen von Karosserieteilen. Das ist beispielsweise der Fall, wenn die vorderen Blinker an der Motorhaube befestigt sind. Hier sind die Schrumpfschläuche auf Jahre gesehen nicht ausreichend flexibel. Man kann an diesen Stellen einen PVC-Schlauch oder auch Isolierband als flexibles Stück im Kabelbaum einbauen.

Scheuerpolster: Grundsätzlich soll man ja Scheuerstellen vermeiden. Ab und an bleibt aber keine andere Möglichkeit, die Kabel liegen dann zumindest irgendwo an. Für diese Stellen hat VW eine Lösung. Das Reparaturband für die Kabelbaumreparatur hat eine flauschige Stoffaußenseite.

Einige Bauteile wie beispielsweise externe Regler sind mit fest eingegossenen Kabeln versehen. Man sollte hier generell darauf verzichten, einzelne Kabel miteinander zu verbinden. Besser und professioneller ist die Verbindung über Steckergehäuse. Die Steckergehäuse gibt es in vielfältiger Auswahl mit allem Zubehör und teilweise sogar wasserdicht im Elektronik-Handel. Die Kosten hierfür sind überschaubar und das Ergebnis kann sich sehen lassen!

Die Abdichtung am Ende schützt vor Schmutz und sieht ordentlich aus.

STÖRUNGSBEISTAND

Elektrische Anlage

Störung	Fragestellung	Was muss ich tun?
A Fernlicht geht nicht	**1** Ist die Birne in Ordnung?	Birne ersetzen (Birnentyp und Leistung beachten).
	2 Ist die Fassung in Ordnung?	Fassung oder Stecker instand setzen oder erneuern.
	3 Funktioniert die Fernlichtkontrolle?	Fernlichtkontrolle überprüfen.
	4 Funktioniert das Abblendlicht?	Lichtschalter prüfen.
B Abblendlicht geht nicht	**1** Läuft der Motor?	Motor anlassen! Das Licht funktioniert nicht über Batterie.
	2 Ist der Lichtschalter eingeschaltet?	Lichtschalter einschalten.
	3 Funktioniert das Rücklicht?	Rücklichtbirne prüfen, Spannungsversorgung prüfen.
	4 Funktioniert das Fernlicht?	Fahrlichtbirne prüfen, Spannungsversorgung prüfen.
C Blinkerkontrollanzeige geht nicht	**1** Die Blinkerlampen funktionieren einwandfrei?	Blinker überprüfen.
	2 Die Anschlusskabel für das Cockpit sind in Ordnung?	Steckverbindungen prüfen.
	3 Die Birne der Kontroll-lampe ist in Ordnung?	Birne prüfen, gegebenenfalls erneuern.
	4 Die Spannungsversorgung an der Birnenfassung ist in Ordnung?	Steckverbindungen prüfen, Fassung und Birnenkontakte prüfen.
D Bremslicht geht nicht	**1** Funktioniert der Anlasser?	Bremslichtschalter und Verkabelung prüfen.
	2 Ist die Birne für das Bremslicht in Ordnung?	Birne ersetzen. Achtung! 2-Fadenbirne?

Elektrische Anlage

Störung	Fragestellung	Was muss ich tun?
	3 Ist die Birnenfassung in Ordnung?	Birnenfassung instand setzen oder erneuern.
	4 Sind die Steckkontakte des Rücklichts in Ordnung?	Steckkontakte instand setzen oder erneuern.
	5 Liegt Spannung an, wenn die Bremse betätigt wird?	Verkabelung Rücklicht bis zum Lenkrohr prüfen.
E Blinker geht nicht	**1** Ist die Zündung eingeschaltet?	Zündung einschalten.
	2 Ist die Batterie in Ordnung?	Batterie prüfen, Spannungsversorgung prüfen.
	3 Andere Bauteile wie Hupe funktionieren einwandfrei?	Sicherung prüfen, Spannung gegen Motormasse prüfen.
	4 Ist das Blinkrelais in Ordnung?	Blinkrelais prüfen, Anschlüsse zum Relais prüfen, Blinkrelais Brücke.
	5 Ist der Blinkerschalter in Ordnung?	Blinkerschalter und Anschlüsse prüfen.
	6 Ist die Blinkerlampe in Ordnung?	Lampen und Birnen prüfen, gegebenenfalls erneuern. Masseanschluss prüfen.
F Rücklicht geht nicht	**1** Brennt das Standlicht vorne?	Lichtschalter prüfen.
	2 Ist das Birnchen in Ordnung?	Birnchen ersetzen.
	3 Ist die Fassung in Ordnung?	Fassung instand setzen oder erneuern!
	4 Liegt Spannung am Anschluss für das Birnchen an?	Verkabelung zum Schalter prüfen.
G Blinkerkontrollanzeige geht nicht	**1** Die Blinkerlampen funktio-. nieren einwandfrei	Blinker überprüfen.
	2 Die Anschlusskabel für das Cockpit sind in Ordnung?	Steckverbindungen prüfen.

STÖRUNGSBEISTAND

Elektrische Anlage

Störung	Fragestellung	Was muss ich tun?
	3 Die Birne der Kontrolllampe ist in Ordnung?	Birne prüfen, gegebenenfalls erneuern.
	4 Die Spannungsversorgung an der Birnenfassung ist in Ordnung?	Steckverbindungen prüfen, Fassung und Birnenkontakte prüfen.
H **Fernlichtkontrollanzeige geht nicht**	**1** Funktioniert das Fernlicht?	Siehe Fehlersuchplan »Fernlicht geht nicht«.
	2 Ist das Birnchen für die Kontrollleuchte in Ordnung?	Birnen ersetzen und Anschlüsse prüfen.
	3 Ist die Fassung für das Birnchen der Kontrollleuchte in Ordnung?	Fassung instand setzen oder erneuern.
	4 Ist der Steckkontakt für die Armaturentafel in Ordnung?	Stecker instand setzen oder erneuern.
I **Ölkontrollanzeige geht nicht**	**1** Ist der Tanksensor in Ordnung?	Tanksensor ersetzen.
	2 Bleibt die Kotrollleuchte aus, wenn die Anschlusskabel des Sensors kurzgeschlossen werden?	Tanksensor prüfen, gegebenenfalls ersetzen.
	3 Ist das Birnchen für die Kontrollleuchte in Ordnung?	Birnchen ersetzen!
	4 Ist die Fassung für das Birnchen der Kontrollleuchte in Ordnung?	Fassung prüfen, gegebenenfalls ersetzen oder instand setzen.
	5 Liegt Spannung 12 V an einem Anschluss des Sensors an?	Kabelklemme 15 (geschaltetes Plus) bis zum Zündschloss prüfen.
	6 Hat das Sensorkabel bis zur Anzeigenleuchte einen Widerstand von ca. 0 Ohm?	Kabel prüfen (Scheuerstellen, Knickstellen), Steckverbindungen prüfen.

STÖRUNGSBEISTAND

Elektrische Anlage

Störung	Fragestellung	Was muss ich tun?
J Tankanzeige geht nicht	**1** Ist die Batterie in Ordnung?	Batterie prüfen, laden oder erneuern.
	2 Ist die Sicherung in Ordnung?	Sicherung erneuern
	3 Funktionieren der Blinker, die Bremse und die Hupe?	Zündschloss und seine Verkabelung prüfen.
	4 Funktioniert die Fernlicht-kontrollleuchte im Cockpit?	Kabel (Klemme 15) ab dem Zündschloss zum Cockpit prüfen.
	5 Liegt auf den Anschlüssen der Tankuhr Masse und Plus an?	Anschlüsse prüfen,Spannung messen,
	6 Zeigt die Tankuhr Vollausschlag, wenn das verbleibende Sensor-kabel auf Masse gelegt wird?	Tankuhr ersetzen.
K Hupe geht nicht	**1** Ist die Batterie in Ordnung?	Ladezustand der Batterie prüfen, gegebenen-falls laden oder erneuern.
	2 Ist die Hauptsicherung in Ordnung?	Zustand der Hauptsicherung prüfen, gegebe-nenfalls erneuern.
	3 Ist die Hupe in Ordnung?	Hupe überprüfen, gegebenenfalls erneuern.
	4 Ist der Hupentaster in Ordnung?	Hupetaster überprüfen, gegebenenfalls erneu-ern.
	5 Ist die Verkabelung der Hupe in Ordnung?	Verkabelung überprüfen, instand setzen, gegebenenfalls erneuern.
L **Kurzschluss im Dauerplusbereich (Klemme 30)**	**1** Ist das Pluskabel zum Anlasserrelais o. k.?	Kabel erneuern oder instand setzen.
	2 Ist das Pluskabel zum Lichtmaschinenregler o. k.?	Kabel erneuern oder instand setzen.
	3 Ist das Pluskabel zum Zündschloss o. k.?	Kabel erneuern oder instand setzen.

STÖRUNGSBEISTAND

Elektrische Anlage

Störung	Fragestellung	Was muss ich tun?
	4 Ist das geschaltete Pluskabel (KL 15 Kabel) zu den Bremslichtschaltern o. k.?	Kabel erneuern oder instand setzen.
	5 Sind die Verbraucher, die an KL 15 angeschlossen sind, o. k.?	Bauteile und Verdrahtung nach Schaltplan prüfen.
M **Sicherung geht ständig kaputt**	**1** Ist die Batterie in Ordnung?	Batterie prüfen.
	2 Ist eine Sicherung in der richtigen Stärke verbaut worden?	Sicherung prüfen.
	3 Brennt die Sicherung durch, obwohl die Zündung ausgeschaltet ist?	Schaltplan, Kabel Kl 30 und Starterrelais.
	4 Brennt die Sicherung durch, wenn der Lichtmaschinenregler	Limaregler erneuern!
	5 Brennt die Sicherung durch, wenn das Zündschloss abgezogen wird?	Verkabelung zum Zündschloss und das Zündschloss selber prüfen!

Gemischaufbereitung

Gemischaufbereitung beschreibt die Zumischung einer Kraftstoffmenge zur angesaugten Luftmenge des Motors. Um zu verdeutlichen, was das eigentlich bedeutet, muss man sich klarmachen, dass Benzin im flüssigen Zustand nicht brennt. Zuerst einmal werden kleine Tröpfchen erzeugt, die dem Luftstrom beim Ansaugen zugegeben werden. Im Verdichtungstakt des Motors verdunsten dann die Tröpfchen unter dem Einfluss von Druck und Verdichtungstemperatur. Nun wäre das Gasgemisch zündfähig. Zumindest theoretisch. Natürlich ist die Kraftstoffmenge von entscheidender Wichtigkeit. Lambda 1, so nennen die Techniker eine optimale Gemischzusammensetzung aus 14,7 Teilen Luft und 1 Teil Kraftstoff. Bei dieser Gemischzusammensetzung wird im Regelfall die beste Verbrennung erzielt. Das zu erreichen wäre ja zunächst mal einfach. Unterschiedliche angesaugte Luftmengen werden in Abhängigkeit von Drehzahl und Drosselklappen oder Gasschieberstellung angesaugt. Bei kaltem Motor kondensiert ein Teil des gerade vernebelten Kraftstoffs an den kalten Metallteilen des Ansaugweges. Weiterhin muss beim Beschleunigen etwas mehr Kraftstoff zur Verfügung stehen, das Gemisch muss also fetter werden. Natürlich spielen Luftdichte (Höhenlage und Luftdruck) sowie die Lufttemperatur eine genauso wichtige Rolle.

Einspritzdüse im Drosselklappenstück.

Vergaser

Natürlich sind noch viele unserer Fahrzeuge mit Vergaseranlagen ausgerüstet. Die meisten aber, gerade die etwas Hochwertigen, arbeiten heute mit elektronischen Gemischaufbereitungssystemen, die deutlich flexibler reagieren können, als die alten Vergasersysteme. Betrachten wir zunächst einmal die Arbeitsweise eines Vergasers anhand des Gleichdruckvergasers und das Funktionsprinzip der Einspritzanlage.

Die Grundlage für das Funktionsprinzip liegt im Venturiprizip. Wenn Luft über ein Rohr strömt, erzeugt sie im Rohr einen Druckabfall. Dieser wiederum sorgt dafür, dass der Kraftstoff einströmt.
Der zuströmende Kraftstoff wird nun vom vorbeiströmenden Luftstrom mitgerissen und im Luftstrom vernebelt. Die Zumischung von Kraftstoff in die Luft wird nun durch eine im Vergaserschieber eingebaute Nadel erreicht. Diese wird nach unten hin dünner. Je weiter also der Vergaserschieber nach oben gezogen wird, umso mehr Kraftstoff kann zugesetzt werden. So weit ist es noch einfach und leicht verständlich. Komplizierter werden nun aber die Zusatzsysteme, die in den meisten Vergasern verbaut sind. Es gibt viele kleine Kanäle und Bohrungen, die zudem nicht unbedingt nur einen Funktionsbereich abdecken. Neben Kaltstartsystemen kommen auch Beschleunigungsanreicherungssysteme sowie Leerlaufstabilisierungssysteme zum Einsatz. Die Umbedüsung ist deshalb niemals ohne tiefgehende Kenntnisse und entsprechende Abgastest-Ausrüstung auf einem Prüfstand zu realisieren. Es besteht leicht die Gefahr, dass das Gemisch in einem Drehzahlbereich zu mager wird und die daraus resultierende heißere Verbrennung einen Motorschaden verursacht. Wir zeigen Ihnen, wie Sie zumindest die Reinigungsarbeiten an Ihrem Vergaser selbst durchführen können und welche Funktionen welche Schräubchen haben können.

Gleichdruckvergaser

Wie es der Name schon sagt, arbeitet dieser Vergasertyp mit dem Druckausgleich. Der Fahrer teilt seinen Lastwunsch über eine Drosselklappe mit. Der Unterdruck vor dem Vergaserschieber steigt. Und somit auch im Schieber selbst und der darüber liegenden Kammer. Der Schieber wird nun entgegen der Federkraft und seinem eigenen Gewicht so weit angehoben, bis Unterdruck, Federkraft und Schiebergewicht wieder einen Kräfteausgleich erzielt haben. Der Vorteil liegt in der ausgewogeneren Reaktion des Vergasers. Die Zumischungen werden deutlich genauer, was positive Auswirkungen auf das Abgasverhalten hat, und das Beschleunigungsloch fällt kleiner aus.

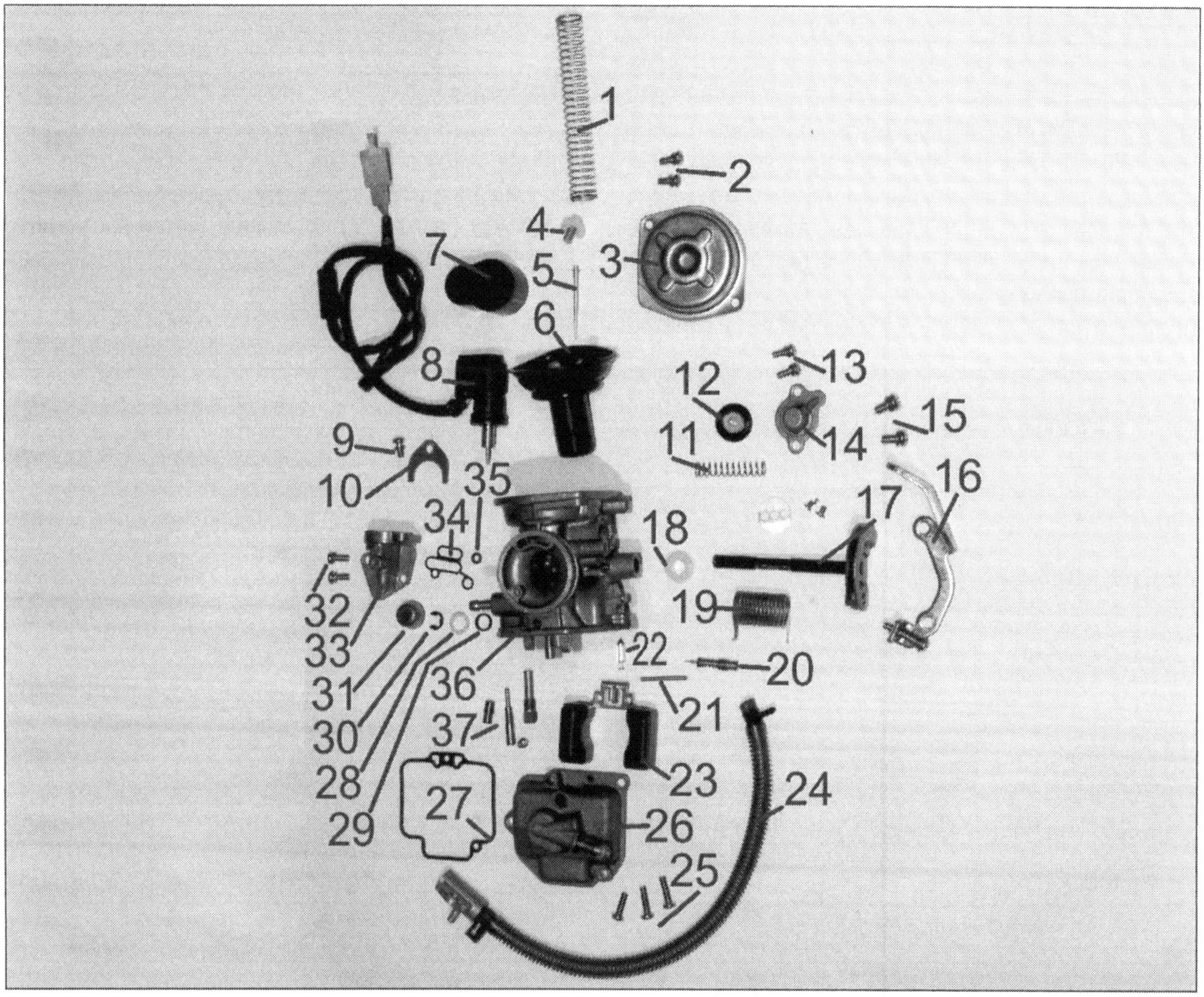

1 Schieberfeder, 2 Schrauben Membrandeckel, 3 Membrandeckel, 4 Schiebernadelsicherung, 5 Schiebernadel, 6 Vergaserschieber mit Membran (nicht weiter zerlegbar!), 7 Abdeckung Chokeventil, 8 Chokeventil (Kaltstartregler), 9 Halterungsschraube Kaltstartregler, 10 Halteplättchen Kaltstartregler, 11 Feder Leerlaufregler, 12 Membran Leerlaufregler, 13 Befestigungsschrauben Deckel, 14 Deckel Leerlaufregler, 15 Befestigungsschrauben Gaszugträger, 16 Gaszugträger, 17 Drosselklappenwelle (nicht demontierbar!), 18 Lagerring Feder (nicht demontierbar!), 19 Feder Drosselklappenwelle (nicht demontierbar!), 20 Abgasschraube Leerlauf mit Feder und Dichtung, 21 Schwimmerlagerwelle, 22 Schwimmernadelventil, 23 Schwimmer, 24 Ablaufschlauch Schwimmerkammer mit Ventil, 25 Befestigungsschrauben Schwimmerkammer, 26 Schwimmerkammer, 27 Schwimmerkammerdichtung, 28 Dichtung Drosselklappenwelle, 29 Lagerring Drosselklappenwelle, 30 Clipse Drosselklappenwelle, 31 Dichtkappe Drosselklappenwelle, 32 Befestigungsschrauben Chokeventilflansch, 33 Chokeventilflansch, 34 Dichtung Chokeventilflansch, 35 Dichtungsring Chokeventilflansch, 36 Vergasergehäuse mit Chokedüse, Schwimmernadelträger und Luftdüse (nicht weiter demontierbar!).

Bauteilprüfung

Membransatz prüfen
Die Trennung der beiden Kammern erfolgt durch den Membransatz. Ist er gerissen, wird kein Unterdruck mehr in der Kammer aufgebaut und der Schieber somit dann auch nicht mehr angehoben.

- Demontieren Sie den Schieberdeckel.
- Entnehmen Sie die Schieberfeder.
- Ziehen Sie den Vergaserschieber mit der Membran heraus.
- Kontrollieren Sie durch leichtes Auseinanderziehen mit den Fingern, ob sich ein Riss oder Loch im Membrangummi gebildet hat.
- Kontrollieren Sie, ob die Bohrungen im Schieber frei sind.

Achten Sie darauf, dass die Schiebernadel fest arretiert ist.

Funktion der Beschleunigerpumpe prüfen
Die Beschleunigerpumpe ist (soweit verbaut) seitlich am Vergaser zu finden. Ihre Aufgabe besteht darin, die in der ersten Phase der Beschleunigung entstehende Abmagerung des Gemisches aufzufangen und sogar etwas anzufetten.

Schiebervergaser

Im Wesentlichen unterscheidet sich der Schiebervergaser nur dadurch, ob der Schieber nun flach oder rund ausgeführt ist, nicht von der Funktionsweise des Membranvergasers. Im Gegensatz zum Membranvergaser wird der Schieber nicht über den anstehenden Unterdruck bewegt, sondern direkt über die Gasbetätigung bewegt.
Der Nachteil liegt in einem etwas schlechteren Abgasverhalten, da die Kraftstoffmenge nicht zugemessen wird, sondern zu einem wesentlichen Teil von der Schieberstellung abhängig ist. Die Vorteile liegen in der schnelleren Reaktion und dem Effekt der Gemischanreicherung bei Gasstößen.

De- und Montage des Vergasers

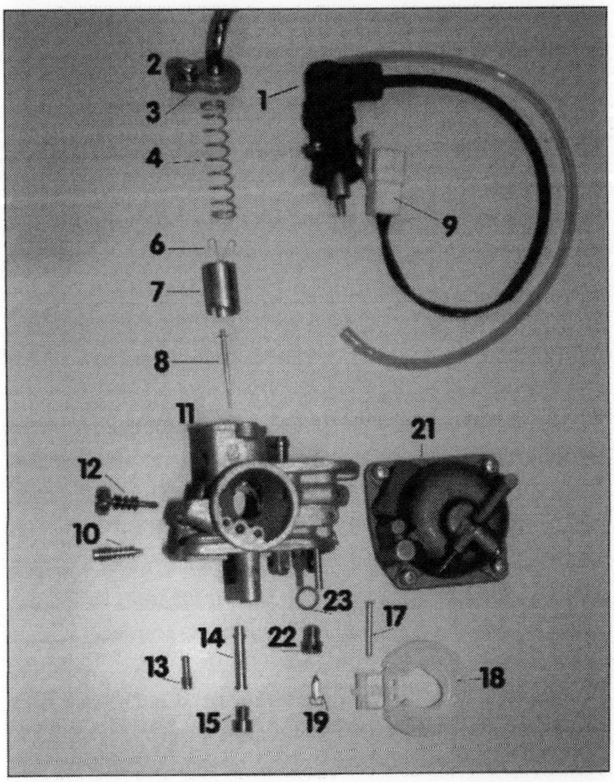

Der Vergaser kann von Zeit zu Zeit verschmutzen oder Wasserrückstände aus dem Tank sammeln. Nach längerer Standzeit kann es passieren, dass der Vergaser »verharzt«. Auch Defekte wie Undichtheit oder »Überlaufen« machen das Zerlegen des Vergasers notwendig.

Was ist vorzubereiten?
- Behälter mit Reinigungsbenzin
- Pinsel
- Schlitzschraubendreher 5 mm
- Schlitzschraubendreher 2 mm
- 2 Schrauben M5 (bei wassergekühlten Modellen)
- Schlauchstück 6 mm

1 Gummitülle, 2 Vergaserdeckel, 3 Vergaserdeckeldichtung, 4 Schieberfeder, 5 Schrauben KSV, 6 Schiebernadelhalter, 7 Vergaserschieber, 8 Schiebernadel, 9 KSV Kaltstartventil, 10 CO-Einstellschraube, 11 Vergasergehäuse, 12 Leerlaufschraube, 13 Leerlaufdüse, 14 Mischrohr, 15 Hauptdüse, 16 Kaltstartdüse, 17 Schwimmerachse, 18 Schwimmer, 19 Schwimmernadel, 20 Dichtung Schwimmerkammer, 21 Schwimmerkammer, 22 Schwimmernadelsitz, 23 Dichtung Nadelsitz.

Welche Teile werden benötigt?
– Vergaserdichtsatz (eventuell)
– Schwimmernadel (eventuell)

■ Bei einigen Zweitakt-Modellen wird zuerst der Luftfilterkasten abmontiert, indem man die beiden Befestigungsschrauben am Motorblock entfernt.

■ Dann muss die Klammer am Ansaugkrümmer am Vergaser entfernt werden. Nun kann der Luftfilter abgenommen werden.

■ Bei den meisten Modellen lässt sich der Vergaser durch das Lösen der Schellen am Ansaugstutzen und um Luftfiltergummi entfernen.

■ Nun kann die Schelle am Ansaugstutzen gelöst und der Vergaser kann abgezogen werden. Hierbei muss vermieden werden, den Vergaser schräg zu halten, da so noch verbliebener Kraftstoff aus der Schwimmerkammer auslaufen kann.

■ Am Vergaser sind je nach Ausführung die Unterdruckleitung für den Benzinhahn, die Kraftstoffzufuhr, der Gemischpumpenschlauch und entweder der Seilzug für den Choke oder eben ein elektrisches Chokeventil befestigt. Da der Vergaser zerlegt werden soll, ist es ausreichend die Vergaserdeckelverschraubung zu lösen und den Vergaserschieber mit Schiebernadel und Feder herauszuziehen.

■ Die Versorgungsschläuche werden abgezogen. Die Verkabelung des Kaltstartventils wird abgezogen.

■ Wenn ein seilzugbetätigter Choke verbaut ist, wird auch hier der Deckel abgeschraubt und der Schieber mit Feder herausgezogen.

■ Bei wassergekühlten Modellen sind oftmals noch Versorgungsschläuche zum Kühlsystem verbaut, die die Vergaservorwärmung ermöglichen. Um zu vermeiden, dass das Kühlwasser abläuft, können die bereitliegenden 5 mm-Schrauben in die Schläuche eingeschoben werden.

■ Der Vergaser kann nun herausgenommen werden.

■ Bevor eine weitere Demontage des Vergasers durchgeführt wird, sollte er von äußeren Verschmutzungen gereinigt werden.

■ Dann wird die Schwimmerkammer demontiert. Wenn der Vergaser bis hierhin aufrecht gehalten wurde, ist es möglich, den Kraftstoffstand und die Verschmutzungen oder Wassereinlagerungen in der Schwimmerkammer zu kontrollieren. Leichte Ablagerungen von Wasser sind auf die Kondensierung der Luftfeuchtigkeit und die recht häufige Betankung des Fahrzeugs zurückzuführen. Gelegentlich finden sich auch feine kupferfarbene Späne in der Schwimmerkammer. Diese sind auf fertigungstechnischen Rückständen oder auch auf Verunreinigungen beim Betanken zurückzuführen. Diese sollten dann natürlich sehr gründlich entfernt werden.

■ Nun werden die Leerlaufschraube (12), die CO-Schraube (10), das elektrische Chokeventil, die Hauptdüse, Leerlaufdüse und, soweit vorhanden, die Chokedüse demontiert.
Für die Demontage des Mischrohrs ist der Durchschlag erforderlich. Nach der erfolgten Demontage der Hauptdüse kann das Mischrohr von oben mit der Hand herausgedrückt werden.

■ Beim Mikunivergaser sollte auch der Nadelsitz entfernt werden.

■ Das Vergasergehäuse wird nun einer gründlichen Reinigung unterzogen. Alle Ablagerungen sollten entfernt werden. Für die mechanische Reinigung eignen sich Drahtbürsten, durchaus auch kleine Schraubenzieher und auch Draht von Ölzetteln.

■ Wichtig ist es, die Bohrungen anschließend gut mit Luft auszublasen.
Sehr gute Reinigungsergebnisse werden auch durch den Einsatz eines Ultraschallreinigers erzielt.

■ Auch die Düsen müssen gründlich gereinigt werden. Die Bohrungen, die quer zu den Düsen verlaufen und die Luftzumischung regeln, müssen frei sein.
Sollten sich die Düsen aufgrund starker Ablagerung nicht mehr reinigen lassen, so müssen sie ersetzt werden. Die Düsengrößen werden auf die Düsen eingeprägt. Die Zahl »65« bedeutet, dass die entsprechende Düse 0,65 mm Durchmesser hat. Die Düsengröße hat großen Einfluss auf das Abstimmungsverhalten des Vergasers. Im Regelfall muss die Düsengröße nicht verändert werden.

Die Dichtheit der Schwimmernadel kann leicht mit Hilfe des Schlauchstückes überprüft werden.

■ Hierzu werden der Schwimmer sowie die Schwimmernadel montiert und der Vergaser auf den Kopf gestellt, das Schlauchstück wird auf den Benzinstutzen gesteckt.

■ Bläst man nun in den angeschlossenen Schlauch mit dem Mund Luft ein, lässt sich die Funktion des Schwimmernadelventils gut beobachten. Dreht man den Vergaser von seiner Einbaulage auf den Kopf, so verschließt das Schwimmernadelventil. Wird der Vergaser in Einbaulage gedreht, lässt das Schwimmernadelventil die Luft durch.

PRAXISTIPP

Kleine Düsen reinigen

Gerade bei den kleineren Düsendurchmessern wie bei der Leerlaufdüse und der Chokedüse ist die Reinigung mit dem Ölzetteldraht recht einfach. Der Draht ist ungefähr 0,45 mm bis 0,50 mm dick und damit etwas kleiner als die Düsendurchmesser.

Kaltstartregler Vergaser

Die Eigenschaften
Ein Thermoelement steuert den Kolben für Luft- und Kraftstoffzumischung für die Erhöhung der Leerlaufdrehzahl und die Anfettung des Gemisches.
Das Thermoelement wird durch die Generatorwechselspannung betrieben und dehnt sich aus.

Typische Fehler
- Kontaktkorrosion am Stecker und zum Thermoelement (eigentlich nicht zerlegbar!)
- Defektes Dehnstoffelement
- Defektes Heizelement

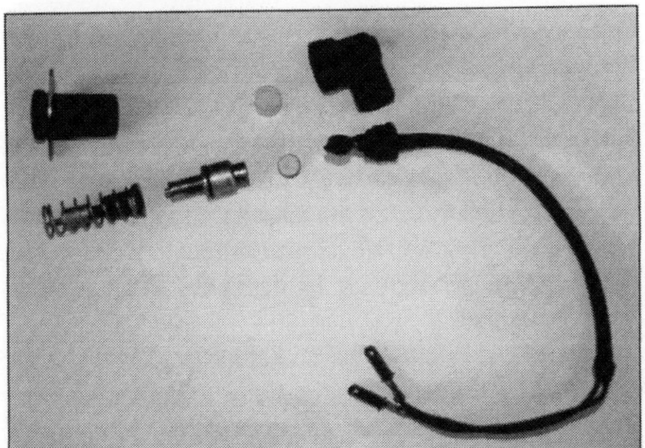

Normal nie sichtbar: Einzelteile des Chokeventils.

Fehlerbild und Ursache
Der Kaltstartregler des Vergasers hat die Aufgabe, neben dem normalen Weg im Vergaser zusätzlich Kraftstoff und Luft zuzugeben. In den meisten Fällen wird dann in der Warmlaufphase die Leerlaufdrehzahl angehoben. Mechanischer Verschleiß ist bei diesem Bauteil eigentlich nicht anzutreffen. Wie bei vielen anderen Bauteilen am Quad, ist Korrosion auch ein Problem am Kaltstartregler. Weiterhin brechen auch schon mal die Kabel am Gehäuse ab. Die Funktionsweise dieses Bauteils ist denkbar einfach. Im Kaltzustand wird der Kaltstartschieber angehoben. Ein elektrisches Heizelement wird, während der Motor läuft, vom Lichtstrom versorgt und beheizt ein Dehnstoffelement. Dieses Dehnstoffelement dehnt sich aus und schiebt den Kaltstartschieber auf den Sitz im Vergaser. So wird dann sowohl die Zusatzluft als auch der Zusatzkraftstoff abgeregelt und der Vergaser läuft wieder über das normale Leerlaufgemischsystem.

Bauteilprüfung im ausgebauten Zustand

Die Funktion des Kaltstartreglers lässt sich auch im ausgebauten Zustand simulieren. Zuerst wird mit einem Messschieber oder mit einem Maßstab das Überstandsmaß des Kaltstartschiebers ermittelt. Nun wird an die elektrischen Anschlüsse eine 12V-Batterie angeschlossen. Nach einer Wartezeit von einigen Minuten wird der Kaltstartschieber weiter herausge-

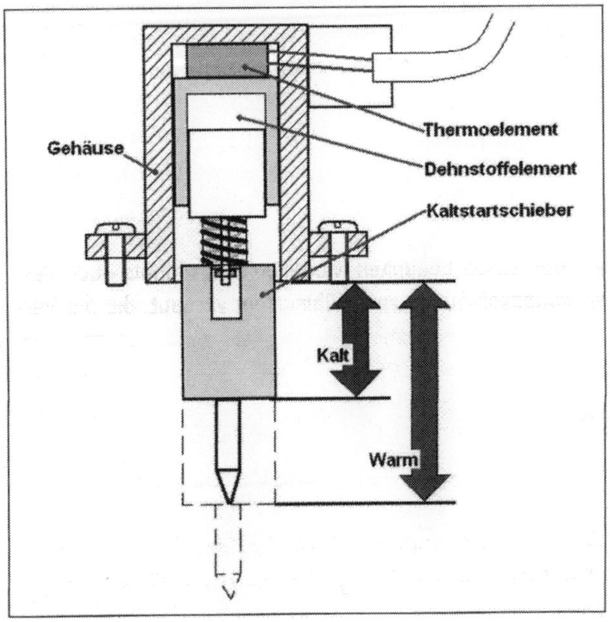

Schnittbild in Funktion.

schoben. Er bewegt sich im ausgebauten Zustand um ca. 8 mm. Wenn man die Schutzkappe abzieht, kann man am Gehäuse fühlen, dass das Heizelement arbeitet. Der Kaltstartregler ist nicht zerlegbar und kann nur als ganze Baueinheit ersetzt werden. Sollte das Gehäuse nicht warm werden und der Kaltstartschieber nicht ausfahren, muss der Kaltstartregler ersetzt werden. Weiterhin gibt es die Möglichkeit, dieselbe Prüfung an dem Kaltstartregler durchzuführen, wenn er am Vergaser verbaut ist. Blickt man in den Ansaugtrichter des Vergasers hinein, kann man auf der Seite, an der das Kaltstartregelventil verbaut ist, eine ca. 4 mm große Bohrung erkennen.
Diese Bohrung ist die Luftzufuhrbohrung für das Zusatzgemisch in der Warmlaufphase.
Mit Hilfe eines Gummischlauches kann man nun versuchen, in die Bohrung hineinzublasen. Gelingt das, kann man ein deutliches Zischen wahrnehmen. Wenn das Thermoelement ausreichend aufgeheizt ist, sollte der Kaltstartschieber die Bohrung verschließen. Nun sollte es nicht mehr möglich sein, Luft durch diesen Kanal durchzublasen.

Bauteilprüfung im eingebauten Zustand

Um die Funktion im eingebauten Zustand überprüfen zu können, ist es erforderlich, dass der Ansaugschlauch zum Luftfilter demontiert ist. Zudem muss der Motor kalt und das Quad für mindestens eine Stunde nicht in Betrieb gewesen sein.
Startet man nun, wird auch Luft durch diese Bohrung angesaugt. Verschließt man diese Bohrung dicht mit einem Finger, wird die Leerlaufdrehzahl sofort abfallen. Gelegentlich geht auch der Motor aus.
Im Warmzustand, nach einigen Minuten Laufzeit des Motors, wird dieselbe Prüfung keine Veränderung der Leerlaufdrehzahl ergeben. Natürlich kann dies keine Aussage über die Abdichtung des Kaltstartschiebers für den Kraftstoffkanal ergeben. Hier muss der Schieber demontiert und der Sitz genau betrachtet werden. Häufige Fehler sind ein gerissener Gummisitz oder ein klemmender Regelkolben.

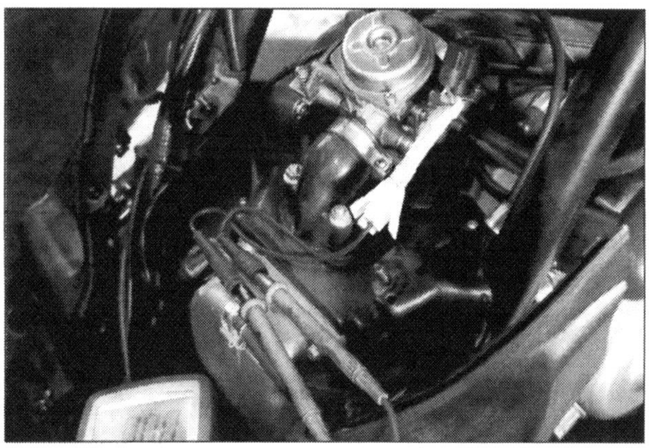

Keine Spannung bedeutet auch keine Funktion!

Spannungsmessung an den Anschlüssen
Die Voraussetzung für die Funktion des Kaltstartreglers ist die elektrische Stromversorgung. Misst man parallel zu den Anschlüssen beim angeschlossenen Kaltstartregler, so muss bei laufendem Motor eine Wechselspannung von ca. 10 bis 15 V anliegen.

> **PRAXISTIPP – Kaltstartregler prüfen**
>
> Ist der Motor warm gelaufen, ist auch der Kaltstartregler am Gehäuse sehr gut spürbar erwärmt. Das ist schon mal ein Zeichen für ein funktionierendes Heizelement.

Einspritzsystem

Zuerst einmal sei erwähnt, dass der Umgang mit einem Einspritzsystem mitnichten komplizierter ist. Hinsichtlich der Fehlersuche gestaltet sich ein solches System deutlich übersichtlicher, als die am Vergasermotor. Bei den meisten Fahrzeugen sind Zünd- und Einspritzsystem in einem Steuergerät zusammengefasst. Man spricht dann von einem »Motronicsystem«. Zündzeitpunkt, Einspritzzeitpunkt und Einspritzdauer werden in Abhängigkeit von Motordrehzahl, Drosselklappenstellung, Restsauerstoffgehalt im Abgas sowie Luft- und Wassertemperatur durch fest programmierte Kennfelder ausgelöst.
Bei modernen Systemen wird diese Anlage permanent durch die Eigendiagnose überwacht. Störungen und Ausfälle werden in der Regel im Fehlerspeicher abgelegt. Der Fehlerspeicher ersetzt aber nicht den technischen Sachverstand des Mechatronikers. Er gibt nur Hinweise auf den Bereich, an denen der Fehler gefunden werden kann.
Inwieweit ein Bauteil, das im Fehlerspeicher benannt ist, tatsächlich defekt ist oder ob es lediglich das Umfeld um dieses Bauteil ist, muss entsprechend geprüft werden.

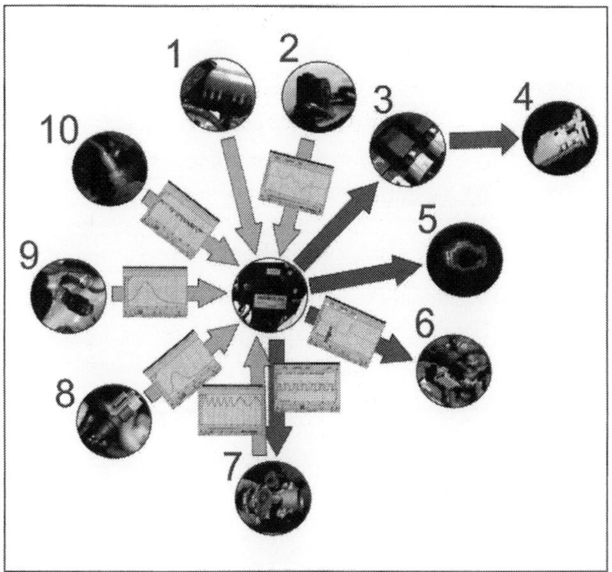

Einspritzsystem rund um das Steuergerät im Überblick: 1 Spannungsversorgung, 2 Kurbelwellensensor (OT-Geber), 3 Entlastungsrelais, 4 Kraftstoffpumpe, 5 Motor-Informations-Leuchte, 6 Einspritzventil, 7 Drosselklappenstück, 8 Ansaugluftfühler, 9 Wassertemperaturfühler, 10 Lambdasonde.

Blinkcode, Speicher und die Zukunft

In naher Zukunft wird wie bei den Pkws schon üblich eine so genannte OBD (On Board Diagnose) Einzug in elektrische Anlagen der Quads und Bikes halten. Wiederum wird diese Technik sofort von einigen verteufelt. Andere hingegen überschätzen die Möglichkeiten der Diagnose, die sich so ergeben können. Die Rede ist von Steuergeräten, die in der Lage sind, Komponenten dauerhaft zu überwachen und Fehler, die im Betrieb des Fahrzeugs auftreten, abzuspeichern. Das gibt es zwar schon heute, die OBD wird aber hier durch genormte Protokolle die Testgeräte wie beim Auto ab 30 Euro erschwinglich machen. Die Fehlersuche und Diagnose werden um einige Möglichkeiten erweitert und verändert. Man hat die Möglichkeit, ein System im Fahrzeug auf vergangene Fehler oder Ausfälle abzufragen. Wir gehen davon aus, dass die derzeit aufgerufenen Testerpreise so weit fallen werden, dass einige private Schrauber demnächst ihre Werkzeugkiste um ein Laptop mit Messköpfen und einen Drucker erweitern.

Üblicherweise wird dann angenommen, dass der Mechaniker als Diagnosesteller nicht mehr gebraucht wird. Man nimmt an, dass der Computer die Diagnose übernimmt, das defekte Teil benennt und der Mechaniker lediglich für die Schrauberarbeiten zuständig ist. Das wird aber so nicht eintreffen. Man kann schon jetzt sicher sagen, dass die berühmte Nase, das logische Denkvermögen und das fachliche Know-how des Mechanikers nicht ersetzt werden können. Der Tester und Computer ist lediglich ein weiteres Werkzeug, das die Arbeit in Zukunft weiterhin wesentlich erleichtert.
Zurzeit werden die Freigaben der Herstellerdaten gerade realisiert. Mit steigender Nachfrage und Zunahme der Datenvielfalt werden über kurz oder lang Datenbanken in Testern entstehen, die sich nicht nur auf Messwertblöcke beziehen, sondern auch auf diese komfortable Art die Einstellwerte und entsprechenden Herstellerhandbücher beinhalten.

Demontagearbeiten am Einspritzsystem

Bevor Sie am Einspritzsystem wilde Demontageorgien starten, sollten Sie immer das System als Ganzes oder einzelne Komponenten gezielt prüfen. Ein ausgebautes Einspritzventil ist beispielsweise nicht mehr hydraulisch, also auf Dichtheit und auf das Einspritzbild prüfbar.

Temperaturfühler

Die Aufgabe des Temperaturfühlers besteht darin, die Motortemperatur oder auch die Ansauglufttemperatur zu erfassen und für das Motorsteuergerät erfassbar darzustellen. Die physikalische Größe Wärme wird in ein elektrisches Signal umzuwandeln. Im Grundsatz unterscheiden wir zwei Arten von Temperaturfühlern. Beim NTC (Negativ Temperatur Coeffizient) sinkt mit steigender Temperatur der Widerstand. Je höher also die durch den Sensor erfasste Temperatur ist, umso kleiner wird der Widerstand des Sensors. Der PTC (Positiv Temperatur Coeffizient) verhält sich genau umgekehrt.

Prüfungen am Temperaturfühler

Der Ausfall eines Temperaturfühlers kommt gar nicht so selten vor. Allerdings passiert es oft, dass er so genannte Aussetzer im Verlauf zeigt. Der Temperaturfühler selber wird während der Messung miterwärmt oder er wird Vibrationen, Feuchtigkeit und durchaus auch starken Temperaturschwankungen ausgesetzt. Natürlich können diese Einflüsse auch dazu führen, dass der Temperaturfühler in einigen Bereichen zwar perfekt arbeitet, aber in anderen Temperaturbereichen »Ausreißer« zeigen. Diese Defekte werden in der Regel nicht mit dem Multimeter erkannt. Die Messung mit dem Oszilloskop ist hier die sicherste Variante.

Widerstandsmessung mit dem Multimeter

- Schalten Sie die Zündung aus.
- Ziehen Sie den Zündschlüssel ab
- Ziehen Sie den Anschlussstecker ab.
- Demontieren Sie den Temperaturfühler.
- Basteln Sie sich ein paar Hilfskabel aus beispielsweise altem Lautsprecheranschlusskabel vom Auto.
- Schließen Sie diese an den Anschlüssen des Temperaturfühlers an.
- Schalten Sie Ihr Messgerät auf 2000 Ohm.
- Prüfen Sie nun zuerst, ob eine Verbindung eines Anschlusses zur Gehäusemasse des Temperaturfühlers besteht.
- Schließen Sie einen Nadelabgreifer auf einen der Anschlüsse an.
- Schließen Sie den anderen Nadelabgreifer an den anderen Anschluss an.
- Erwärmen Sie den Temperaturfühler nun vorsichtig (bei Ansaugluftfühlern reicht schon die geschlossene Hand) und beobachten Sie die Widerstandsänderung.
- Beobachten Sie, ob der Widerstand gleichmäßig ansteigt oder abfällt.

Widerstandsmessung mit dem Speicher-Oszilloskop

- Schalten Sie die Zündung aus.
- Ziehen Sie den Zündschlüssel ab
- Ziehen Sie den Anschlussstecker ab.
- Demontieren Sie den Temperaturfühler.
- Basteln Sie sich ein paar Hilfskabel aus beispielsweise altem Lautsprecheranschlusskabel vom Auto.
- Schließen Sie diese an den Anschlüssen des Temperaturfühlers an.
- Schalten Sie Ihr Oszilloskop auf 2000 Ohm. Verwenden Sie für die X-Achse (Zeitachse) eine Bildschirmauflösung von 60 Sekunden.
- Prüfen Sie auch hier zuerst, ob eine Verbindung eines Anschlusses zur Gehäusemasse des Temperaturfühlers
- Schließen Sie einen Nadelabgreifer auf einen der Anschlüsse an.
- Schließen Sie den anderen Nadelabgreifer an den anderen Anschluss an.
- Erwärmen Sie den Temperaturfühler nun vorsichtig (bei Ansaugluftfühlern reicht schon die geschlossene Hand) und zeichnen Sie die Widerstandsänderung auf.
- Beobachten Sie, ob der Widerstand gleichmäßig ansteigt oder abfällt.

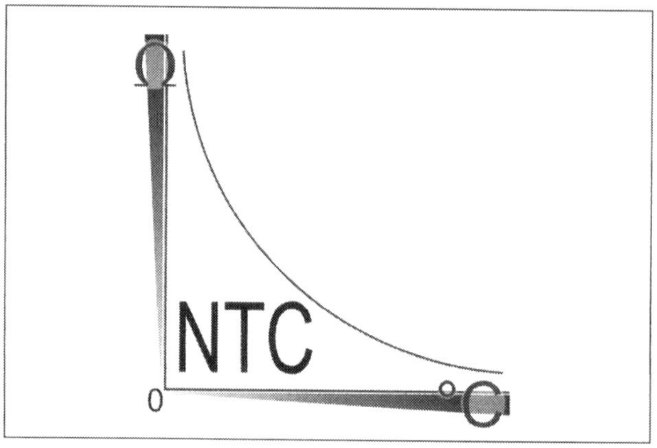

NTC bei Erwärmung: »Je mehr desto weniger«.

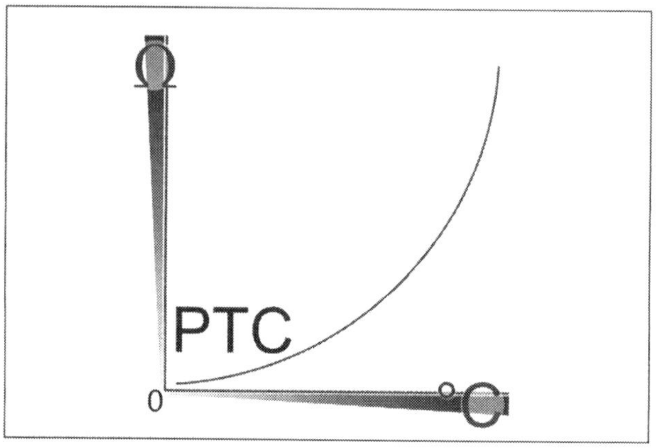

PTC bei Erwärmung: »Je mehr desto mehr«.

PRAXISTIPP

Auf Übergangswiderstände achten!

Achten Sie darauf, dass die Anschlusskabel und auch die Kontakte sauber und korrosionsfrei sind. Ein Übergangswiderstand kann natürlich die Messergebnisse auch für das Motorsteuergerät ganz leicht verfälschen.

Demontage der Temperaturfühler für Wasser und Luft

Der Wassertemperaturfühler teilt dem Motorsteuergerät die Betriebstemperatur des Motors mit. In der Regel stellt der Ausfall des Sensors dann den Betriebszustand »sehr kalt«, also ungefähr -35 °C, ein. Das hat dann in der Regel einen erhöhten Leerlauf und auch erhöhten Kraftstoffverbrauch zur Folge.

Der Lufttemperatursensor erfasst die Temperatur der angesaugten Luft. Das Steuergerät kann daraus die Luftdichte bestimmen. Zusammen mit dem Öffnungswinkel der Drosselklappe, dem Lambdawert und der Wassertemperatur wird dann die erforderliche Ansteuerungszeit der Einspritzdüse errechnet.

Was ist vorzubereiten?
- Behälter zu Auffangen der ablaufenden Kühlflüssigkeit (Wassertemperaturfühler)
- Pinsel
- Schlitzschraubendreher 5 mm
- Schlitzschraubendreher 2 mm
- Spitzzange

Ausgebauter Temperaturfühler für Luft.

Welche Teile werden benötigt?
- Temperaturfühler
- passende Dichtung dazu

■ Schalten Sie die Zündung aus.

■ Ziehen Sie den Zündschlüssel ab.

■ Reinigen Sie den Bereich der Sensorbefestigung mit Druckluft und einem Pinsel gründlich.

■ Ziehen Sie den Steckkontakt von dem Sensor ab.

■ Die Wassertemperaturfühler sind in der Regel eingeschraubt. Drehen Sie den Sensor heraus.

■ Die Lufttemperaturfühler werden normalerweise in das Luftfiltergehäuse mit einem Gummiring hineingedrückt. Ziehen Sie den Sensor vorsichtig mit leichten Drehbewegungen heraus.

■ Die Montage erfolgt für beide Sensoren in der gleichen Art und Weise. Achten Sie darauf, dass die Dichtungen intakt sind, oder besser noch: Erneuern Sie die Dichtungen grundsätzlich.

Kraftstoffpumpe

Neben der Aufgabe den Kraftstoff aus dem Tank zu der Einspritzdüse zu fördern, muss die Kraftstoffpumpe auch den notwendigen Kraftstoffdruck erzeugen, der benötigt wird, um den Kraftstoff fein vernebelt in das Ansaugrohr zu spritzen.

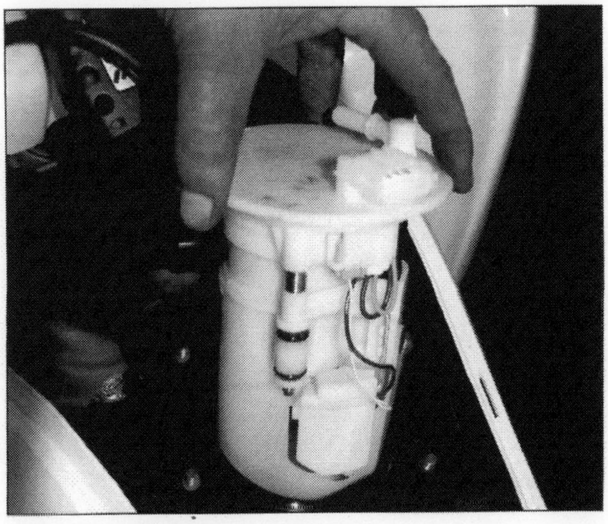

Tankgeber und Pumpe als Einheit.

Prüfungen an der Kraftstoffpumpe

Die Kraftstoffpumpe ist bei den meisten Fahrzeugen heute im Tank verbaut. Man muss allerdings auch nicht an sie direkt heran. Für die Messungen ist es ausreichend, die Anschlüsse an der Einspritzdüse erreichen zu können.

Druckmessung und Systemdichtheit

- Schalten Sie die Zündung aus.
- Ziehen Sie den Zündschlüssel ab.
- Ziehen Sie das Kraftstoffpumpenrelais ab.
- Ziehen Sie die Kraftstoffleitung an der Einspritzdüse ab.
- Stecken Sie einen Adapter (oder einen passenden Schlauch) zwischen die Einspritzdüse und den Kraftstoffschlauch, an dem ein Manometer angeschlossen ist.
- Schließen Sie ein Manometer (Messbereich 0-5 bar) im Druckkreislauf an.
- Überbrücken Sie das Kraftstoffpumpenrelais von Dauerplus auf den Anschluss der Kraftstoffpumpe und lassen Sie die Kraftstoffpumpe bis zum Erreichen des Höchstdrucks laufen.

In der Regel liegt der Einspritzdruck zwischen 3,3 und 3,5 bar. Sollte er deutlich abweichen, müssen die Kraftstoffpumpe, der Kraftstofffilter und die Anschlüsse genauer unter die Lupe genommen werden.
Der Kraftstoffdruck darf nicht sofort nach dem Abschalten der Kraftstoffpumpe abfallen. Er sollte nach 10 Minuten die 3 bar noch nicht unterschritten haben. Fällt er stark ab, können nun mit Nase und Auge zuerst die erreichbaren Bauteile des Kraftstoffsystems überprüft werden. Die Undichtheit kann aber auch durch die Pumpe selbst verursacht werden. Eine Leckage hier kann bedingt toleriert werden.

Volumenmessung

- Schalten Sie die Zündung aus.
- Ziehen Sie den Zündschlüssel ab.
- Ziehen Sie das Kraftstoffpumpenrelais ab.
- Ziehen Sie die Kraftstoffleitung an der Einspritzdüse ab.
- Stecken Sie einen Adapter (oder einen passenden Schlauch) anstatt der Einspritzdüse auf den Kraftstoffschlauch, der an einem Manometer angeschlossen ist.
- Schließen Sie ein Manometer (Messbereich 0-5 bar) in dem Druckkreislauf an.
- Überbrücken Sie das Kraftstoffpumpenrelais von Dauerplus auf den Anschluss der Kraftstoffpumpe und lassen Sie die Kraftstoffpumpe 30 Sekunden laufen.
- Fangen Sie den Kraftstoff in einem 1 Liter-Messbecher auf.

Die Pumpe sollte nun ungefähr einen halben Liter Kraftstoff fördern. Die genaue Förderleistung kann natürlich von Fahrzeughersteller und Fahrzeugtyp abhängen. Erkundigen Sie sich in jedem Fall bei Ihrem Händler über die Mindestfördermenge der Kraftstoffpumpe.

Menge prüfen geht auch mit Haushaltsmitteln.

PRAXISTIPP

Spannungsversorgung beachten!

Die Kraftstoffpumpe wird über das Pumpenrelais durch die Bordnetzspannung von 12 V versorgt. Fällt diese Spannung niedriger aus, kann natürlich auch die Pumpenleistung nicht erreicht werden.

Prüfen Sie immer die Anschlüsse auf sichere und saubere Verbindung.

Demontage der Kraftstoffpumpe (extern)

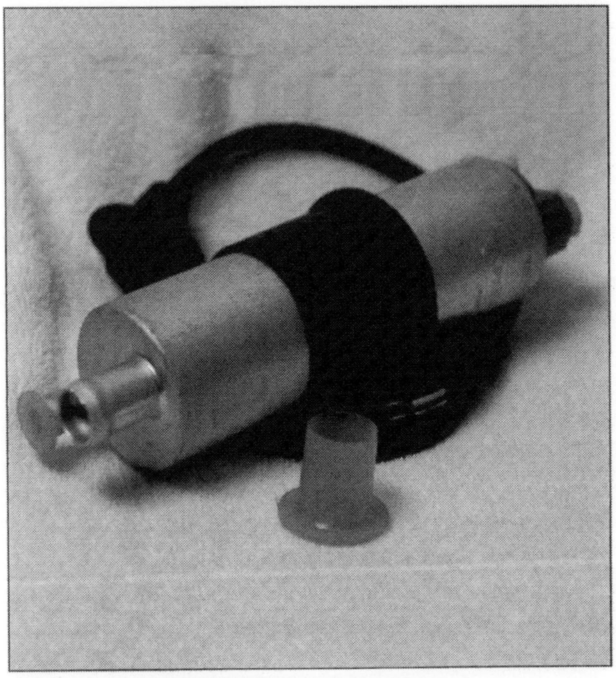

Externe Kraftstoffpumpe.

Die Kraftstoffpumpe fördert nicht nur den Kraftstoff vom Tank zum Einspritzventil, sondern erzeugt auch den erforderlichen Druck für die feine Zerstäubung des Kraftstoffes. Für die Demontage der »In-Tank-Pumpen« ist oft die Demontage des Schwimmersystems oder einer Wartungsklappe erforderlich. Hier muss in jedem Fall der Kraftstoff abgelassen werden.

Was ist vorzubereiten?
- Behälter zu Auffangen des ablaufenden Kraftstoffes
- Pinsel zur Vorreinigung
- Schlitzschraubendreher 5 mm
- Schlitzschraubendreher 2 mm
- Spitzzange
- Schlauchklemmzange oder eine in den Schlauch passende Schraube zur Abdichtung

Welche Teile werden benötigt?
- Kraftstoffpumpe
- Schlauchschellen
- Neuer Kraftstoffschlauch

- Schalten Sie die Zündung aus.
- Ziehen Sie den Zündschlüssel ab.
- Reinigen Sie den Bereich der Anschlüsse mit Druckluft und einem Pinsel gründlich.
- Ziehen Sie die Kraftstoffzuleitung zur Kraftstoffpumpe ab und dichten Sie diese ab.
- Lassen Sie den Kraftstoff aus der Pumpe und den Schläuchen in den Behälter ablaufen.
- Ziehen Sie die elektrischen Anschlüsse ab.
- Ziehen Sie die Anschlussschläuche ab.
- Demontieren Sie die Pumpenhalterung.
- Nehmen Sie die Pumpe heraus und lassen Sie die Kraftstoffrückstände gründlich ablaufen.

Die Montage erfolgt sinngemäß in umgekehrter Reihenfolge. Achten Sie darauf, dass die Dichtringe oder Schlauchschellen wirklich dicht sind. Es besteht Brandgefahr!

PRAXISTIPP

Kleine Pumpenreparatur

Festhängende Kraftstoffpumpen werden oft trotz Filter durch Dreck blockiert. Wenn Sie die Pumpe anschlussvertauscht anschließen (Plus auf Minus und Minus auf Plus) kann es sein, dass sie wieder laufen.

Vor dem endgültigen Einbau sollten Sie dann aber die Pumpe zum einen gründlich spülen und zum anderen ausreichend Probe laufen lassen.

Wenn Sie die Förderleistung oder den Förderdruck bemängeln, achten Sie darauf, dass die Pumpe auch einen ausreichenden Kraftstoffzulauf vom Tank erhält. Ohne Flüssigkeit kann sie weder vernünftig fördern noch einen akzeptablen Druck aufbauen.

Drosselklappenstück

Die Eigenschaften
Drosselklappe meist über Seilzug angesteuert. Drosselklappenpoti zur Überwachung der Drosselklappenstellung.

Typische Fehler
– Defektes Drosselklappenpotentiometer
– Verstelltes Drosselklappenpotentiometer
– Übergangswiderstand in der Kabelverbindung
– Kriechströme in den Anschlüssen

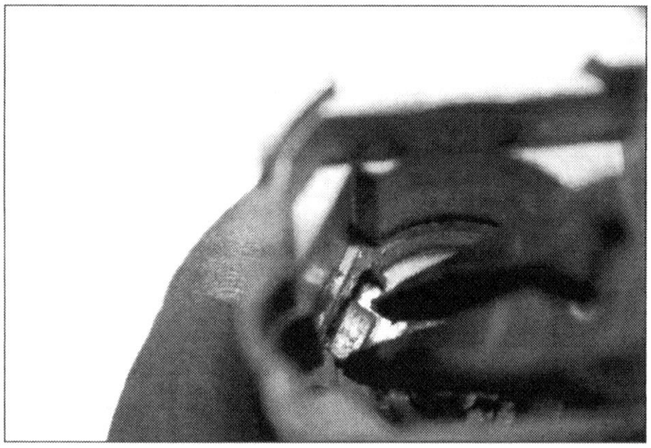

Drosselklappenstück am Quad.

Das Drosselklappenstück beheimatet mehrere Bauteile, die dringend für die Einspritzanlage erforderlich sind. Die Drosselklappe selber übernimmt, wie bei den Gleichdruckvergasern auch, die Reduzierung des Luftstroms im Ansaugtrakt. Die Stellung der Drosselklappe oder besser gesagt ihr Drehwinkel wird über einen drehbaren Widerstand erfasst. Der Drehwinkel der Drosselklappenwelle verursacht eine Verstellung des Widerstandes und damit dann auch die Ausgangsspannung (Signalspannung) des Potentiometers, das an der Drosselklappenwelle befestigt ist.

Prüfungen rund um das Drosselklappenstück

Spannungsmessung mit dem Multimeter
Die Spannungsmessung ist für die Bauteilprüfung wenig aussagekräftig, da hier durch die Reaktionszeit des Multimeters eine sehr langsame und gleichmäßige Gasbetätigung erforderlich ist. Zudem muss neben der Betätigung auch die Anzeige des Multimeters ununterbrochen im Auge behalten werden.

- Schalten Sie die Zündung ein.
- Kontrollieren Sie, ob die beiden äußeren Anschlüsse die Spannungsversorgung darstellen.
- Schließen Sie einen Nadelabgreifer auf den Minusanschluss an.
- Schließen Sie den anderen Nadelabgreifer an den Sensorausgang an.
- Schalten Sie Ihr Messgerät auf 12 V DC.
- Geben Sie nun bei stehendem Motor und eingeschalteter Zündung ganz langsam Gas.
- Beobachten Sie, ob die Spannung gleichmäßig ansteigt oder abfällt.

Widerstandsmessung mit dem Multimeter
- Schalten Sie die Zündung aus.
- Ziehen Sie den Zündschlüssel ab.
- Ziehen Sie den Anschlussstecker ab.
- Schließen Sie einen Nadelabgreifer auf einen der äußeren Anschlüsse an.
- Schließen Sie den anderen Nadelabgreifer an den Sensorausgang an.
- Schalten Sie Ihr Messgerät auf 2000 Ohm.
- Geben Sie nun bei stehendem Motor und ausgeschalteter Zündung ganz langsam Gas.
- Beobachten Sie, ob der Widerstand gleichmäßig ansteigt oder abfällt.

Rauschprüfung mit dem Oszilloskop
- Schalten Sie die Zündung ein.
- Kontrollieren Sie, ob die beiden äußeren Anschlüsse die Spannungsversorgung darstellen.
- Schließen Sie einen Nadelabgreifer auf den Minusanschluss an.

■ Schließen Sie den anderen Nadelabgreifer an den Sensorausgang an.

■ Schalten Sie das Oszilloskop auf 12 V DC.

■ Geben Sie nun bei stehendem Motor und eingeschalteter Zündung einige Gasstöße und lassen Sie das Gas wieder in den Leerlauf kommen.

■ Beobachten Sie, ob das Signalbild gleichmäßig ansteigt oder abfällt. Ausreißer bezeichnet man als Rauschen, die auf eindefektes Potentiometer hinweisen.

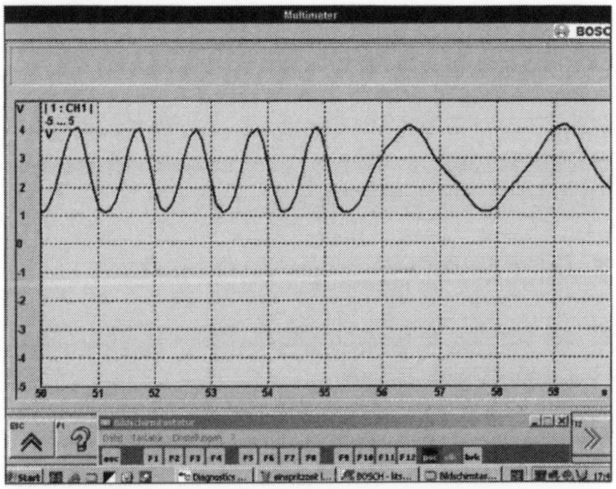

Rauschprüfung am Drosselklappenpotenziometer.

Versiegeln Sie die Befestigungsschrauben des Drosselklappenpotentiometers und auch der Drosselklappenanschläge mit einem Lackstift. Verdrehungen können so vermieden werden oder werden recht leicht erkannt. Kontrollieren Sie auch den festen Sitz der Drosselklappen selber. Lagerspiel in der Welle oder eine lose Drosselklappe beeinflussen das Laufverhalten immer negativ.

Demontage des Drosselklappenstückes

Das Drosselklappenstück ist die Baugruppe, die die Drosselklappe, das Drosselklappenpotentiometer, die Einspitzdüse und in vielen Fällen auch den Leerlaufstellmotor aufnimmt.

Was ist vorzubereiten?
- Behälter zu Auffangen des ablaufenden Kraftstoffes
- Pinsel zur Vorreinigung
- Schlitzschraubendreher 5 mm

Drosselklappenstück mit Leerlaufschrittmotor, Drosselklappenpoti und Einspritzdüse.

- Schlitzschraubendreher 2 mm
- Spitzzange
- Schlauchklemmzange oder eine in den Schlauch passende Schraube zur Abdichtung

Welche Teile werden benötigt?
- Schlauchschellen

■ Schalten Sie die Zündung aus.

■ Ziehen Sie den Zündschlüssel ab.

■ Reinigen Sie den Bereich des Drosselklappenstückes mit Druckluft und einem Pinsel gründlich.

■ Ziehen Sie die Kraftstoffzuleitung zum Einspritzventil ab.

■ Lassen Sie den Kraftstoff aus der Leitung in den Behälter ablaufen und dichten Sie diese ab.

■ Ziehen Sie die elektrischen Anschlüsse ab.

■ Lösen Sie die Schelle am Ansaugstutzen.

■ Ziehen Sie das Drosselklappenstück heraus und lassen Sie die Kraftstoffrückstände aus dem Einspritzventil gründlich ablaufen.

■ Packen Sie das Drosselklappenstück in einen sauberen Lappen ein. Vermeiden Sie Verunreinigungen, die in das Ansaugrohr oder in die Einspritzdüse eindringen können.

■ Stecken Sie einen Lappen in den Ansaugstutzen des Motors.

Die Montage erfolgt sinngemäß in umgekehrter Reihenfolge. Achten Sie darauf, dass die Dichtringe oder Schlauchschellen wirklich dicht sind. Es besteht Brandgefahr! Achten Sie auch auf den korrekten Sitz des Gaszuges, der Kabelführung und den Sitz der Stecker.

PRAXISTIPP

Keine unnötige Demontage!

Die Demontage der Drosselklappe oder Veränderungen der Einstellung erfordern die Neujustierung des Potentiometers und bei Mehrzylindermotoren auch eine Synchronisation der Drosselklappen. Vermeiden Sie es wenn möglich, die Einstellungen zu verändern oder Bauteile am Drosselklappenstück selbst ohne Grund abzuschrauben. Das zieht in jedem Fall zusätzliche Arbeit nach sich.

Demontage und Einrichten des Drosselklappenpotentiometer

Das Drosselklappenpotentiometer gibt dem Steuergerät die Stellung der Drosselklappe, also die »Gasstellung« an.
Dieser Wert definiert zusammen mit der Motordrehzahl die »Lastanforderung« durch den Fahrer. Wir zeigen hier am Beispiel der Yamaha YFM700RV die durchaus typische Vorgehensweise. Vor der Justierung muss das Bauteil geprüft werden.

Was ist vorzubereiten?
- Passende Schraubendreher
- Kleiner Schraubendreher

Welche Teile werden benötigt?
- Drosselklappenpotentiometer

Demontage des Drosselklappenpotentiometers

■ Schalten Sie die Zündung aus.

■ Ziehen Sie den Zündschlüssel ab.

■ Reinigen Sie den Bereich des Drosselklappenstückes mit Druckluft und einem Pinsel gründlich.

■ Ziehen Sie die elektrischen Anschlüsse ab.

■ Drehen Sie die Halterungsschrauben des Drosselklappenpotentiometers heraus.

■ Ziehen Sie das Drosselklappenpotentiometer heraus.

■ Packen Sie das Drosselklappenpotentiometer in einen sauberen Lappen ein. Vermeiden Sie Verunreinigungen, die in das Gehäuse oder in das Drosselklappenpotentiometer eindringen können.

Die Montage erfolgt sinngemäß in umgekehrter Reihenfolge. Achten Sie darauf, dass die Dichtringe oder Dichtungen intakt sind. Vor der endgültigen Montage muss das Drosselklappenpotentiometer neu eingerichtet werden.

Einrichten des Drosselklappenpotentiometers

Was ist vorzubereiten?
- Multimeter
- zwei Nadelabgreifer (Messspitzen)
- passenden Schraubendreher

Welche Teile werden benötigt?
- Keine

■ Reinigen Sie den Bereich des Drosselklappenstückes mit Druckluft und einem Pinsel gründlich.

■ Schließen Sie das rote Messkabel des Multimeters mit einem Nadelabgreifer an das gelbe Kabel des Drosselklappenpotentiometers an.

Drosselklappenpotentiometer lösen und verdrehen, bis das angeschlossene Multimeter die vorgegeben Messwerte erreicht.

Anschlüsse am Drosselklappenpotentiometer.

- Schließen Sie das schwarze Messkabel des Multimeters mit einem Nadelabgreifer an das schwarz/gelbe Kabel des Drosselklappenpotentiometers an.

- Stellen Sie Ihr Multimeter auf einen Messbereich von 20 V.

- Schalten Sie die Zündung ein.

- Der Motor sollte bei der Justierung nicht laufen.

- Lösen Sie die Halterungsschrauben des Drosselklappenpotentiometers.

- Bei korrekter Leerlaufeinstellung muss das Multimeter nun eine Spannung von 0,63 V bis 0,73 V anzeigen. Verdrehen Sie nun das Drosselklappenpotentiometer, sodass dieser Wert erreicht wird.

- Betätigen Sie 2-3 Mal den Gasgriff, hierbei steigt die Spannung mit der Bewegung der Drosselklappe an.

- Bei Erreichen der Leerlaufstellung muss nun der Einstellwert wieder erreicht werden.

- Ziehen Sie nun die Halterungsschrauben des Drosselklappenpotentiometers wieder an.

Natürlich können für andere Modelle auch andere Einstellwerte erreicht werden. Erkundigen Sie sich hierfür bei Ihrem Händler oder sehen Sie in den Werkstattunterlagen nach.

PRAXISTIPP

Spannungen am Drosselklappenpoti

Üblicherweise sind weder die Werte noch die korrekten Einstellwerte ohne die Originalunterlagen zu beschaffen. Grundsätzlich kann man aber diese Werte auch bei noch intaktem Drosselklappenpotentiometer ausmessen und sich für den Fall der Fälle notieren. So kann man sich dann zumindest weiterhelfen, wenn der Austausch irgendwann ansteht. In der Regel besteht der Anschluss aus drei Polen. Außen liegen meist + und – an, die Mitte ist in der Regel mit dem Signalausgang belegt. Die Grundspannung der Anschlüsse kann bei 12 V oder bei 5 V liegen. Die Sensorspannung kann dann natürlich diese Grundspannung nicht übersteigen.

Einspritzventil

Die Aufgabe des Einspritzventils liegt darin, die richtige Kraftstoffmenge möglichst fein zerstäubt in einem günstigen Zeitpunkt der angesaugten Luft zuzumischen.

Einspritzventil prüfen)

Die Prüfungen für das Einspritzventil fallen recht einfach aus. Die wichtigsten Prüfungen werden »per Auge«, also optisch durchgeführt.

Dichtheit unter Kraftstoffdruck

Die Einspritzdüse soll nur genau definiert Kraftstoff austreten lassen. Wird sie nicht angesteuert, muss sie entsprechend dicht sein. Anderenfalls kann es sein, dass der Motor überfettet oder sogar der austretende Kraftstoff bei der ersten Umdrehung die Zündkerze außer Gefecht setzt.

■ Schalten Sie die Zündung aus.

■ Ziehen Sie den Zündschlüssel ab.

■ Ziehen Sie das Kraftstoffpumpenrelais ab.

■ Überbrücken Sie das Kraftstoffpumpenrelais von Dauerplus auf den Anschluss der Kraftstoffpumpe.

■ Schließen Sie ein Manometer (Messbereich 0 bis 5 bar) im Druckkreislauf an.

■ Überbrücken Sie das Pumpenrelais und lassen Sie die Kraftstoffpumpe bis zu einer Minute laufen.
Es sollte sich hierbei keine Tropfen oder Strahl bilden. Ist das der Fall, sollte die Einspritzdüse ersetzt werden.

Spritzbild

■ Demontieren Sie die Einspritzdüse.

■ Schließen Sie diese an die elektrischen und auch an die Kraftstoffleitung an.

■ Schließen Sie ein Manometer (Messbereich 0 bis 5 bar) im Druckkreislauf an.

■ Sorgen Sie dafür, dass die Einspritzdüse nicht auf die Motorteile (Brandgefahr!) oder auf Sie selbst (Gesundheit!) zielt.

■ Schalten Sie die Zündung ein.

■ Lassen Sie den Motor einige Umdrehungen mit dem Anlasser drehen.

■ Betrachten Sie sich das Spritzbild der Einspritzdüse.
Das Spritzbild sollte einen fein vernebelten Kegel bilden. Auch hier weist die Strahlbildung auf eine verunreinigte oder sogar undichte Einspritzdüse hin.

Feines Spritzbild in Kegelform: So soll es sein!

Widerstandsmessung an der Düsenspule

Die Messung wir immer an den Steckkontakten der Einspritzdüse vorgenommen. Die Düse darf hierbei nicht angeschlossen sein.

■ Schalten Sie die Zündung aus.

■ Ziehen Sie den Zündschlüssel ab.

■ Messen Sie an den Anschlussstiften den Widerstand der Einspritzdüse.

An den meisten Einspritzdüsen werden Sie einen Widerstand von 10 – 30 Ohm messen. Vergleichen Sie diesen Wert aber immer mit den Angaben Ihres Fahrzeugherstellers.

Einspritzsignal und Öffnungszeit
Das Signalbild stellt die eigentliche Ansteuerung grafisch dar. Anhand des Signalbildes lässt sich erkennen, ob die Ansteuerspannung ausreichend hoch und die Ansteuerzeit plausibel ist.

- Schalten Sie die Zündung aus.

- Schließen Sie das Oszilloskop mit den Nadelkontakten an die Anschlusskabel für die Einspritzdüse an.

- Wählen Sie einen Messbereich bis 50 V DC.

- Lassen Sie den Motor laufen.

- Zeichnen Sie das Signal auf.

Im Leerlauf liegt die Einspritzzeit bei ca. 3 ms (3/100 Sekunden). Je kälter der Motor ist, je größer der Lastzustand und die Drosselklappenstellung, umso größer fällt auch die Einspritzzeit aus. Die Einspritzdüse wird übrigens immer intermittierend betätigt (pro Kurbelwellenumdrehung wird sie eine Zeit lang geöffnet und bleibt den Rest der Zeit geschlossen).

PRAXISTIPP – Dichtheit der Einspritzdüsen

Das größte Problem mit den Einspritzdüsen betrifft die Dichtheit. Ursache hierfür ist oft gerade bei Fahrzeugen die länger stehen das Verharzen der Düsen. Hilfreich ist hier ein Additiv, das vor der Einmottung dem Kraftstoff zugesetzt wird. Natürlich muss der Motor dann einen Moment laufen, bis das Additiv die Einspritzdüsen erreicht hat.

Der Leerlaufsteller

Der Leerlaufsteller wird auch »Stepper« oder Drosselklappensteller genannt. Bei wenigen Fahrzeugen wird aber die Drosselklappe selber angesteuert. Vielmehr wird ein Bypassventil dazu benutzt die Luftmenge zu regulieren, die die Leerlaufdrehzahl des Motors korrigiert. Warmlaufregelung und Drehzahlstabilisierung sind so leicht durchzuführen, da die Motordrehzahl und auch die Motortemperatur ohnehin schon erfasst werden. Zum Einsatz kommen so genannte »bipolare Schrittmotoren«. Durch die wechselseitige Umkehrung der Magnetfelder ist man in der Lage, den Motor um wenige Grade genau zu steuern. Die beiden Spulenpaare werden also wechseln durch das Motorsteuergerät mit Plus und Minus beschickt.

Messungen am Leerlaufsteller

Manueller Funktionstest / Simulation
Am einfachsten lässt sich die Reaktion der Leerlaufregelung und somit auch des Schrittmotors beobachten.

- Starten Sie den Motor und lassen Sie ihn im Standgas laufen.

- Lassen Sie den kalten Motor langsam im Standgas warm laufen.

Hebt er die Drehzahl zu Anfang etwas an und senkt sie zunehmend bei warm werdendem Motor ab? Dann ist alles in Ordnung die Warmlaufregelung funktioniert!

- Setzen Sie sich auf das Fahrzeug und treten Sie die Bremse.

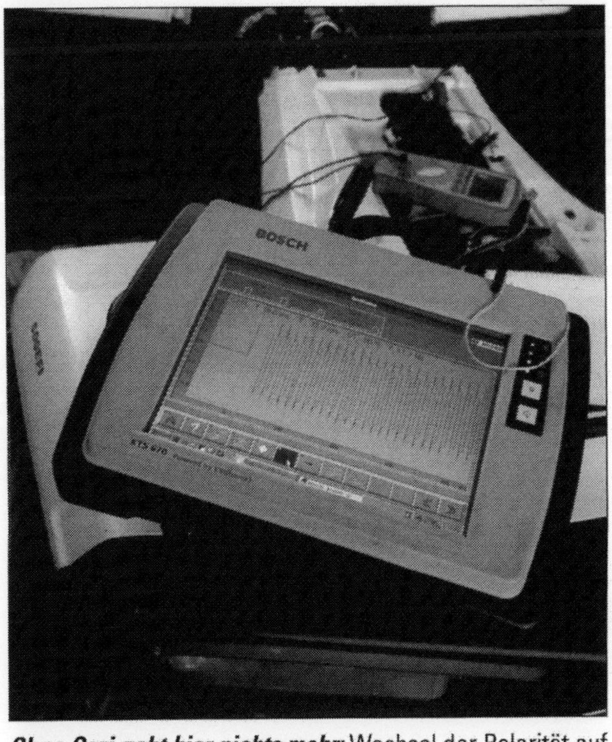

Ohne Oszi geht hier nichts mehr: Wechsel der Polarität auf zwei Kanälen.

■ Legen Sie einen Gang ein und lassen Sie die Kupplung gerade so weit kommen, dass die Motordrehzahl leicht absinkt.

■ Ziehen Sie die Kupplung nun schnell wieder an.

Die Motordrehzahl müsste nun einen kleinen Moment etwas höher werden. Sie sollte aber dann sofort vom Leerlaufsteller wieder korrigiert werden.

Signalbildauswertung mit dem Oszilloskop
Für diese Prüfung sollten Sie ein Zweikanaloszilloskop verwenden. So kann die Signalfolge beider Eingänge zeitgleich überwacht werden. Mit einem Einkanaloszilloskop müssen beide Eingänge des Leerlaufstellers separat gemessen werden.

■ Schalten Sie die Zündung aus.

■ Schließen Sie das Oszilloskop auf jeweils einen Eingang für jeden Kanal an.

■ Stellen Sie einen Messbereich von 20 V und ein Zeitfenster von 5 Sekunden ein.

■ Schalten Sie die Zündung ein. Das Steuergerät wird nun zuerst den Stellmotor ganz auf- und dann wieder ganz zufahren.

■ Zeichnen Sie das Signal auf.

Fehlen Ihnen Schaltungen in Richtung Plus oder in Richtung Minus, müssen die Zuleitungen zum Steuergerät und die Steckverbindungen geprüft werden. Findet trotz Signalbild keine Bewegung im Schrittmotor statt, muss dieser oftmals getauscht werden.

PRAXISTIPP

Leerlaufeinstellung beim Einspritzer

Ein erhöhter Leerlauf kann nicht durch die Stellung der Drosselklappe verändert werden. Das verändert lediglich die Grundeinstellung. Prüfen Sie immer auch die Temperaturfühler für Wasser und Luft. Erkennt das Steuergerät, dass der Motor kalt ist, wird die Leerlaufdrehzahl gemäß der im Steuergerät abgelegten Kennfelder angehoben.

Lambdasonde

Die Lambdasonde erfasst den Restsauerstoff im Abgas und setzt entsprechend eine Spannung frei, die das Steuergerät zur Korrektur des Kraftstoff-Luft-Gemisches verwendet. Wichtig ist, auf die Betriebstemperatur für Sonde und Kat zu achten. Im Kaltzustand ist hier noch keine echte Funktion zu erwarten.

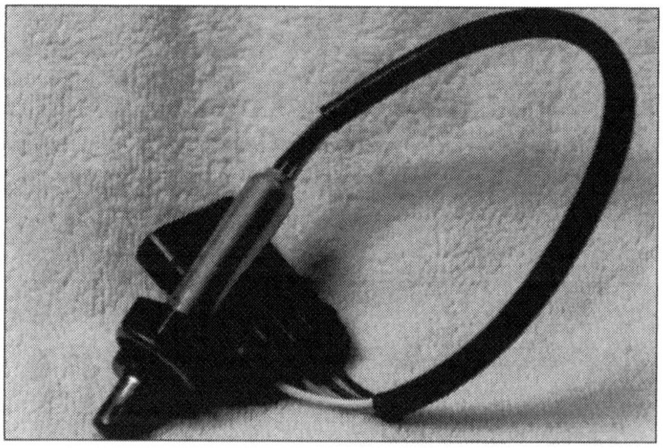

Unscheinbar, sensibel und schnell gibt die Lambdasonde Rückmeldung zum Steuergerät.

Lambdasonde testen

Die meistverbaute Sonde ist die Spannungssprungsonde. Neben der Eigendiagnose des Motorsteuergerätes gibt es zwei wichtige Faktoren, die als Indiz für die Funktion herhalten können. Die Sonde muss bei den meisten Herstellern eine Hubzahl von mehr als 30 Hüben je Minute erreichen, ebenso ist der Spannungsbereich sehr wichtig. Eine überschlägige Auswertung kann schon mit dem Multimeter erfolgen. Wir werden Ihnen nun alle diese Prüfungen vorstellen.

Spannungsmessung mit dem Multimeter
Zur Bewertung der Lambdasonde reicht das Multimeter nicht aus. Die Messgeschwindigkeit und auch die Filter zur Anzeigenberuhigung lassen die Hubbestimmung nicht zu. Die Sonde ist eine eigene Spannungsquelle. Sie können also durchaus eine Sprungsonde auch ohne den Anschluss an das Motorsteuergerät messen. Die Spannung liegt zwischen 0,2 V (Gemisch fett = zu wenig Luft) und 0,8 V (Gemisch mager = zu viel Luft).

- Lassen Sie den Motor warm laufen.

- Schließen Sie den Minusanschluss des Multimeters an die Sondenmasse an.

- Schließen Sie den Plusanschluss des Multimeters an das Signalkabel der Sonde an.

- Schalten Sie das Multimeter auf einen Spannungsbereich bis 2 V DC.

- Halten Sie kurzfristig den Luftfilter zu und beobachten Sie, ob die Spannung ansteigt.

- Lassen Sie gezielt Falschluft zu (Stopfen für den Unterdruckbenzinhahn oder zum Synchronisieren) und beobachten Sie, ob die Spannung abfällt.

Signalbildauswertung mit dem Oszilloskop

- Lassen Sie den Motor warm laufen.

- Schließen Sie den Minusanschluss des Oszilloskops an die Sondenmasse an.

- Schließen Sie den Plusanschluss des Oszilloskops an das Signalkabel der Sonde an.

- Schalten Sie das Oszilloskop auf einen Spannungsbereich bis 2 V DC.

PRAXISTIPP: Spannungen an der Lambdasonde

Zu geringe Spannungshübe müssen nicht zwangsweise eine defekte Lambdasonde als Ursache haben. Es ist durchaus möglich, dass die Steckkontakte zur Sonde oder auch der Masseanschluss korrodiert sind und somit einen Spannungsabfall verursachen.

Wenn die Hubanzahl stimmt, sehen Sie sich die Anschlüsse (auch die Auspuffmasse!!!) genauer an.

Geschickte Bastler verwenden die Sonde auch als Kontrollinstrument für die Vergaserabstimmung. Mit Hilfe eines umgebauten Testkrümmers mit Sonde lässt sich die Anfettung und Abmagerung recht gut auf einem Oszilloskop aufzeichnen.

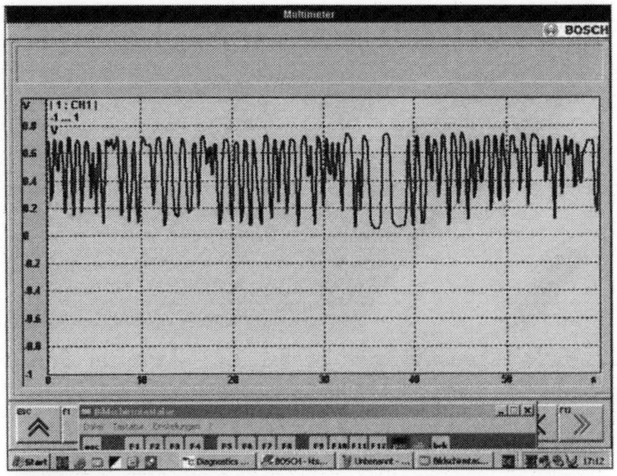

Hubhöhe und Hubanzahl können leicht abgelesen und ausgezählt werden.

- Halten Sie kurzfristig den Luftfilter zu und beobachten Sie, ob die Spannung ansteigt.

- Lassen Sie gezielt Falschluft zu (Stopfen für den Unterdruckbenzinhahn oder zum Synchronisieren) und beobachten Sie, ob die Spannung abfällt.

- Zählen Sie die Spannungssprünge während des Motorleerlaufs aus.

Demontage der Lambdasonde

Demontage der Lambdasonde

Die Aufgabe der Sonde ist es, den Restsauerstoff im Abgas zu erfassen und mit einem Spannungswert zur weiteren Verarbeitung an das Steuergerät zu melden. Auch für die Lambdasonde gilt: Ausbau ohne Prüfung ist Unsinn! Die Prüfung ohne Quad oder besser ohne Motor ist nicht möglich.

- Schalten Sie die Zündung aus.

- Ziehen Sie den Zündschlüssel ab.

- Reinigen Sie den Bereich der Sondenverschraubung mit Druckluft und einer Drahtbürste gründlich.

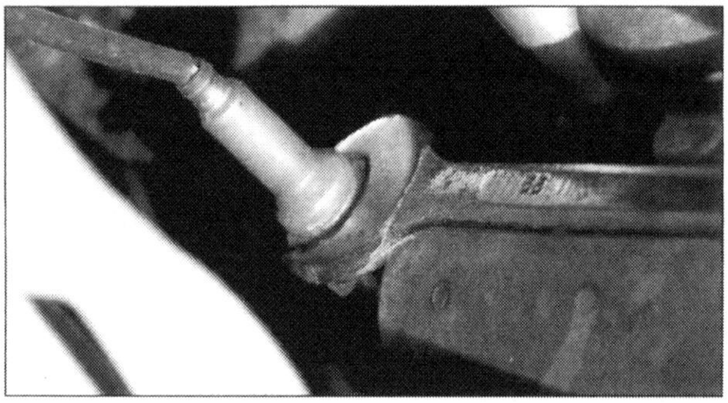

Vorsichtig herausdrehen: Ist das Sechskant der Sonde erstmal beschädigt, muss sie in der Regel erneuert werden. Deshalb notfalls zuerst den Motor warm laufen lassen!

PRAXISTIPP

Demontage der Lambdasonde

Wenn sich die Sonde mal wieder nicht bewegen lässt, kann es helfen, den Motor beziehungsweise das Auspuffrohr heiß zu fahren. Zwar wird dann die Montage unangenehm, aber das Gewinde lässt sich meist leichter lösen. Verwenden Sie den Rostlöser dann sehr vorsichtig, da er bei zu heißem Krümmer durchaus Feuer entfachen kann. Ziehen Sie in jedem Fall lange dicke Lederhandschuhe an.

- Ziehen Sie den oder die elektrischen Anschlüsse ab.
- Lösen Sie die Sondenverschraubung mit einem sehr gut passenden Schlüssel. Die Sonden korrodieren gerne fest und ein beschädigtes Sechskant kann viel Arbeit nach sich ziehen.
- Ziehen Sie die Lambdasonde heraus.
- Packen Sie die Lambdasonde in einen sauberen Lappen ein. Vermeiden Sie Verunreinigungen, die in das Abgasrohr eindringen können.

Die Montage erfolgt sinngemäß in umgekehrter Reihenfolge. Achten Sie darauf, dass die Dichtringe oder Schlauchschellen wirklich dicht sind. Falschluft kann die Messwerte deutlich verfälschen und bringt eventuell die gesamte Regelung durcheinander.

Synchronisieren von Vergaseranlagen und Drosselklappenstücken

Bei Mehrzylindermotoren mit mehreren Vergasern (oder bei Einspritzmotoren eben Drosselklappenstücken), ist es für einen runden Motorlauf erforderlich, dass beide Zylinder gleichmäßig laufen. Ein Indikator dafür ist die Abstimmung der Drosselklappen. Besser gesagt der Unterdruck vor den geschlossenen Drosselklappen. Im Laufe der Betriebszeit werden die Lagerungen etwas Spiel bekommen und sicherlich durch die eine oder andere geringfügige Undichtheit dafür sorgen, dass die Vergaser nicht synchron arbeiten.
Die Synchronisierung bedeutet, dass alle Drosselklappen möglichst dieselbe Strömungsgeschwindigkeit zulassen.
Die Einstellung erfolg grundsätzlich bei Leerlaufdrehzahl.

1 Synchronuhr, 2 Drosselschraube, 3 Adapter, 4 Dichtgummis, 5 Anschlussstücke, 6 Anschlussschläuche

Was ist vorzubereiten?
- Demontage der Verkleidungen, die den Zugang zu den Vergasern oder Drosselklappenstücke erschweren
- eventuell Testtankanlage montieren
- Synchronuhr im Sichtbereich befestigen
- Schraubendreher und Schlüssel zum Lösen und Befestigen der Einstellschrauben bereitlegen
- Motor warm laufen lassen

Welche Teile werden benötigt?
- Stopfen der Unterdruckanschlüsse (eventuell)
- Dichtungen der Unterdruckanschlüsse (eventuell)

Zwar spricht man immer von der Synchronisierung der Vergaseranlage, diese Arbeiten können sich aber genauso auf die Drosselklappen eines Einspritzmotors beziehen. Es ist durchaus möglich, kleinere mechanische Unzulänglichkeiten des Motors durch die Synchronisierung auszugleichen.

Eine der wichtigsten Voraussetzungen für die Synchronisierung der Vergaser ist ein mechanisch einwandfrei funktionierender Motor. Auch die Zündanlage darf keine Fehlfunktionen aufweisen. Selbst eine defekte Auspuffanlage verhindert eine präzise Abstimmung der Vergaseranlage. Natürlich muss auch sichergestellt sein, dass die Vergaseranlage, die synchronisiert werden soll, einwandfrei funktioniert und sauber ist. Oftmals wird die Arbeit wesentlich erleichtert, wenn die Kompressionsdrücke des Motors bekannt sind.

Bei Mehrzylindermotoren, an denen mehrere Vergaser verbaut wurden, sollten die Vergaser gleichmäßig abgestimmt werden. Im Rahmen der Synchronisierung wird die Drosselklappenstellung oder auch die Schieberstellung der Vergaser aneinander angeglichen. Die Einstellung erfolgt mit Hilfe einer Synchronuhr. Für jeden Zylinder wird eine Synchronuhr verwendet. Die Synchronuhr ist eine Messuhr für den Unterdruck mit einem Messbereich bis zu 1,5 bar Unterdruck, die im Eingang mit einer Drosselschraube versehen ist. Der Anschluss der Uhr erfolgt in der Regel vor der Drosselklappe. Das Messergebnis zeigt den tatsächlichen Druck im Ansaugrohr. Je weiter die Drosselklappe geöffnet wird, umso mehr steigt der Druck vor der Drosselklappe im Saugrohr an. Bei den meisten Motoren wird im Leerlauf ein Unterdruck zwischen 0,3 bar und 0,6 bar festzustellen sein.

Ohne Überlegung, Geduld und Erfahrung kaum zu schaffen: Der Unterdruckwert an allen Vergasern sollte ungefähr gleich sein!

Nun wird der Motor im Leerlauf laufen gelassen. Sind der Motor und die Abstimmung des Vergasers in Ordnung, wird an allen Zylindern der gleiche Unterdruckwert angezeigt. Zeigen sich deutliche Unterschiede, kann man anhand des angezeigten Wertes der Messuhr feststellen, welcher Zylinder eine größere Drosselklappen- oder Schieberöffnung aufweist. Verkleinert man den Drosselklappenspalt des Zylinders mit dem geringeren Unterdruck, wird die Motordrehzahl auch abfallen. Nun muss die Leerlaufdrehzahl mit der Leerlaufeinstellschraube angehoben werden. Hierdurch kann die Anzeige aller Messuhren verändern. Die Abstimmung muss also wiederum auf einen annähernd gleichen Wert aller Zylinder abzielen. Für diese Arbeiten sind Fingerspitzengefühl und Geduld erforderlich.

Gerade bei Vierzylindermotoren fällt diese Arbeit noch etwas aufwändiger aus. Die Vergaser sind zumeist als »Block« gekoppelt. Die einzelnen Drosselklappen werden jeweils durch die benachbarte Drosselklappe betätigt. Die Abstimmung in diesen Fällen erfordert neben dem schon erwähnten Geschick und Geduld zusätzlich schon strategische Überlegungen. Man sollte zunächst einmal feststellen, welcher Vergaser durch welche Schraube angesteuert wird, und von welchem Vergaser die Leerlaufdrehzahl und Gaszugbetätigung ausgeht.

■ Die Drosselschrauben der Messuhren werden zunächst sehr weit geöffnet. Erst am laufenden Motor wird die Drosselschraube so weit zugedreht, bis der Zeiger der Messuhr nur noch wenig ausschlägt.

■ Zuerst sucht man sich den Vergaser mit der niedrigsten Anzeige. Hier steht die Drosselklappe am weitesten auf.

■ Diese Drosselklappe wird nun etwas in Richtung »zu« korrigiert. Gleichzeitig kann sich der eine Vergaser verändern, der durch den eingestellten Vergaser angesteuert wird. Erwartungsgemäß wird an diesem Vergaser die Anzeige steigen.

■ Hier muss nun die Drosselklappe leicht in Richtung »auf« verändert werden. Wechselseitig erfolgen nun das Abstimmen der Vergaser und die Korrektur der jeweils angehängten Vergaser.

■ Nach erfolgter Abstimmung oder besser: Nach dem Einstellen einer Drosselklappe sollte immer ein kurzer Gasstoß erfolgen. Oftmals setzt sich eine Betätigung oder eine Feder noch etwas und verfälscht nachher das Ergebnis deutlich.

■ Diese Prozedur wird so lange durchgeführt, bis der Motor bei Leerlaufdrehzahl annähernd gleiche Anzeigewerte der Synchronuhr erreicht.

PRAXISTIPP

Drosselklappen synchronisieren

Ausgeschlagene Drosselklappen, Betätigungsteile oder Wellen lassen sich recht gut erkennen, wenn die Motordrehzahl mit dem Gasgriff angehoben wird. Die Anzeigen der einzelnen Uhren verändern sich dann sehr ungleichmäßig.

Trotz genauer Synchronisierung und unauffälligem Kompressionsdruck und intakter Zündanlage kann der Motorlauf unruhig wirken. Mit einem Abgastester kann nun der Motorlauf über die CO-Schrauben angeglichen werden. Ein mageres Gemisch (kleiner CO-Wert) zündet schneller. Ein Zylinder im fetten Gemisch wird langsamer. Grundsätzlich sollten alle Vergaser beim Verdrehen die gleiche Reaktion zeigen.

Das heißt, dass der CO-Wert beim Herausdrehen der CO-Schraube um ¼ Umdrehung bei allen Vergasern dann die gleiche Veränderung im CO-Wert ergeben muss. Einen funktionierenden CO-Tester kann man durchaus schon für wenige Euro auf den Versteigerungsplattformen im Internet erstehen. Zwar sind diese nicht mehr geeicht, für den Abgleich von Motoren aber noch immer geeignet.

Zündanlage

Auch die Komponenten der Zündanlage sind prüfbar. Wir zeigen Ihnen in diesem Kapitel den Umgang mit den Bauteilen der Zündanlage.

Zündzeitpunkt prüfen

Eines vorweg ... der Zündzeitpunkt ist bei den meisten Serien-Zündanlagen nicht einstellbar! Die Kontrolle sollte aber trotzdem durchgeführt werden, da durch Kontaktschwierigkeiten an Steckverbindungen oder Spulenbrüchen sowie Schaltgeräteschäden der Zündzeitpunkt von den Sollwerten deutlich abweichen kann. Sollte der Zündzeitpunkt »springen« oder zu früh sein, müssen natürlich Gegenmaßnahmen getroffen werden. Immerhin kann eine verstellte Zündung auch einen Motorschaden verursachen.

CDI-Schaltgerät: Eine von vielen möglichen Bauarten.

Was ist vorzubereiten?
- Werkzeug zur Demontage der Kurbelwellenabdeckung oder zu der Stelle, an der die Markierung eingeschlagen wurde
- Zündpistole mit Lichtblitzer
- Eventuell eine Batterie, wenn das Quad keine eigene Batterie besitzt oder diese leer ist

Welche Teile werden benötigt?
- Lappen zur Reinigung der Markierungen
- Eventuell Lackstift zur Kenntlichmachung der Markierungen

Natürlich gibt es auch für diese Messung reichlich teures Spezialwerkzeug, das genau auf die Zündanlagen abgestimmt ist, aber meistens reicht das »normale« Autotestwerkzeug schon aus.
Die CDI oder MHKZ, wie die Zündanlage auch bezeichnet werden kann, hat einen deutlichen Nachteil, der sich auch negativ auf die Arbeit mit der Blitzlampe auswirken kann. Die Brenndauer des Zündfunkens fällt sehr kurz aus. Bei steigender Drehzahl kann es sein, dass die Blitzlampe das Signal nicht mehr sauber verarbeiten kann. Diese Langsamkeit der Geräte kann auch vom Hersteller meist nicht vorausgesagt werden. Am einfachsten ist es, das Gerät zuerst einmal in der Funktion zu prüfen.

■ Der Anschluss ist recht einfach. Die Plus- und Minusklemme müssen an die Batterie angeklemmt werden.

■ Die Triggerzange umschließt das Zündkabel.

Bei ca. 5.000 1/min. sollte die Frühstellung etwa 15° bis 25° vor OT erreichen. Das Ablesen auf einer entsprechenden Skala ist wesentlich leichter und genauer. Bei einigen Polrädern ist aber auch für die »Soll«-Frühverstellung eine Markierung angebracht.
Steht diese Markierung bei der in den Datenblättern angegeben Drehzahl der Markierung auf dem Motorblock gegenüber, stimmt die Zündverstellung auch.

Zündzeitpunkt kontrollieren

PRAXISTIPP

Wie alle elektronischen Bauteile können sich auch bei Steuergeräten Fehler einschleichen. Kontrollieren Sie deshalb auch die Zündeinstellung im Rahmen der Inspektion regelmäßig. Ein falscher Zeitpunkt kann sogar Motorschäden verursachen.

CDI-Zündsteuergerät

CDI bezeichnet eigentlich das gesamte Zündsystem und weist auf eine Kondensator-Entladungs-Zündanlage hin. Die richtige Bezeichnung müsste eigentlich »Capacitor-Discharger-Ignition« heißen. Auf Deutsch nennt sie sich »Magnethochspannungskondensatorzündanlage« oder kurz MHKZ. Die Funktionsweise ist recht einfach. Der Rotor ist mit Magneten bestückt und erzeugt ein wechselndes Magnetfeld. Durch dieses Magnetfeld wird in den Spulen eine Spannung induziert. Eine der Spulen (die Erregerspule) erzeugt den Strom, um den im Steuergerät verbauten Kondensator aufzuladen. Eine vorgeschaltete Diode verhindert die Entladung des Kondensators über die Erregerspule. Diese Diode wird Ladediode genannt. Auch die Impulsgeberspule gibt durch Induktion eine Spannung ab. In einem bestimmten Bereich des Rotors wird das Magnetfeld verstärkt. Passiert dieser Bereich den Pick-up, reicht die erzeugte Spannung aus, um den Thyristor auszulösen. Sofort wird eine Verbindung zwischen Kondensator und Masse geschaltet. Durch den Abbau der Kondensatorladung wird eine Spannung von ca. 200 bis 300 V über den Primärkreis der Zündspule entladen. Diese Spannung wird durch die Zündspule im Sekundärkreis auf ca. 20.000 bis 30.000 V hoch transformiert und entlädt sich über einen Lichtbogen an der Zündkerze.
Die Zündanlage besteht aus mehreren Bauteilen. Zur Spannungserzeugung dient die Erregerwicklung des Stators und zum Auslösen des Zündfunkens der so genannte Pick-up. Je höher die Motordrehzahl steigt, umso höher wird auch die induzierte Spannung in den Spulen. Je schneller der Pick-up die Spannung erreicht, um den Thyristor durchzuschalten, umso früher erfolgt die Zündung. Dieser technische Effekt wirkt dem Zündverzug bei der Verbrennung entgegen und ist typisch für dieses Zündsystem.

Die Eigenschaften
Magnet-Hochleistungs-Kondensator-Zündanlage oder Capacitor-Discharger-Ignition.
Sie erzeugt und löst die Primärspannung bis zu 400 V aus, um einen Zündfunken mit Hilfe der Zündspule zu erzeugen.

Typische Fehler
- Masseschluss der Kabelverbindungen
- Kurzschluss der Kabel
- Übergangswiderstand in der Kabelverbindung
- Kriechströme in den Anschlüssen

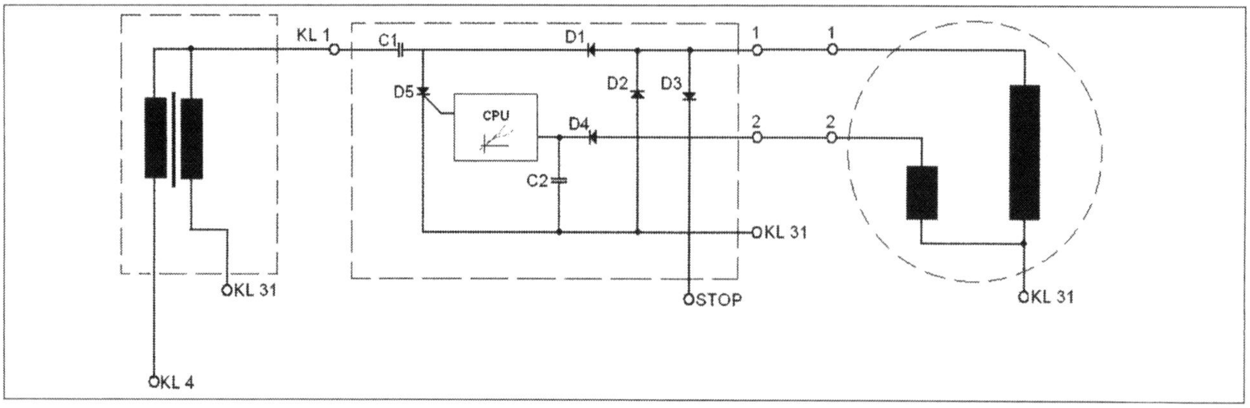

1 Ladespule im Generator, C1 Kondensator, 2 Pick-up-Spule im Generator, C2 Kondensator, D1 Diode, KL31 Masse, D2 Diode, KL1 Primärstrom-Zündspule, D3 Diode, KL4 Hochspannungs-Zündspule, D4 Diode, CPU Rechnereineit, D5 Thyristor, STOP Unterbrechung (kein Funke!).

Fehlerbild und Ursache
In den meisten Fällen spricht man von Zündaussetzern oder einem gar nicht mehr vorhandenen Zündfunken. Zuerst einmal sollten die umliegenden Bauteile der Zündanlage wie die Zündspule und der Stator sowie die »AUS«-Schaltung geprüft werden. Die recht hohen Spannungen, die schon im Primärbereich erzeugt und gespeichert werden, begünstigen Störungen, die eine Kondensatorentladung verursachen können. Dringt beispielsweise Feuchtigkeit in das Steuergerät ein oder wird der Stromfluss des Erregerstromes durch Feuchtigkeit abgeleitet, kann es sein, dass der Zündfunken nur noch schwach oder gar nicht mehr gebildet wird. Ein ähnliches Fehlerbild ergibt sich bei einem defekten Zündschloss. Wird der Strom von Pick-up oder Erregerwicklung durch einen Fehler im Schlossschalter des Zündschlosses oder im Kabelbaum abgeleitet, entsteht wiederum kein Zündfunke.

Prüfung des CDI-Steuergerätes

Spannungsmessung mit dem Motortester
Auch mit dem Motortester gibt es kaum Möglichkeiten, die CDI-Einheit selber zu testen.
Es können lediglich die Spannung der Erregerspule, die Auslösung des Pick-up's sowie die Primär- und Sekundärspannung ermessen werden. Aufgrund der hohen Spannungen ist von einer Messung mit dem Multimeter dringend abzuraten.

Funktionstest mit dem CDI-Testgerät
Das CDI-Testgerät ist in der Lage, die Spannungen der Spulen und die Ausgangspannung der CDI zu messen. Es ist aber auch möglich, die Spannungen des Pick-up's und der Erregerspule zu simulieren und die Leistung des Schaltgerätes zu überprüfen. Durch ca. 40 Adapterkabel können die meisten Zündschaltgeräte im Funktionsprinzip der CDI geprüft werden. Aufgrund der recht hohen Kosten dieses Testers, wird er aber wahrscheinlich nicht sehr häufig in den Werkstätten anzutreffen sein.

PRAXISTIPP

Korrosion an Anschlüssen und Steckern

Sehen Sie sich die Anschlüsse immer genau an. Auch die Korrosion der Motormasse kann Fehlerbilder verursachen, die eigentlich auf Bauteildefekte an Spulen und Steuergeräten hinweisen.

Vermeiden Sie es grundsätzlich die Zündanlage ohne Funkenstrecke oder verbaute Zündkerze zu verwenden. Das Zündschaltgerät könnte durch die entstehenden hohen Spannungen Schaden nehmen.

Zündkerzenstecker

Die Eigenschaften
Entstörwiderstand, Vorwiderstand, Abdichtung, Hochspannungsisolierung.

Typische Fehler
- Riss im Gehäuse
- Defekte Gewinde
- Defekter Vorwiderstand
- Defekte oder fehlende Abdichtgummis

Kerzenstecker mit Abdichtungen.

Der Zündkerzenstecker hat nicht nur die Aufgabe, die Hochspannung von der Zündspule an die Zündkerze weiterzuleiten. Neben der Isolierung steht auch die so genannte Funkentstörung an. Hierzu werden die Kerzenstecker in der Regel als Vorwiderstand ausgelegt. Je nach Ausführung finden sich Kerzenstecker mit 1000 Ohm und 5000 Ohm an den Zündanlagen der Quads. Grundsätzlich sollte der Widerstandswert des Kerzensteckers nicht verändert werden, da sich so auch der Spannungsverlauf an der Zündkerze verändern kann

Wie bei allen Messungen im Hochspannungsbereich, muss auch hier dafür Sorge getragen werden, dass man keinen elektrischen Schlag bekommt. Die Spannungen im Betrieb liegen durchaus bei 8000 bis 12.000 V. Ohne Kerze als »Verbraucher« kann die Zündspannung sogar 20.000 V übersteigen. Ein Schlag kann Herzkammerflimmern verursachen und zum Tode führen.

Zündkerzenstecker testen

■ Der Zustand des Zündkabels im Bereich der Verschraubung im Kerzenstecker lässt sich einfach durch Besichtigung bewerten.

■ Untersuchen Sie auch den Kerzenstecker zuerst optisch:
Korrosionsspuren weisen auf Kontaktschwierigkeiten hin. In diesem Fall sollte der Kerzenstecker am besten sofort ersetzt werden. Oft geht der Drahtclip für das Zündkerzengewinde verloren. Auch für diesen Fall bleibt nur der Ersatz des Kerzensteckers gegen einen neuen.

■ Der Vorwiderstand wiederum kann mit einem Multimeter geprüft werden. Hierzu muss der Zündkerzenstecker demontiert werden. Nun wird zwischen Eingang des Kerzensteckers und dem Ausgang zu Zündkerze der Widerstand gemessen. In diesem Fall liegt er bei 5000 Ohm. Oftmals ist der Sollwert auf dem Kerzenstecker aufgedruckt oder eingraviert.

PRAXISTIPP

Silikonstecker zum Nachrüsten

Für Crossfahrer unverzichtbar: Eine wasserdichte Ausführung, am besten aus einem Silikonkunststoff. Natürlich muss auch sein Zustand in der Überwachung bleiben.

Zündspule

Die Eigenschaften

Die Zündspule ist ein Transformator, der die im Kondensator des CDI-Steuergerätes gespeicherte Spannung auf die Zündspannung hochtransformiert.

Typische Fehler

– Kabelbruch in der Primärspule
– Kabelbruch in der Sekundärspule
– Zündkabel abgerissen
– Schlechte Masseverbindung

Die Zündspule ist nur als komplettes Bauteil lieferbar. Für die Fehlersuche aber wird sie in den einzelnen Funktionsbauteilen betrachtet werden.

Aufbau einer Zündspule.

In der Regel machen sich Fehler an der Zündspule durch »Aussetzer« während der Fahrt oder im warmen Zustand bemerkbar. Die Spule wird im Betrieb auch warm und dehnt sich aus. In den meisten Fällen kommt es so zu Unterbrechungen bei der Spulenverdrahtung. Diese Fehler sind meist nur dann nachzuweisen, wenn sie auftreten. Das heißt: Der Betriebszustand, in dem der Fehler auftritt, muss erreicht werden, um die entsprechende Messung durchführen zu können. Spannungsmessungen können am Fahrzeug nicht mit einem Multimeter durchgeführt werden. Es muss eine bestimmte Drehzahl eingehalten werden, um vergleichbare Werte zu erzielen, und man benötigt ein geeignetes Messgerät um die Hochspannung messen zu können. Mit einem Motortester ist es sogar möglich, den Spannungsverlauf genauer zu bewerten und die Brenndauer des Zündfunkens zu bestimmen. Mit Hilfe eines speziellen CDI-Testers können zumindest die Funktion und die Spannungswerte als Zahlenwert abgelesen werden. Der CDI-Tester simuliert eine bestimmte Drehzahl und erlaubt somit auch Rückschlüsse auf die Höhe des Spannungsausgangs.

Bauteilprüfung

Widerstandsmessung mit dem Multimeter

Wie schon erwähnt, ist es nur sinnvoll, die Zündspule mit dem Multimeter ohmisch zu prüfen. Hierzu müssen die Anschlüsse der Zündspule abgeklemmt werden. Tritt der Fehler nur in bestimmten Situationen auf, so muss diese Situation zuerst herbeigeführt werden, um den Fahler an diesem Bauteil zu finden.

Messung	Messungsspitze		Messergebnis
	Rot	Schwarz	
Primärspule	Pin 4	Masse	1,5 Ohm
Sekundärspule	Pin 1	Masse	5.000 Ohm
Kerzenstecker	Pin 3	Pin 4	5.000 Ohm

Spannungsmessungen mit dem Multimeter

Aufgrund der Spannungshöhen ist es sehr gefährlich, am laufenden Motor mit einem Multimeter Bauteile der Zündanlage zu messen. Dazu kommt noch, dass das Multimeter selbst viel zu langsam für die Signalbilder ist. Die Messabstände (Tastrate) ist zu gering. Es lassen sich keine realen verwertbaren Ergebnisse erzielen.

Signalbildauswertung mit dem Oszilloskop

Anhand der Signalbilder für den Hochspannungsausgang und den Primäranschluss lassen sich mit etwas Erfahrung die Fehler oder Bauteildefekte am laufenden Motor beobachten.

- Schalten Sie den Motor aus.
- Schließen Sie das Speicheroszilloskop mit einem Kanal 1 potenzialfrei auf den Pick-up an.
- Den anderen Kanal legen Sie auf eine Hochspannungszange für einen Messbereich von 25.000 V.
- Triggern Sie nun den Kanal 2 auf etwa 6.000 V in der aufsteigenden Flanke.
- Starten Sie das Bild auf etwa 50% Bildlage.
- Zeichnen Sie das Signal auf.

Sollten Sie deutliche Sprünge in der Zeitachse bemerken oder anormale Abweichungen im Signalbild feststellen, muss das Zündsteuergerät genauer untersucht werden. Bei Abrissen in den Ausschwingungen sollte die Zündspule ersetzt werden.

PRAXISTIPP

Achtung Multimeter!

Wichtig! Niemals den Widerstand an spannungsführenden Leitungen messen. Das Multimeter kann dabei zerstört werden! Immer zuerst davon überzeugen, dass die zu messenden Kabel und Verbindungen spannungsfrei sind.

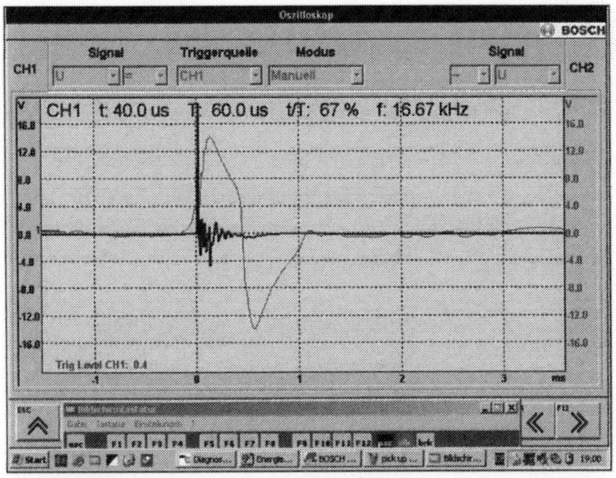

Die Drehzahl steigt, der Zündzeitpunkt wandert in Richtung »früh«.

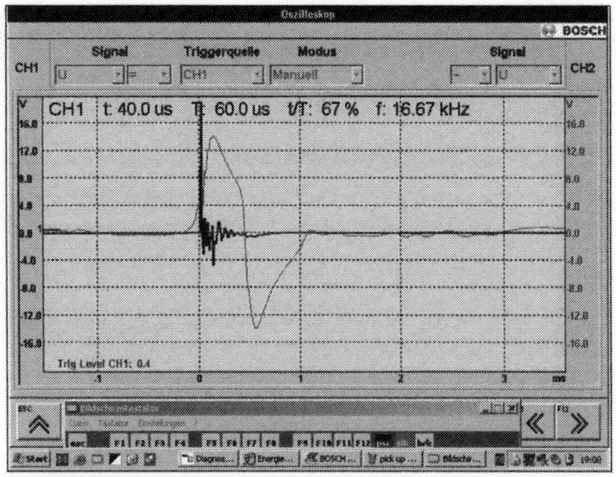

Im Leerlauf erreicht der Zündzeitpunkt seine Ausgangsstellung.

Zündkerze

Die Eigenschaften
Die Zündkerze muss das Gemisch entzünden und sich selbst reinigen.

Typische Fehler
- Gebrochene Isolatoren
- Verkokung der Kerze
- Unzureichender Elektrodenabstand
- Ablagerungen an der Kerze

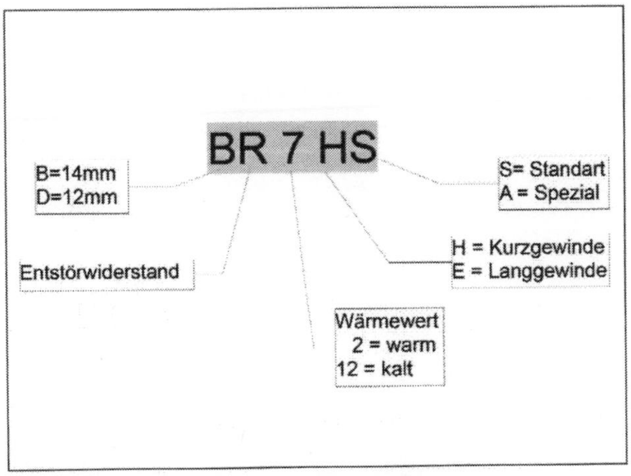

Kerzenbezeichnungen von NGK-Zündkerzen.

Bauteilprüfung

Natürlich ist es schwierig bis hin zu gar nicht möglich, den Verbrennungsablauf im Motor zu beobachten und zu bewerten, meint man. Neben den Möglichketten wie »Colour-Tune«-Zündkerzen, die mit einiger Übung erlauben, über die Brennfarbe – also die Farbe der Flammenfront im Zylinder – eine Aussage zu treffen, gibt es auch eine wesentlich einfachere Methode.

Sehr viel lässt sich anhand der Verfärbung der Kerze oder besser gesagt an den Verfärbungen der Ablagerungen auf der Kerze erkennen. Man spricht auch vom »Kerzengesicht«.
Ablagerungen im Bereich der Mittelelektrode bedeuten einen Stromabfluss, da sich die Ablagerungen wie ein Widerstand verhalten. In Abhängigkeit von den Temperaturen im Brennraum müssen die Ablagerungen auf der Zündkerze selbsttätig gereinigt werden. Hierzu legt der Hersteller die Zündkerze so aus, dass gerade im Bereich der Mittelelektrode so hohe Temperaturen entstehen, dass die Ablagerungen »verbrennen«. Das geschieht ungefähr bei 450 °C. Die Temperatur darf aber nicht zu hoch werden, da sonst die Zündkerze überhitzen und Schaden nehmen könnte. Weiterhin kann auch der Kolbenboden beschädigt werden.

PRAXISTIPP

Sonderkerzen für den Renneinsatz

Deutlich standfester und auch verschleißfester sind die im Volksmund »Rennkerzen« genannte Iridiumkerzen der unterschiedlichen Hersteller. Setzen Sie aber nur die Zündkerzen ein, die auch der Hersteller Ihres Fahrzeuges für diesen Motor freigibt.

STÖRUNGSBEISTAND

Gemischaufbereitung

	Störung	Fragestellung	Was muss ich tun?
A	Der Motor hat keine Leistung	**1** Wurde das Quad regelmäßig gefahren?	Abgestandene Öl- und Kraftstoffreste aus dem Kurbelgehäuse entfernen.
		2 Ist das Kaltstartventil in Ordnung?	Kaltstartventil prüfen.
		3 Ist die Zündkerze in Ordnung?	Zündkerze und Kerzenbild prüfen. Zündkerze eventuell reinigen, einstellen oder erneuern.
		4 Ist der Vergaser in Ordnung?	Abgestandene Öl- und Kraftstoffreste aus dem Kurbelgehäuse entfernen.
		5 Ist der Luftfilter in Ordnung?	Luftfilter prüfen, reinigen, eventuell erneuern.
		6 Ist der Zylindersatz in Ordnung?	Zylindersatz und seine Bestandteile prüfen, reinigen eventuell erneuern.
		7 Ist die Variomatik in Ordnung?	Variomatik und ihre Bestandteile prüfen, reinigen, eventuell erneuern.
B	Motor geht während der Fahrt aus	**1** Ist die Tankentlüftung in Ordnung?	Probefahrt ohne Tankdeckel durchführen. Wenn der Fehler weg ist, Entlüftungsbohrung reinigen oder Tankdeckel austauschen.
		2 Ist die Gemischölzufuhr in Ordnung?	Gemischölzufuhr prüfen, Fördermenge prüfen.
		3 Ist genug Kraftstoff im Vergaser?	Kraftstoffstand in der Schwimmerkammer prüfen! Kraftstoffzufuhr prüfen, Benzinhahn prüfen.
		4 Ist die Zündkerze in Ordnung?	Zündkerze prüfen.
		5 Ist die Zündspule in Ordnung?	Zündspule prüfen (sollte dann erfolgen, wenn der Motor aussetzt!).
		6 Ist der Stator in Ordnung?	Stator prüfen (sollte dann erfolgen, wenn der Motor aussetzt!).
		7 Ist das Steuergerät in Ordnung?	Steuergerät prüfen (sollte dann erfolgen, wenn der Motor aussetzt!).

STÖRUNGSBEISTAND

Gemischaufbereitung

	Störung	Fragestellung	Was muss ich tun?
C	**Der Leerlauf ist ungleichmäßig**	**1** Ist der Motor betriebswarm und mindestens 10 min. gelaufen?	Motor warm laufen lassen.
		2 Ist die Kaltstartregelung aktiv und regelt den Zusatzkanal ab?	Zustand des Kaltstartreglers prüfen.
		3 Ist der Vergaser in Ordnung?	Vergaser überprüfen, gegebenenfalls reinigen und Schwimmer einstellen.
		4 Ist die Zündkerze in Ordnung?	Zündkerze überprüfen, gegebenenfalls erneuern.
		5 Ist die Kompression in Ordnung?	Zylindersatz und seine Bestandteile überprüfen, gegebenenfalls erneuern.
		6 Ansaugstutzen in Ordnung?	Zustand des Ansaugstutzens prüfen, gegebenenfalls erneuern. Rissbildung? Dichtung o. k.?
		7 Ist der Ansaugtrakt nach außen dicht?	Dichtheit des Ansaugtrakts überprüfen, gegebenenfalls abdichten.
		8 Ist die Membran in Ordnung?	Dichtheit der Membran überprüfen, gegebenenfalls abdichten. Sichtprüfung!
		9 Ist die CDI in Ordnung (Zündanlage)?	CDI überprüfen, gegebenenfalls erneuern.
		10 Ist die Zündkerze in Ordnung?	Zündkerze prüfen, gegebenenfalls erneuern.
D	**Leerlaufdrehzahl zu hoch**	**1** Ist die Motordrehzahl im Kaltstart in Ordnung?	Kaltstarteinrichtung prüfen.
		2 Ist die Motordrehzahl bei warmem Motor in Ordnung?	Gaszugspiel überprüfen.
		3 Ist die Vergasereinstellung	Vergasereinstellung prüfen und nötigenfalls verbessern.

STÖRUNGSBEISTAND

Gemischaufbereitung

Störung	Fragestellung	Was muss ich tun?
	4 Ist der Vergaserschieber leichtgängig?	Vergaserschieber überprüfen.
	5 Ist der Kraftstoffstand im Schwimmer in Ordnung?	Kraftstoffstand im Vergaser überprüfen.
	6 Ist das Kurbelgehäuse dicht?	Kurbelgehäuse und Ansaugstutzen auf Dichtheit überprüfen.
E **Zündkerze ist sehr nass**	**1** Ist die Zündkerze in Ordnung (Wärmewert richtig usw. …)?	Zündkerze prüfen, gegebenenfalls ersetzen.
	2 Ist ein Zündfunken vorhanden?	Zündkerzenstecker und Zündspule prüfen oder erneuern.
	3 Ist der Kompressionsdruck in Ordnung?	Kompressionsdruck prüfen, gegebenenfalls notwendige Reparaturen durchführen.
	4 Ist der Luftfilter in Ordnung?	Luftfilter prüfen, gegebenenfalls reinigen oder erneuern.
	5 Ist der Vergaser in Ordnung?	Vergaser, insbesondere die Schwimmernadel prüfen.
	6 Ist der pneumatische Benzinhahn in Ordnung?	Benzinhahn prüfen, gegebenenfalls erneuern.
	7 Ist die Gemischölversorgung in Ordnung?	Gemischpumpe und Rückschlagventile prüfen, gegebenenfalls erneuern.
F **Die Zündkerze verschmutzt sehr schnell**	**1** Ist der Wärmewert der Zündkerze in Ordnung?	Wärmewert anhand der Liste prüfen, Zündkerze prüfen, Elektrodenabstand prüfen.
	2 Ist die Kompression in Ordnung?	Kompression prüfen, gegebenenfalls Zylinder oder Bauteile des Zylinders erneuern.
	3 Ist das Zweitaktöl in Ordnung?	Öl prüfen, wenn nicht nachvollziehbar, den Tank reinigen und Öl wechseln.

Gemischaufbereitung

Störung	Fragestellung	Was muss ich tun?
	4 Ist der Vergaser in Ordnung?	Vergaser, Schwimmer und Nadel prüfen, CO und Leerlauf einstellen.
	5 Ist die Kaltstarteinrichtung in Ordnung?	Kaltstarteinrichtung prüfen.
	6 Ist der Luftfilter in Ordnung?	Luftfilter prüfen, gegebenenfalls reinigen oder erneuern.
	7 Sind die Vergasermembranen in Ordnung?	Vergasermembranen demontieren und prüfen.
G Zündkerze verschmelzen, Motor wird zu heiß	**1** Ist die Zündkerze fest?	Zündkerze anziehen, Dichtungsscheibe der Kerze prüfen.
	2 Ist der Wärmewert der Zündkerze in Ordnung?	Wärmewert anhand der Liste prüfen, Zündkerze prüfen, Elektrodenabstand prüfen.
	3 Wird der Motor zu heiß?	Öl prüfen, wenn nicht nachvollziehbar den Tank reinigen und Öl wechseln. Brennfarbe der Kerze kontrollieren.
	4 Ist der Luftfilter in Ordnung?	Luftfilter prüfen, gegebenenfalls reinigen oder erneuern.
	5 Ist die Schmierölversorgung in Ordnung?	Gemischtank, Gemischpumpe Ölversorgungsleitung und gegebenenfalls Gaszug prüfen.
	6 Ist der Vergaser in Ordnung?	Vergaser, Schwimmer und Nadel prüfen, CO und Leerlauf einstellen.
H Motor springt schlecht an (geht meist auch wieder aus)	**1** Springt er nur schlecht an, wenn es kalt ist?	CDI, Zündkerze und Zündspule prüfen.
	2 Ist das Kerzenbild in Ordnung?	Kerzenbild beachten und eventuell Gegenmaßnahmen einleiten oder/und Zündkerze erneuern.
	3 Ist die Kompression noch in Ordnung?	Kompression prüfen, gegebenenfalls Bauteile des Zylindersatzes oder Zylinder erneuern.

STÖRUNGSBEISTAND

Gemischaufbereitung

Störung	Fragestellung	Was muss ich tun?
	4 Sind das Kaltstartregelventil und seine Stromversorgung in Ordnung?	Kaltstartregelventil überprüfen, gegebenenfalls erneuern.
	5 Sind der Luftfilter und sein Gehäuse in Ordnung?	Luftfilter überprüfen oder reinigen, gege benenfalls erneuern.
	6 Sind der Auspuff und sein Gehäuse	Auspuff überprüfen oder reinigen, gegebenenfalls erneuern.
I Vergaser ist undicht	**1** Ist die Schwimmernadel in Ordnung?	Schwimmernadel prüfen.
	2 Ist der Schwimmer in Ordnung?	Schwimmer prüfen, Einstellung des Schwimmers prüfen.
	3 Ist die Schwimmerkammerdichtung in Ordnung?	Schwimmerkammerdichtung prüfen, Einstellung des Schwimmers prüfen.
J Motor läuft mit Benzin voll	**1** Ist der Benzinhahn richtig angeschlossen?	Anschlüsse überprüfen.
	2 Ist der Benzinhahn in Ordnung?	Benzinhahn prüfen.
	3 Ist der Schwimmer in Ordnung?	Schwimmerstand überprüfen, eventuell korrigieren oder Schwimmer ersetzen.
	4 Ist das Schwimmergehäuse sauber?	Vergaser reinigen.

Arbeiten an der Karosserie

Echt oder Effekt-Carbon? Tuning in edel!

Früher, so sagt man, war alles einfacher ... auch am Fahrzeug!

Die Reparatur der Karosserie ist heute eigentlich seitens der Hersteller nicht vorgesehen.

ABS, PP, PS, PE sind für viele zuerst einmal so genannte »böhmische Dörfer«, bezeichnen aber Kunststoffarten, die durchaus am Quad Anwendung finden. Da das Material das Schweißgut bestimmt und natürlich kaum jemand die Kunststoffarten von sich aus unterscheiden kann, wird meistens mit mehr oder weniger großem Erfolg geklebt. Anhand einer kleinen Fragestellung in einem Ablaufdiagramm kann man aber sehr leicht die Kunststoffarten und die unterschiedlichen Schweißmittel und entsprechenden Schweißverfahren unterscheiden und auswählen.

Oftmals wird auch eine sachgemäße Reparatur als unmöglich eingeschätzt. Kunststoffe seien eben nicht reparabel, denken recht viele Schrauber. Aber sogar das »Schweißen« der Kunststoffteile ist sehr leicht möglich und kann einiges an Geld einsparen. Gerade für diejenigen, die ihr Quad sowieso selbst lackieren, kommt eine solche Reparatur in Frage. In diesem Kapitel werden die unterschiedlichen Kunststoffe vorgestellt und eine einfache Handhabung hinsichtlich Bestimmung des Materials, der entsprechenden Auswahl der Reparaturart und die Reparatur in kleinen Schritten beschrieben.

Reihenfolge der Reparaturarbeiten an der Karosserie:

- Kunststoff schweißen: Prüfverfahren, Arbeitsschritte.
- Kunststoff kleben: Auswahl des Klebstoffes, Arbeitsschritte.
- Spachteln: Spachtelmasse, Arbeitsschritte.
- Lackieren: Vorbereitung, Lackauswahl, Arbeitsschritte.

Kunststoffarten

Bei der Quadkarosse finden unterschiedliche Kunststoffe Verwendung. Die unterschiedlichen Kunststoffarten müssen durchaus unterschiedlich gehandhabt werden, um ein gutes Arbeitsergebnis zu erzielen. Zuerst einmal ist es wichtig, die Kunststoffart erkennen zu können. Bei vielen der Plastikteile ist auf einem Label auf der Rückseite auch die Kunststoffart vermerkt. Ist man sich aber nicht sicher oder hat keine Angaben zum Material gefunden, kann man anhand der typischen Eigenschaften einige thermoplastische Kunststoffarten unterscheiden.

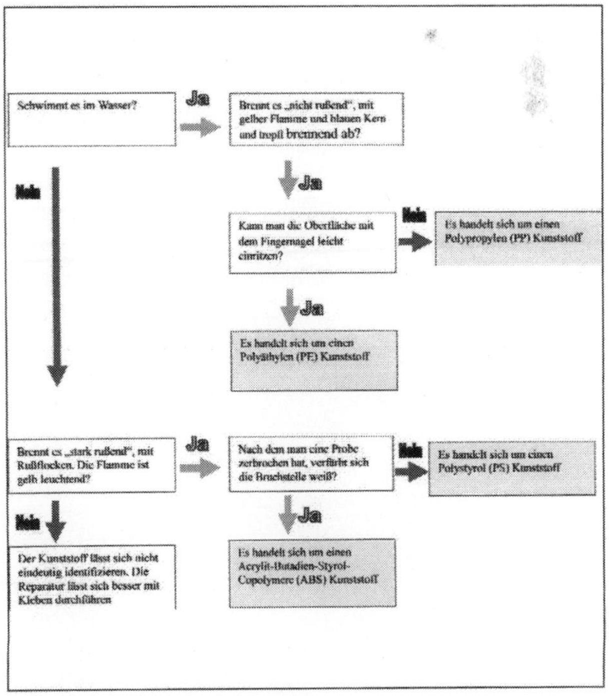

Der Unterschied liegt im Detail.

Kunststoffschweißen

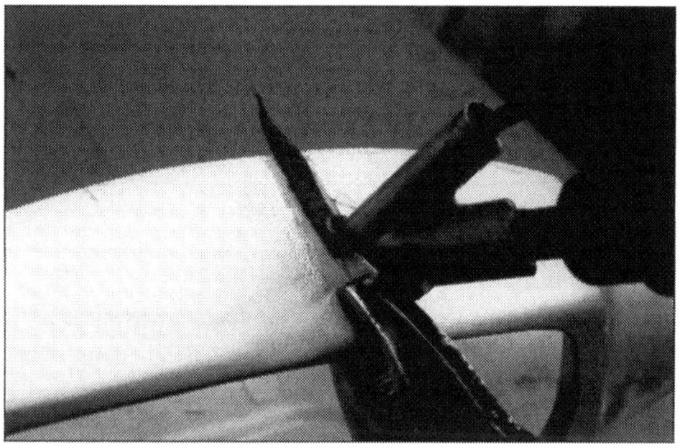

Schweißverfahren mit Heißluftföhn.

Was ist vorzubereiten?
Ein einstellbarer Heißluftföhn, Thermometer (Multimeter mit Thermometer), Dreikantschaber, Teppichmesser, Schleifpapier Körnung 80, Sperrholzstreifen, Schraubzwinge, einige SPAX Schrauben, Schnappzangen

Welche Teile werden benötigt?
Entsprechenden Schweißstab, Verdünnung, Lappen

Der Trick beim Kunststoffschweißen liegt darin, die Teile, die miteinander verbunden werden sollen, im Randbereich zu verflüssigen und dann das Schmelzbad zu vermischen. Um eine gute Durchmischung der Materialien zu erreichen, wird Material des gleichen Kunststoffs in die Schweißstelle eingebracht. In der Regel ist es so, dass der Schweißbereich etwas dicker wird. Durch die Materialzufuhr wird vermieden, dass anliegende Stellen dünner und somit schwächer werden.

Material und Werkzeug.

Voraussetzung für eine gute und stabile Schweißstelle ist die Verwendung des gleichen Schweißmaterials und die Sauberkeit der Schweißstelle. Auch wenn man es sich kaum vorstellen kann, bildet der Kunststoff im Bereich der Bruchstelle eine »Oxidschicht«. Dieser Bereich kann natürlich auch durch mechanische Beanspruchung verhärtet werden. Mögliche Verunreinigungen schwächen die Schweißstelle auch deutlich. Mit dem Dreikantschaber wird die Schweißstelle gut gereinigt.
Mit dem abfallenden Material kann man sehr gut die Materialbestimmung vornehmen und den entsprechenden Schweißstab auswählen. Als Nächstes muss nun das Kunststoffteil mit Hilfe der Holzstücke, der Schnappzangen oder den Schraubzwingen so fixiert werden, dass sich das Bauteil bei der Reparatur nicht verziehen kann.
Nachdem der Heißluftföhn mit Hilfe des Thermometers auf die auf der Verpackung angegebene Verarbeitungstemperatur eingestellt wurde, kann mit dem Schweißen begonnen werden.
Im Grundsatz unterscheidet man zwei Verfahren, die hier zur Anwendung kommen. Beim so genannten Fächelschweißen werden der Randbereich der Schweißstelle und das Schweißgut bis kurz vor die Verflüssigung erwärmt und dann das Schweißgut in die Schweißstelle eingebracht. Mit dem Heißluftföhn wird dabei »gefächelt«, sodass das Schweißgut und beide Seiten der Schweißstelle möglichst gleichmäßig erwärmt werden.
Das nächste Verfahren eignet sich auch sehr gut für die nicht gerade dickwandigen Materialien im Quad. Hierzu muss eine spezielle Düse verwendet werden. Der Materialstab wird dann durch einen Schacht eingeführt und mit Hilfe der Andruckfläche am Ende der Düse in das Material eingedrückt.
In der Regel sind diese Verfahren auch durch Anfänger leicht zu handhaben. Der Verzug, also das Verformen der Schweißstelle, fällt wesentlich geringer aus. Bei beiden Varianten ist es nach dem Erkalten erforderlich, die Schweißstellen nachzubearbeiten.

Für die groben Arbeiten eignen sich am besten das Teppichmesser und auch der Dreikantschaber.
Natürlich entstehen hier auch mechanische Belastungen auf das neu geschweißte Kunststoffteil. Diese Belastung sollte das reparierte Bauteil aber aushalten können.
In weiteren Arbeitsschritten wird die Schweißstelle nun mit Hilfe des Schleifpapiers verschliffen und anschließend für die Lackierung vorbereitet. Die anliegenden Lackstellen sollten nun auch recht gründlich mit dem groben Schleifpapier bearbeitet werden. In vielen Fällen finden Sie hier noch Spuren von Verzug, die sich mit der groben Schleifpapierkörnung leicht beseitigen lassen.

PRAXISTIPP

Materialbeschaffung zum Schweißen

Sollte mal ein Schweißstab nicht zur Verfügung stehen oder das Material nicht genau zu bestimmen sein, können auch aus Restmaterial einige Schweißstäbe selbst gefertigt werden. Hierzu eignen sich natürlich auch Kunststoffteile von gleichen Fahrzeugen, die wegen Beschädigungen ersetzt wurden. Dieses Altmaterial kann nun sinnvoll »recycelt« werden. Je nach Härte und Sprödigkeit des Materials lässt es sich mit Hilfe einer Blechschere, einem Messer oder auch mit der Stichsäge auf die entsprechenden Abmessungen zuschneiden, die sich durch den Schacht der Schweißdüse einführen lassen. Je länger und je gerader dieser Schweißstab ausfällt, desto leichter ist mit ihm zu arbeiten.

Kleben

Was ist vorzubereiten?
Dreikantschaber, Teppichmesser, Schleifpapier Körnung 80, Sperrholzstreifen, Schraubzwinge, einige SPAX-Schrauben, Schnappzangen

Welche Teile werden benötigt?
2K-Kleber für den entsprechende Kunststoff, Verdünnung, Lappen

Schweißen, so sagt man, verbindet Gleiches mit Gleichem. So entsteht bei sorgfältiger Ausführung keine feststellbare Schwächung des Materials. Kleben hingegen basiert darauf, die Gefüge-Strukturen miteinander zu verbinden. Legt man eine Glasplatte auf eine andere, ist es kein Problem, die aufgelegte Glasplatte anzuheben. Sobald aber eine Flüssigkeit zwischen die Glasplatten gelangt, ist es nicht mehr möglich, die Glasplatte zu heben.

Glatt streichen nicht vergessen! Wenn wenig Überstand vorhanden ist, muss auch nur wenig geschliffen werden.

Nach diesem Prinzip arbeiten die meisten Kontaktkleber. Zwar werden hinsichtlich der Zugbeanspruchung durchaus die originalen Materialwerte erreicht, die Bruchfestigkeit jedoch ist meist geringer.

Reaktionskleber löst die zu klebenden Materialien an und vermischt sie im Randbereich der Klebestelle mit dem Klebstoff. Die Festigkeit ist deutlich höher. Auch die Biegebeanspruchung fällt besser aus. Jedoch müssen durch die unterschiedlichen Lösemittel der unterschiedlichen Materialien durchaus immer andere Klebstoffe zum Einsatz kommen. In der Regel sind mit dem Reaktionskleber höhere Festigkeiten der Klebestelle zu erreichen.
Natürlich gibt es heute schon viele Klebstoffe, die auch als Kontaktkleber eine höhere Zugfestigkeit erreichen, als sie bei den Verkleidungsteilen erforderlich wäre. Ein klarer Vorteil liegt darin, dass kein Verzug entsteht und die Verkleidungsteile spannungsfrei repariert werden können. Die Handhabung des Klebstoffes ist auch deutlich einfacher.
Genau wie auch beim Schweißen muss die Klebestelle sauber und fettfrei sein. Gerade bei dünnwandigen Bauteilen empfiehlt es sich, die Bruchstelle mit dem

Weniger und öfter auftragen geht schneller als viel auftragen und lange schleifen!

Dreikantschaber zu bearbeiten. Ziel ist es, neben der Reinigung eine Kehlung zu erzeugen, also die Klebestellen anzuschrägen. Die Idee dahinter ist, die Kontaktfläche zu vergrößern und somit die übertragbare Kraft zu erhöhen.
Man unterscheidet hier zwischen dem Spachteln mit einem Spachtel und dem so genannten Spritzspachteln, was mit einer Lackierpistole durchgeführt wird. Betrachten wir uns zuerst einmal das manuelle Auftragen mit dem Flächenspachtel. Als Werkzeug sollte man hier ein so genanntes Japanspachtelset verwenden. Es lässt sich nachher sehr gut reinigen, und die Stahlklingen dieser Spachtel haben eine sehr genaue Kante, was wiederum das Auftragen erleichtert und die Oberfläche der aufgetragenen Spachtelmasse entsprechend verbessert. Wie auch der Lack, benötigt die Spachtelmasse eine angeraute Oberfläche, um sich möglichst gut mit dem reparierten Bauteil »verzahnen« zu können.

PRAXISTIPP

Kunststoff kleben

Am besten trägt man den Klebstoff zuerst auf einem Stück Pappe auf. Hier kann er sicher durchgemischt werden und mit Hilfe eines kleinen Spachtels an die Stelle gebracht werden, wo er tatsächlich benötigt wird. Nach der Trockenzeit kann der Klebstoff wie die Schweißstelle behandelt und lackierfertig gemacht werden.

WISSENSWERTES

Spachteln

Egal ob Kratzer oder ein reparierter Verkleidungsriss: Die Oberfläche muss nun wieder in einen schönen optischen Zustand versetzt werden. Die wichtigste Voraussetzung für eine gute Oberflächenqualität ist die entsprechende Vorarbeit. Lack kann nur schützen und glänzen, sagt der Karosseriebauer, und hinsichtlich der optischen Aspekte hat er sicherlich recht. Eine schlechte Vorarbeit ist nicht mehr durch eine gute Lackierung wettzumachen.

Spachtelarbeiten

Was ist vorzubereiten?
Japanspachtelset, glattes Brett zum Anrühren der Spachtelmasse, Zeitungspapier, Schere zum Zuschneiden, Kreppklebeband 15 mm, Lappen zum Reinigen der Spachtel, Verdünnung zum Reinigen des Arbeitsbereiches und der Spachtelflächen, Eimer mit Wasser

Welche Teile werden benötigt?
Schleifpapier 80er-Körnung, Schleifpapier 120er-Körnung, Schleifpapier 320er-Körnung (wasserfest), Feinspachtelmasse, Füllspachtelmasse

■ Zuerst wird wieder die Oberfläche angeraut und anschließend mit Verdünnung entfettet.
Am besten mischt man die erforderliche Menge Spachtelmasse auf einem glatten Brett an. Je mehr Härter in die Spachtelmasse eingebracht wird, umso schneller bindet die Masse ab. Je schneller sie abbindet, umso spröder wird sie. Also lieber möglichst genau an das auf den Dosen angegebene Mischungsverhältnis halten und den gespachtelten Bereich gründlich abtrocknen lassen. Aufgrund der Lösungsmittel sollte auch das Spachteln wie die meisten der Lackarbeiten in gut durchlüfteten Räumen oder notfalls im Freien durchgeführt werden.

■ Man verwendet Spachtelmassen in unterschiedlicher Körnung. Die gröbere Spachtelmasse wird zur Formgebung verwendet. Im Handel wird sie als »Füll- und Ziehspachtelmasse« bezeichnet. In der Regel ist sie weiß und lässt sich sehr gut schleifen.
Der Nachteil liegt darin, dass durch die chemischen Vorgänge beim Aushärten recht großen Poren entstehen, die wiederum verschlossen werden müssen.
Für die Feinarbeit wird deshalb ein Feinspachtel verwendet. Im Laden kann man ihn unter der Bezeichnung »Feinspachtelmasse« erwerben. Für die meisten Arbeiten an den Kunststoffverkleidungen reicht es aus, den Feinspachtel zu verwenden.

■ Das Auftragen muss nun so erfolgen, dass die Form des reparierten Bauteils wieder hergestellt wird. Gerade dann, wenn die Spachtelmasse in einem Bereich etwas dicker aufgetragen werden muss, empfiehlt es sich, den Spachtel etwas »hohl« zu drücken, um im mittleren Bereich die Auftragsstärke zu erhöhen.
Nach Möglichkeit nie zu viel auftragen. Es ist generell besser, die Fehlstellen in mehreren Arbeitsgängen zu füllen, als im Nachhinein viel und zeitaufwändig die überschüssige Masse abschleifen und formen zu müssen. Karosseriesicken lassen sich bereits beim Auftragen der Spachtelmasse sehr gut vorformen. Der Grobschliff sollte durchaus mit einem 80er-Schleifpapier erfolgen. Sobald man sich jedoch der Wunschform annähert, sollte mit 120er- oder 150er-Papier tiefere Rillen vermieden werden.

■ Zum Abschluss müssen die gespachtelten Teile mit sehr feinem Papier abgeschliffen werden, so dass die Übergänge zwischen der reparierten Stelle und der originalen Oberfläche nicht mehr spürbar sind.

■ Dieser Feinschliff sollte am besten »nass«, das heißt mit Wasser geschliffen werden. Hierbei muss sehr sorgsam darauf geachtet werden, dass die Spachtelstellen nicht durchgeschliffen werden.
Zwischen den einzelnen Schleifvorgängen muss die Fläche immer wieder mit einem feucht-nassen Lappen abgewischt werden. Anhand der Spiegelung der Wasserbenetzung kann man schon jetzt die Oberfläche des späteren Lackbildes erkennen. Sogar kleinste Unebenheiten und Poren können beim genauen Hinsehen erkannt und frühzeitig verbessert werden.

■ Soll lediglich ein Teilbereich der Karosserie lacktechnisch nachbehandelt werden, ist es günstig, auch nur diesen Bereich in die Vorarbeiten mit einzubeziehen. Die Bereiche, die nicht bearbeitet werden sollen, werden sorgsam mit Zeitungspapier und Kreppklebeband abgedeckt.

■ Das so genannte Spritzspachteln oder Fillern gehört genau genommen auch zum Spachteln. Jedoch wird das Material nicht mit dem Spachtel, sondern mit der Lackierpistole aufgetragen. Da nur sehr dünne Schichten aufgetragen werden, ist die Porenbildung auch entsprechend klein und die Oberfläche sehr feingliedrig glatt.

PRAXISTIPP

Grundregel beim Spachteln

Generell gilt für das Spachteln: So wenig wie möglich und so viel wie nötig! Natürlich gibt es auch den Filler in Spraydosenform. In der Regel eignet sich dieser Filler aber nur für eine weitere Verarbeitung von Sprühdosenlacken. Ein deutlicher Nachteil liegt darin, dass die Spraydosenlacke nicht benzinfest sind, sondern sich meist an- oder auflösen, wenn sie unter den Einfluss von Kraftstoff kommen.

Lackieren

Nun geht's an die Oberfläche. Auch hier muss man zwei grundsätzlich unterschiedliche Lacke betrachten. Nitro-Lacke, wie die Autolacke gerne genannt werden, unterscheiden sich deutlich von den Kunstharz-Lacken und den 2K-Lacken, die bei der Autolackiererei verwendet werden. Auch hinsichtlich der Farben gibt es Probleme. Auch wenn die Quads wie die Autos in großer Stückzahl produziert werden, sind keine Lacknummern bekannt. Es bleibt also nur, in einem gut sortierten Autozubehörhandel sich eine Spraydose herauszusuchen, die den Farbton annähernd trifft, oder einen Farbton zu wählen, der zu dem Gesamtbild des Quads passt und eine Applikation zu schaffen, die das Quad sogar verschönert.

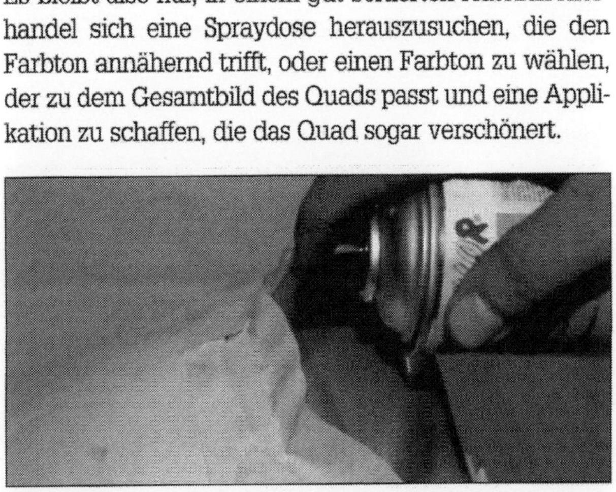

Spraylack ist nicht gleich Spraylack. Verwenden Sie nach Möglichkeit nur Markenfabrikate, um ein möglichst gutes Ergebnis erzielen zu können.

Basiston und Klarlack
Gerade bei den Metallic-Lacken kommt es sehr häufig vor, dass der eigentliche Farbton zuerst aufgetragen und in späteren Arbeitsgängen mit einem Klarlack versiegelt wird. Diese Kombination gibt es sowohl bei den Autolacken als auch bei den Spraydosen. Einer der Vorteile liegt hier in der Verarbeitung. Gerade bei Metallic-Lacken muss der Auftrag der Farbe sehr gleichmäßig erfolgen. Unterschiedlicher Spritzdruck sowie unterschiedlicher Abstand zum Bauteil beeinflussen die Lage der metallischen Pigmente im Lack. Dadurch wirkt der Lack stellenweise heller oder auch dunkler. Man spricht dann von »Wolken«. Der Basiston wird beim Trocknen matt. Der Glanz des Lackes wird erst mit dem Klarlack erzeugt. Der Zweischichtlack ermöglicht ein gleichmäßiges Auftragen mit dem Aspekt eines gleichmäßigen Erscheinungsbildes und dann im Klarlack eine hohe Oberflächengüte.

Unifarbtöne
Im Gegensatz zum Zweischichtlack entstehen Farbton und Oberfläche in einem Arbeitsgang. Auch Metallic-Lacke sind mittlerweile in dieser Form erhältlich. Der Vorteil liegt in einer kürzeren Verarbeitungsdauer und in der einfacheren Handhabung. Gerade aber hinsichtlich der Wolkenbildung gestaltet sich der Umgang mit diesem Lackmaterial schwieriger.

Spraydosen Lacke
Die meisten Lacke aus der Spraydose werden nicht so aushärten können wie die normalen Autolacke. Alle Komponenten, die für die Farbgebung, Verdünnung und Verarbeitung benötigt werden, müssen in der Spraydose enthalten sein. Natürlich wäre es sehr ungünstig, wenn die Lacke bereits in der Dose aushärten würden. Bis auf den Nachteil, dass sie meistens nicht lösemittelfest sind oder zumindest nicht so widerstandsfähig wie die Zweikomponentenlacke (2K-Lacke), ermöglichen sie einen recht unkomplizierten Umgang gerade im Bereich von kleineren Reparaturbereichen.

Spraydose oder Lackierpistole?
Im Wesentlichen unterscheidet sich der Umgang für Vorbereitung und Handling der Spraydose kaum von der Lackierpistole. Problematisch ist jedoch das Lackieren von größeren Flächen, da der Druck in der Spraydose stetig abnimmt. Der Vorteil der Lackierpistole liegt nicht nur darin, dass Druck und Materialfluss sich nicht wesentlich verändern, sondern auch in der Möglichkeit, das Spritzbild und den Druck beeinflussen zu können. Für eine gute Lackierpistole müssen durchaus mehr als 200 Euro angelegt werden. Wenn man nur gelegentlich lackiert, ist die Spraydose sicherlich die günstigere Variante. Eine weitere Möglichkeit ist es natürlich, einen Teil dieser Arbeiten durch eine Lackiererei ausführen zu lassen.

Reinigung der Oberflächen
Zuerst einmal muss die Oberfläche entsprechend wie in dem Kapitel Spachteln und Filler vorbereitet werden. Nachdem die Oberfläche sauber abgewaschen und wieder getrocknet ist, wird sie mit Silikonentferner abgewischt. So werden Fettreste und Silikon entfernt. Nun sollte die Oberfläche nicht mehr mit den Händen berührt werden.

Lackieren von ganzen Karosserieteilen

Sollen ganze Karosserieteile lackiert werden, wird der reparierte Teilbereich genauso behandelt, wie schon bei der Lackierung von Teilbereichen beschrieben. Lediglich der Feinschliff muss auf das gesamte Karosserieteil erweitert werden. Die Rückseiten der Kunststoffteile werden zwar nicht lackiert, müssen aber trotzdem gründlich entfettet und gereinigt werden. Hierzu kann wiederum der Silikonentferner verwendet werden.

Lackieren von Teilflächen

Was ist vorzubereiten?
Gesichtsmaske, Zeitungspapier, Schere zum Zuschneiden, Kreppklebeband 15 mm, Silikonentferner, Eimer mit Wasser, Japanspachtelset

Welche Teile werden benötigt?
Lackmaterial, Filler, Füllspachtel, Feinspachtel

■ Zuerst einmal muss der Lackierbereich mit 600er-Wasserschleifpapier angeschliffen werden. Wichtig ist, den Bereich, in dem »beilackiert« und später poliert werden soll, nun sehr vorsichtig anzuschleifen. Nach Möglichkeit sollte die Klarlackschicht nicht durchgeschliffen werden.

■ Um nur einen Teilbereich einer Fläche lackieren zu können, müssen die Bereiche, die nicht lackiert werden sollen, abgedeckt werden. Mit Hilfe von Zeitungspapier und Kreppklebeband ist das leicht möglich. Das Problem ist lediglich der Übergang zu der nicht lackierten Fläche. Günstigstenfalls sollte die Reparatur ja nicht mehr erkennbar sein. Um keine »harten« Ränder zu erhalten, wird das Klebeband leicht angestellt. So wird ein ganz bestimmter Bereich nur »angenebelt« und lässt sich später leicht polieren.

■ Der Arbeitsbereich für die Lackierung sollte etwas größer gewählt werden als der Schadensbereich selber. Die nun beginnende Lackierung sollte immer zuerst im eigentlichen Reparaturbereich beginnen. Der etwas größer gewählte Bereich wird zum »Angleichen« benötigt. Es ist nicht erforderlich, schon beim ersten Durchgang eine Abdeckung durch die Farbe zu erreichen. Vielmehr soll eher eine Bindung zum Untergrund hergestellt werden. Erst im zweiten oder dritten Lackiergang wird eine sichtbare Abdeckung der Farbe erreicht.

■ Nach einigen Minuten kann nun die nächste Schicht aufgetragen werden. Wichtig ist auch hier, nur den unmittelbaren Bereich der Reparatur zu behandeln. Die umliegende Fläche wird erst nach Erreichen einer ausreichenden farblichen Abdeckung der Arbeitsfläche angenebelt.

■ Als Nächstes wird nun der umliegende Bereich bis zum schräg angestellten Klebeband mit einlackiert.
Wichtig ist, dass außerhalb des Arbeitsbereiches immer weniger Lack bis zum abgeklebten Bereich aufgetragen wird.

■ Die Oberfläche im lackierten Bereich sollte eine glatte Oberfläche aufweisen. Die »einlackierten Bereiche« sollten entsprechend der geringeren Lackdicken eine etwas »wellige« Oberfläche aufweisen.

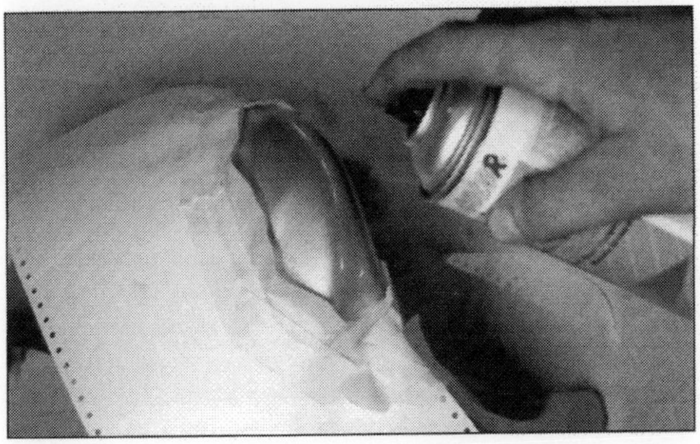

Anlackieren mit abgedecktem Bereich.

■ Dieser Bereich wird nach der Aushärtung entweder mit einer Schleifpolitur glatt geschliffen oder sogar mit Schleifpapier mit einer Körnung um 1200 der Original- und der Reparaturfläche angeglichen.

■ Anschließend werden der reparierte Bereich und die umliegenden Teile beipoliert. Die polierten Flächen müssen abschließend mit einer Wachspolitur versiegelt werden.

PRAXISTIPP

Sprühdosenbeschaffung

Die meisten Autolackierereien mischen die Farbe aus vielen verschiedenen Komponenten. So können alle erdenklichen Farbtöne erreicht werden. Gut ausgerüstete Lackierfachbetriebe können auch Lack in Spraydosen verfüllen lassen. So lassen sich auch Farbtöne herstellen, die nicht im Handel zu erwerben sind.

Fahrwerk und Bremse

Auch am Fahrwerk oder an der Bremsanlage fallen Reparaturen an.

Wie bei den meisten der gezeigten Arbeiten sollten Sie schon einiges an Erfahrungen haben, um sich auch an diese Systeme heranzutrauen. Etwas Hinbasteln kann schlimme Folgen haben. Nicht funktionierende Bremssysteme oder ein defektes Fahrwerk machen das Quad verkehrsunsicher.
Es dürfen ausschließlich Arbeiten durchgeführt werden, die auch vom Fahrzeughersteller erlaubt und freigegeben wurden. Zum Teil erkennt man eine mangelnde Freigabe schon an der mangelnden Lieferfähigkeit der Ersatzteile für eine solche Reparatur. Sind die Teile lieferbar, ist die Reparatur sicherlich durchführbar. Wenn Sie keine Erfahrungen mit Bremssystemen und dem Fahrwerk haben, sollten Sie grundsätzlich jemanden hinzuziehen, der diese Reparaturen beherrscht. Als Ungeübter sollte man niemals Arbeiten an Bremsanlage oder Fahrwerk durchführen. Die Gefahren, die durch unsachgemäße Arbeit entstehen können, sind einfach zu groß.

Gerade bei der Arbeit an der Bremsanlage ist es auch wichtig, sich neben den Eigenschaften der Bremsflüssigkeit auch mit der Funktion und dem Umgang mit den Bauteilen vertraut zu machen.
Bremsflüssigkeit zerstört nicht nur den Lack der Karosserie oder der Rahmenteile, sondern wirkt auch reizend auf Augen und Schleimhäute. Der Hersteller ATE weist darauf hin, dass auch jeglicher Hautkontakt zu vermeiden sei. Grundsätzlich kann man schon erkennen, dass es sich bei der augenscheinlich harmlosen hellen Flüssigkeit doch um etwas ganz Spezielles handelt.
Auch die mechanischen Arbeiten haben ihre Tücken. Werden Schrauben zu fest oder zu lose angezogen, können Schäden entstehen. Unzureichend angezogene Schrauben für die Fahrwerksteile und Bremsen können durchaus fatale Folgen haben. Ein beschädigter oder loser Bolzen eines Lenkungsgelenkes kann für den Verlust der Radführung verantwortlich sein. Wird das Lenkverhalten für den Fahrer nicht mehr kontrollierbar, ist ein Unfall kaum abzuwenden.

Bremsbeläge wechseln

Was ist vorzubereiten?
- 12 mm-Schlüssel
- 4 mm-Durchschlag
- Schraubendreher
- Wasserpumpenzange
- Schraubzwinge
- 19/17er-Schlüssel
- Spitzzange
- 24 mm-Ratschennuss
- 22 mm-Ratschennuss mit Ratsche

Welche Teile werden benötigt?
- Montagekit
- Bremsbelagset
- Bremsflüssigkeit

Scheibenbremsbeläge
Unterschiedliche Quadmodelle sind natürlich auch mit unterschiedlichen Bremssystemen ausgerüstet. Grundsätzlich gibt es nur zwei Varianten, die Bremsbeläge auszubauen. An den Bremssystemen, mit Doppelkolbensystemen in einem Festsattel müssen die Bremssättel meistens nicht demontiert werden.

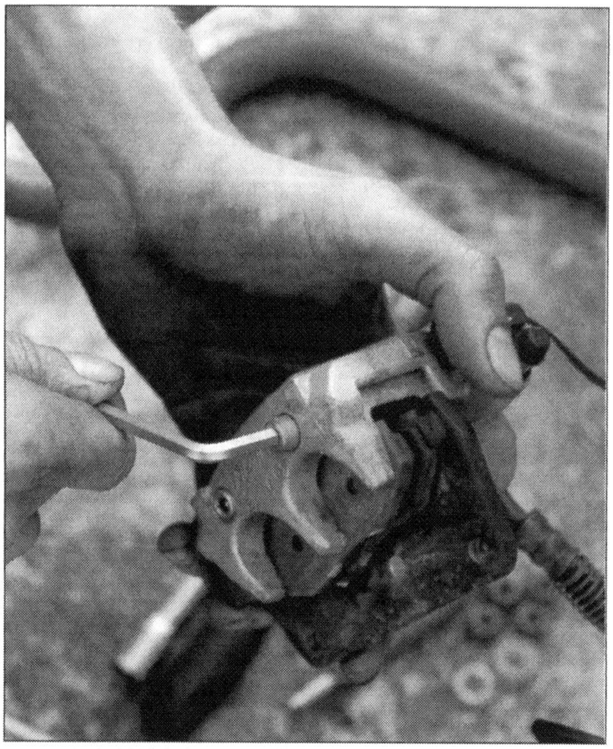

Belagwechsel an einer Yamaha.

■ Die Bremsbeläge können, nachdem der Deckel (1), der Splint (2) und die Andruckfeder (3) entnommen wurden, einfach herausgezogen werden.

■ Die Rückstellung der Bremskolben kann sehr vorsichtig mit einer Zange durchgeführt werden.

Die zweite Bauweise zeichnet sich durch einen schwimmend gelagerten Faustsattel aus. Hier muss der Bremssattel demontiert werden, um die Beläge auszubauen.

■ Nachdem die beiden Halterungsschrauben (1) herausgedreht wurden, kann der Sattel abgezogen werden.

■ Danach werden die Beläge aus der Lagerung heraus gedrückt.

Anschließend wird der Bremskolben zurückgedrückt. In der Regel ist genug Platz, um den Bremskolben vorsichtig mit einer Schraubzwinge zurückzudrücken. Grundsätzlich muss beim Zurückdrücken der Bremskolben darauf geachtet werden, dass sich der Bremskolben nicht im Sattelgehäuse verkantet. Genauso wichtig ist es, die Manschetten der Bremskolben genau in Augenschein zu nehmen. Beschädigte Manschetten führen sehr schnell zu schwergängigen oder festgerosteten Bremssätteln. Bei Motorradbremsbelägen ist es nicht erforderlich, Montagepasten oder Fette an die Auflagerpunkte der Bremsbeläge aufzutragen.
Nachdem die Bremsbeläge montiert und der Bremssattel befestigt wurden, muss der Handbremshebel mehrfach betätigt werden, um die Bremsbeläge an der Bremsscheibe anzulegen und die Bremse so wieder in Betrieb zu setzen.

PRAXISTIPP

Bremsanlage einstellen

Die Bremsleitungen nicht lösen! Bremsflüssigkeitsstand nach dem »Beipumpen« der Handpumpe kontrollieren und eventuell auffüllen!

Grundsätzlich nach jeder Arbeit an der Bremsanlage die Funktion der Bremse erst im Stand prüfen!

Für die Demontage muss erst die Bremstrommel demontiert werden.

Trommelbremsbeläge
Bei einigen Quads ist als Vorderradbremse auch eine Trommelbremsanlage verbaut.

■ Nachdem die Achsmutter abgedreht wurde, kann die Bremstrommel abgezogen und das Rad mit Bremstrommel abgenommen werden.

■ Die Bremsbeläge lassen sich am einfachsten von der Ankerplatte abnehmen, indem man sie anhebt und »zusammenklappt«.

Zusammenklappen der Bremsbeläge.

Die Montage der Beläge und des Rades erfolgt dann in umgekehrter Reihenfolge.

■ Um die Bremsbeläge für das hintere Rad zu wechseln, muss das Hinterrad demontiert werden, an dem die Bremse angebracht ist.

■ Anschließend wird bei den meisten Fahrzeugen die Radmutter in der Mitte gelöst. Diese Arbeit wird wesentlich erleichtert, wenn eine zweite Person die hintere Bremse fest betätigt. So lässt sich die Achsmutter leicht mit einer passenden Ratschennuss lösen.

■ Nun kann die Bremstrommel abgezogen werden. Auch hier lassen sich die Bremsbeläge am einfachsten von der Ankerplatte abnehmen, indem man sie anhebt und »zusammenklappt«. Die Montage der Beläge und des Rades erfolgt dann wieder in umgekehrter Reihenfolge. Auch hier ist es nicht erforderlich, Montagepasten oder Fette an die Auflagerpunkte der Bremsbeläge aufzutragen. Es schadet allerdings aber auch nicht.

Nachdem die Bremsbeläge montiert und der Bremszug eingestellt wurde, muss der Handbremshebel mehrfach betätigt werden, um die Bremsbeläge und die Mechanik der Bremsanlage zu setzen und die Bremse so wieder in Betrieb zu nehmen. Der Hebelweg und die Funktion der Bremse sollten auf alle Fälle vor der Probefahrt kontrolliert werden.

PRAXISTIPP

Unterschiedliche Belagplatzierungen

Es gibt Trommelbremssysteme mit »auflaufendem« und »ablaufendem« Bremsbacken.

Sollten die Bremsbeläge unterschiedlich aussehen, müssen jeweils die gleichen Beläge an ihren alten Platz!!!

De- und Montage Bremsanlage

Da die Demontage der mechanischen Trommelbremsanlage wenige Probleme verursacht, wenden wir uns der hydraulischen Bremsanlage zu. Bei den meisten Quads ist die Bremsflüssigkeit mit einer Membran von der Außenluft abgekapselt.

Demontage des Handbremszylinders

Vorsicht beim Abheben! Es kann immer etwas Bremsflüssigkeit abtropfen. Um Schäden an Lack und Kunststoff zu vermeiden, wischen Sie die Tropfen weg und spülen mit viel Wasser nach.

■ Um an die Bremsflüssigkeit heranzukommen, müssen der Gehäusedeckel der Handpumpe und die Membran entnommen werden.

■ Zur Demontage der Bremsanlage muss zuerst die Bremsflüssigkeit abgelassen werden. Am besten geht das mit einem Entlüftungsgerät.

■ Der Bremsbehälter sollte mit einem fusselfreien Lappen ausgetupft werden. Unbedingt Spritzer auf Haut, Augen und Lack vermeiden. Sollte jedoch einmal Bremsflüssigkeit verspritzt sein: Mit viel Wasser abspülen!

■ Nun sollte über den gelösten Entlüftungsnippel die Bremsflüssigkeit aus der Leitung und dem Bremssattel gesaugt werden. Es werden immer Bremsflüssigkeitsreste im Bremssattel verbleiben, da der Entlüftungsnippel auf den höchsten Punkt des Bremssattels zugreift und somit die an den tieferen Stellen befindliche Bremsflüssigkeit nicht oder kaum erreicht.

■ Nun können die Hohlschrauben an Bremssattel und Handpumpe gelöst und demontiert werden. Die Dichtringe müssen erneuert werden.

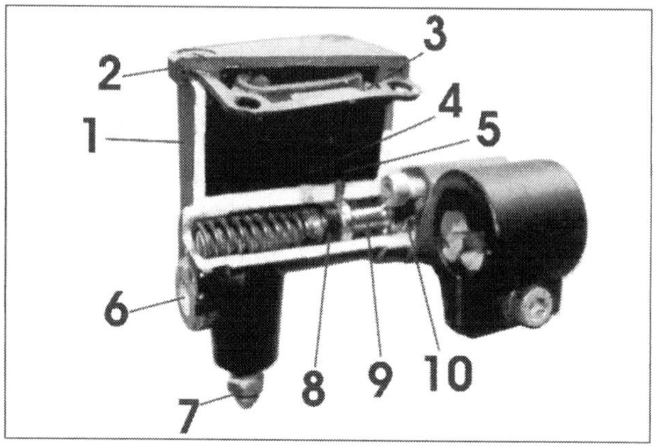

Bauteile der Handpumpe: 1 Pumpengehäuse, 2 Deckel, 3 Membran, 4 Ausgleichsbohrung, 5 Füllbohrung, 6 Anschluss der Bremsleitung, 7 Entlüftungsschraube, 8 Primärmanschette, 9 Kolben, 10 Sekundärmanschette.

■ Nachdem auch der Schalter oder die Verkabelung des Bremslichtschalters demontiert wurde, kann die Handbremspumpe abmontiert werden. Hierzu werden die beiden Schrauben an der Lenkerschelle entfernt.

■ Nun kann der Hauptbremszylinder zerlegt und gereinigt werden.

■ Zuerst muss hierzu der Sicherungsring entfernt werden.

■ Nun kann der Kolben (9) mit den Manschetten (8 + 10) herausgezogen werden. Meistens sorgt schon die Rückstellfeder für das Herausdrücken des Kolbens. Die Manschetten dürfen weder Risse noch sonstige Verschleißerscheinungen aufweisen. Korrosionsspuren im Zylinder können vorsichtig mit einem Schleifvlies herauspoliert werden.

Bei der Montage müssen die Manschetten und der Kolben leicht eingefettet werden. So gleitet er leicht hinein und die Manschetten werden nicht beschädigt. Beim Einführen muss darauf geachtet werden, dass die Manschetten nicht geknickt werden. Mit etwas Geschick und einem kleinen Schraubenzieher lassen sich die Manschetten leicht in die Bohrung einführen. Sollten die Manschetten gewechselt werden, muss die Einbaurichtung beachtet werden. Wenn der Hebel oder auch der Hebelweg einstellbar ist, muss die Einstellung so erfolgen, dass der Kolben und die Primärmanschette die Ausgleichsbohrung freigibt. Sonst arbeitet die Handpumpe nicht. Eine korrekte Öffnung der Ausgleichsbohrung erkennt man meist an der kleinen Fontäne, die beim Entlüften oder beim Loslassen des Bremshebels entsteht.

Demontage der Bremssättel

Bei der Demontage des Bremssattels sollte sehr vorsichtig mit der Rechteckmanschette und auch der Staubmanschette umgegangen werden. Eine Undichtheit sorgt für Bremsleistungsverlust.

Was ist vorzubereiten?
- Bremsentlüftungsgerät
- Seegerringzange
- Kleiner Schraubendreher
- Abzieher für den Bremskolben
- Druckluft
- Bremsenreiniger

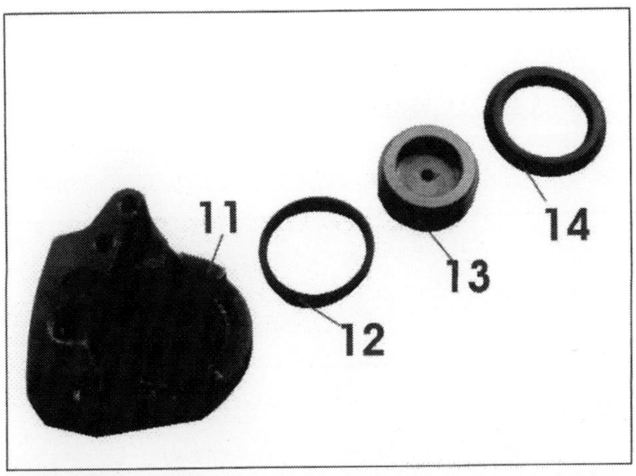

11 Gehäuse, 12 Rechteckmanschette, 13 Kolben, 14 Staubmanschette.

Welche Teile werden benötigt?
- Dichtsatz für das Bremsgerät
- Montagefett für Bremszylinder

Die Kolben lassen sich am einfachsten mit Druckluft oder einem geeigneten Abzieher demontieren. Verwendet man Druckluft, sollte der Kolben mit einem Holzbrettchen langsam aus dem Zylinder herausgelassen werden. Wichtig ist darauf zu achten, dass der Kolben sich nicht verkantet. Sind hier größere Korrosionsspuren sichtbar, sollten die Bauteile oder eben der ganze Bremssattel erneuert werden.

■ Demontieren Sie den Bremssattel.

■ Legen Sie ein Brettchen in den Bremssattel ein.

■ Beaufschlagen Sie den Bremssattel vorsichtig mit Druckluft.

■ Fangen Sie den Bremskolben mit dem Holzbrettchen auf.

■ Demontieren Sie die Rechteckmanschette sowie die Staubschutzmanschette (soweit verbaut).

■ Reinigen Sie den Bremssattel vorsichtig.

Vorsichtig und FINGER WEG! Der Kolben kann durchaus unbeabsichtigt schlagartig seinen Zylinder verlassen.

Zum Entlüften eignen sich am besten Entlüftungsgeräte, die mit dem passenden Adapter die Bremsflüssigkeit durch die Handpumpe ins Bremssystem pumpen. Sollte der Bremszylinder der Handbremspumpe keinerlei Ablagerungen aufweisen, gibt es noch die Möglichkeit die Bremsflüssigkeit mit Hilfe der Handpumpe durch das System »durchzupumpen«. Bei beiden Möglichkeiten wird die austretende Bremsflüssigkeit aus dem Entlüftungsnippel durch einen Auffangbehälter aufgefangen.

Festgerostete Bremssättel

PRAXISTIPP

Lässt sich mal ein Bremskolben nicht mehr bewegen, kann er mit Fett ausgepresst werden. Oftmals passt das Gewinde der Handfettpresse in den Anschluss für die Bremsleitung. Der lange Hebel der Presse hilft, auch sehr fest sitzende Bremskolben »sanft« herauszudrücken.

Demontage festgerosteter Bremssättel

Es kommt gar nicht so selten vor, dass ein Bremssattel aufgrund Schwergängigkeit seine Aufgabe entweder nur eingeschränkt oder gar nicht mehr wahrnimmt. Grundsätzlich setzen Dreck und Wasser auch dem Bremssattel zu. Der quittiert diese Rahmenbedingungen dann schnell mit Korrosion und Schwergängigkeit. Es bleibt lediglich der Austausch des Bremssattels oder eben seine Reparatur.
Reagiert man zu spät, kommt es vor, dass sich der Kolben nicht mehr bewegen lässt. Da hilft nur Druck, um den Zylinder und den Kolben nicht zu beschädigen.

Oft passt das Gewinde der Fettpresse auf den Anschluss des Bremssattels.

- Bauen Sie den Bremssattel aus.

- Schließen Sie eine Handfettpresse an den Bremssattel an.
- Öffnen Sie die Entlüftungsschraube.

- Pumpen Sie nun vorsichtig das Fett in den Zylinder, bis es aus der Entlüftungsschraube austritt.

- Schließen Sie die Entlüftungsschraube.

Pumpen Sie nun langsam weiter Fett in den Bremssattel.

Achten Sie darauf, dass die Kolben möglichst gleichmäßig herausgedrückt werden.

- Zerlegen Sie den Bremssattel in seine Bestandteile.

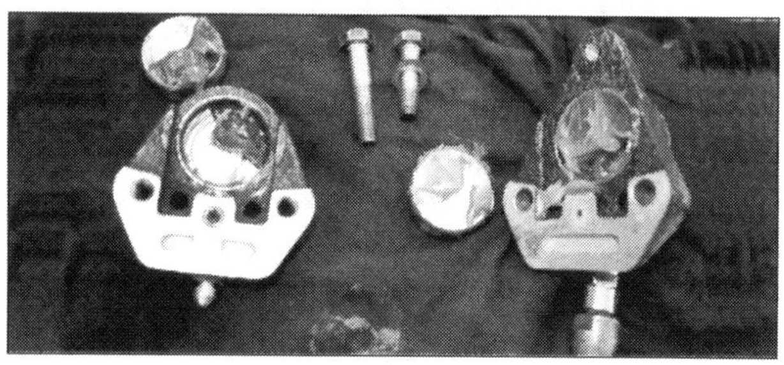

Zerlegt und mit Fett gefüllt.

■ Entfernen Sie die Rechteckmanschette und die eventuell verbaute Staubmanschette vorsichtig.

Die Rechteckmanschette muss vorsichtig entfernt werden.

■ Reinigen Sie den Bremssattel und den Bremskolben von den Fettresten und natürlich auch von den Korrosionsspuren.

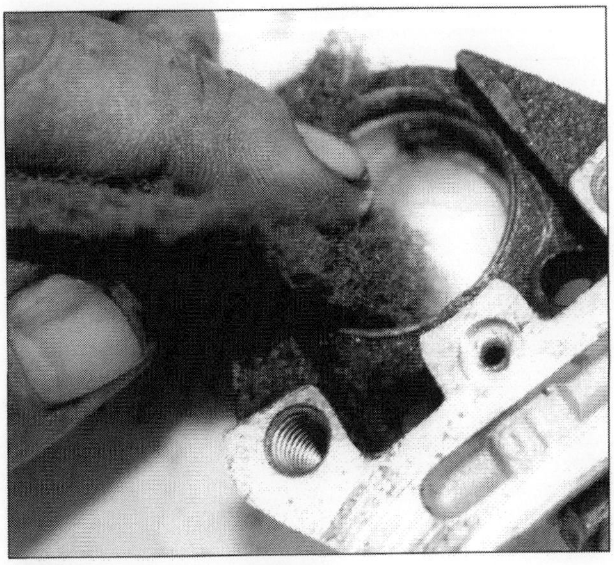

Reinigung mit dem Schleifvlies.

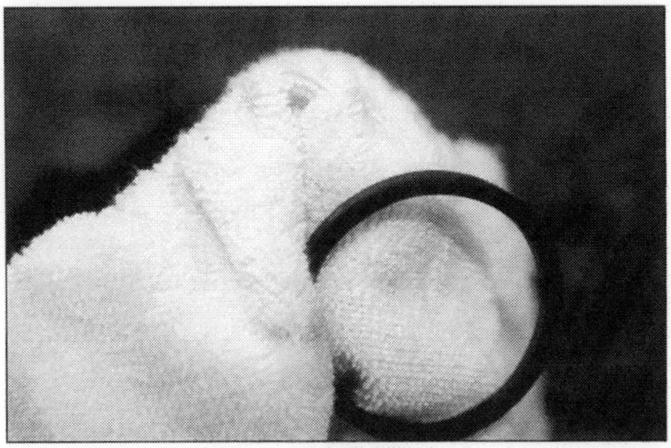

Nachpolieren mit einem Leinenlappen.

■ Spülen Sie den Bremssattel mit Bremsenreiniger aus.

■ Prüfen Sie die Bauteile auf Beschädigung.

Nach gründlicher Reinigung: Bereit für die Montage!

■ Streichen Sie die Dichtungen, den Kolben sowie den Zylinder mit Montagepaste für Bremsgeräte ein.

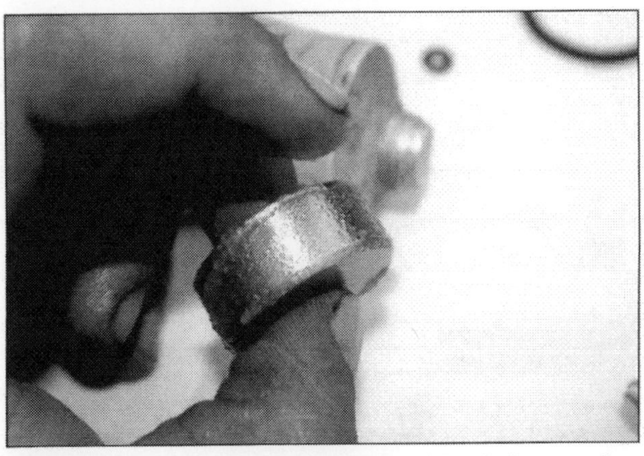

Montagepaste für alle Bremsgeräte: Alle Auflagerstellen und Manschette werden eingecremt.

Die Montage erfolgt sinngemäß in umgekehrter Reihenfolge. Achten Sie darauf, die Kolben bei der Montage nicht zu verkanten.

- Prüfen Sie vor dem Einbau des Sattels die eventuell verbauten Gleitlager auf Leichtgängigkeit.

- Reinigen Sie die Lager und fetten Sie diese mit Kupferpaste nach.

> **PRAXISTIPP**
>
> **Bremskolben zurückdrücken**
>
> Gerade bei Sätteln mit mehreren Kolben kommt es oft vor, dass ein Kolben sich leichter bewegt. Dieser kann dann leicht mit einer Schraubzwinge »ausgebremst« werden. So können Sie die beiden Brmskolben leicht und sehr kontrolliert in das Sattelgehäuse zurückdrücken.

Fahrwerksvermessung

Auch wenn der Umgang mit dem Messgerät recht einfach ist, stellt die Analyse des Fahrwerksystems eine komplexe Aufgabe dar, die fundiertes Fachwissen und eine strukturierte Vorgehensweise erforderlich macht.

Natürlich stellen wir Ihnen einen getesteten Auswertebogen zur Verfügung, den Sie sich am besten zuerst einmal kopieren.

Protokoll / Aufnahme Bogen Eingangsvermessung

	Lenkerstellung Links						Lenkerstellung gerade aus						Lenkerstellung rechts					
Spur	Linkes Rad			Rechtes Rad			Linkes Rad			Rechtes Rad			Linkes Rad			Rechtes Rad		
	Oben		Unten	Oben		Unten	Oben		Unten	Oben		Unten	Oben		Unten	Oben		Unten
	Differenz			Differenz			Differenz			Differenz			Differenz			Differenz		
	Vorspur	Spur 0	Nachspur	Vorspur	Spur 0	Nachspur	Vorspur	Spur 0	Nachspur	Vorspur	Spur 0	Nachspur	Vorspur	Spur 0	Nachspur	Vorspur	Spur 0	Nachspur
	Spurdifferenz						Gesamtspur						Spurdifferenz					

Geofahrachse	$\frac{(Oben+Unten)}{2}$		$\frac{(Oben+Unten)}{2}$
	Differenz		
	Achsversatz nach links	Kein Achsversatz	Achsversatz nach rechts

Für die Einmessung der Spurdifferenz muss der Messwert der Geofahrachse gleich sein. Ist ein Achsversatz feststellbar muss die hälfte der Differenz vom Einschlagwert auf der Spurkarte unten auf der Seite mit dem höheren Wert abgezogen werden.

linkes Rad größer = links abziehen
rechtes Rad größer = rechts abziehen

Sturz	Linkes Rad			Rechtes Rad			Linkes Rad			Rechtes Rad			Linkes Rad			Rechtes Rad		
	Oben		Unten	Oben		Unten	Oben		Unten	Oben		Unten	Oben		Unten	Oben		Unten
	Differenz			Differenz			Differenz			Differenz			Differenz			Differenz		
	Differenz						Differenz						Differenz					
	Negativ	Sturz 0	Positiv	Negativ	Sturz 0	Positiv	Negativ	Sturz 0	Positiv	Negativ	Sturz 0	Positiv	Negativ	Sturz 0	Positiv	Negativ	Sturz 0	Positiv

		Differenz
Radabstand rechts	mm	mm
Radabstand Links	mm	

Auswerteblatt als Kopiervorlage.

Fachbegriff	Erklärung	Skizze
Sturz	Neigung des Rades oben nach innen oder außen.	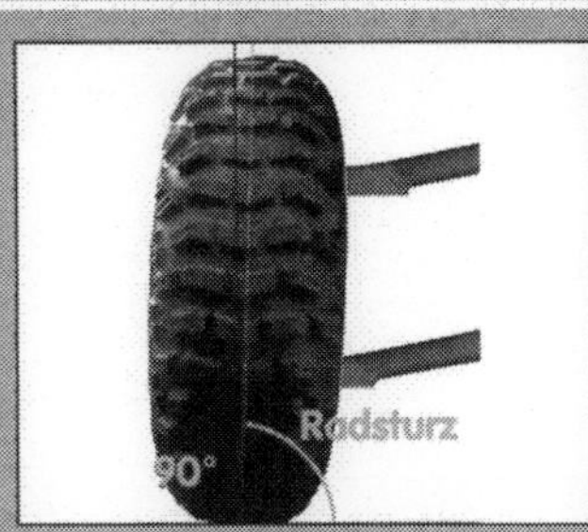
Spur	Abweichung der Laufrichtung des Rades vom Geradeauslauf.	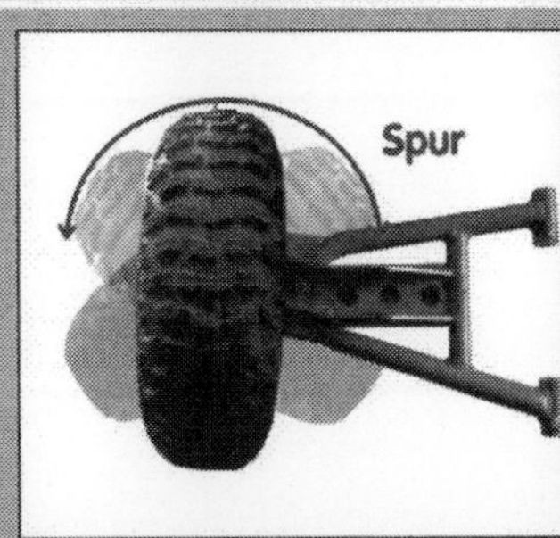
Spreizung	Neigung der Lenkachse oben nach innen oder außen.	
Nachlauf	Neigung der Lenkachse oben nach hinten oder vorne.	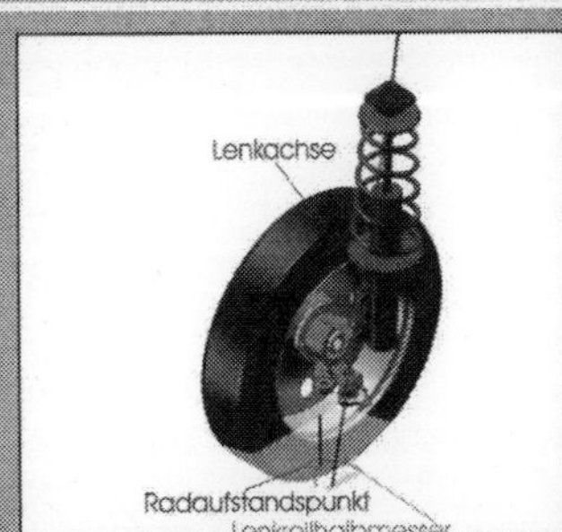
Lenkrollhalbmesser	Radius des Teilkreises um die Lenkachse, die die Radaufstandsflächenmitte beim Einlenken umrundet.	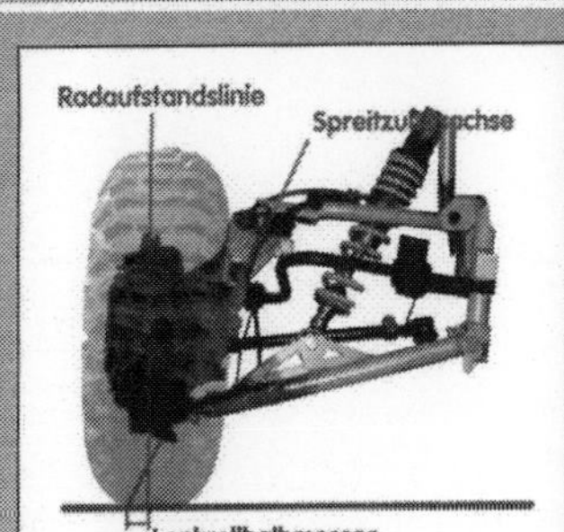

Fachbegriff	Erklärung	Skizze
Lenkachse	Gedachte Linie zwischen der oberen und der unteren Achsaufhängung. (D. A Arm = Traggelenk/Traggelenk) (McPherson = Domlager/Traggelenk)	
Störkrafthebelarm	Abstand zwischen Lenkachse und Mitte der Radmittelebene.	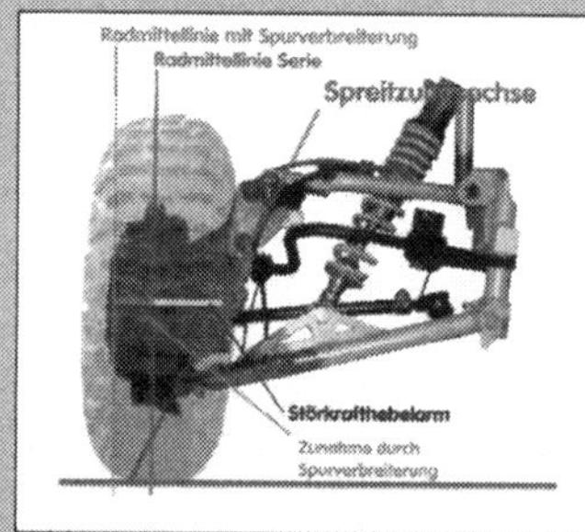
Lenktrapez	Bildet sich aus den unterschiedlichen Abständen der beiden Lenkachslagen (ein Punkt auf der Lenkachse, der auf Höhe der Spurstangen festgelegt wird) und den Spurstangenköpfen einer gelenkten Achse.	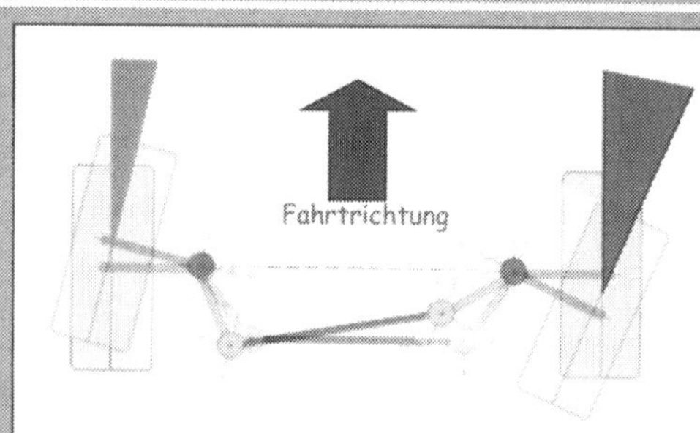
Geofahrachse	Bildet sich aus der Spur der einzelnen Hinterräder und legt die Fahrtrichtung des Fahrzeugs für den Geradeauslauf fest.	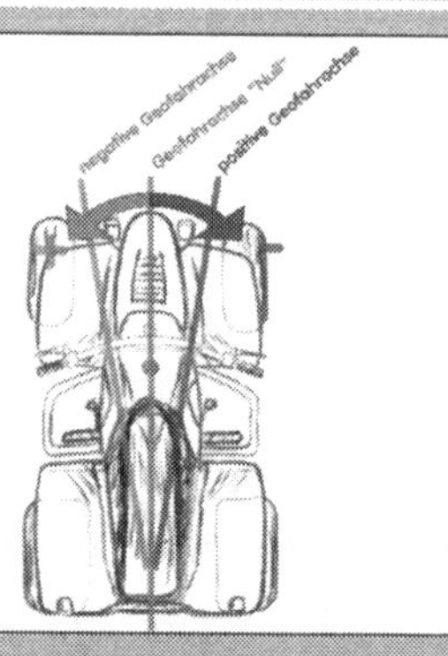
Symmetrieachse	Geometrische Mitte des Fahrzeuges.	
Vorspur	Abweichung der Laufrichtung des Rades vom Geradeauslauf vorne zur Fahrzeugmitte hin (hier Maß A ist kleiner als Maß B), (Räder laufen vorne zusammen).	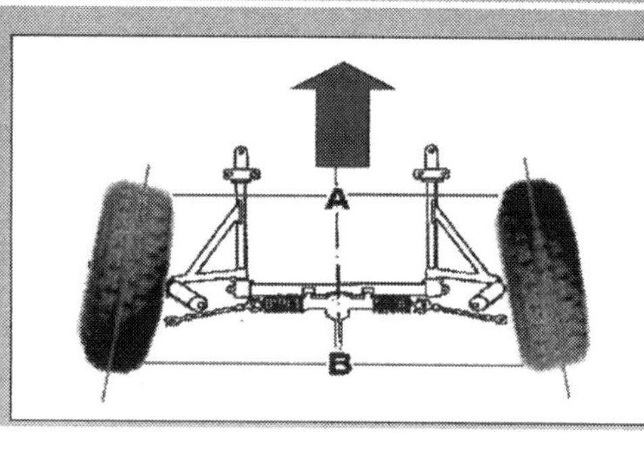

Fachbegriff	Erklärung	Skizze
Nachspur	Abweichung der Laufrichtung des Rades vom Geradeauslauf, vorne von der Fahrzeugmitte weg (hier Maß A ist größer als Maß B), (Räder laufen vorne auseinander).	
Radmittelebene	Gedachte Fläche in Höhe der Reifenprofilmitte (Lauffläche).	

Bauteile des Fahrwerks, die das Fahrverhalten beeinflussen

Gerade wenn Laien sich über den Fahrwerksumbau unterhalten, werden nur wenige Teile als Bestandteil des Fahrwerks erkannt. Kurz zusammengefasst gehören ALLE Teile, die die Räder führen, befestigen oder ansteuern zum Fahrwerk. Also neben den Stoßdämpfern auch Lenkung, Querlenker, Achsschenkel, Spurstangen und auch der Rahmen.

Bauteil	Fehler	Auswirkung
Rahmen	Verzogen, Montagefehler.	Fahrzeug zieht in eine Richtung, ungleichmäßiges Lenkverhalten.
Achsschenkel	Verzogen, Montagefehler.	Fahrzeug zieht in eine Richtung, ungleichmäßiges Lenkverhalten.
Spurstange	Verzogen, Gewinde beschädigt.	
Spurstangenkopf	Ausgeschlagen, Gewinde beschädigt, Montagefehler (Einbaurichtung).	
Spurhebel am Achsschenkel	Verzogen.	Fahrzeug zieht in eine Richtung, ungleichmäßiges Lenkverhalten.
Spurhebel an der Lenksäule	Verzogen, verdreht.	Ungleichmäßiges Lenkverhalten.
Lagerung Lenksäule	Ausgeschlagen, Lager ausgeschlagen.	
Kugelgelenkbolzen oben und unten	Ausgeschlagen, Manschette defekt.	Ungleichmäßiges Lenkverhalten.
Lagerung Querlenker	Ausgeschlagen, Passung zu groß.	Fahrzeug zieht bei Lastwechsel in eine Richtung, ungleichmäßiges Lenkverhalten.
Querlenker	Verzogen, verdreht, Lagerung oder Aufhängung Gelenkbolzen defekt.	
Stoßdämpfer	Undichtheit, verzogen.	
Feder	Gebrochen, Führung ungenau, Vorspannung.	Ungleichmäßiges Einfedern, Richtungswechsel bei unebener Strecke.

Bauteil	Fehler	Auswirkung
Stabilisator	Lagerung ausgeschlagen oder verklemmt.	Ungleichmäßiges Einfedern, Richtungswechsel bei unebener Strecke.
Reifen	Luftdruck, Reifenumfang, Reifenhärte, Profilart, Rollwiderstand.	Fahrzeug zieht in eine Richtung.
Felgen	Einpresstiefe, Bauart, Bauhöhe.	Fahrzeug zieht in eine Richtung.
Bremsanlage	Lufteinschluss, festsitzender Bremssattel.	Fahrzeug zieht nach dem Bremsen in eine Richtung.

Prüfungen vor der Vermessung

Grundsätzlich sind die Vorbereitungen für die Vermessung genauso wichtig wie die Vermessung selbst. Kleine Unachtsamkeiten oder übersehene Fehler vereiteln leicht ein erfolgreiches Ergebnis in der Vermessung. Die Datensicherung gerade hinsichtlich Reifen kann sehr hilfreich sein, wenn es zu einer Reklamation kommt. Schließlich können schon fehlerhafte Reifen das Fahrverhalten deutlich verändern.

Kunde	Fahrzeug	Typ
Verkaufsbezeichnung	**Fahrgestellnummer**	**Baujahr**

Prüfposition	Bemerkung	o.k. / nicht o.k.
Reifengröße	Vorderachse	
	Hinterachse	
Reifen-Hersteller/Bezeichnung	Vorderachse	
	Hinterachse	
Reifen-Luftdruck	Vorne rechts / vorne links	/
	Hinten rechts / hinten links	/
Radumfang	Vorne rechts / vorne links	/
	Hinten rechts / hinten links	/
Fahrwerk Stoßdämpfer	Serienmäßig	
	Sportfahrwerk	
	Gleiche Einstellung (Achsweise)	
	Dichtheit	
	Wirkung	
Spurplatten verbaut	Ja/nein (wo?)	
Einstellung Achsspanner	Gleichmäßig / gerade	
	Beschädigt /verbogen	
Spurstangen und Gelenke	Ausgeschlagen/Beschädigung	
Traggelenke	Ausgeschlagen/Beschädigung	
Radlager	Spiel und Geräusche	
Bremsenfunktion	Gleichmäßig und leichtgängig	
Schwingenachse	Spielfrei / leichtgängig	
Lenkung	Spielfrei / leichtgängig	
	Beschädigt / verbogen	
Felgenschlag	Vorne rechts / vorne links	
	Hinten rechts / hinten links	

Aufbau des Messstandes

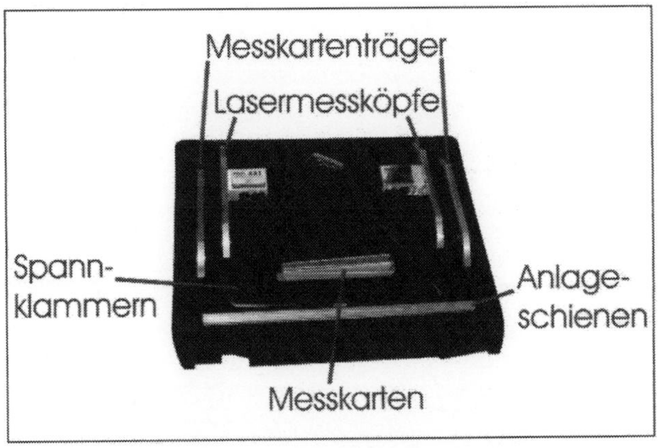

Im Messkoffer finden Sie die Einzelteile des Messsystems.

Zusätzlich benötigen Sie noch folgende Werkzeuge:

Was ist vorzubereiten?
- QAT-Messkoffer von Profi-Products
- Hebewerkzeug (Wagenheber oder Quad-Heber)
- Zollstock
- Luftprüfer
- Profiltiefenmesser
- Maßband (weich ca. 3 m)
- Messuhr mit Halter oder andere Hilfsmittel zum Prüfen des Felgenschlags

Welche Teile werden benötigt?
- Kopiertes Messblatt in der Anlage

■ Schieben Sie die Anlageschienen auf die Seiten mit den kurzen Haken auf die Spannklammern auf.

■ Montieren Sie die Lasermessköpfe an die Hinterradfelgen. Achten Sie darauf, dass die Messplatten gleichmäßig und gerade an den Felgen anliegen. Richten Sie die Spannklammern so aus, dass die Messplatten nicht verrutschen können.

■ Montieren Sie die Messkartenträger an den Vorderrädern. Achten Sie darauf, dass die Messplatten gleichmäßig und gerade an den Felgen anliegen. Richten Sie die Spannklammern so aus, dass die Messplatten nicht verrutschen und sich auch beim Einlenken weder am Fahrzeug noch am Boden verhängen können.

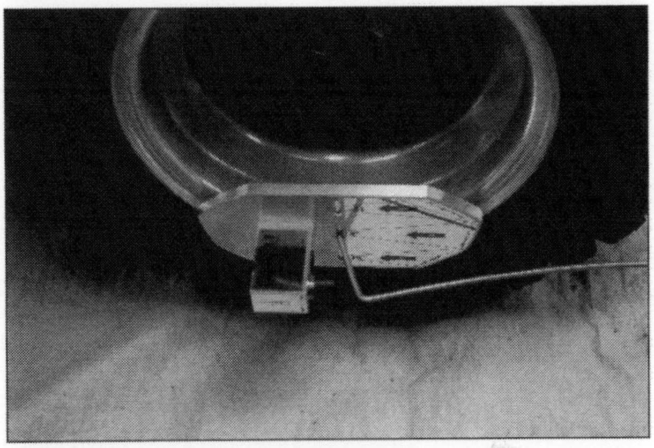

Die Platten müssen sicher aufliegen!

■ Montieren Sie die Spurkarten in den unteren Löchern der Messkartenträger. Achten Sie darauf, dass diese nur leicht nach vorne ansteigen dürfen, um das Laserlicht besser sehen zu können.

■ Montieren Sie die Sturzkarten in den oberen Löchern der Messkartenträger. Stellen Sie diese Kärtchen senkrecht zum Boden ein.

■ Schalten Sie die Laserköpfe ein. Nun ist das Messsystem startklar!

Einrichten auf die Geofahrachse

Sicherlich erscheint es zuerst einmal logisch, die beiden Vorderräder im Rahmen der Gesamtspur zueinander einzustellen. Die Hinterachse als spurgebende Achse muss aber grundsätzlich einbezogen werden.

Messen, Vergleichen und Justieren. Dazu kommt noch einiges an Fachlichem Know-how.

■ Lenken Sie die Räder so weit ein, dass die Differenz der beiden Spurkärtchen gleich ist. Die Linie zeigt nun rechts und links die gleiche Abweichung.

■ Kontrollieren Sie den Radstand. Anhand der Lasermessung, der Radstandsmessung und dem Auswertungsbogen lässt sich die Positionierung der Achsen zueinander genauer definieren.

Achsstand gleich und Abweichung im Laserwert
= paralleler Achsversatz
(Prüfen Sie, ob die Distanzstücke der Achse richtig verbaut wurden).

Achsstand unterschiedlich, Laserwert gleichmäßig
= Hinterachse schräg verbaut und versetzt
(Prüfen Sie, inwieweit ein Unfall oder Schaden den Rahmen oder andere Bauteile in Mitleidenschaft gezogen hat).

Achsstand gleich und Laserwert gleichmäßig
= Geofahrachse liegt auf der Symmetrieachse des Fahrzeugs
(So weit o.k., Einstellarbeiten können beginnen!).

Ermitteln des Lenkungsmittelpunktes

Bei Geradeauslauf des Fahrzeuges sollte das Lenktrapez in der Mitte stehen. Die Winkeländerungen sind also bei Lenkeinschlag nach rechts oder links gleich groß. Ist das nicht der Fall, wird zuerst einmal der Spurdifferenzwinkel anders ausfallen. Weiterhin ergeben sich durch die mehr oder weniger stark veränderten Winkel des Lenktrapezes durchaus unterschiedlich stark ausfallende Krafteinwirkungen, die auch wiederum das Ziehen des Fahrzeuges in eine Richtung bewirken können.

■ Stellen Sie sich an die linke Fahrzeugseite.

■ Lenken Sie nun so weit nach links ein, dass Sie die Laserlinie gerade noch so auf einer Spurmesskarte ablesen können. Sorgen Sie dafür, dass sich die Lenkung nicht zurückstellt.

■ Tragen Sie nun diese Werte in das Protokoll für die Eingangsmessung in der Spalte »Lenkerstellung links« ein. Lesen Sie auch die Sturzwerte ab und halten Sie diese in der Tabelle schriftlich fest.

■ Lesen Sie die Messwerte auf dem Messkärtchen der rechten Seite ab und tragen Sie auch diese ins Protokoll ein.

■ Stellen Sie sich auf die rechte Fahrzeugseite und schlagen Sie die Lenkung im selben Winkel ein. Achten Sie darauf, dass Sie die Hälfte der eventuell festgestellten Differenz in der Geofahrachse verrechnen müssen.
Tragen Sie auch hier die Spur und Sturzwerte in das Protokoll ein. Natürlich entsprechend in die Spalte »Lenkerstellung rechts«.

Aussage	Ursache und Gegenmaßnahme
Spurdifferenzwinkel bei Linkseinschlag größer.	Lenkungsmittelpunkt ist nach links versetzt. Die Korrektur kann oft über das Verdrehen der beiden Spurstangen erreicht werden.
Spurdifferenz bei Rechtseinschlag größer.	Lenkungsmittelpunkt ist nach rechts versetzt. Die Korrektur kann oft über das Verdrehen der beiden Spurstangen erreicht werden.
Spurdifferenz beidseitig gleichmäßig.	Lenkungsmittelpunkt stimmt.

Lagebestimmung der Lenkachse eines Rades

Aus den eingetragenen Sturzwerten bei der Ermittlung des Lenkungsmittelpunktes lassen sich Rückschlüsse auf die gleichmäßige Lage der rechten und linken Lenkachse schließen. Die Sturzveränderungen sollten bei Rechts- und Linkseinschlag seitenverkehrt, aber annähernd gleichmäßig ausfallen.

Aussage	Ursache und Gegenmaßnahme
Sturz links ist bei Linkseinschlag positiver als der Sturz rechts bei Rechtseinschlag.	Lenkachse ist in Fahrtrichtung zu steil: Nachlauf stimmt nicht. Prüfen Sie den Radstand und die Bauteile der Aufhängung.
Sturz links ist bei Rechtseinschlag positiver als der Sturz rechts bei Linkseinschlag.	Lenkachse ist in Fahrrichtung zu flach: Nachlauf stimmt nicht. Prüfen Sie den Radstand und die Bauteile der Aufhängung.
Die Sturzänderung ist beidseitig symmetrisch und gleichmäßig.	Alles in Ordnung!

Abstimmung von Fahrwerken

Spricht man vom Abstimmen eines Fahrwerks, meint man die Einstellung der Feder und der Dämpfer. Eine Grundvoraussetzung ist aber die schon vorher angesprochene Achsvermessung des Fahrzeuges. Nur dann, wenn die Geometriedaten des Fahrzeugs stimmen, kann auch das Fahrwerk optimal arbeiten. Genauso wichtig ist es, sich die einzelnen Komponenten der Achsaufhängung und Führung genauer anzusehen. Schäden müssen unbedingt vor der Abstimmung behoben werden. Auch der Zustand der Räder muss natürlich beachtet werden. Selbst der Radumfang der Räder muss in die Eingangsbegutachtung einfließen. Im Rennsport sowie bei den meisten Quads sind Gewindefahrwerke heute Standard.

Werkzeug für die Profis.

Man findet meist einige Rädchen und Hebel, an denen sich das Fahrwerk sehr leicht abstimmen lässt – denkt man. Die Bedienungsanleitung lässt auch nichts Schweres erwarten. Die Abstimmung und gezielte Vorgehensweise ist aber eine kleine Wissenschaft für sich. Betrachten wir nun einige Komponenten des Fahrwerks genauer.

Was ist vorzubereiten?

- Schraubendreher
- 2 Hakenschlüssel
- kleine Kabelbinder
- Seitenschneider
- Hilfspersonen
- Quadheber
- Unterlagmatte für den Mechaniker

Welche Teile werden benötigt?

- Kabelbinder

Bestimmung der Federrate

Bei den meisten Fahrwerksfedern aus dem Zubehör ist die Federrate angegeben. Die Federrate beschreibt die Kraft, die benötigt wird, um die Feder ein bestimmtes Maß zusammenzudrücken. Da die wenigsten der Leser einen Druck/Zug-Prüfstand zur Verfügung haben, werden wir eine einfache Prüfmöglichkeit mit »Hausmitteln« vorstellen.

Prüfung des Negativfederwegs
Schon auf den ersten Blick lässt sich erkennen, wo sich die Feder vorspannen lässt.
Oftmals wird gedreht und probiert und das Fahrzeug gerne höher oder tiefer gelegt, um einen besseren »optischen Eindruck« zu erzielen. Ganz sicher! Das ist nicht die Aufgabe der Einstellmöglichkeiten für die Vorspannung der Fahrwerksfeder. Richtig ist aber immerhin schon einmal, dass die Höhenlage des Fahrzeugs verändert werden kann. Die Veränderung wird durchgeführt, um den Negativfederweg des Fahrzeuges korrigieren zu können. Als Negativfederweg bezeichnet man den Teil des Federweges, den das Fahrzeug mit normaler Beladung aufgrund des Gewichtes einfedert. Der Negativfederweg sollte so gewählt werden, dass das Fahrzeug bei normaler Belastung ungefähr ein Drittel des Dämpferweges nutzt, um den Negativfederweg zu realisieren.

Abstimmung der Federvorspannung
Zuerst einmal muss der Federweg des Quadstoßdämpfers bekannt sein. Da es sich um die Einstellung am Fahrwerkselement Stoßdämpfer handelt, werden die folgenden Arbeiten auch am Stoßdämpfer durchgeführt.

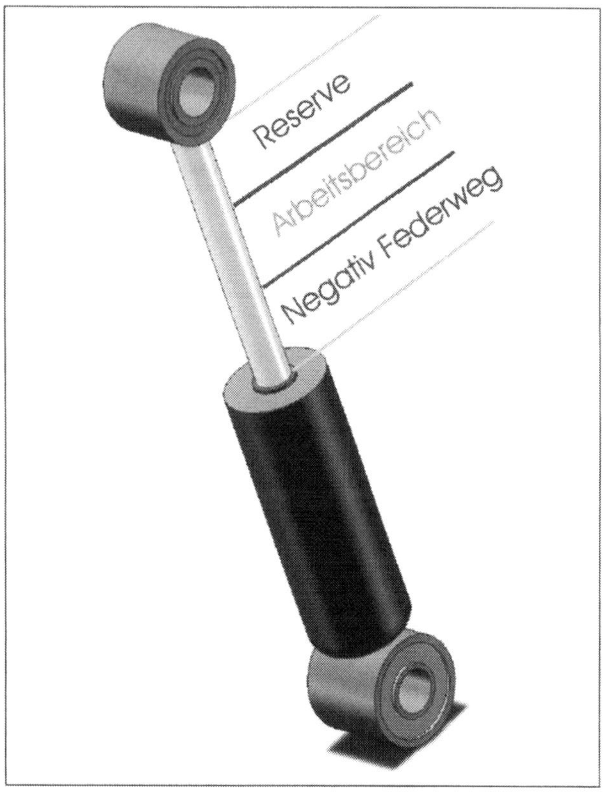

Federweg am Dämpfer

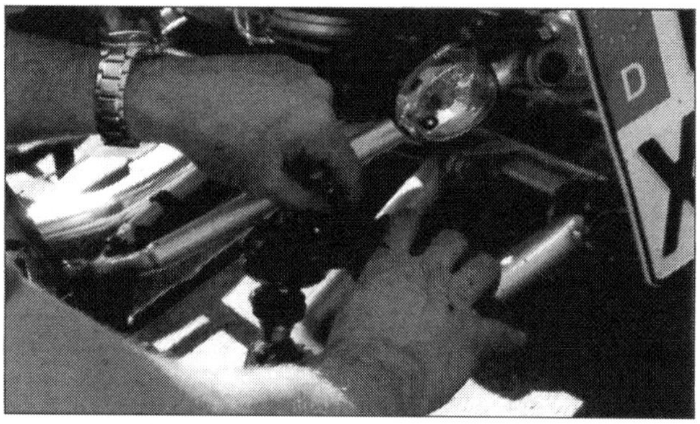

Der Trick mit dem Kabelbinder.

Messen des Gesamtfederweges
Der Gesamtfederweg eines Dämpfers lässt sich noch recht einfach erkennen. Man kann davon ausgehen, dass er aus der sichtbaren Kolbenstange des Stoßdämpfers besteht und ein Drittel des Anschlagpuffers beinhaltet. Teilt man diesen Wert durch drei, ergeben sich die einzelnen Bereiche des Federweges. Problematisch wäre es nun, das Einfederverhalten des Quads während der Fahrt zu dokumentieren. Mit einem kleinen Trick ist aber auch das recht einfach zu bewerkstelligen. Sollte der Stoßdämpfer einmal zerlegt werden, kann man sich einen kleinen O-Ring aus Gummi über die Kolbenstange ziehen lassen. Das ist natürlich nicht bei Dämpfern möglich, die nicht zerlegt werden sollen. Hier kann man sich auch mit einem kleinen Kabelbinder aushelfen. Der Kabelbinder wird um die Kolbenstange gelegt und dann so kurz abgeschnitten, dass er nicht mit der Feder in Berührung kommen kann. Wird nun der Kabelbinder bei vollständig ausgefedertem Fahrzeug ganz nach oben geschoben, wird er beim Einfedern so weit nach unten verschoben, wie die Kolbenstange in den Dämpfer eintaucht. Beim Ausfedern bleibt der Kabelbinder nun an dieser Stelle stehen und markiert den Weg, der beim Einfedern am Dämpfer zurückgelegt wurde.

Messen des Negativfederweges
Zuerst einmal muss das Fahrzeug vollständig ausgefedert werden. Der Markierungskabelbinder wird nach oben geschoben. Nun muss mit Hilfe eines Partners das Fahrzeug aus den Federn gehoben werden, während der Fahrer sich auf das Fahrzeug setzt. Der Partner entlässt nun das Fahrzeug langsam aus der ausgefederten Position. Das Fahrzeug sollte hierbei nicht weiter eingefedert werden, um die Messergebnisse nicht zu verfälschen. Bevor der Fahrer absteigt, muss das Quad vom

Partner wieder ausgefedert werden. Nun wird der Negativfederweg erfasst. Sollte der Negativfederweg zu groß ausfallen, wird zuerst mit Hilfe der Federvorspannung versucht, den Negativfederweg zu verkleinern. Die Feder wird in diesem Fall vorgespannt. Die Messung des Federwegs und seine Abstimmung muss so lange wiederholt werden, bis der Negativfederweg ungefähr einem Drittel des Gesamtfederweges entspricht. Ist der Negativfederweg zu klein, muss die Feder entspannt werden. Sollten die Federwege nicht über die Einstellung mit der Federvorspannung zu erreichen sein, muss die Feder mit einer entsprechenden Härteangabe erneuert werden. Die Federn kann man heute durchaus bei renommierten Herstellern nach eigenen Angaben fertigen lassen. Erfahrene Händler führen auch komplette Umbausätze im Programm.

Messen und Abstimmen des Positivfederweges

Der Positivfederweg stellt den Arbeitsbereich des Stoßdämpfers dar. Er wird auf die gleiche Weise wie der Negativfederweg mit dem Kabelbinder erfasst. Nach einer Probefahrt, die keine übermäßig starken Einfederungen beinhalten sollte, kann der Einfederweg des Stoßdämpfers an dem verschobenen Kabelbinder abgelesen werden. Vielmehr soll der normale Einfederweg bei einer Standardfahrt erfasst werden. Bei Offroad-Einsätzen erfolgt diese Abstimmung im Gelände.
Nach der Probefahrt wird die Stellung des Kabelbinders im Zusammenhang mit dem Gesamtfederweg betrachtet. Er sollte nur so weit verrutscht sein, dass das zweite Drittel des Kolbenweges »bearbeitet« wurde.
Wird der Arbeitsbereich deutlich überschritten, muss eine stärkere Feder verbaut werden. Wird die Feder nur stärker vorgespannt, verkleinert sich der Negativfederweg mit den entsprechenden nachteiligen Auswirkungen für Radführung und Bodenhaftung.
Abstimmung des Fahrwerks Vorder- und Hinterachse
Grundsätzlich muss natürlich das Fahrwerk des Quads auf den Fahrstil des Fahrers abgestimmt werden. Das ist wie alle anderen Fahrwerksabstimmungen nur mit viel Fleiß bei vielen Probefahrten zu realisieren.
Die Grundabstimmung sollte trotzdem »neutral« erfolgen. Die neutrale Abstimmung bedeutet ein gleichmäßiges Ansprechen der Vorderachse und der Hinterachse, sobald man Druck im Bereich des Lastmittelpunktes aufbringt. In der Regel findet sich dieser im Bereich der Fahrersitzposition.
Hierzu drückt man im Schwerpunktbereich des Fahrers auf das Fahrzeug und beobachtet das Einfederverhalten sowie das Ausfederverhalten der Stoßdämpfer. Bestenfalls wird das Fahrzeug gleichmäßig einfedern sowie gleichmäßig schnell ausfedern. Die Ein- und Ausfedergeschwindigkeit wird über die Druck- und Zugstufenregelung der Stoßdämpfer erreicht. Grundsätzlich werden alle Einstellungen in die mittlere Position gebracht. Bei Einzelradaufhängung müssen die Räder selbstverständlich absolut gleich abgestimmt werden. Die Feinabstimmung erfolgt nun wiederum während einiger Probefahrten. Wichtig hierbei ist immer, nur eine der Einstellungen zu verändern, um nachvollziehen zu können, welche Auswirkungen die Einstellungsänderung auf das Fahrverhalten des Quads hat.

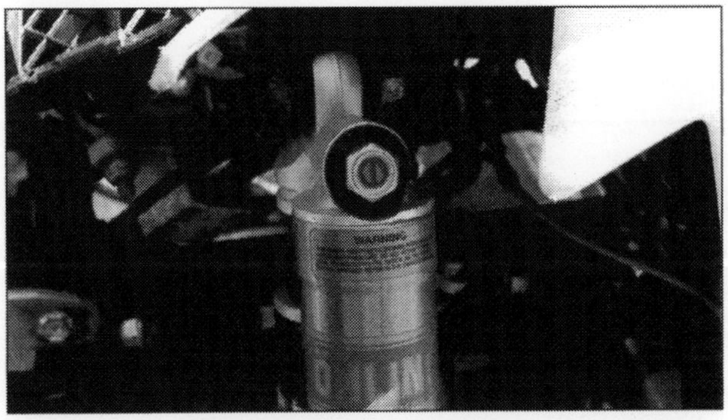

Abstimmbare Dämpfungsgeschwindigkeit: Druckstufe = Einfedern, Zugstufe = Ausfedern

PRAXISTIPP

Stoßdämpferreparatur

Meist lassen sich die etwas höherwertigen Dämpfer durchaus neu abdichten. Im Regelfall sollten diese auch zur Inspektion eingesendet werden. Es gibt Händler, die sich auf die Dämpferreparatur und die Abstimmung spezialisiert haben. In vielen Fällen lassen sich so defekte Dämpfer wieder in Gang bringen und einiges an Geld einsparen.

Die Reparatur im Do-it-yourself-Verfahren empfehlen wir nicht. Zum einen ist Spezialwerkzeug, wie eine entsprechende Hochdruckpumpe und diverse Klemm- und Spannwerkzeuge, notwendig. Zum anderen werden auch entsprechendes Know-how und Erfahrung benötigt, um Schäden zu vermeiden.

Außerdem muss dringend davon abgeraten werden, Stoßdämpfer ohne technische Angaben und Erfahrung zu öffnen. Gerade die Hochdruckdämpfer können durch ihren Gasdruck und die entsprechende Ölvorspannung sehr gefährlich werden.

Reifenmontage

Grundsätzlich gibt es zwei Möglichkeiten den Reifen von der Felge abzuziehen. Die sicherste Methode ist die Montage auf einem Montiergerät. Beschädigungen an der Felge sind so auszuschließen. Den wenigsten Schraubern steht allerdings ein solches Gerät zur Verfügung. Die Demontage erfolgt mit Hilfe von Montierhebeln. In diesem Kapitel sollen beide Varianten vorgestellt werden.

Was ist vorzubereiten?
- Reifenmontierhebelset
- Seife oder Montagepaste
- Ventilzieher
- Kompressor oder Fußpumpe

Welche Teile werden benötigt?
- Reifen
- Schlauch (nur bei »Tube Type«-Reifen!)
- Ventil (Winkelventil?)

Reifenmontage mit Montierhebeln

Egal nach welcher Methode, zuerst muss die Luft aus dem Reifen herausgelassen werden. Hierfür gibt es einen speziellen Ventilzieher. Gelegentlich finden sich auch Ventilkappen, die mit einem Ventilzieher ausgerüstet sind.

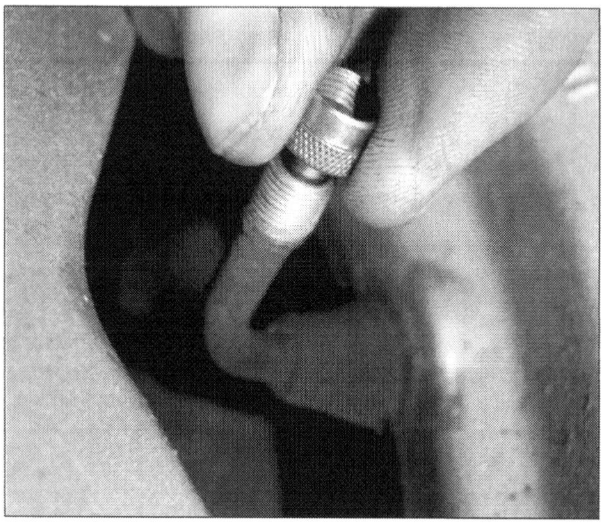

Ventilzieher oder besser Ventilausdreher an einer Ventilkappe.

■ Nachdem die Luft entwichen ist, muss der Reifen vom Hump der Felge heruntergedrückt werden. Um eine Beschädigung der Felge zu vermeiden, sollte immer ein Stück Pappe untergelegt werden. Am einfachsten lässt sich der Reifen mit dem entsprechenden Schuhwerk abdrücken. Bei hartnäckigen Exemplaren ist es erforderlich, die Montierhebel zur Hilfe zu nehmen. Der Reifen muss natürlich von beiden Seiten »abgedrückt« werden, um ihn demontieren zu können.

Abdrücken des Reifens.

■ Nun wird der Mantel Stück für Stück von der Felge gehebelt. Man setzt die Hebel zuerst in wenigen Zentimetern Abstand voneinander ein. Je dichter die Montierhebel zusammenarbeiten, umso geringer ist die erforderliche Handkraft. Wichtig ist hierbei, dass der Teil des Wulstes des Reifens, der nicht herausgehebelt wird, in das Tiefbett der Felge gedrückt wird. So entsteht gerade genug Platz, um den Reifen demontieren zu können.

■ Das Abhebeln des zweiten Reifenwulstes über die Felge gestaltet sich etwas schwieriger. Es muss darauf besonders geachtet werden, dass die Felge nicht beschädigt wird.

Stück für Stück wird der Reifen von der Felge gehebelt.

■ Nachdem auch der zweite Wulst über die Felge gehebelt wurde, kann der Reifen mit etwas Kraft von der Felge gedrückt werden.

Herunternehmen des Reifens.

Die Montage erfolgt in umgekehrter Reihenfolge, jedoch sollte vor der Reifenmontage das Ventil ersetzt werden und der Reifen mit Montagepaste bestrichen werden. So lässt er sich wesentlich leichter montieren. Zum Ende der nächsten Montagebeschreibung wird noch genauer auf die Montage des Ventils eingegangen.

PRAXISTIPP

Zustand der Felge beachten

Der Zustand der Felge ist für die Dichtheit des neuen Reifens von entscheidender Wichtigkeit. Jegliche Ablagerungen müssen entfernt werden, Korrosion und Lackschäden müssen auf jeden Fall ausgebessert werden. Erst dann macht die Montage eines neuen Reifens wirklich Sinn.

Reifenmontage mit dem Montagegerät

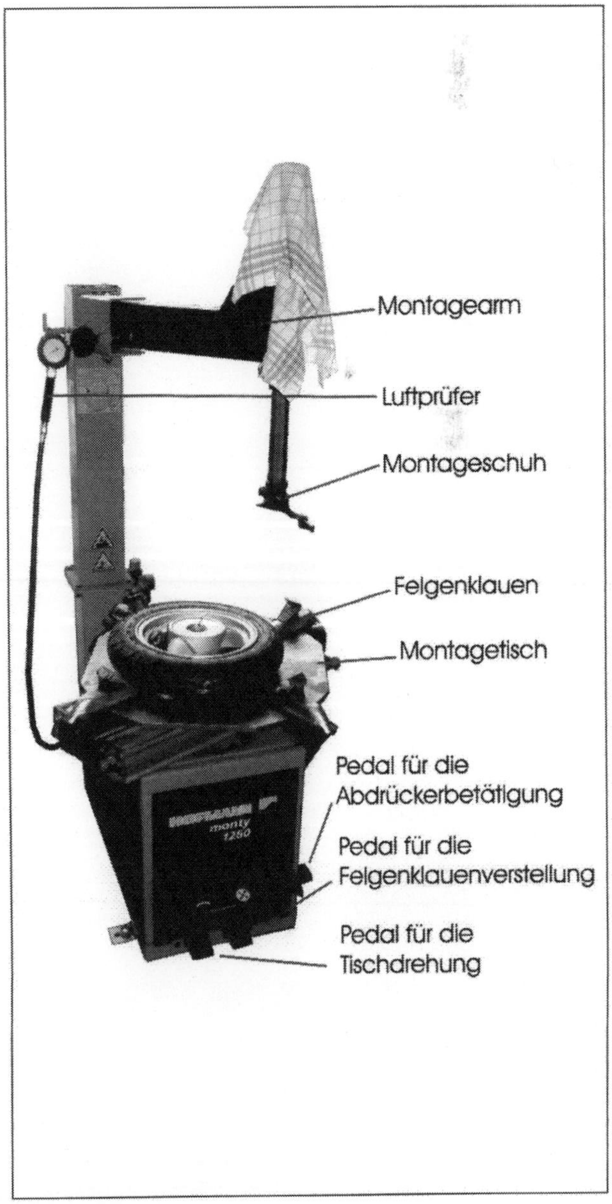

Die Reifenmontiermaschine.

Abdrücken mit Maschinenkraft.

■ Wie auch bei der Demontage mit den Montierhebeln, muss zuerst der Reifen von der Felge gedrückt werden. Das Reifenmontiergerät hat hierfür ein Abdrück-Schild, das den Reifenwulst über den Felgenhump schiebt. Eventuell muss aber auch hier das Rad gedreht werden, bis die Demontage klappt. Die Luft sollte auch hier vorher abgelassen werden. Auch wenn das Gerät in der Lage ist, einen mit Luft befüllten Reifen von der Felge zu drücken, kann dadurch die Felge beschädigt werden.

■ Als Nächstes wird die Felge auf dem Arbeitstisch mit den Felgenklauen eingespannt. Hier muss darauf geachtet werden, dass die Klauen die Felge sauber spannen und vollflächig aufliegen.

■ Nun wird der Montagearm so eingestellt, dass der Montageschuh knapp über die Felge laufen kann.

■ Jetzt wird mit dem Montierhebel der Reifenwulst über den hinteren Teil des Montageschuhs gehoben. Hier liegt ein deutlicher Vorteil gegenüber der Montage mit Montierhebeln. Die Hebelkräfte wirken nicht auf die Felge ein und die Gefahr eine Felge zu beschädigen, ist sehr gering.

Abziehen des Reifens von der Felge.

Wenn der Montagetisch nun mit dem eingebauten Elektromotor gedreht wird, wird der Mantel automatisch von der Felge gezogen.

■ Dieselbe Vorgehensweise wird nun auch auf den zweiten Felgenwulst angewendet. Die Vorgehensweise unterscheidet sich nicht.

Fertig: Der Reifen kann abgenommen werden.

■ Nun kann der Reifen abgenommen werden.
Auch hier ist es wichtig, den Zustand der Felge zu prüfen und, wenn es erforderlich sein sollte, entsprechende Arbeitsschritte einzuleiten, um die Felge wieder in einen gebrauchsfähigen Zustand zu bringen. Auch die am Ende dieses Kapitels beschriebe Arbeit zum Ventilwechsel sollte am demontierten Reifen erfolgen.

Für die Montage des Reifens wird lediglich der Reifenwulst mit Montagepaste eingerieben und dann der Reifen entsprechend auf den Montageschuh gelegt. Wird der Montagetisch gedreht, wird der Reifen auf die Felge aufgezogen. Wichtig ist es hierbei, auf die Laufrichtung des Reifens zu achten.

PRAXISTIPP

Tiefbett benutzen!

Auch hier muss unbedingt darauf geachtet werden, dass der bereits aufgezogene Wulstteil im Tiefbettbereich der Felge bleibt, um die Montage zu ermöglichen.

Reifenventil wechseln

Die Reifenventile sind relativ stark durch die entstehen Fliehkräfte belastet und altern dementsprechend auch. Wenn der Reifen gewechselt wird, sollte nicht am Ventil gespart werden und dieses mit gewechselt werden.

■ Am leichtesten lässt sich der Ventilwechsel am abmontierten Reifen durchführen.

■ Das Ventil wird leicht schräg weggedrückt und das Gummi mit einem scharfen Messer durchgeschnitten.

■ Das Ventil kann nun in zwei Teilen entnommen werden.

Das Ventil besteht aus drei wesentlichen Teilen. Die Ventilkappe, die aus Metall oder Kunststoff besteht, kann auch als Ventilzieher ausgelegt sein. Der Ventileinsatz kann durchaus verschiedene Längen haben. Die Ventileinsätze passen aber untereinander. Der Ventilkörper hat einen aufgeklebten Gummifuß, der das Ventil flexibel in der Felge lagert und eine luftdichte Verbindung zwischen Ventil und Felge herstellt.

■ Für die Ventilmontage muss der Ventilfuß mit Montagepaste eingestrichen werden.
Das Ventil wird nun ohne Ventilkappe und ohne Ventileinsatz in die Felge gesteckt.

■ Mit Hilfe einer speziellen Zange, der Ventileinziehzange, wird das Ventil in die Felge eingezogen. Grundsätzlich kann das Ventil auch mit anderen Werkzeugen eingezogen werden, es sollte jedoch darauf geachtet werden, dass weder das Ventil noch die Felge beschädigt werden.

■ Nun müssen die Felgenklauen entlastet werden, und der Reifen kann mit Luft befüllt werden.

■ Um schneller mehr Luft in den Reifen zu bekommen, ist es sinnvoll, den Ventileinsatz noch nicht zu verbauen. Der Reifen kann sich nun besser »setzen«. Beim Setzen wird durchaus ein Luftdruck von 3-4 bar erforderlich.

■ Sitzt der Reifen rundherum erkennbar gleichmäßig, wird die Luft wieder abgelassen und der Reifen entspannt. Mit dem eingeschraubten Ventil wird der Reifen auf seinen Nennluftdruck aufgeblasen.

■ Abschließend wird noch einmal der korrekte Sitz des Reifens überprüft.

Schmiernippel einbauen

Oftmals wird an markanten Stellen wie der Schwinge oder den Querlenkern auf Schmiernippel verzichtet. Da diese Stellen regelmäßig nachgefettet werden sollen, ist es fraglich, wie die Hersteller sich diese Arbeit vorgestellt haben. In vielen Fällen sind die entsprechenden Fettnippel aus Kostengründen nicht verbaut worden.

Gewinde für den Schmiernippel im Querlenker.

Was ist vorzubereiten?
- Gewindeschneidset (meist M6)
- Bohrer (meist 5 mm)
- Windeisen
- Eventuell Schweißgerät (Schutzgas oder Autogen)

Welche Teile werden benötigt?
- Schmiernippel
- (Eventuell) passende Mutter

Schmiernippel gibt es in den unterschiedlichsten Ausführungen und Größen. Zuerst sollte man sich im Klaren sein, welcher Lagertyp verbaut wurde und wie die Abdichtung ausgeführt wurde. Selbst bei Nadellagern gibt es Bautypen, die nur schwer von außen abzuschmieren sind. Gleitlager können durchaus durchbohrt werden. Die Materialstärke des Lagerrohrs bestimmt die Befestigung des Nippels. Bei dünnwandigen Rohren kann es durchaus vorkommen, dass es nicht möglich ist, ein Gewinde für den Schmiernippel zu schneiden. Hier können dann Muttern aufgelötet oder aufgeschweißt werden. Hier wird natürlich die Produkthaftung wieder einmal angegriffen. Bei allen Nachbearbeitungen muss sehr genau darauf geachtet werden, dass weder Lagerteile noch die Konstruktionsteile beschädigt oder geschwächt werden. Am besten werden die entsprechenden Lager demontiert und erst dann die erforderlichen Arbeiten durchgeführt.

- Zuerst wird an einer geeigneten Stelle ein Loch für das Gewinde des Schmiernippels vorgebohrt.

- Anschließend wird das Gewinde mit einem Gewindeschneider geschnitten.

- Die Gewinde sollten mit etwas Lack versiegelt werden. Dreht man den Schmiernippel in das Gewinde ein, solange der Lack noch nicht abgetrocknet ist, fungiert die Farbe als Abdichtung und gleichzeitig als Schraubensicherung.

Nun kann, wie im Kapitel »Gleithülsen wechseln« schon beschrieben, das entsprechende Lager wieder montiert werden.

Lagerbezeichnungen nach DIN (Geld sparen beim Lagerkauf)

Natürlich ist es der einfachste Weg, alle Teile beim Fachhändler für den Fahrzeughersteller zu bestellen. In der Regel aber werden die Hersteller der Fahrzeuge die Lager und Kleinteile nicht selber fertigen. Bei Schrauben und dem Ersatz derselben stellt man sich auch nicht die Frage, ob diese Teile nicht auch aus dem Schraubenregal des Werkzeugmaschinenhändlers zu beschaffen wären. Bei den meisten Lagern, die beim Quad verbaut wurden, lassen sich diese Lager auch anhand der Normbezeichnungen auf den Lagern oder den Abmessungen beschaffen. Das hat den Vorteil, dass man sich neben der Abdichtungsart auch ein erweitertes Laufspiel auswählen kann.
Die meisten der Lager lassen sich schon aufgrund Ihrer Abmessungen als so genannte »Norm«-Lager identifizieren. Da einige Hersteller aber durchaus Normlager nachbearbeiten, sollten die Abmessungen immer kontrolliert werden.
In entsprechenden Tabellenbüchern oder in Katalogen der Hersteller findet man alle Abmessungen und technischen Angaben zu den Lagern.

Normbezeichnung auf dem Lager.

Betrachten wir ein Standardlager, wie es in den meisten Quads mindestens einmal vorkommt.

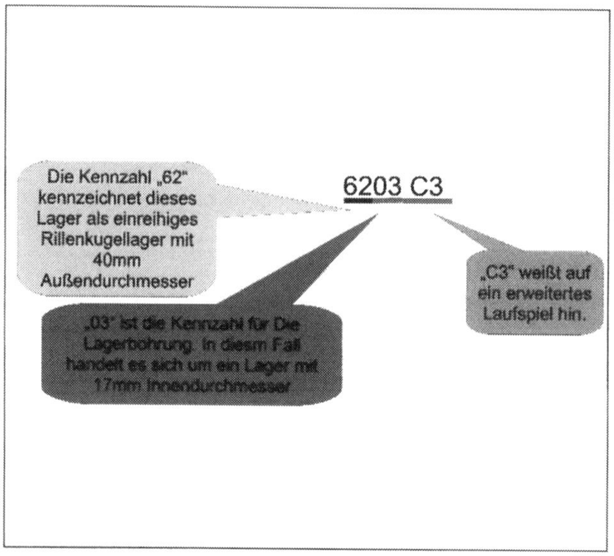

Lagerbezeichnung aufgeschlüsselt.

Die Breite ergibt sich aus dem Normkatalog oder einem Tabellenbuch und beträgt in unserm Fall 12,0 mm.
Sollen die Lager spezielle Ausführungen haben, werden diese mit Abkürzungen bezeichnet.
Die Bezeichnung »2RS« oder »RS2« besagt, dass dieses Lager beidseitig abgedichtet ist. Diese Lager sind gut für Stellen geeignet, die nicht gut abgeschmiert werden können oder auch an Stellen verbaut sind, an denen die Schlammpackung zum Standardprogramm gehört.

Als kleine Hilfe einige gängige Rillenkugellager und die entsprechende Abmessungen dazu:

Außendurchmesser	Innendurchmesser	Breite	Bezeichnung
32 mm	15 mm	9 mm	6002
35 mm	10 mm	11 mm	6300
35 mm	14 mm	10 mm	6003
35 mm	15 mm	11 mm	6202
37 mm	12 mm	12 mm	6301
40 mm	12 mm	17 mm	6203
42 mm	15 mm	13 mm	6302
47 mm	17 mm	14 mm	6303
52 mm	20 mm	15 mm	6304
62 mm	25 mm	17 mm	6305
72 mm	30 mm	19 mm	6306
80 mm	35 mm	21 mm	6307

Um alle lieferfähigen Lager in den unterschiedlichen Normklassen darzustellen, würde der Rahmen dieses Buches bei Weitem nicht ausreichen. Im Zweifelsfall sollte man mit den entsprechenden Bezeichnungen und Abmessungen und möglicherweise dem alten Lager im Werkzeughandel des Vertrauens vorsprechen.

Auch Gleitlager sowie Nadellager und auch Kegelrollenlager lassen sich auf diesem Weg beschaffen.

Die meist deutlich höheren Preise der »Originallager« beruhen nicht auf Profitgier der einzelnen Händler, sondern resultieren auf dem recht umständlichen Beschaffungsweg über Hersteller, Importeure und den Händler. Natürlich muss an jeder Station ein bisschen verdient werden, und selbstverständlich möchte der Transportweg auch bezahlt werden.

Spezialwerkzeuge zum Selbermachen

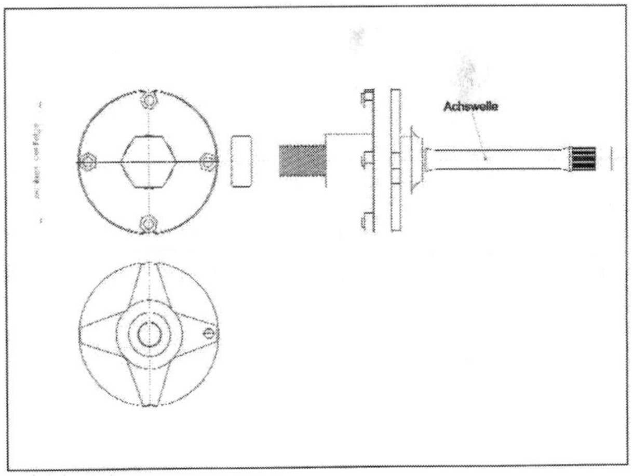

Gewindehülse.

Bezeichnung auf dem Lager	Bedeutung
RSR (RS)	Lager mit einer Abdichtungsscheibe.
2RSR (2RS)	Lager mit zwei Abdichtscheiben.
N	Eine Nut für einen Sicherungsring ist vorhanden.
C3	Erweitertes Laufspiel.
C4	Noch mehr Laufspiel als C3.

STÖRUNGSBEISTAND

Fahrwerk und Bremse

Störung	Fragestellung	Was muss ich tun?
A Bremse funktioniert nicht richtig	**1** Handelt es sich bei der defekten Bremse um eine Trommelbremse?	Siehe Fehlersuchplan »Scheibenbremse geht nicht«.
	2 Sind Seilzug und Bremshebel leichtgängig?	Bremsseil erneuern oder schwergängige Teile gängig machen.
	3 Sind Seilzug und Seilführungen in Ordnung?	Bremsseil erneuern.
	4 Kann man die Bremsbeläge noch nachstellen ohne dass die Anzeige erheblichen Verschleiß anzeigt?	Bremsbeläge erneuern. Bremstrommel prüfen.
	5 Wird die Bremswirkung besser, wenn die Bremse nachgestellt wurde?	Bremsbeläge erneuern. Bremstrommel prüfen.
B Scheibenbremse vorne schlechter Druckaufbau	**1** Ist die Bremsflüssigkeit in Ordnung?	Bremsflüssigkeit nachfüllen, eventuell wechseln.
	2 Ist die Bremsanlage richtig entlüftet?	Bremsanlage entlüften.
	3 Ist die Bremsanlage dicht?	Undichtheit feststellen und entsprechendes Bauteil abdichten oder erneuern.
	4 Baut die Handpumpe Duck auf?	Kolbenmanschette der Handpumpe prüfen.
	5 Bleibt der Druck bei gezogener Bremse bestehen (der Bremshebel gibt nicht nach)?	Kolbenmanschette und Zylinderlaufbahn der Handpumpe prüfen.
	6 Ist der Bremsdruck deutlich am Handhebel zu spüren?	Bremsleitungen prüfen, gegebenenfalls erneuern.
	7 Ist die Bremsscheibe in Ordnung?	Bremsscheibenschlag und Abnutzungsgrad kontrollieren.
C Scheibenbremse geht nicht	**1** Ist Bremsflüssigkeit im Behälter?	Bremsflüssigkeit nachfüllen.
	2 Ist die Bremsanlage richtig entlüftet?	Bremsanlage entlüften.

Fahrwerk und Bremse

Störung	Fragestellung	Was muss ich tun?
	3 Ist die Bremsanlage dicht?	Undichtheit feststellen und entsprechendes Bauteil abdichten oder erneuern.
	4 Baut die Handpumpe Druck auf?	Kolbenmanschette der Handpumpe prüfen.
	5 Wird die Bremse betätigt (blockiert das Rad)?	Bremssattel überprüfen.
	6 Ist der Hebelweg am Bremshebel Ordnung?	Hebelweg einstellen, gegebenenfalls die Manschetten und die Übertragungsbauteile prüfen.
D Trommelbremse geht nicht	**1** Ist der Bremszug in Ordnung?	Bremszug ölen, prüfen, gegebenenfalls erneuern.
	2 Sind die Halterungen und Führungen des Bremszuges in Ordnung?	Hebel oder Lagerungen instand setzen oder erneuern.
	3 Sind die Bremsbeläge in Ordnung?	Bremsbeläge erneuern.
	4 Ist der Bremsnocken in Ordnung?	Bremsnockenwelle prüfen, reinigen, gegebenenfalls erneuern.
	5 Ist das Belaggegenlager in Ordnung?	Gegenlager prüfen, reinigen, gegebenenfalls er neuern.
	6 Ist die Bremstrommel in Ordnung (Rundlauf?), Rad ist fest?	Rad und Bremstrommel prüfen. Bei losem Rad und beschädigter Zahnung Felgennabe oder Trommelnabe ersetzen.
E Lenkung ist schwergängig	**1** Ist der Luftdruck im Vorderreifen in Ordnung?	Luftdruck prüfen. Bei regelmäßigem Luftverlust Reifen und Felge prüfen.
	2 Ist die Lenkung auch dann schwergängig, wenn das Fahrzeug auf dem Hauptständer steht?	Lenklagerschalen ausbauen und prüfen. Lagerspiel einstellen.
	3 Ist das Lenklagerspiel in Ordnung?	Lenklagerspiel einstellen, Lenklager prüfen eventuell erneuern.
	4 Liegen Züge und Kabel wie vorgesehen in der Lenkerkabelführung?	Züge und Kabel sachgemäß verlegen und auf Beschädigung prüfen.
	5 Ist das Lenkschloss in Ordnung?	Lenkschloss erneuern.

STÖRUNGSBEISTAND

Fahrwerk und Bremse

Störung	Fragestellung	Was muss ich tun?
F **Stoßdämpfer schlagen durch, Stoßdämpfer sind zu weich**	**1** Sind die Stoßdämpfer dicht und technisch in Ordnung?	Stoßdämpfer erneuern (im Zubehör sind oft stärkere Stoßdämpfer/Feder-Elemente verfügbar).
	2 Ist die Feder in Ordnung (Bruch, Korrosion...)?	Stoßdämpfer, oder wenn einzeln erhältlich, Feder erneuern.
	3 Sind die Gummilagerungen in Ordnung?	Stoßdämpfer, oder wenn einzeln erhältlich, Gummilager erneuern.

Schaltplan

In diesem Kapitel stellen wir einen universellen Schaltplan vor, der in den meisten Fällen bei Quads Anwendung findet. Sicherlich gibt es die eine oder andere Abweichung hinsichtlich der Kabelfarben oder der eingesetzten Stecker. Das Schaltprinzip verändert sich allerdings nicht. Der Schaltplan ist in aufgelöster Darstellung ausgeführt. Im Gegensatz zu den Schaltplänen, die Sie in Ihren Originalunterlagen haben, werden die Bauteile nach Funktionen geordnet und nicht nach ihrer Einbaulage. Der Aufbau ist recht einfach und für die Fehlersuche ausgelegt.

Oben finden Sie immer alle plus-führenden Anschlüsse, unten hingegen den Masseanschluss. Die unter dem Masseanschluss (31) angeordneten Zahlen geben den Strompfad an. Diese Angabe erleichtert Ihnen das Auffinden der Bauteile. Betrachten wir uns beispielsweise den Anlasser. Er hat das Kurzzeichen »M2«, wir finden ihn im Strompfad 159 und er ist am »Motor im Bereich des Generators« verbaut.

Kurzzeichen	M2
Bezeichnung	Startermotor/ Anlasser
Strompfad	159
Wo verbaut?	Am Motor meist generatorseitig.

Suchen Sie sich nun den Strompfad 159 heraus. Sie stellen fest, dass der Anlassermotor durch das K10 (Starterrelais) angesteuert wird. Dieses wiederum ist an 30 (Dauerplus) angeschlossen. Sie sehen also im Schaltplan die Funktion der Bauteile, die Sie für die Prüfung brauchen. Wenn Sie mehr über das eine oder andere Bauteil wissen wollen, schlagen Sie im Kapitel »Reparaturen und Montagearbeiten« nach.

Genormte Anschlüsse

In der Fahrzeugtechnik haben sich genormte Bezeichnungen für bestimmte Anschlüsse durchgesetzt. Das erleichtert zum einen die Kommunikation und zum anderen unterstützt es die Faulheit der männlichen Schrauberwelt, vollständige Sätze zu formulieren. »Da gehst du an 30 und 31, und misst 12-14 Volt« sagt sich eben schneller als: »Den einen Anschluss des Multimeters musst du an Batterieplus anschließen, den anderen an eine blanke Stelle am Rahmen. Dann kannst Du 12-14 V auf dem Messgerät ablesen«. In der Tabelle finden Sie die wichtigsten Anschlüsse und ihre Normkürzel, abgestimmt auf die Arbeiten am Quad als Übersicht.

Klemme	Funktion
15	Geschaltetes Plus
15a	Nebenfunktion geschaltetes Plus
15W	Wechselspannung bei laufendem Motor
49	Blinkrelais Eingang
49a	Blinkrelais Ausgang
L	Blinkleuchten links
R	Blinkleuchten rechts
1	Signaleingang Zündspule
4	Hochspannungsausgang Zündspule
30	Dauerplus
30a	Dauerplus abgesichert
31	Masse und Batterie minus
31b	Geschaltete Masse
50	Auslösung Anlasser
56	Fahrlicht
56a	Aufblendlicht
56b	Abblendlicht
58	Standlicht und Rücklicht

Besonderheiten an den CDI

Das Steuergerät der Quads hat sich im Laufe der Jahre stark verändert. Gerade die Straßenzulassung macht Motordrosseln zwingend erforderlich, um kapitale Motorschäden durch die Ventil/Kolben-Begegnung zu vermeiden. Weiterhin wurden die MHKZ der ersten Tage durch erweiterte Systeme ersetzt, die Startschwäche durch Bordnetzspannung ausgleichen. Von außen betrachtet sind die unterschiedlichen Systeme fast nicht zu erkennen. Aus diesem Grund sollte immer auf die Anschlusscodierung der Stecker am Steuergerät geachtet werden. Es ist nämlich nicht egal, wo welcher Anschluss angeklemmt wird oder welches Zusatzgerät vorgesehen war. Schnell ist dann ein intaktes CDI-Schaltgerät defekt. Die wichtigsten Steckercodierungen haben wir Ihnen im Kapitel »Reparaturen und Montagearbeiten« zum Thema Zündanlage unter CDI-Zündsteuergerät abgelegt.

Schaltpläne universal

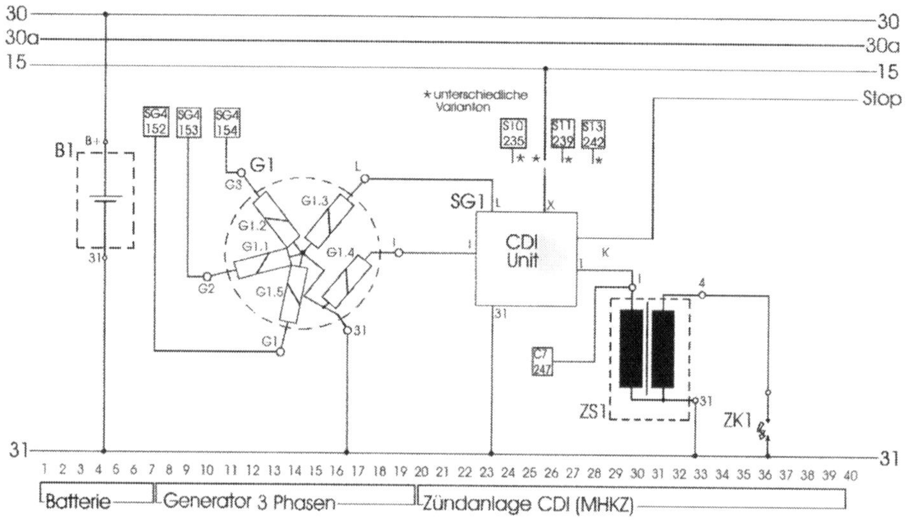

Kürzel	Bezeichnung	Kürzel	Bezeichnung
B1	Batterie	G1.4	Pick-up (OT-Geber) MHKZ
G1	Generator Drehstrom MHKZ	G1.3	Erregerwicklung MHKZ
G1 (Klemme)	Generatorphase 3	SG1	CDI-Steuergerät MHKZ
G2 (Klemme)	Generatorphase 3	ZK1	Zündkerze MHKZ
G3 (Klemme)	Generatorphase 3	ZS1	Zündspule MHKZ

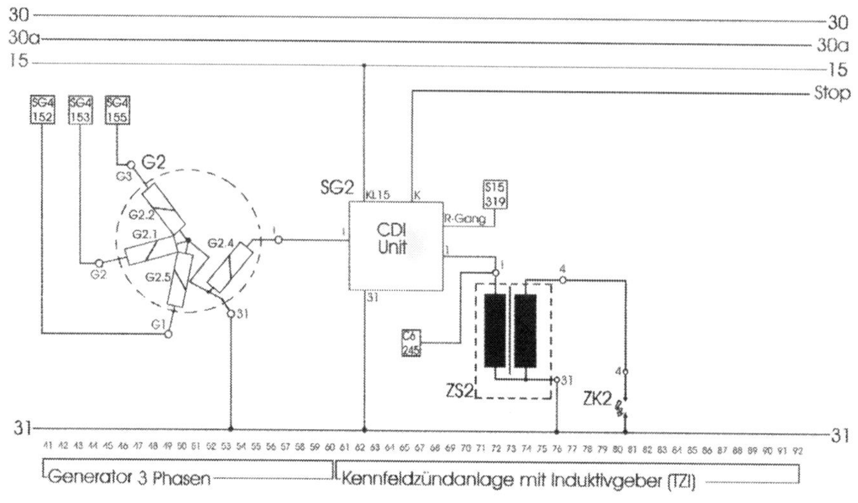

Kürzel	Bezeichnung	Kürzel	Bezeichnung
G1 (Klemme)	Generatorphase 3	G3 (Klemme)	Generatorphase 3
G2	Generator Drehstrom	SG2	CDI-Steuergerät Kennfeldzündanlage
G2.4	Pick-up (OT-Geber) TZI	ZK2	Zündkerze Kennfeldzündanlage
G2 (Klemme)	Generatorphase 3	ZS2	Zündspule Kennfeldzündanlage

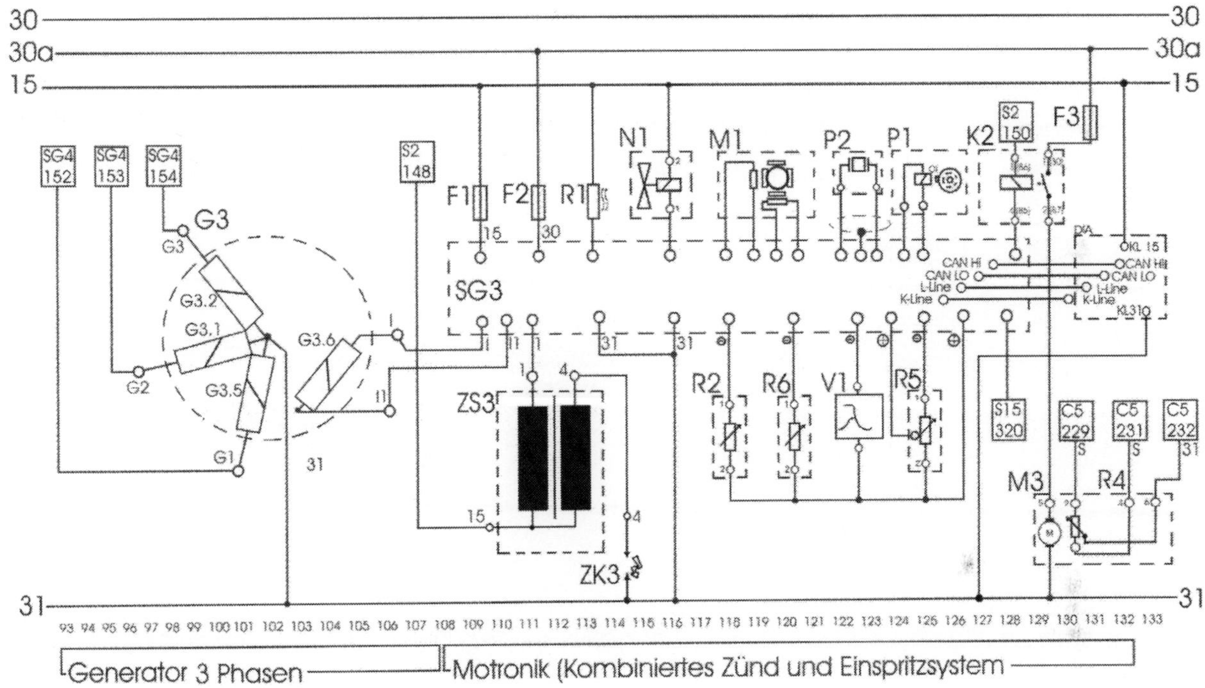

Kürzel	Bezeichnung	Kürzel	Bezeichnung
DIA	Diagnoseanschluss	P2	MAP Luftdrucksensor
F1	Spannungsversorgung KL 15	R1	Lambdasondenheizung
F2	Spannungsversorgung KL 30	R2	Ansauglufttemperaturfühler
F3	Spannungsversorgung Kraftstoffpumpe	R6	Wassertemperaturfühler
G3	Generator Drehstrom Motronic	R4	Tankgeber
G3.6	Pick-up (OT-Geber) Motronic	R5	Drosselklappenpotentiometer
K2	Kraftstoffpumpenrelais	SG3	Motorsteuergerät Motronic
M1	Leerlaufstellmotor (Stepper)	V1	Lambdasonde
M3	Kraftstoffpumpe	ZK2	Zündkerze Motronic
N1	Einspritzventil	ZS3	Zündspule Motronic
P1	Nockenwellensensor		

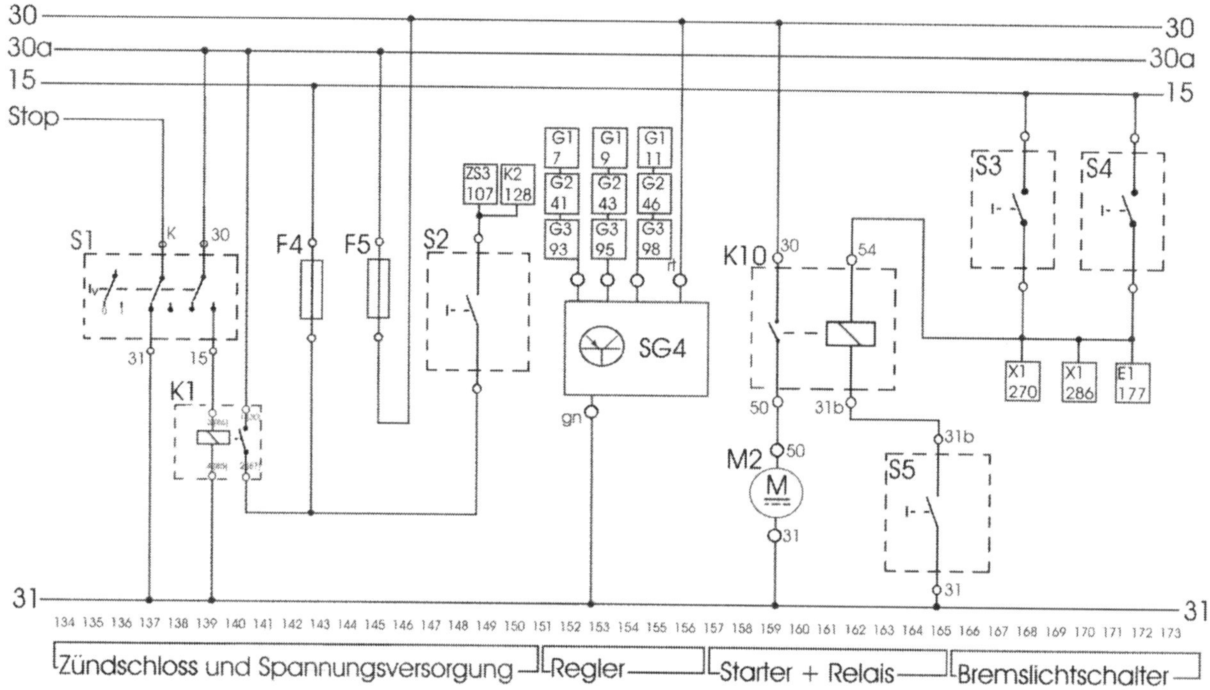

Kürzel	Bezeichnung	Kürzel	Bezeichnung
F4	Vorsicherung KL 15	S2	Kill-Schalter Motronic
F5	Vorsicherung KL 30	S3	Bremslichtschalter vorne
K1	Entlastungsrelais KL15	S4	Bremslichtschalter hinten
K10	Starterrelais	S5	Starterschalter
M2	Anlassermotor	SG4	Regler Generator
S1	Zündschloss		

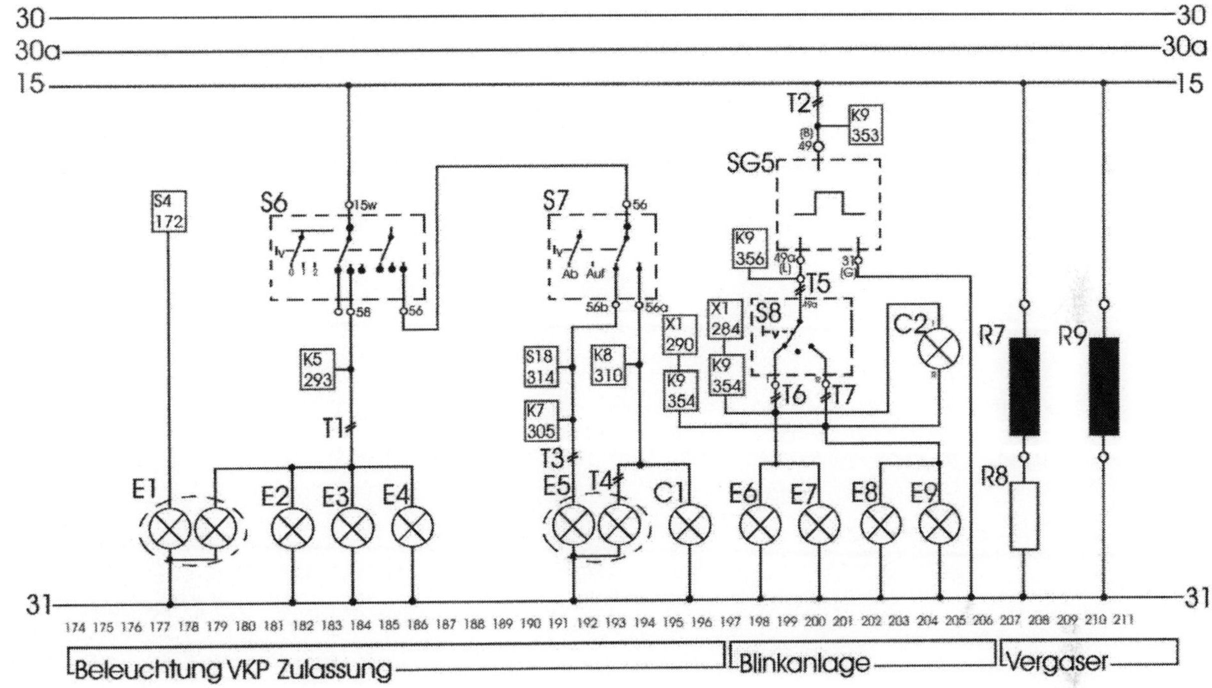

Kürzel	Bezeichnung	Kürzel	Bezeichnung
C1	Kontrollleuchte Fernlicht	R9	Vergaservorheizung
C2	Blinkerkontrollleuchte VKP	S6	Lichtschalter
E1	Bremslicht VKP-Zulassung	S7	Auf/Abblendschalter
E2	Standlicht vorne	S8	Blinkerschalter VKP-Zulassung
E3	Standlicht hinten	SG5	Blinkrelais VKP-Zulassung
E4	Kennzeichenleuchte hinten	T1	Trennpunkt »KL 58« Umrüstung
E6	Blinker VL VKP-Zulassung	T2	Trennpunkt »KL 49«Umrüstung ZM
E7	Blinker HL VKP-Zulassung	T3	Trennpunkt »KL 56a«Umrüstung ZM
E8	Blinker VR VKP-Zulassung	T4	Trennpunkt »KL 56b«Umrüstung ZM
E9	Blinker HR VKP-Zulassung	T5	Trennpunkt »KL 49a«Umrüstung ZM
R7	Elektrisches Chokeventil Vergaser	T6	Trennpunkt »KL 49L« Umrüstung ZM
R8	Vorwiderstand elektrisches Chokeventil	T7	Trennpunkt »KL 49R« Umrüstung ZM

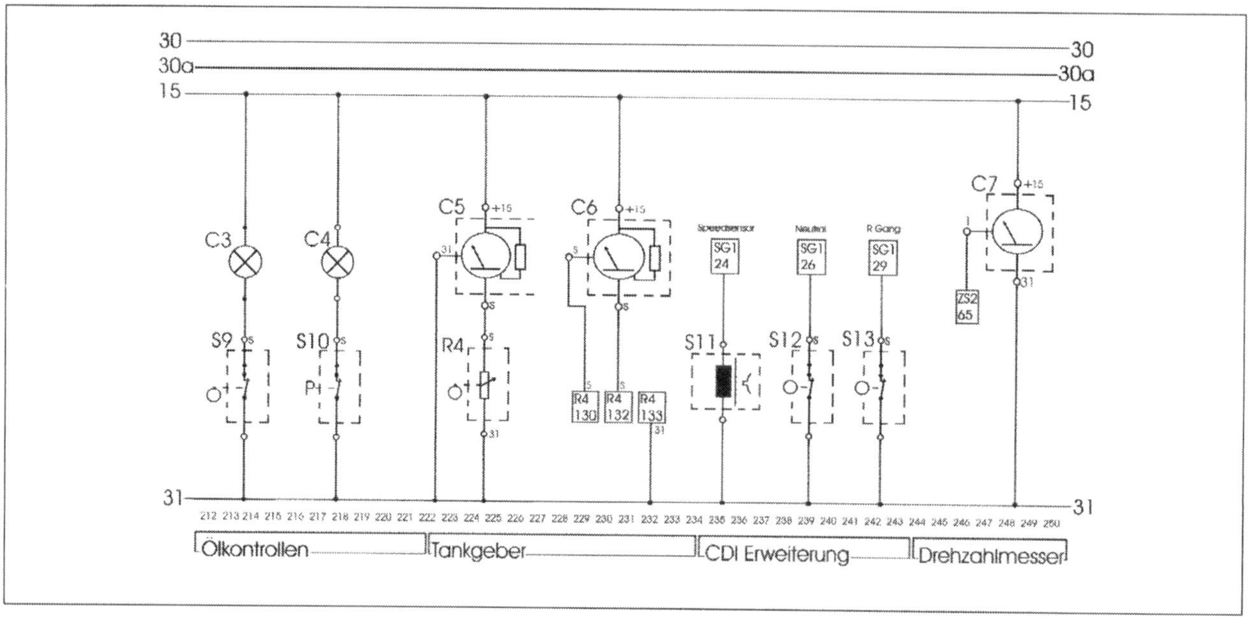

Kürzel	Bezeichnung	Kürzel	Bezeichnung
C3	Ölkontrollleuchte Zweitakter	S10	Öldruckschalter Viertakter
C4	Warnleuchte Öldruck Viertakter	S10	Raddrehzahlsensor
C5	Tankanzeige 2-polige Variante	S11	Leerlaufschalter 1-polige Variante
C6	Tankgeber 3-polige Variante	S13	Rückwärtsgangschalter 1-polig
C7	Drehzahlmesser	S9	Schwimmerschalter Öltank Zweitakter
R4	Tankgeber 2-polige Variante		

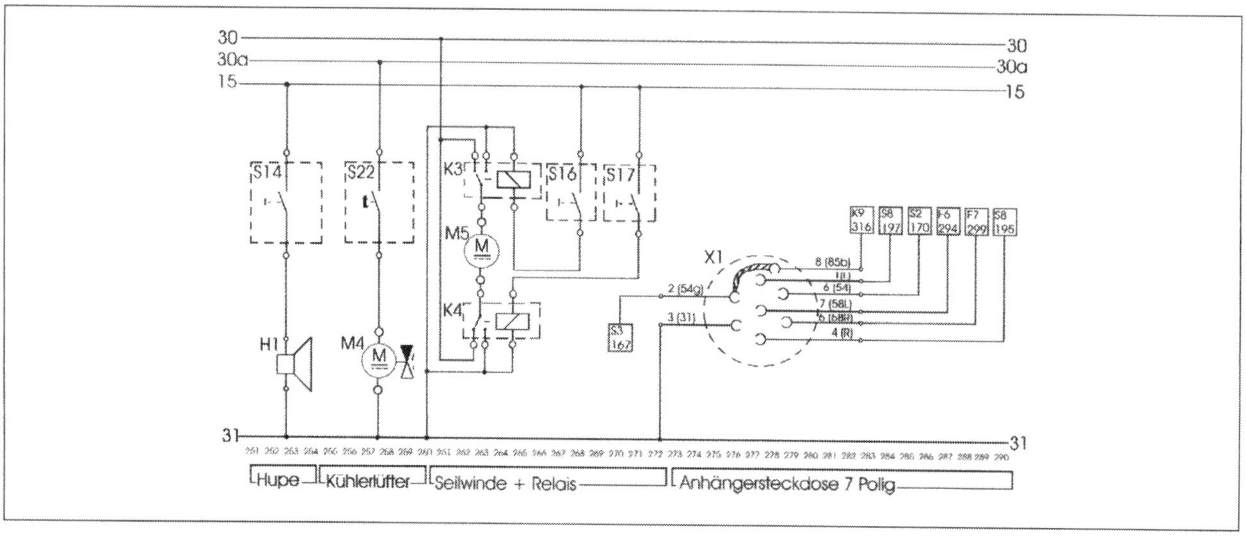

Kürzel	Bezeichnung	Kürzel	Bezeichnung
H1	Hupe	S14	Hupentaster
K3	Winchrelais 1	S16	Windenschalter »Aufwickeln«
K4	Winchrelais 2	S17	Windenschalter »Abwickeln«
M5	Windenmotor	S22	Temperaturschalter Kühlwasser
M4	Kühlerlüftermotor	X1	Anhängersteckdose 13-polig

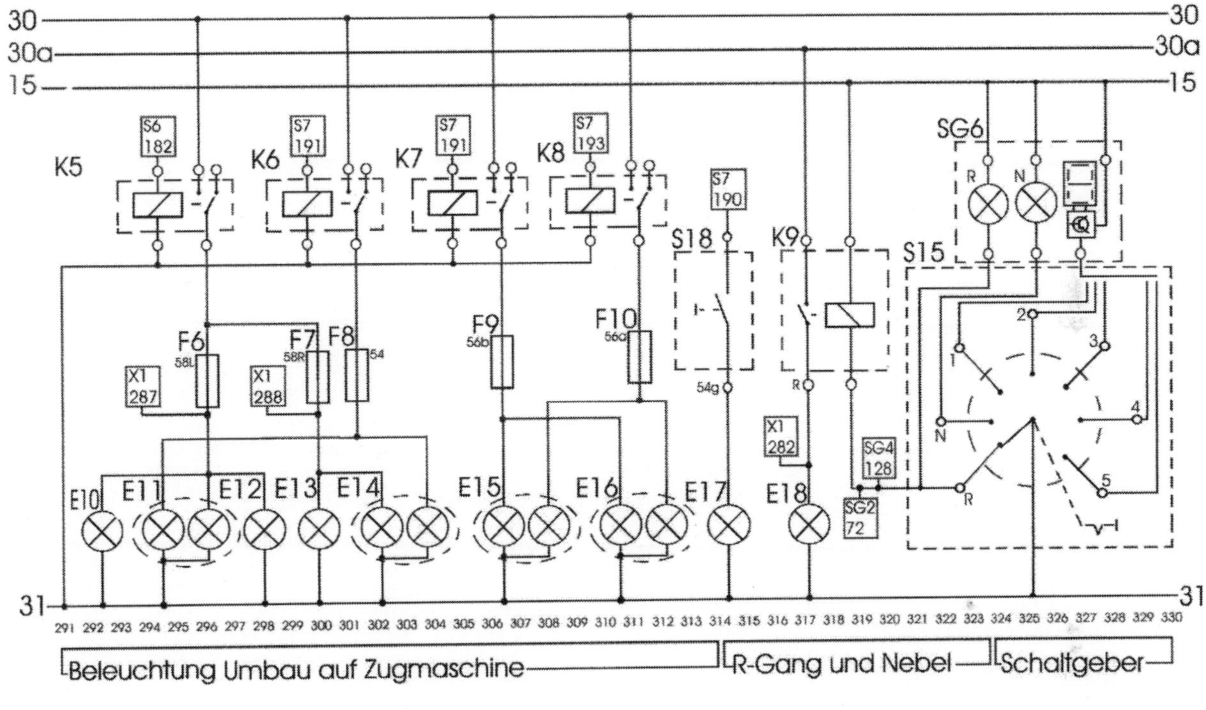

Kürzel	Bezeichnung	Kürzel	Bezeichnung
E10	Standlicht VL	F8	Sicherung Standlicht rechts
E11	Rücklicht VL	F9	Sicherung Abblendlicht
E12	Standlicht HL	F10	Sicherung Aufblendlicht
E13	Standlicht VR	K5	Relais Standlicht
E14	Rücklicht VR	K6	Relais Bremslicht
E15	Scheinwerfer VL	K7	Abblendlichtrelais
E16	Scheinwerfer VR	K8	Aufblendlichtrelais
E17	Nebelscheinwerfer	K9	Entlastungsrelais Rückfahrscheinwerfer
E18	Rückfahrscheinwerfer	S15	Gangwahlschalter
F6	Sicherung Standlicht links	S18	Schalter Nebelscheinwerfer
F7	Sicherung Bremslicht	SG6	Anzeigenfeld

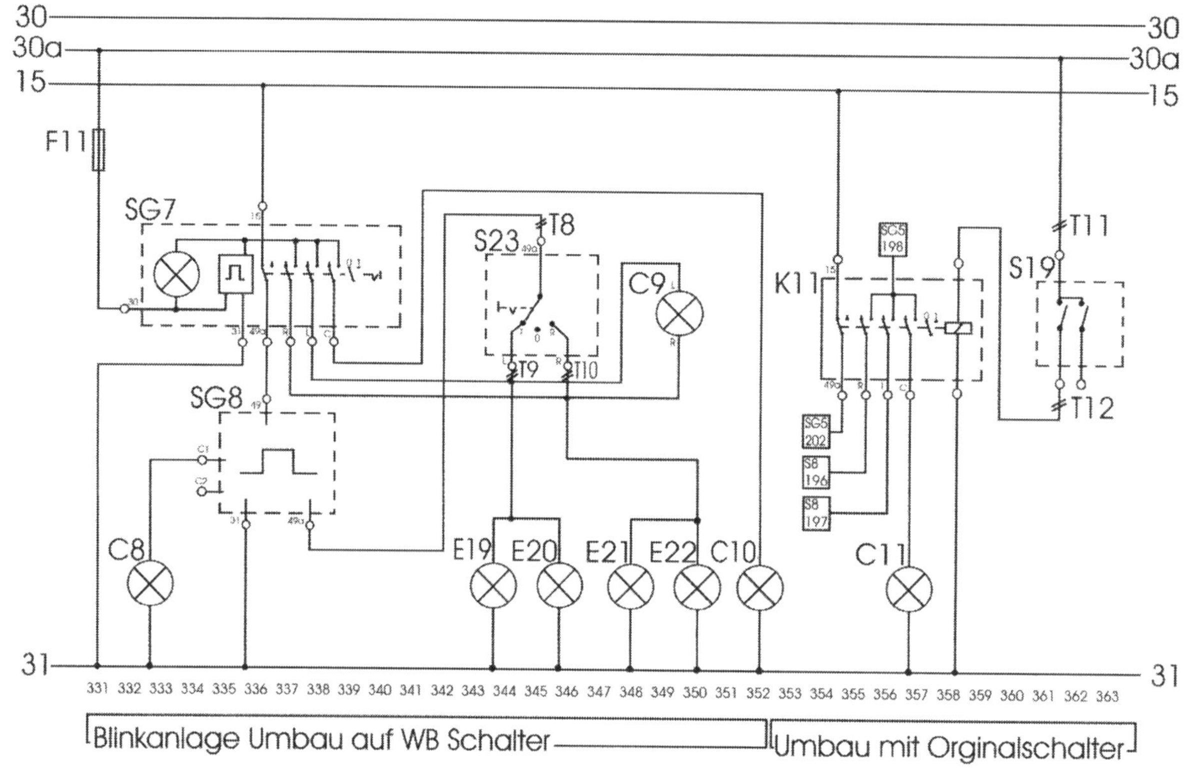

Kürzel	Bezeichnung	Kürzel	Bezeichnung
C8	Anhängerkontrollleuchte	S19	Original Warnblinkschalter
C9	Blinkerkontrollleuchte Zugmaschine	S23	Original Blinkerschalter
C10	Warnblinkkontrollleuchte Blinkrelais	SG7	Warnblinkschalter Zubehör
C11	Warnblinkkontrollleuchte Blinkrelais	SG8	Blinkrelais 4x21 W
E19	Blinker VL Zugmaschine	T10	Trennstelle Blinkerschalter »KL 49R«
E20	Blinker HL Zugmaschine	T11	Trennstelle Warnblinkschalter »KL 49L«
E21	Blinker VR Zugmaschine	T12	Trennstelle Warnblinkschalter »KL 49R«
E22	Blinker HR Zugmaschine	T8	Trennstelle Blinkerschalter »KL 49a«
F11	Sicherung Warnblinker	T9	Trennstelle Blinkerschalter »KL 49L«
K11	Umbaurelais Warnblinker		

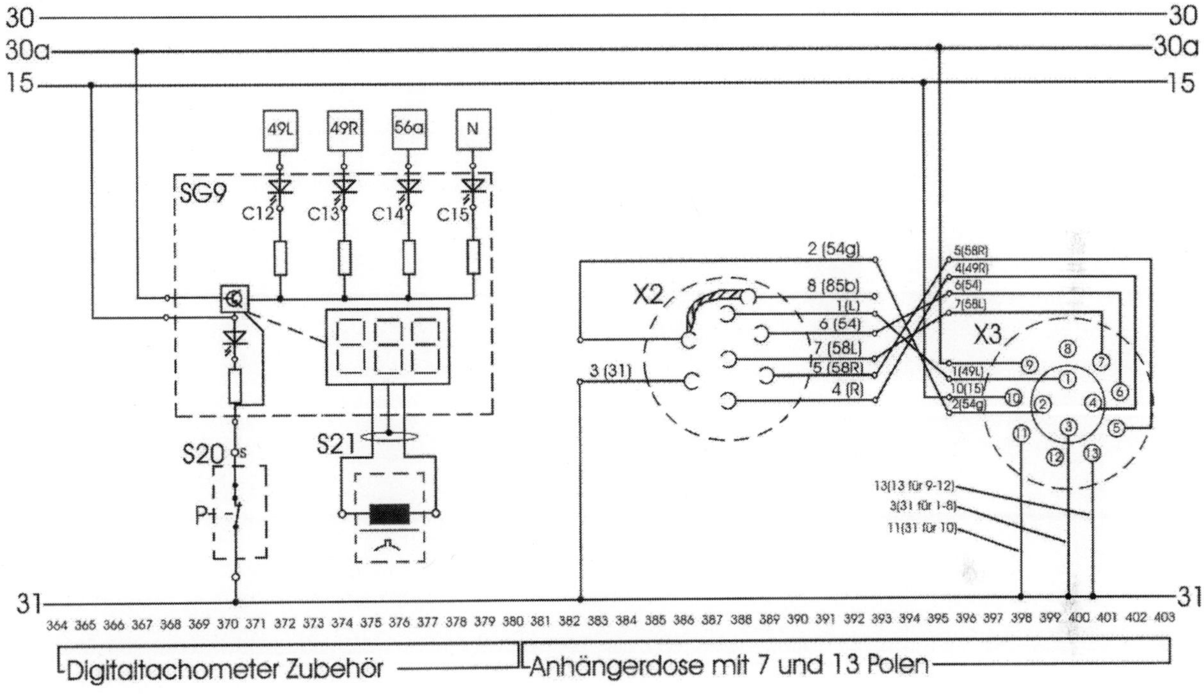

Kürzel	Bezeichnung	Kürzel	Bezeichnung
C12	Kontrollleuchte Blinker links	S21	Tachosignalgeber
C13	Kontrollleuchte Blinker rechts	SG9	Digitaltachoanlage
C14	Kontrollleuchte Fernlicht	X2	Steckercodierungen 7-polige Variante
C15	Kontrollleuchte Leerlaufschalter	X3	Steckercodierungen 13-polige Variante
S20	Öldruckschalter		

Legende zu den Schaltplänen

Kurzzeichen	Bezeichnung	Strompfad	Wo verbaut?
B1	Batterie	4	Unter dem Sitz
C1	Kontrollleuchte Fernlicht	195	In der Armaturentafel
C2	Blinkerkontrollleuchte VKP	204	In der Armaturentafel
C3	Ölkontrollleuchte Zweitakter	214	Ölvorratsbehälter unter der Sitzbank
C4	Warnleuchte Öldruck Viertakter	218	In der Armaturentafel
C5	Tankanzeige 2-polige Variante	225	In der Armaturentafel
C6	Tankgeber 3-polige Variante	231	Im Kraftstoffvorratsbehälter
C7	Drehzahlmesser	248	In der Armaturentafel
C8	Anhängerkontrollleuchte	332	In der Armaturentafel
C9	Blinkerkontrollleuchte Zugmaschine	349	In der Armaturentafel
C10	Warnblinkkontrollleuchte Zubehör-Blinkrelais	352	Relaisträger unter der Sitzbank
C11	Warnblinkkontrollleuchte Zubehör-Blinkrelais	355	Relaisträger unter der Sitzbank
C12	Kontrollleuchte Blinker links	371	In der Digitaltachoanlage
C13	Kontrollleuchte Blinker rechts	374	In der Digitaltachoanlage
C14	Kontrollleuchte Fernlicht	376	In der Digitaltachoanlage
C15	Kontrollleuchte Leerlaufschalter	379	In der Digitaltachoanlage
DIA	Diagnoseanschluss	133	Unter der Sitzbank
E1	Bremslicht VKP-Zulassung	177	Rücklicht in der Mitte
E2	Standlicht vorne	181	Im Frontscheinwerfer
E3	Standlicht hinten	184	Rücklicht in der Mitte
E4	Kennzeichenleuchte hinten	186	Zumeist unter dem Rücklicht (wenn verbaut)
E6	Blinker VL VKP-Zulassung	198	Kotflügel VL
E7	Blinker HL VKP-Zulassung	200	Kotflügel HL
E8	Blinker VR VKP-Zulassung	198	Kotflügel VR
E9	Blinker HR VKP-Zulassung	200	Kotflügel HR
E10	Standlicht VL	292	Scheinwerfer VL
E11	Rücklicht VL	296	Karosserie VL
E12	Standlicht HL	298	Rückleuchteneinheit hinten links
E13	Standlicht VR	300	Scheinwerfer VR
E14	Rücklicht VR	303	Karosserie HR
E15	Scheinwerfer VL	307	Karosserie VR
E16	Scheinwerfer VR	310	Karosserie VR
E17	Nebelscheinwerfer	314	Karosserie hinten
E18	Rückfahrscheinwerfer	317	Karosserie hinten
E19	Blinker VL Zugmaschine	343	Kotflügel VL
E20	Blinker HL Zugmaschine	345	Kotflügel HL
E21	Blinker VR Zugmaschine	348	Kotflügel VL
E22	Blinker HR Zugmaschine	350	Kotflügel HL
F1	Spannungsversorgung KL 15 Motorsteuergerät	109	Sicherungsschiene unter der Sitzbank
F2	Spannungsversorgung KL 30 Motorsteuergerät	111	Sicherungsschiene unter der Sitzbank
F3	Spannungsversorgung Kraftstoffpumpe	131	Sicherungsschiene unter der Sitzbank

Kurzzeichen	Bezeichnung	Strompfad	Wo verbaut?
F4	Vorsicherung KL 15	142	Relaisträger unter der Sitzbank
F5	Vorsicherung KL 30	146	Relaisträger unter der Sitzbank
F6	Sicherung Standlicht links	296	Sicherungsschiene unter der Sitzbank
F7	Sicherung Bremslicht	300	Sicherungsschiene unter der Sitzbank
F8	Sicherung Standlicht rechts	302	Sicherungsschiene unter der Sitzbank
F9	Sicherung Abblendlicht	306	Sicherungsschiene unter der Sitzbank
F10	Sicherung Aufblendlicht	311	Sicherungsschiene unter der Sitzbank
F11	Sicherung Warnblinker	333	Relaisträger unter der Sitzbank
G1	Generator Drehstrom MHKZ	14	Im Motorgehäusedeckel (meistens an der Anlasser seite)
G1 (Klemme)	Generatorphase 3		Auf der Generatorgrundplatte, im Motorgehäuse-deckel
G1.3	Erregerwicklung MHKZ	16	Auf der Generatorgrundplatte, im Motorgehäuse deckel
G1.4	Pick-up (OT-Geber) MHKZ	17	Neben der Generatorgrundplatte, im Motorgehäuse-deckel
G2	Generator Drehstrom Kennfeldzündanlage	50	Im Motorgehäusedeckel (meistens an der Anlasser-seite)
G2 (Klemme)	Generatorphase 3		Auf der Generatorgrundplatte, im Motorgehäuse deckel
G2.4	Pick-up (OT-Geber) TZI (Kennfeldzündanlage)	53	Neben der Generatorgrundplatte, im Motorgehäuse-deckel
G3	Generator Drehstrom Motronic	100	Im Motorgehäusedeckel (meistens an der Anlasser-seite)
G3 (Klemme)	Generatorphase 3		Auf der Generatorgrundplatte, im Motorgehäuse deckel
G3.6	Pick-up (OT-Geber) Motronic	104	Neben der Generatorgrundplatte, im Motorgehäuse-deckel
H1	Hupe	253	Frontbereich zumeist in der Nähe des vorderen Scheinwerfers
K1	Entlastungsrelais KL15	139	Im Bereich der Lenksäule, oder auf dem Relaisträger unter der Sitzbank
K2	Kraftstoffpumpenrelais	129	Relaisträger unter der Sitzbank
K3	Winchrelais 1	263	In der Nähe der Seilwinde
K4	Winchrelais 2	263	In der Nähe der Seilwinde
K5	Relais Standlicht	294	Relaisträger unter der Sitzbank
K6	Relais Bremslicht	299	Relaisträger unter der Sitzbank
K7	Abblendlichtrelais	305	Relaisträger unter der Sitzbank
K8	Aufblendlichtrelais	309	Relaisträger unter der Sitzbank
K9	Entlastungsrelais Rückfahrscheinwerfer	318	Relaisträger unter der Sitzbank
K10	Starterrelais	159	Relaisträger oder extern verbaut unter der Sitzbank
K11	Umbaurelais Warnblinker	353	Relaisträger unter der Sitzbank
M1	Leerlaufstellmotor (Stepper)	118	Am Drosselklappenstück am Ansaugtrakt des Motors
M2	Anlassermotor	159	Am Motor meist generatorseitig

M3	Kraftstoffpumpe	129	Im Tank oder im Bereich des Tanks
M4	Kühlerlüftermotor	257	Am Kühler
M5	Windenmotor	263	An der Seilwinde
N1	Einspritzventil	116	Im Drosselklappenstück am Ansaugtrakt des Motors
P1	Nockenwellensensor	125	Im Zylinderkopf (noch sehr selten verwendet!)
P2	MAP Luftdrucksensor	122	Meist im Motorsteuergerät verbaut
R1	Lambdasondenheizung	113	In der Lambdasonde am Auspuff
R2	Ansauglufttemperaturfühler	118	Im Ansaugbereich, oft im Luftfilterkasten
R3	Tankgeber 2-polige Variante	225	Im Kraftstoffvorratsbehälter
R4	Tankgeber	132	Im Tank eventuell sogar als Pumpeneinheit verbaut
R5	Drosselklappenpotentiometer	125	Am Drosselklappenstück am Ansaugtrakt des Motors
R6	Wassertemperaturfühler	121	Im Zylinder
R7	Elektrisches Chokeventil Vergaser	207	Am Vergasergehäuse
R8	Vorwiderstand elektrisches Chokeventil	207	Am Rahmenheck
R9	Vergaservorheizung	210	Am Vergasergehäuse
S1	Zündschloss	134	Im Bereich der Lenksäule
S2	Kill-Schalter Motronic	148	Lenkerschalter rechts
S3	Bremslichtschalter vorne	168	Bremshebel vorne rechts
S4	Bremslichtschalter hinten	172	Bremsschalter Fußbremshebel
S5	Starterschalter	165	Lenkerschalter rechts oder links
S6	Lichtschalter	184	Schaltereinheit rechts oder links am Lenker
S7	Auf/Abblendschalter	193	Schaltereinheit links am Lenker
S8	Blinkerschalter VKP-Zulassung	199	Schaltereinheit links am Lenker
S9	Schwimmerschalter Öltank Zweitakter	214	Ölvorratsbehälter unter der Sitzbank
S10	Öldruckschalter Viertakter	218	Im Motorblock oft im Bereich des Ölfilters
S11	Raddrehzahlsensor	235	An der Hinterachse oder im Getriebe verbaut
S12	Leerlaufschalter 1-polige Variante	239	Im Getriebe im Bereich der Schaltwelle verbaut
S13	Rückwärtsgangschalter 1-polige Variante	242	Im Getriebe im Bereich der Schaltwelle verbaut
S14	Hupentaster	253	Schaltereinheit links am Lenker
S15	Gangwahlschalter	325	Im Getriebeblock
S16	Windenschalter »Aufwickeln«	267	Schaltereinheit links am Lenker
S17	Windenschalter »Abwickeln«	270	Schaltereinheit links am Lenker
S18	Schalter Nebelscheinwerfer	314	In der Armaturentafel
S19	Original-Warnblinkschalter	362	Schaltereinheit links am Lenker
S20	Öldruckschalter	370	Im Getriebegehäuse verschraubt
S21	Tachosignalgeber	376	An der Hinterachse oder an einem Vorderrad verbaut
S22	Temperaturschalter Kühlwasser	257	Im Kühler oder im Zylinderkopf
S23	Original-Blinkerschalter	343	Relaisträger unter der Sitzbank
SG1	CDI-Steuergerät MHKZ	25	Unter dem Sitz, oft auch im Bereich des Heckrahmens
SG2	CDI-Steuergerät Kennfeldzündanlage	65	Unter dem Sitz, oft auch im Bereich des Heckrahmens
SG3	Motorsteuergerät Motronic	109	Unter der Sitzbank
SG4	Regler Generator	155	Heckrahmen im Bereich des Luftfilterkastens
SG5	Blinkrelais VKP-Zulassung	200	Relaisträger unter der Sitzbank
SG6	Anzeigenfeld	326	In der Armaturentafel
SG7	Warnblinkschalter Zubehör	332	In der Armaturentafel

SG8	Blinkrelais 4x21 W	335	Relaisträger unter der Sitzbank
SG9	Digitaltachoanlage	368	In der Armaturentafel
T1	Trennpunkt »KL58« Umrüstung Zugmaschine	183	Im Bereich der Lenksäule an den Steckern der Schaltereinheiten
T2	Trennpunkt »KL49«Umrüstung Zugmaschine	200	Relaisträger unter der Sitzbank
T3	Trennpunkt »KL56a«Umrüstung Zugmaschine	191	Bereich der vorderen Lampe
T4	Trennpunkt »KL56b«Umrüstung Zugmaschine	193	Bereich der vorderen Lampe
T5	Trennpunkt »KL49a«Umrüstung Zugmaschine	199	Relaisträger unter der Sitzbank
T6	Trennpunkt »KL49L« Umrüstung Zugmaschine	198	Relaisträger unter der Sitzbank
T7	Trennpunkt »KL49R« Umrüstung Zugmaschine	198	Relaisträger unter der Sitzbank
T8	Trennstelle Blinkerschalter original »KL49a«	345	Relaisträger unter der Sitzbank
T9	Trennstelle Blinkerschalter original »KL49L«	343	Relaisträger unter der Sitzbank
T10	Trennstelle Blinkerschalter original »KL49R«	347	Relaisträger unter der Sitzbank
T11	Trennstelle Warnblinkschalter original »KL49L«	362	Schaltereinheit links am Lenker
T12	Trennstelle Warnblinkschalter original »KL49R«	362	Schaltereinheit links am Lenker
V1	Lambdasonde	123	Im Auspuffkrümmer
X1	Steckdose 7-polig Zugmaschine	275	Fahrzeugheck
X2	Steckercodierungen 7-polige Variante	388	Steckeradapter oder im Bereich der Anhängekupplung
X3	Steckercodierungen 13-polige Variante	400	Steckeradapter oder im Bereich der Anhängekupplung
ZK1	Zündkerze MHKZ	36	Im Zylinderkopf eingeschraubt
ZK2	Zündkerze Kennfeldzündanlage	81	Im Zylinderkopf eingeschraubt
ZK3	Zündkerze Motronic	114	Im Zylinderkopf eingeschraubt
ZS1	Zündspule MHKZ	31	Am Rahmen im Bereich des Zylinderkopfes
ZS2	Zündspule Kennfeldzündanlage	73	Am Rahmen im Bereich des Zylinderkopfes
ZS3	Zündspule Motronic	111	Am Rahmen im Bereich des Zylinderkopfes

Praxistraining

»Elektrisches« Messen – gar nicht so schwer!
Wir alle kennen das Problem. Geht man von der Mechanik aus, so lassen sich Fehler häufig alleine durch die Tatsache finden, dass sie »begreifbar« sind, soll heißen, Verschleiß ist sichtbar oder mindestens erfassbar.
Bei der Elektrik/Elektronik ist es etwas anders. Hier gestaltet sich eine Fehlersuche häufig frustrierend. Sensoren, Kabel und Aktoren (z. B. Motoren, Magnetventile usw.) zeigen sich optisch meist ohne Fehler. Das System ist nicht mit den Händen »begreifbar«.
Deshalb ist es wichtig, dass man es durch Messgeräte »begreifbar« macht, indem man z. B. Spannungen an Bauteilen misst und damit optisch darstellt. Die ermessenen Istwerte können dann mit Sollwerten verglichen werden. Gerade die graphische Auswertung über ein Oszilloskop kommt dann der begreifbaren Überprüfbarkeit der mechanischen Bauteile sehr nahe.
Oftmals ist die Messung selber gar kein Problem. Auch die Messpunkte werden schnell gefunden. Es hängt nur an der Auswertung des Ermessenen und einem gewissen Verständnis sowie einer gewissen Logik. Beides kann man jedoch durch Erfahrung erwerben.
Auch für die meisten Mechatroniker ist der »elektrische Bereich« ihres Berufes mit »Kriegsfüßen« behaftet. In diesem Kapitel wollen wir Ihnen das Multimeter näher bringen und einige Messübungen an Ihrem Fahrzeug durchführen. Die Messübungen wurden so zusammengestellt, dass sie die wichtigsten Funktionen der Messgeräte zeigen, gleichzeitig aber auch schon Prüfungen am Quad beinhalten, die einem in der Praxis weiterhelfen können.

ACHTUNG UNFALLGEFAHR!

GEFAHRHINWEISE

Bei allen Messungen im Motorraum gilt äußerste Vorsicht. Es kann sehr schnell passieren, dass Körperteile oder Kleidungsstücke in rotierende Teile (z. B. Riemenscheiben, Lüfterrad) gelangen können. Auch können plötzlich Bauteile in Betrieb gehen, z. B. Elektrolüfter, die vorher in Ruhe waren.

Messkabel immer so verlegen, dass sie nicht in rotierende Teile gelangen können.

Aufbau und Funktion der Handmessgeräte

Nein, wir werden jetzt nicht ein theoretisches Thema aufgreifen und die Bedienungsanweisungen, so schlecht sie meist auch sind, aufgliedern und vorstellen. Dieses Buch befasst sich mit der praktischen Arbeit. Sie sollen möglichst schnell und einfach in die Lage versetzt werden, ein Standardmessgerät als Werkzeug einzusetzen, denn mehr ist es auch nicht.
Diese Multimeter ist das Standardmultimeter, das wir im Diagnosebereich einsetzen und für ca. 40 Euro im Handel zu erstehen ist. Der Vorteil eines Multimeters dieses Bautyps liegt im großen Display, dem manuell wählbaren Messbereich, den laborkabeltauglichen Anschlussbuchsen, der automatischen Abschaltung bei Nichtgebrauch und der geringen Messspannung im Widerstandsbereich von bis zu 2 V.

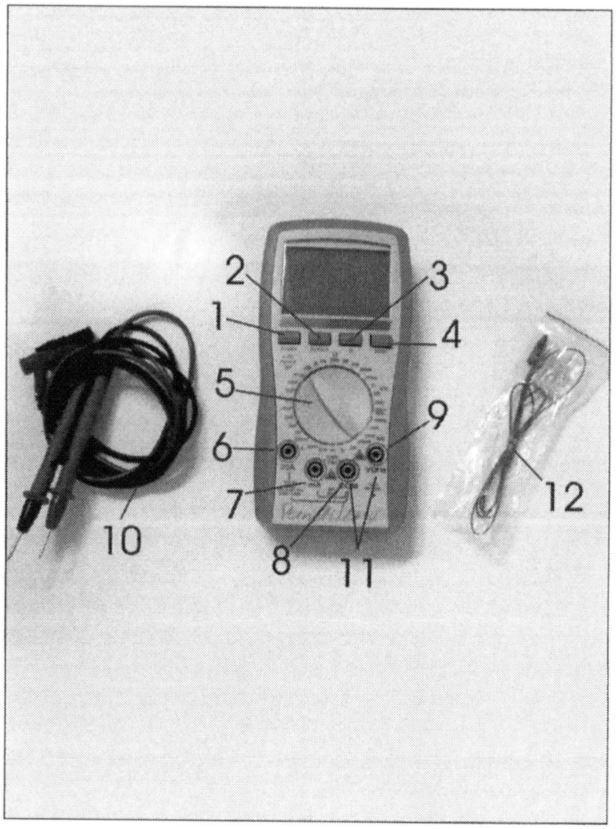

Beschreibung Multimeter »Peak Tech 2010DMM«.

Nr.	Bezeichnung
1	Einschalter
2	»Peak Hold« Taste
3	Lichtschalter
4	Wechselspannung (AC) Gleichspannung (DC)
5	Messbereichswählschalter
6	Ampere Anschluss bis 20A
7	0,1 Ampere Anschluss bis 200mA= 0,2 A
8	COM Anschluss als Messpol
9	V/Ohm/Herz Messbuchse
10	Messkabel
11	Kabelabgriffe für Spannung und Widerstand
12	Temperatursensor

Manchmal erscheinen folgende Anzeigen bei Messungen auf dem Display:

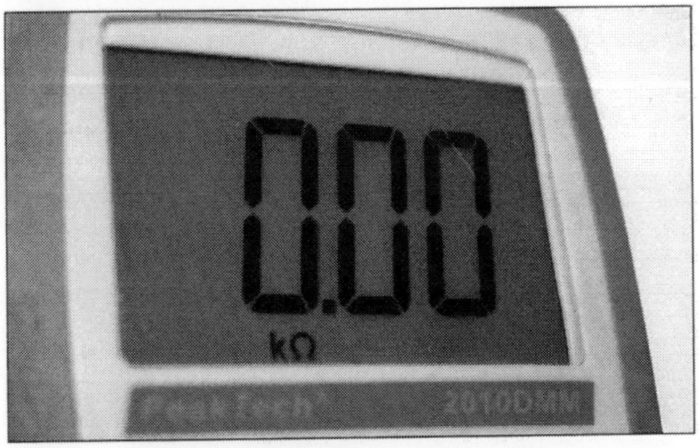

Anzeige »Null« des Multimeters.

Keine Aussagen möglich:
Der Messbereich ist zu groß eingestellt, er muss verkleinert werden (runterschalten!), um noch eine aussagefähige Messung machen zu können.

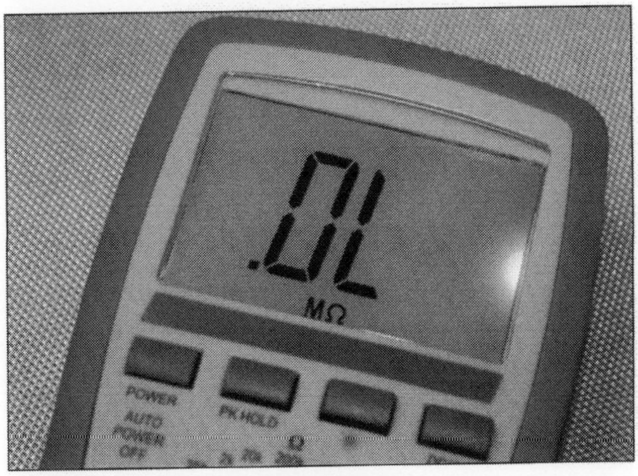

Anzeige »Overload« des Multimeters.

Keine Aussage möglich:
Der Messbereich ist zu klein eingestellt. Der Messwert kann nicht erfasst werden. Der Messbereich muss vergrößert werden (hochschalten!)
Ist man sich über die Größe des Messwertes nicht im Klaren, dann sollte man mit einem größeren Messbereich anfangen und Stufe für Stufe so lange runterschalten, bis man ein brauchbares Messergebnis erhält.

Aufbau und Funktion des Multimeters mit Amperezange Benning CM2

Auch dieses Gerät ist bei uns im Dauereinsatz. Die Vorteile dieses Messgerätes liegen in seiner kleinen Bauweise und den hohen messbaren Strömen bis 300 A, die auch eine Starterprüfung zulassen. Für Prüfungen von Bauteilen ist es durch die automatische Messbereichswahl nur bedingt brauchbar. Der Preis liegt bei etwa 165 Euro.

Wie auch beim Multimeter, soll diese Beschreibung der Amperezange keine Exkursion ins Machbare der Welt der Elektronik werden, sondern lediglich anhand einiger Beispiele den praxisnahen Umgang vorstellen und Ihnen eine Möglichkeit zum Einüben geben.

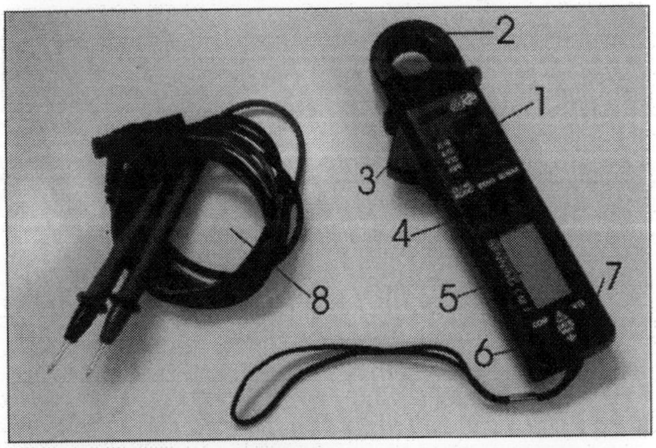

Beschreibung Amperezange

Nr.	Bezeichnung
1	Funktionswahlschalter
2	Amperezange
3	Öffnungshebel Amperezange
4	Funktionswahltasten
5	Display
6	COM Anschluss als Messpol
7	V/Ohm Anschluss
8	Messkabel

Multimeter sind recht praktische »Vielfachmessgeräte«, die sich für fast alle Messungen eignen, deren Signalablauf entweder langsam oder gleichmäßig erfolgt. Typische Messungen am Fahrzeug werden auf den nächsten Seiten vorgestellt.

Spannungsmessung

Spannung bedeutet Ladungsträgerunterschied! Der Ladungsträgerunterschied zwischen den beiden Batteriepolen ergibt eine Spannung von »12 V«. Die Spannungsmessung ist die häufigste Messung, die am Fahrzeug durchgeführt wird. Ein klarer Vorteil liegt darin, dass die Messung im Betrieb, also bei eingeschalteten Geräten, erfolgen kann. Die Ergebnisse werden also im Betriebszustand bewertet.
Zum Einsatz kommen unterschiedliche Messverfahren für die Spannungsmessung, die die Arbeit mit dem Messgerät deutlich vereinfachen sollen.

Potenzialgebundene Messung
Schwieriges Wort, aber eine deutliche Vereinfachung in der Messtechnik. Der Begriff steht für eine Messung gegen Masse. Das schwarze Kabel des Messgerätes wird bei potenzialgebundenen Messungen immer an die Fahrzeugmasse angeschlossen. Das kann durchaus mit der Kabelklemme geschehen. Für die eigentliche Messung muss nun nur noch das rote Messkabel geführt werden.

Wie versprochen liefern wir ein Beispiel, das Sie sofort durchführen können:
Prüfung von Sicherungen im eingebauten Zustand

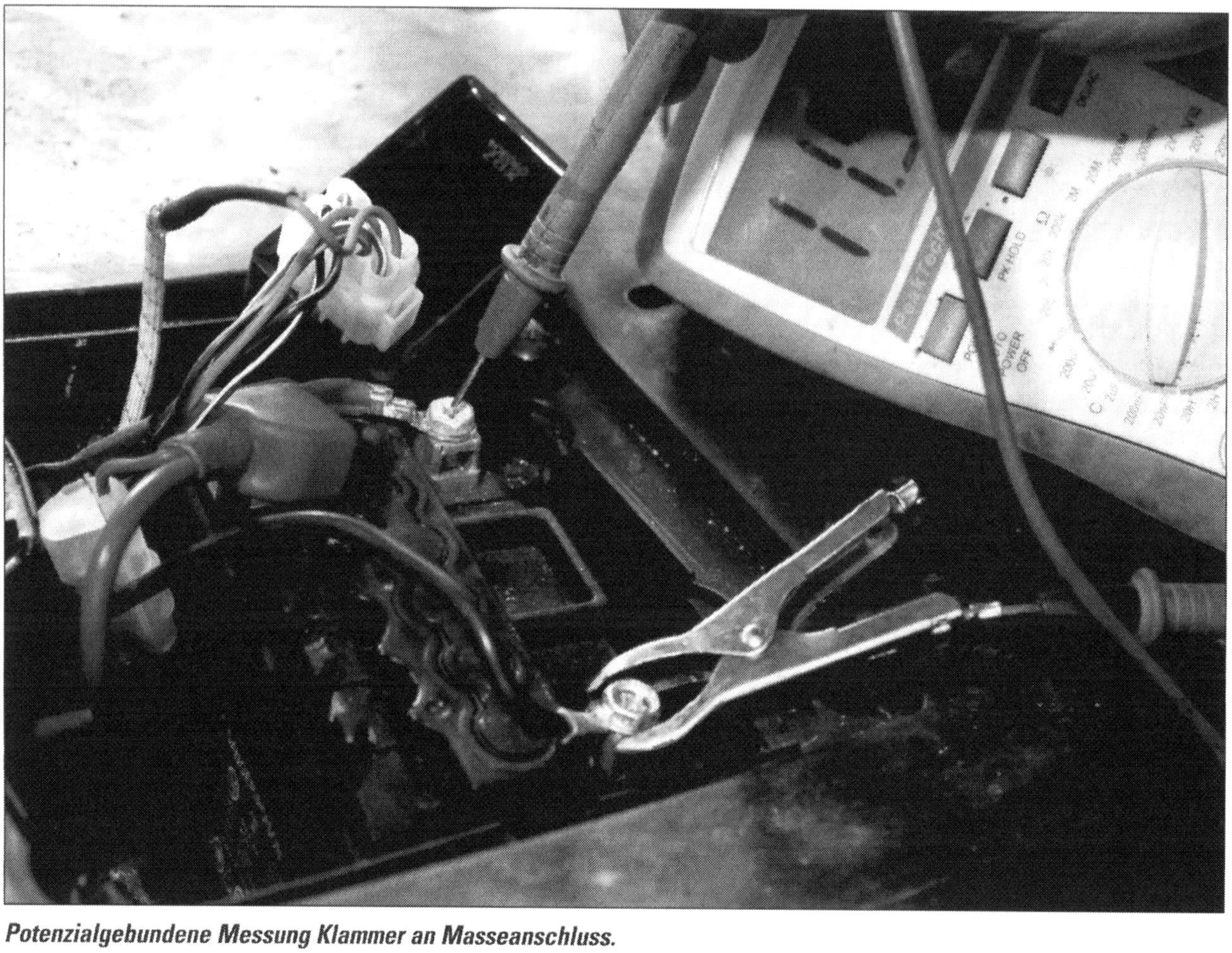

Potenzialgebundene Messung Klammer an Masseanschluss.

Messübung 1

Arbeitsschritt	Aufgabe	Bemerkung
1. Vorbereitung am Quad	Legen Sie die Batterie frei.	
2. Vorbereitung am Multimeter	Schalten Sie das Multimeter ein.	Taste 1
	Stellen Sie den Messbereichswählschalter des Multimeters auf den Messbereich bis 20V Gleichspannung (DC).	Schalter 5
	Schalten Sie mit der Taste DC/AC auf Gleichspannung (DC) um.	Taste 4
	Schließen Sie das schwarze Messkabel an den Batterie – Pol und an das Multimeter an.	COM Anschluss am Messgerät (Buchse 8) und Klemme am Minuspol der Batterie.
	Schließen Sie das rote Messkabel an das Multimeter an.	V/Ohm/Herz Messbuchse (Buchse 9.)
3. Messen der Batteriespannung	Halten Sie die Messspitze des roten Kabels an den Batteriepluspol.	Das Multimeter sollte nun eine Spannung von ungefähr 12V bis 13,7V anzeigen. Zeigt es immer noch 0V an, ist entweder Ihre Batterie leer oder Ihr Masseanschluss zum Multimeter ist nicht richtig angeschlossen. Erst wenn hier eine Spannung gemessen wird, kann weitergearbeitet werden.
Der Messaufbau zum Masseanschluss bleibt so bestehen.		
4. Prüfen der Sicherung	Schalten Sie die Zündung ein.	
Betrachtet man die eingebauten Sicherungen von oben, kann man oft an beiden Enden der Sicherung die Anschlussstifte erkennen. Halten Sie nun das rote Kabel an die diese Stelle und messen sie die Spannung am Eingang und am Ausgang der Sicherung.		
	Halten Sie nun das rote Kabel an die diese Sicherung und messen Sie wieder die Spannung am Eingang und am Ausgang der Sicherung.	Das Multimeter sollte nun eine Spannung von ungefähr 12V bis 13,7V anzeigen. Zeigt es nur auf der Eingangseite 12V an, ist Ihre Sicherung defekt. Zeigt es keine 12V an prüfen Sie Ihren Masseanschluss oder eben das Plusverbindungskabel zur Batterie.
Die Spannungsmessung ist die am häufigsten eingesetzte Messmethode in der Fahrzeugtechnik. Potenzialgebunden erleichtert diese Messung die Fehlersuche erheblich.		

Messung Sicherung Eingang

Auswertungen von Messungen an der Sicherung.

Arbeitsschritt	Aufgabe	Bemerkung
Defekte Sicherungen	Führen Sie eine potenzialgebundene Messung für die entsprechende Sicherung durch.	Liegen im Eingang 12 V an, jedoch im Ausgang 0 V, ist die Sicherung defekt.
Intakte Sicherungen	Führen Sie eine potenzialgebundene Messung für die entsprechende Sicherung durch.	Im Ausgang sowie im Eingang liegen 12 V Spannung an.

Sie können nun auch leicht alle Sicherungen im Sicherungsträger Ihres Quads prüfen. Die Sicherungen an der Batterie selber können so ohne Demontage sehr schnell und leicht geprüft werden. Soll eine ganze Reihe von Sicherungen geprüft werden, wird der Unterschied zwischen »Schaffen« und »Messen« extrem deutlich. Zum »Durchmessen« wird nur ein Bruchteil der Zeit benötigt, da die Sicherungen nicht zuerst herausgezogen und optisch kontrolliert werden müssen.

Spannungsverlustmessung

Potenzialfreie Messungen

Diese Bezeichnung benennt eigentlich die typische Vorgehensweise, die beim Messen am Kraftfahrzeug durchgeführt wird. Es kommen beide Messkabel in den Einsatz und »verglichen« werden zwei Messpunkte miteinander. Zuerst einmal erscheint diese Messung unsinnig. Tatsächlich erlaubt diese Messung, die Anschlüsse eines angeschlossenen Verbrauchers direkt zu prüfen. Gerade beim Anlasser kann ein oxidiertes Kabel die Startleistung des Anlassers deutlich vermindern. Anhand dieser Messung lässt es sich leicht überprüfen ob die 300 Euro für den neuen Anlasser nun angelegt werden müssen oder die Urlaubskasse merklich gestärkt werden darf.

Prüfung des Spannungsverlust Batterieplus zum Anlasserplus.

Messübung 2

Arbeitsschritt	Aufgabe	Bemerkung
1. Vorbereitung am Quad	Legen Sie das Startrelais und die Batterie frei.	Bei einigen Quads finden Sie die Batterie unter dem Deckel im Trittbrett, das Starterrelais befindet sich auf der rechten Seite neben dem Zylinderkopf Bauen Sie den Zylinderkopf aus.
2. Vorbereitung am Multimeter	Schalten Sie das Multimeter ein.	Taste 1
	Stellen Sie den Messbereichswählschalter des Multimeters auf den Messbereich bis 20 V Gleichspannung (DC).	Schalter 5
	Schalten Sie mit der Taste DC/AC auf Gleichspannung (DC) um.	Taste 4
	Schließen Sie das schwarze Messkabel an den Pluspol der Batterie (ja, das stimmt schon!) und an das Multimeter an.	COM-Anschluss am Messgerät (Buchse 8) und Klemme am Minuspol der Batterie.
	Schließen Sie das rote Messkabel an das Multimeter an.	V/Ohm/Hertz-Messbuchse (Buchse 9)
3. Messaufbau	Halten Sie die Messspitze des roten Kabels an das dicke Kabel des Anlassers (notfalls beide Klemmen mit Messklemmen ausführen).	Das Multimeter sollte nun eine Spannung von ungefähr 0 V anzeigen (Spannung wird gemessen von + Bat terie auf + Anlasser).
	Legen Sie das angeschlossene Multimeter so hin, dass Sie das Display beim Starten ablesen können.	ACHTUNG: Achten Sie darauf, dass kein Messkabel sich in drehende Teile des Motors verwickeln kann.
4. Messung	Starten Sie den Motor.	Die Messung wird bei drehendem Anlasser einen Spannungswert bis zu 2 V ergeben. Das ist der Spannungsverlust, der durch die hohe Leistung des Anlassers im Kabel zwischen Batterie und Anlasser entsteht.

Diese Messung ist dann wichtig, wenn Fehler unter Last auftreten. Es kann leicht überprüft werden, ob der Spannungsverlust »Plus-seitig« oder »Minus-seitig« entsteht.

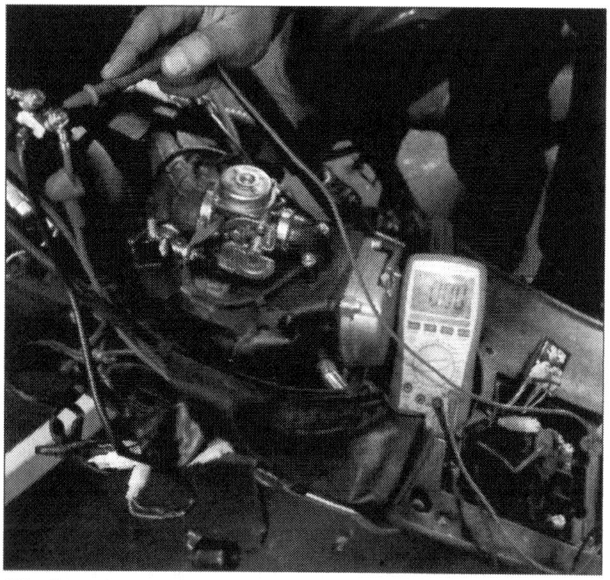

Die Spannungsverlustmessung am Starterkabel.

Widerstandsmessung

Für die Widerstandsmessung wird eine Messspannung vom Multimeter über Messwiderstand an die Messspitzen gebracht. Die Widerstandsmessung gibt uns am Fahrzeug ein Problem auf. Eine Grundregel für den Umgang mit dem Multimeter sagt »Ohm ohne Strom!« Die zu messenden Bauteile müssen immer abgeklemmt und spannungsfrei gemacht werden. Versucht man einen Widerstand zu messen, während das Bauteil unter Spannung steht, kann entweder das Messgerät oder sogar das Bauteil, das gemessen werden soll, beschädigt werden.

Beispiele:

Masseproblem am Rücklicht
Alles geht aus oder blinkt, wenn beispielsweise Bremslicht und Blinker zusammen betätigt werden.
Masseproblem Lichtmaschine
Die Ladespannung ist an der Batterie zu niedrig. An der Lichtmaschine selbst ist sie in Ordnung.
Pluskabelproblem zum Anlasser
Der Anlasser hat zu wenig Leistung.

Auswertungen der Spannungsverlustmessung

Arbeitsschritt	Aufgabe	Bemerkung
Spannungen bis 2 V	Führen Sie eine Spannungsverlustmessung zwischen Generator-Plus und Batterie-Plus durch.	Fällt das Messergebnis unter 2 V aus, ist die Leitungsverbindung in Ordnung.
Spannungen über 2 V		Fällt das Messergebnis über 2 V aus, ist die Leitungsverbindung nicht in Ordnung. Prüfen Sie die Anschlussstecker und Klemmen.

Messübung 3

Arbeitsschritt	Aufgabe	Bemerkung
1. Vorbereitung am Quad	Schalten Sie die Zündung aus und ziehen Sie den Schlüssel ab.	
	Legen Sie die Zündspule frei.	Bei einigen Quads finden Sie die Zündspule auf der rechten Seite neben dem Zylinderkopf. Bauen Sie den Zylinderkopf aus.
	Ziehen Sie das Kabel von der Zündspule ab und demontieren Sie den Kerzenstecker (losdrehen, er hat ein Gewinde für die Kabelbefestigung).	Achten Sie darauf, dass die Gummidichtung im Stecker verbleibt.
2. Vorbereitung	Schließen Sie das rote Messkabel an den grünen Pin der Zündspule an.	V/Ohm/Hertz-Messbuchse (Buchse 9)
	Schließen Sie das schwarze Messkabel an den schwarzen Pin der Zündspule an.	COM-Anschluss am Messgerät (Buchse 8) und Klemme am Minuspol der Batterie.
3. Messaufbau	Schalten Sie das Multimeter ein.	Taste 1
	Stellen Sie den Messbereichswählschalter des Multimeters auf den Messbereich bis 2.000 Ohm (2 kΩ).	Schalter 5
4. Messung	Messen Sie den Widerstand der Primärseite der Zündspule.	

Mit dieser Messung werden Bauteile ohmisch geprüft. Man geht immer davon aus, dass diese Messungen bei Raumtemperatur durchgeführt werden. Widerstandsmessungen werden grundsätzlich nur bei abgeklemmten Geräten durchgeführt. OHM OHNE STROM!

Auswertungen der Widerstandsmessung

Arbeitsschritt	Aufgabe	Bemerkung
Widerstandswert der Zündspule primär (eingangsseitig)	Prüfung der Zündspule primär	Alle Messergebnisse zwischen 0,3 Ohm und 0,5 Ohm sind in Ordnung. Fallen Sie deutlich (um 10 Ohm) geringer oder höher aus, muss die Zündspule erneuert werden.
Widerstandswert der Zündspule	Prüfung der Zündspule sekundär sekundär (ausgangsseitig)	Alle Messergebnisse zwischen 3 kΩ und 5 kΩ sind in Ordnung. Fallen Sie deutlich (um 1000 Ohm) geringer oder höher aus, muss die Zündspule erneuert werden.
Widerstandswert des Zündkerzensteckers	Prüfung des Vorwiderstandes im Kerzenstecker	Der zu erreichende Wert (Ist-Wert) steht auf dem Kerzenstecker drauf. Meistens sind es 1 kΩ oder 5 kΩ. Fallen Sie deutlich (um 1000 Ohm) geringer oder höher aus, muss der Kerzenstecker erneuert werden.

Durchgangsprüfung

Die Durchgangsprüfung sollte eigentlich immer im Widerstandsmessbereich des Multimeters durchgeführt werden. Da Mechatroniker oftmals aber zu faul sind (wir zumeist auch ...) den Wert im Display abzulesen, kann (sollte zwar nicht) auch die Diodenprüffunktion mit Piepser für diese Prüfung herhalten. »Ist das braune Kabel am Steuergerät das Gleiche, das zum Gerät XY geht?«. Diese Prüfung eignet sich recht gut, um beispielsweise Kabel im Kabelbaum zu verfolgen. Oder aber auch um die Funktion eines Schalters oder einer Glühbirne zu »testen«. Sie ersetzt aber niemals die Spannungsmessung unter Last.

Messübung 4

Arbeitsschritt	Aufgabe	Bemerkung
1. Vorbereitung am Quad	Demontieren Sie das Rücklichtglas.	
	Bauen Sie eine Birne aus.	Wischen Sie vor der Montage der Birne immer den Glaskolben mit einem sauberen fettfreien Lappen ab.
2. Vorbereitung	Schließen Sie das rote Messkabel an den mittleren Kontakt der Birne an. Schließen Sie das schwarze Messkabel an den Masseanschluss (die Hülse außenrum) der Birne an.	
3. Messaufbau	Schalten Sie das Multimeter ein.	Taste 1
	Stellen Sie den Messbereichswählschalter des Multimeters auf den Messbereich Diodenprüfung (Diode mit Schallzeichen).	Schalter 5
4. Messung	Prüfen Sie den Durchgang der Birne.	

Die Birne ist in Ordnung, wenn Ihr Multimeter piepst und das Display »000« anzeigt. Der Displaywert kann auch einen Widerstand darstellen. Solange dieser lediglich einstellig ist, kann er vernachlässigt werden.

Strommessung

Die Stromaufnahme stellt ein Indiz für die Leistung des angeschlossen Gerätes dar. Eine typische Messung ist die Anlasserstromaufnahme. So kann ermittelt werden, ob und wie groß die Leistung des Anlassers ist.

Messübung 5

Arbeitsschritt	Aufgabe	Bemerkung
1. Vorbereitung am Quad	Demontieren Sie den Zylinderkopf, bzw. schaffen Sie sich ausreichend Platz, um an das Anschlusskabel des Anlassers zu gelangen.	Bei einigen Quads finden Sie die Zündspule auf der rechten Seite neben dem Zylinderkopf. Bauen Sie den Zylinderkopf aus.
2. Vorbereitung	Suchen Sie das Pluskabel zwischen Anlasser und Batterie.	Sorgen Sie dafür, dass die Batterie voll geladen ist.
	Ziehen Sie den Stecker der Zündspule ab.	Der Motor springt nicht an. Der Motor springt nach dem Aufstecken des Kabels wieder normal an.
3. Messaufbau	Umfassen Sie mit der Amperezange das Pluskabel.	Die Amperezange muss wieder geschlossen sein.
	Schalten Sie die Amperezange ein.	Messbereich Ampere (A). Achten Sie darauf, dass es auf »DC« Gleichspannung eingestellt ist.
	Setzen Sie die Amperezange auf »Null« zurück.	Drücken Sie auf die Taste »Zero«.
4. Messung	Lassen Sie einen Helfer den Motor starten. Lesen Sie den Maximalwert an der Amperezange ab.	Achten Sie darauf, dass kein Gang eingelegt ist. Achten Sie bei Arbeiten am Motor immer darauf, dass Sie oder Ihr Werkzeug nicht in die drehenden Teile geraten.

Der Anlasserstrom liegt je nach Motortyp, Temperatur, Anlasser- und Batterie-Zustand zwischen 100 und 250 A. Fällt die Stromaufnahme deutlich geringer aus, kann es bedeuten, dass der Motor zu leicht dreht (keine Kompression). Bei größerer Stromaufnahme kann der Anlasser defekt sein.

Messungen mit dem Oszilloskop

Ein Multimeter hat einen deutlichen Nachteil. Um die Messergebnisse gut lesbar auszuwerten, braucht es Zeit. In der Regel werden die Messungen drei Mal pro Sekunde abgetastet. Solange eine Spannung permanent anliegt, ist das kein Problem. Wird die Spannung aber kurzfristig abgeschwächt, kann die langsame Messfolge des Multimeters entweder falsche Messwerte einbringen oder es erfasst eine schnelle Änderung des Signals gar nicht.

Ein Oszilloskop zeichnet den Spannungsverlauf auf eine Zeitschiene auf. Somit kann der Verlauf der Spannung über die ganze Zeit ausgewertet werden. Auch sehr schnelle Signale können dargestellt werden. Zuerst einmal sieht diese Messmethode für den Einsteiger sehr kompliziert aus. Sie ist aber genauso leicht zu verstehen, wie die Messung mit dem Multimeter.

Messübung 6

Arbeitsschritt	Aufgabe	Bemerkung
1. Vorbereitung am Quad	Legen Sie das Zündsteuergerät frei.	Meist finden Sie das Zündsteuergerät unter der Sitzbank oder im Bereich des Luftfilterkastens.
2. Messaufbau	Schließen Sie den Oszilloskopvorsatz an den Laptop an. Starten Sie das Programm für das Oszilloskop.	Messgerätschaften startklar machen.
	Stellen Sie die Zeitachse auf 2,5 Sekunden und die Spannung auf 5 V Wechselspannung ein.	
	Schließen Sie das Anschlusskabel zum Pick-up und an die Fahrzeugmasse an.	Das Kabel ist in der Regel weiß mit einem roten Streifen.
3. Messung	Beobachten Sie den Spannungsverlauf.	Lassen Sie den Motor laufen. Die Spannungshöhe dürfte im Leerlauf ca. 5-8 V betragen. Sie erkennen eine gleichmäßig geformte »Sinuswelle«.

Sie führen eine dynamische Messung durch. Das heißt, im Moment beobachten Sie die Funktion des Pick-up bei laufendem Motor. Wenn Sie die Drehzahl erhöhen, werden Sie feststellen, dass die Abstände zwischen den Halbwellen kleiner werden. Die höhere Drehzahl bedeutet eben auch eine höhere Anzahl von Signalen.
Sie können annähernd sofort den Spannungsverlauf beobachten. Sollten sich »Aussetzer« zeigen oder »Abrisse« im Linienverlauf erkennbar sein, zeigt das einen Bruch in der Pick-up-Spule oder in seiner Verkabelung.

Sollten Sie Lust bekommen haben auch andere Signale genauer zu betrachten: Nur zu! Mit der Spannungsmessung können Sie nichts beschädigen.
Zur Sicherheit einige Eckdaten, um das Oszilloskop vor Überspannung zu schützen:

Kontrollieren Sie diese Angaben bei Ihrem Quad in jedem Fall mit dem Multimeter.
Messen Sie die Hochspannung nur über eine Messzange! Die anliegende Spannung kann lebensgefährlich sein!

Pick-up gegen Masse	2-10 V AC
Erreger (Ladespule) gegen Masse	80-200 V AC
Lichtspule angeschlossener Regler	14 V AC
Lichtspule ohne Regler (Licht aus lassen!)	65-80 V AC
Primärspannung Zündspule (mit Zündspule)	bis 400 V AC
Sekundärspannung Zündspule	5.000 V bis 15.000 V
Primärspannung CDI ohne Zündspule	30-100 V AC

FSC
www.fsc.org
MIX
Papier | Fördert
gute Waldnutzung
FSC® C083411

Zeitfracht Medien GmbH
Ferdinand-Jühlke-Straße 7
99095 Erfurt, Deutschland
produktsicherheit@kolibri360.de

Druck:
CPI Druckdienstleistungen GmbH
im Auftrag der
Zeitfracht Medien GmbH
Ein Unternehmen der Zeitfracht - Gruppe
Ferdinand-Jühlke-Str. 7
99095 Erfurt